미용사 네일 美 미치다 필기시험에

미용사(네일) 필기시험 … 위한 모든 것!

이 책의 특징

이 책은 네일 아티스트를 꿈꾸는 모든 수험생이 미용사(네일) 필기시험을 이 한 권으로 완벽하게 대비하고 합격할 수 있는 핵심이론과 예상적중문제, 기출복원문제, 실전모의고사 등으로 꼼꼼하게 집필된 합격 비법서이다. 출제기준과 기출문제를 정확하게 분석하고 반영한 시험에 꼭 나오는 핵심이론과 예상적중문제, 국내 최다 기출문제 복원 및 해설, 최종마무리를 위한 실전모의고사 등을 통하여 모든 수험생이 확실하게 CBT 상시시험을 대비, 합격할 수 있도록 하였다. 또한, 언제든 간편하게 공부하도록 〈핵심콕콕 합격노트〉를 부록으로 수록하였다.

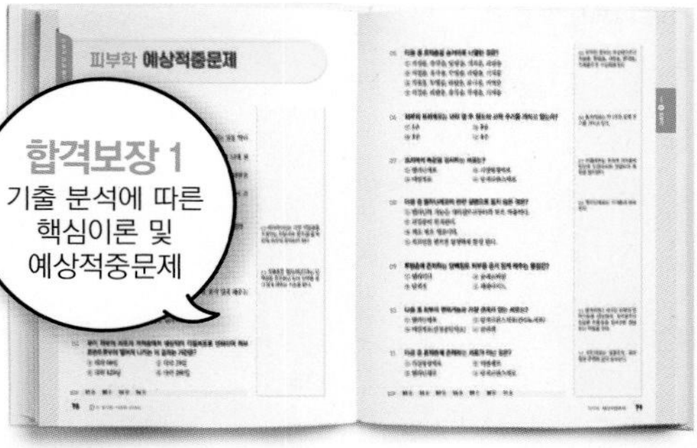

합격보장 1
기출 분석에 따른 핵심이론 및 예상적중문제

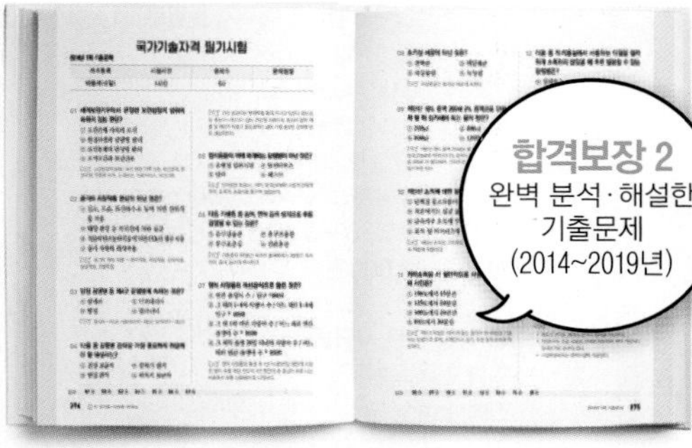

합격보장 2
완벽 분석·해설한 기출문제 (2014~2019년)

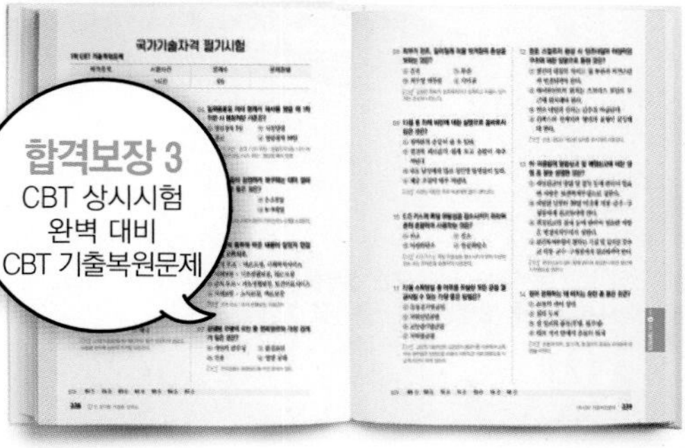

합격보장 3
CBT 상시시험 완벽 대비 CBT 기출복원문제

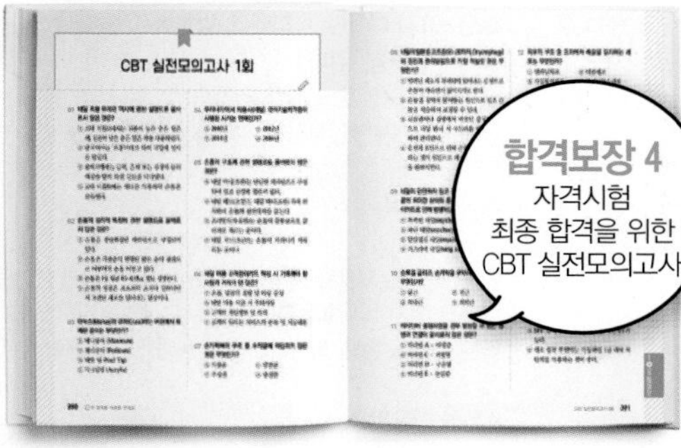

합격보장 4
자격시험 최종 합격을 위한 CBT 실전모의고사

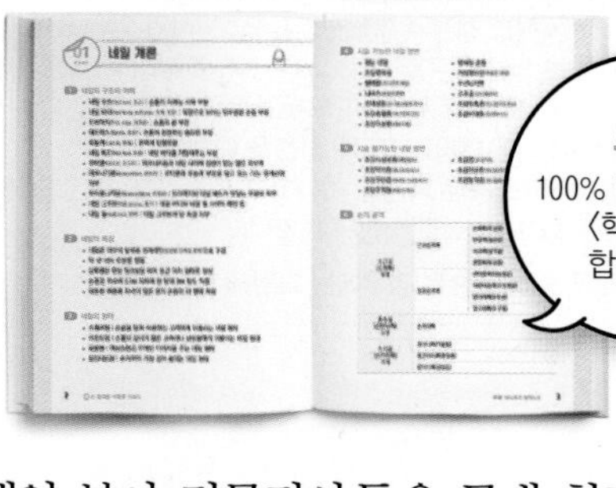

부록
100% 합격을 위한 〈핵심콕콕 합격노트〉

㈜성안당과 네일 분야 전문강사들은 국내 최고의 수험서로
美친 합격률·적중률·만족도를 만들어 갈 것을 약속한다.

미용사 네일 필기시험에 미치다

2020. 5. 13. 초 판 1쇄 발행
2021. 1. 19. 개정 1판 1쇄 발행

검인

지은이 | 정은영, 박효원, 김기나, 김문경
펴낸이 | 이종춘
펴낸곳 | BM (주)도서출판 **성안당**
주소 | 04032 서울시 마포구 양화로 127 첨단빌딩 3층(출판기획 R&D 센터)
10881 경기도 파주시 문발로 112 파주 출판 문화도시(제작 및 물류)
전화 | 02) 3142-0036
031) 950-6300
팩스 | 031) 955-0510
등록 | 1973. 2. 1. 제406-2005-000046호
출판사 홈페이지 | **www.cyber.co.kr**
ISBN | 978-89-315-8124-9 (13590)
정가 | 23,000원

이 책을 만든 사람들
기획 | 최옥현
진행 | 박남균
교정·교열 | 디엔터
본문 · 표지 디자인 | 디엔터, 박원석
홍보 | 김계향, 유미나
국제부 | 이선민, 조혜란, 김혜숙
마케팅 | 구본철, 차정욱, 나진호, 이동후, 강호묵
마케팅 지원 | 장상범, 박지연
제작 | 김유석

■ 도서 A/S 안내

성안당에서 발행하는 모든 도서는 저자와 출판사, 그리고 독자가 함께 만들어 나갑니다.
좋은 책을 펴내기 위해 많은 노력을 기울이고 있습니다. 혹시라도 내용상의 오류나 오탈자 등이 발견되면 **"좋은 책은 나라의 보배"**로서 우리 모두가 함께 만들어 간다는 마음으로 연락주시기 바랍니다. 수정 보완하여 더 나은 책이 되도록 최선을 다하겠습니다.
성안당은 늘 독자 여러분들의 소중한 의견을 기다리고 있습니다. 좋은 의견을 보내주시는 분께는 성안당 쇼핑몰의 포인트(3,000포인트)를 적립해 드립니다.
잘못 만들어진 책이나 부록 등이 파손된 경우에는 교환해 드립니다.

미용사 네일 필기시험에 美 미치다

(美: 아름다울 미)

정은영·박효원·김기나·김문경 지음

BM (주)도서출판 성안당

저자 약력

정은영
서울기독대학교 사회복지대학원 뷰티복지산업 전공 교수

박효원
㈜예인직업전문학교 전북캠퍼스 학교장

김기나
꽃물 네일샵 대표
서울시교육청 청소년도움센터 '친구랑' 네일 강사

김문경
고운아이(네일·왁싱 전문숍) 대표
경민대학교 뷰티케어과 겸임교수

들어가는 글

뷰티 산업의 눈부신 발전과 성장 속에서 네일아트 시장 역시 동반성장을 하고 있다. 네일아트의 대중화와 개성 있는 스타일들은 대중들 속에서 자연스러운 일상이 되었으며, 네일 아티스트의 전문성과 고급 기술력의 필요성이 점차 늘어나고 있다.

미용사(네일) 국가자격증은 네일 아티스트의 필수적인 요건이자 전문성을 검증하는 중요한 도구이며 방법이다. 그러므로 본서는 미용사(네일) 국가자격 시험 최근 출제기준에 따라 1. 네일개론, 2. 피부학, 3. 공중위생관리학, 4. 화장품학, 5. 네일미용 기술 순으로 집필하였고, 특히 실무를 경험한 네일 아티스트는 물론 초보자의 이해를 돕기 위해 실기 테크닉 과정 사진을 순서대로 정리하여 좀 더 쉽게 설명하고자 노력하였다.

네일 아티스트들의 입문과정에서 가장 중요한 국가 자격증 합격 대비 수험서 정확하고 많은 정보를 담으려 노력하였지만 미흡한 부분도 있을 것이다. 계속적인 연구와 분석을 통해, 더욱 좋은 서적을 집필하기 위해 노력을 할 것이며 무엇보다도 네일 아티스트를 꿈꾸는 사람들에게 많은 도움이 될 수 있는 책이 되기를 간절히 바란다. 그리고 그들의 꿈과 미래를 진심으로 응원한다.

끝으로 이 책이 나오기까지 물심양면으로 도와주신 많은 분들께 감사드리며 박선미 선생님, 김창현 이사님, 도영찬 실장님, 성안당 박남균 부장님께 진심으로 감사드린다.

저자 일동

국가직무능력표준(NCS)이란?

국가직무능력표준(NCS, National Competency Standards)은 산업현장에서 직무를 행하기 위해 요구되는 지식·기술·태도 등의 내용을 국가가 산업 부문별, 수준별로 체계화한 것이다.

NCS 학습모듈이란?

NCS가 현장의 '직무 요구서'라고 한다면, NCS 학습모듈은 NCS의 능력단위를 교육훈련에서 학습할 수 있도록 구성한 '교수·학습 자료'이다. NCS 학습모듈은 구체적 직무를 학습할 수 있도록 이론 및 실습과 관련된 내용을 상세하게 제시하고 있다. NCS 학습모듈은 산업계에서 요구하는 직무능력을 교육훈련 현장에 활용할 수 있도록 성취목표와 학습의 방향을 명확히 제시하는 가이드라인의 역할을 하며, 특성화고, 마이스터고, 전문대학, 4년제 대학교의 교육기관 및 훈련기관, 직장교육기관 등에서 표준교재로 활용할 수 있으며 교육과정 개편 시에도 유용하게 참고할 수 있다.

NCS 기반 미용분야 분류

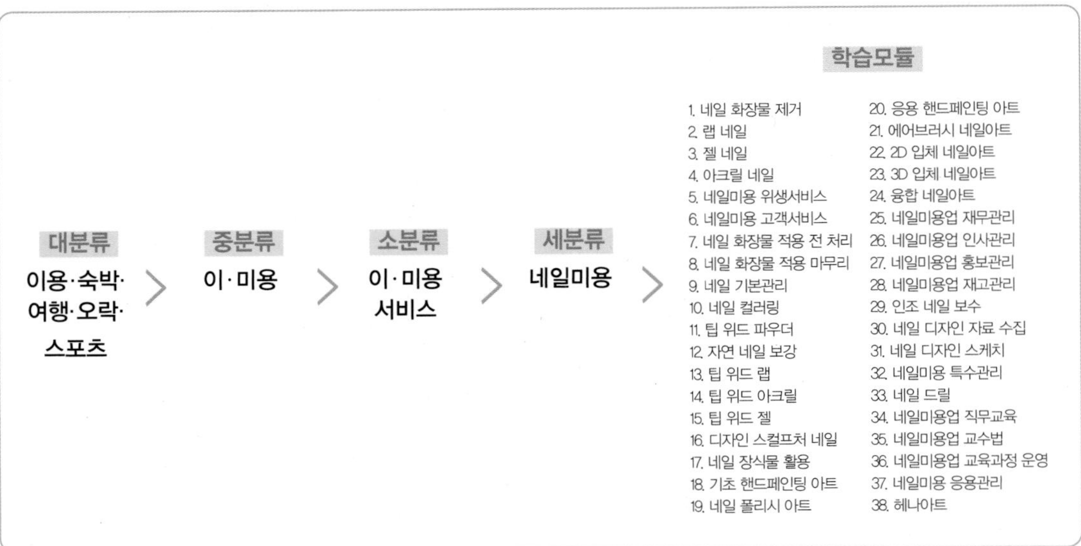

직무 정의

네일미용은 네일에 관한 이론과 기술을 바탕으로 건강하고 아름다운 네일을 유지, 보호하기 위해 네일미용 기구와 제품을 활용하여 자연 네일관리, 인조 네일관리, 네일아트 기법 등의 서비스를 고객에게 제공하는 일이다.

 CBT란?

CBT란 Computer Based Test의 약자로, 컴퓨터 기반 시험을 의미한다. 정보기기운용기능사, 정보처리기능사, 굴삭기운전기능사, 지게차운전기능사, 제과기능사, 제빵기능사, 한식조리기능사, 양식조리기능사, 일식조리기능사, 중식조리기능사, 미용사(일반), 미용사(피부) 등 12종목은 이미 오래 전부터 CBT 시험을 시행하고 있으며, 복어조리기능사는 2016년 5회 시험부터 CBT 시험이 시행됐다. CBT 필기시험은 컴퓨터로 보는 만큼 수험자가 답안을 제출함과 동시에 합격 여부를 확인할 수 있다.

CBT 체험하기

한국산업인력공단에서 운영하는 홈페이지 큐넷(http://www.q-net.or.kr/)에서는 누구나 쉽게 CBT 시험을 볼 수 있도록 실제 자격시험 환경과 동일하게 구성한 가상 웹 체험 서비스를 제공하여 수험생이 실제 시험 전에 CBT를 체험해보고 안내 및 유의사항, 시험과정을 숙지할 수 있도록 하고 있다.

시행 지역 및 종목

- 시행 지역 : 27개 지역
  서울, 서울서부, 서울남부, 경기북부, 부산, 부산남부, 울산, 경남, 경인, 경기, 성남, 대구, 경북, 포항, 광주, 전북, 전남, 목포, 대전, 충북, 충남, 강원, 강릉, 제주, 안성, 구미, 세종
- 시행 종목 : 14종목
  굴삭기운전, 지게차운전, 제과, 제빵, 한식조리, 양식조리, 일식조리, 중식조리, 미용사(일반), 미용사(피부), 미용사(메이크업) , 미용사(네일), 건축도장기능사, 방수기능사

원서 접수 및 시행

- 원서 접수 방법 : 인터넷 접수(q-net.or.kr)
- 정해진 회별 접수기간 동안 접수하며 연간 시행계획을 기준으로 자체 실정에 맞게 시행

합격자 발표

- 필기시험 : CBT 필기시험은 시험 종료 즉시 합격 여부 확인이 가능하므로 별도의 ARS 발표 없음
- 실기시험 : 목요일 9:00 발표

시험 안내

개요

네일미용에 관한 숙련기능을 가지고 현장업무를 수행할 수 있는 능력을 가진 전문기능인력을 양성하고자 자격제도를 제정

수행 직무

손톱·발톱을 건강하고 아름답게 하기 위하여 적절한 관리법과 기기 및 제품을 사용하여 네일 미용 업무 수행

진로 및 전망

네일미용사, 미용강사, 화장품 관련 연구기관 취업, 네일 미용업 창업, 유학 등

취득 방법

- 시행처 : 한국산업인력공단(q-net.or.kr)
- 필기 : 객관식 4지 택일형, 60문항
- 실기 : 작업형
- 합격기준 : 100점 만점에 60점 이상
- 수수료 : 필기 14,500원 / 실기 17,200원

직무분야	이용·숙박·여행·오락·스포츠	중직무분야	이용·미용	자격종목	미용사(네일)	적용기간	2021. 1. 1. ~ 2021. 12. 31.

● 직무내용 : 네일에 관한 이론과 기술을 바탕으로 고객의 건강하고 아름다운 네일을 유지·보호하고 다양한 기능과 아트기법을 수행하여 고객에게 서비스를 제공하는 직무이다.

필기검정방법	객관식	문제수	60	시험시간	1시간

필기과목명	주요항목	세부항목	세세항목
네일개론, 공중위생관리학, 네일미용기술	1. 네일개론	1. 네일미용의 역사	1. 한국의 네일미용 2. 외국의 네일미용
		2. 네일미용 개론	1. 네일 미용의 위생 및 안전 2. 네일 미용인의 자세 3. 네일의 구조와 이해 4. 네일의 특성과 형태 5. 네일의 병변 6. 고객응대 및 상담
		3. 손발의 구조와 기능	1. 뼈(골)의 형태 및 발생 2. 손발의 뼈대(골격) 구조 및 기능 3. 손발의 근육의 형태 및 기능 4. 손발의 신경 조직과 기능
	2. 피부학	1. 피부와 피부 부속 기관	1. 피부구조 및 기능 2. 피부 부속기관의 구조 및 기능
		2. 피부유형분석	1. 정상피부의 성상 및 특징 2. 건성피부의 성상 및 특징 3. 지성피부의 성상 및 특징 4. 민감성피부의 성상 및 특징 5. 복합성피부의 성상 및 특징 6. 노화피부의 성상 및 특징
		3. 피부와 영양	1. 3대 영양소, 비타민, 무기질 2. 피부와 영양 3. 체형과 영양
		4. 피부장애와 질환	1. 원발진과 속발진 2. 피부질환
		5. 피부와 광선	1. 자외선이 미치는 영향 2. 적외선이 미치는 영향
		6. 피부면역	1. 면역의 종류와 작용
		7. 피부노화	1. 피부노화의 원인 2. 피부노화현상

필기과목명	주요항목	세부항목	세세항목
	3. 공중위생관리학	1. 공중보건학	1. 공중보건학 총론 2. 질병관리 3. 가족 및 노인보건 4. 환경보건 5. 식품위생과 영양 6. 보건행정
		2. 소독학	1. 소독의 정의 및 분류 2. 미생물 총론 3. 병원성 미생물 4. 소독방법 5. 분야별 위생·소독
		3. 공중위생관리법규 (법, 시행령, 시행규칙)	1. 목적 및 정의 2. 영업의 신고 및 폐업 3. 영업자준수사항 4. 면허 5. 업무 6. 행정지도감독 7. 업소 위생등급 8. 위생교육 9. 벌칙 10. 시행령 및 시행규칙 관련사항
	4. 화장품학	1. 화장품학 개론	1. 화장품의 정의 2. 화장품의 분류
		2. 화장품 제조	1. 화장품의 원료 2. 화장품의 기술 3. 화장품의 특성
		3. 화장품의 종류와 기능	1. 기초 화장품 2. 메이크업 화장품 3. 모발 화장품 4. 바디(body)관리 화장품 5. 네일 화장품 6. 방향 화장품 7. 에센셜(아로마)오일 및 캐리어오일 8. 기능성 화장품
	5. 네일미용 기술	1. 손톱, 발톱 관리	1. 재료와 도구의 활용 2. 매니큐어 3. 매니큐어 컬러링 4. 패디큐어 5. 패디큐어 컬러링
		2. 인조 네일관리	1. 재료와 도구의 활용 2. 네일 팁 3. 네일 랩 4. 아크릴릭 네일 5. 젤 네일 6. 인조네일(손, 발톱)의 보수와 제거
		3. 네일제품의 이해	1. 용제의 종류와 특성 2. 네일 트리트먼트의 종류와 특성 3. 네일폴리시의 종류와 특성 4. 인조네일 재료의 종류와 특성 5. 네일기기의 종류와 특성

출제기준 실기

직무 분야	이용·숙박·여행·오락·스포츠	중직무 분야	이용·미용	자격 종목	미용사(네일)	적용 기간	2021. 1. 1. ~ 2021. 12. 31.

- 직무내용 : 네일에 관한 이론과 기술을 바탕으로 고객의 건강하고 아름다운 네일을 유지·보호하고 다양한 기능과 아트기법을 수행하여 고객에게 서비스를 제공하는 직무이다.
- 수행준거 : 1. 네일숍 위생관리 및 손톱, 발톱관리의 기본을 알고 작업할 수 있다.
  2. 컬러링의 기본을 알고 작업할 수 있다.
  3. 스컬프처의 기본을 알고 작업할 수 있다.
  4. 팁 네일의 기본을 알고 작업할 수 있다.
  5. 인조손톱을 제거할 수 있다.

실기검정방법	작업형	시험시간	2시간 30분 정도

실기과목명	주요항목	세부항목	세세항목
네일미용실무	1. 네일숍 위생	1. 미용 기구 소독하기	1. 기구유형에 따라 효율적인 소독방법을 결정할 수 있다. 2. 소독방법에 따라 네일 미용 기기를 소독할 수 있다. 3. 소독방법에 따라 네일 작업용 도구를 소독할 수 있다. 4. 소독방법에 따라 네일 미용 용품을 소독할 수 있다. 5. 위생점검표에 따라 소독상태를 점검할 수 있다. 6. 위생점검표에 따라 기기를 정리정돈 할 수 있다.
		2. 손발 소독하기	1. 위생지침에 따라 소독 절차를 파악할 수 있다. 2. 소독제품의 특성에 따라 소독방법을 선정할 수 있다. 3. 소독방법에 따라 작업자의 손발을 소독할 수 있다. 4. 소독방법에 따라 고객의 손발을 소독할 수 있다.
	2. 네일화장물 제거	1. 파일 사용하기	1. 고객의 작업유형을 파악할 수 있다. 2. 기작업된 화장물의 유형에 따라 파일을 선택할 수 있다. 3. 고객의 네일 상태에 따라 파일의 사용방법을 결정할 수 있다. 4. 화장물의 제거 상태에 따라 파일을 재선택할 수 있다.
		2. 용매제 사용하기	1. 고객관리대장에 따라 고객의 작업유형을 파악할 수 있다. 2. 기작업된 화장물의 유형에 따라 용매제를 선택할 수 있다. 3. 화장물의 용해 정도에 따라 제거 상태를 확인할 수 있다. 4. 화장물의 용해 정도에 따라 적합한 제거용 도구를 선택할 수 있다.
		3. 제거 마무리하기	1. 작업 상황에 따라 화장물의 완전 제거 상태를 확인할 수 있다. 2. 고객의 요구에 따라 모양과 길이에 맞게 마무리할 수 있다. 3. 고객의 요구에 따라 네일 표면을 매끄럽게 정리할 수 있다. 4. 고객의 네일 상태에 따라 네일 강화제를 도포할 수 있다. 5. 화장물 처리 매뉴얼에 따라 제거 시 배출된 잔여물들을 처리할 수 있다.
	3. 네일 기본 관리	1. 프리에지 모양 만들기	1. 작업 매뉴얼에 따라 네일 파일을 사용할 수 있다. 2. 고객의 요구에 따라 프리에지 모양을 만들 수 있다. 3. 네일 상태에 따라 표면을 정리할 수 있다. 4. 프리에지 밑 거스러미를 제거할 수 있다.
		2. 큐티클 정리하기	1. 작업 매뉴얼에 따라 핑거볼에 손 담그기를 할 수 있다. 2. 작업 매뉴얼에 따라 족욕기에 발 담그기를 할 수 있다. 3. 고객의 큐티클 상태에 따라 유연제를 선택하여 사용할 수 있다. 4. 작업 순서에 따라 도구를 선택할 수 있다. 5. 고객의 큐티클의 상태에 따라 큐티클을 정리할 수 있다.

실기과목명	주요항목	세부항목	세세항목
		3. 컬러링하기	1. 고객의 요구에 따라 폴리시 색상의 침착을 막기 위한 베이스코트를 아주 얇게 도포할 수 있다. 2. 고객의 요구에 따라 컬러링 방법을 선정하고 폴리시를 도포할 수 있다. 3. 작업 매뉴얼에 따라 폴리시를 얼룩 없이 균일하게 도포할 수 있다. 4. 작업 매뉴얼에 따라 젤 폴리시를 얼룩 없이 균일하게 도포할 수 있다. 5. 작업 매뉴얼에 따라 젤 폴리시 작업 시 UV 램프를 사용할 수 있다. 6. 작업 매뉴얼에 따라 폴리시 도포 후 컬러 보호와 광택 부여를 위한 톱코트를 바를 수 있다.
		4. 마무리하기	1. 계절에 따라 냉온 타월로 손발의 유분기를 제거할 수 있다. 2. 작업 방법에 따라 네일과 네일 주변의 유분기를 제거할 수 있다. 3. 보습제의 선택 기준에 따라 제품을 선택하여 손·발에 보습제를 도포할 수 있다. 4. 사용한 제품의 정리정돈을 할 수 있다.
	4. 네일 팁	1. 네일 전처리 하기	1. 작업 매뉴얼에 따라 작업에 적합한 네일 길이 및 모양을 만들 수 있다. 2. 네일 상태에 따라 표면정리를 통하여 제품의 밀착력을 높일 수 있다. 3. 작업 매뉴얼에 따라 네일과 네일 주변의 각질·거스러미를 정리할 수 있다. 4. 작업 매뉴얼에 따라 접착력을 높이기 위하여 전처리제를 도포할 수 있다.
		2. 네일 팁 접착 하기	1. 고객 네일 크기에 따라 정확한 팁 크기를 선택할 수 있다. 2. 작업 매뉴얼에 따라 공기가 들어가지 않도록 팁을 접착할 수 있다. 3. 고객의 손 모양에 따라 팁의 방향이 비틀어지지 않게 접착할 수 있다. 4. 고객에 요구에 따라 팁을 적당한 길이로 자를 수 있다.
		3. 네일 팁 표면 정리하기	1. 작업 매뉴얼에 따라 네일의 손상 없이 내추럴 팁 턱을 정리할 수 있다. 2. 작업 매뉴얼에 따라 컬러 팁 표면을 정리할 수 있다. 3. 접착된 팁의 종류에 따라 파일링 방법을 선택할 수 있다. 4. 네일 주변의 잔여물을 정리할 수 있다. 5. 굴곡진 표면을 매끄럽게 채울 수 있다.
		4. 오버레이하기	1. 랩을 사용하여 오버레이를 할 수 있다. 2. 아크릴릭 네일 제품을 사용하여 오버레이를 할 수 있다. 3. 젤을 사용하여 오버레이를 할 수 있다. 4. 제품의 종류에 따라 오버레이 방법을 활용할 수 있다. 5. 경화 방법에 따라 적정한 경화 유형을 선택할 수 있다.
		5. 마무리하기	1. 작업 매뉴얼에 따라 인조 네일 표면을 인조 네일 구조에 맞추어 파일링할 수 있다. 2. 고객의 요구에 따라 모양과 길이에 맞게 마무리할 수 있다. 3. 작업 매뉴얼에 따라 인조 네일 표면을 매끄럽게 파일링할 수 있다. 4. 작업 매뉴얼에 따라 마무리를 위해 큐티클 오일을 바를 수 있다. 5. 작업 매뉴얼에 따라 광택으로 마무리할 수 있다. 6. 작업 매뉴얼에 따라 광택 후 컬러링으로 마무리할 수 있다.
	5. 네일 랩	1. 네일 전처리 하기	1. 작업 매뉴얼에 따라 작업에 적합한 네일 길이 및 모양을 만들 수 있다. 2. 네일 상태에 따라 표면정리를 통하여 제품의 밀착력을 높일 수 있다. 3. 네일 랩의 접착력을 높이기 위해 전처리제를 도포할 수 있다.
		2. 네일 랩핑 하기	1. 고객 네일 크기에 따라 정확하게 랩을 재단할 수 있다. 2. 작업 매뉴얼에 따라 공기가 들어가지 않도록 랩을 접착할 수 있다. 3. 네일 상태에 따라 보강제를 선택하여 도포할 수 있다. 4. 작업 매뉴얼에 따라 표면정리를 할 수 있다.
		3. 네일 연장 하기	1. 고객 네일 크기에 따라 정확하게 랩을 재단할 수 있다. 2. 작업 매뉴얼에 따라 공기가 들어가지 않도록 랩을 접착할 수 있다. 3. 네일 상태에 따라 보강제를 선택하여 도포할 수 있다. 4. 고객의 요구에 따라 네일의 길이를 연장할 수 있다. 5. 고객의 요구에 따라 프리에지의 모양을 만들 수 있다. 6. 작업 매뉴얼에 따라 표면정리를 할 수 있다.
		4. 마무리하기	1. 작업 매뉴얼에 따라 인조 네일 표면을 인조 네일 구조에 맞추어 파일링할 수 있다. 2. 고객의 요구에 따라 프리에지의 모양과 길이를 맞게 마무리할 수 있다. 3. 작업 매뉴얼에 따라 인조 네일 표면을 매끄럽게 파일링할 수 있다. 4. 작업 매뉴얼에 따라 마무리를 위해 큐티클 오일을 바를 수 있다. 5. 작업 매뉴얼에 따라 광택으로 마무리할 수 있다. 6. 작업 매뉴얼에 따라 광택 후 컬러링으로 마무리할 수 있다.

실기과목명	주요항목	세부항목	세세항목
	6. 젤 네일	1. 네일 전처리 하기	1. 작업 매뉴얼에 따라 작업에 적합한 네일 길이 및 모양을 만들 수 있다. 2. 네일 상태에 따라 표면정리를 통하여 제품의 밀착력을 높일 수 있다. 3. 작업 매뉴얼에 따라 네일과 네일 주변의 거스러미를 정리할 수 있다. 4. 작업 매뉴얼에 따라 접착력을 높이기 위하여 전처리제를 도포할 수 있다.
		2. 네일 폼 적용 하기	1. 작업 매뉴얼에 따라 네일과 폼 사이에 틈이 없도록 폼을 끼울 수 있다. 2. 고객의 손 상태에 따라 손 전체의 균형과 방향을 고려하여 폼을 끼울 수 있다. 3. 작업 매뉴얼에 따라 수평이 되도록 정확하게 폼을 끼울 수 있다 4. 조형된 인조 네일의 손상 없이 네일 폼을 제거할 수 있다.
		3. 젤 적용하기	1. 제품 설명서에 따라 젤 제품 전체의 사용법을 파악할 수 있다. 2. 제품 사용법에 따라 젤 작업을 수행할 수 있다. 3. 고객의 손톱 상태에 따라서 젤 작업 방법을 선택할 수 있다. 4. 고객의 요청에 따라 네일 위에 보강하거나 원톤 스컬프처, 프렌치 스컬프처, 디자인 스컬프처를 작업할 수 있다. 5. 작업 매뉴얼에 따라 젤을 적절하게 적용할 수 있다. 6. 작업 매뉴얼에 따라 정확한 각도와 방법으로 젤 브러시를 사용할 수 있다. 7. 고객의 네일 형태에 따라 인조 네일의 모양을 보정할 수 있다. 8. 젤 램프 기기를 이용하여 인조 네일을 경화할 수 있다.
		4. 마무리하기	1. 작업 매뉴얼에 따라 미경화된 잔류 젤을 젤 클렌저를 사용하여 제거할 수 있다. 2. 작업 매뉴얼에 따라 인조 네일 표면을 인조 네일 구조에 맞추어 파일링할 수 있다. 3. 고객의 요구에 따라 모양과 길이에 맞게 마무리할 수 있다. 4. 작업 매뉴얼에 따라 인조 네일 표면을 매끄럽게 파일링할 수 있다. 5. 작업 매뉴얼에 따라 마무리를 위해 톱젤을 도포할 수 있다. 6. 작업 매뉴얼에 따라 마무리를 위해 큐티클 오일을 바를 수 있다.
	7. 아크릴릭 네일	1. 네일 전처리 하기	1. 작업 매뉴얼에 따라 작업에 적합한 네일 길이 및 모양을 만들 수 있다. 2. 네일 상태에 따라 표면정리를 통하여 제품의 밀착력을 높일 수 있다. 3. 작업 매뉴얼에 따라 네일과 네일 주변의 각질·거스러미를 정리할 수 있다. 4. 작업 매뉴얼에 따라 접착력을 높이기 위하여 전처리제를 도포할 수 있다.
		2. 네일 폼 적용 하기	1. 작업 매뉴얼에 따라 네일과 폼 사이에 틈이 없도록 폼을 끼울 수 있다. 2. 고객의 손 상태에 따라 손 전체의 균형과 방향을 고려하여 폼을 끼울 수 있다. 3. 작업 매뉴얼에 따라 수평이 되도록 정확하게 폼을 끼울 수 있다. 4. 조형된 인조 네일의 손상 없이 네일 폼을 제거할 수 있다.
		3. 아크릴릭 적용하기	1. 제품설명서에 따라 아크릴릭 제품 전체의 사용법을 파악할 수 있다. 2. 제품 사용법에 따라 아크릴릭 작업을 수행할 수 있다. 3. 작업 매뉴얼에 따라 모노머와 폴리머를 적절하게 혼합할 수 있다. 4. 작업 매뉴얼에 따라 정확한 각도와 방법으로 아크릴 브러시를 사용할 수 있다. 5. 고객의 손톱 상태에 따라서 작업 방법을 선택할 수 있다. 6. 고객의 요청에 따라 네일 위에 보강하거나 원톤 스컬프처, 내추럴 스컬프처, 프렌치 스컬프처, 디자인 스컬프처를 선택하여 작업할 수 있다. 7. 고객의 네일 형태에 따라 인조 네일의 모양을 보정할 수 있다.
		4. 마무리하기	1. 작업 매뉴얼에 따라 인조 네일 표면을 네일 구조에 맞추어 파일링할 수 있다. 2. 고객의 요구에 따라 모양과 길이에 맞게 마무리할 수 있다. 3. 작업 매뉴얼에 따라 인조 네일 표면을 매끄럽게 파일링할 수 있다. 4. 작업 매뉴얼에 따라 마무리를 위해 큐티클 오일을 바를 수 있다. 5. 작업 매뉴얼에 따라 광택으로 마무리할 수 있다.
	8. 평면 네일 아트	1. 평면 액세서리 활용하기	1. 디자인에 따라 다양한 평면접착 액세서리를 사용할 수 있다. 2. 필름을 접착제를 사용하여 원하는 위치에 부착할 수 있다. 3. 필름을 네일 전체 또는 부분적으로 디자인할 수 있다. 4. 스티커의 접착력을 이용하여 원하는 위치에 디자인할 수 있다. 5. 다양한 종류의 스티커를 혼합하여 디자인할 수 있다. 6. 톱코트를 사용하여 스티커아트의 지속성을 높여줄 수 있다.
		2. 폴리시 아트 하기	1. 폴리시의 화학적 성질을 사용하여 디자인할 수 있다. 2. 네일 미용 도구를 사용하여 다양한 색상의 폴리시를 혼합하여 작업할 수 있다. 3. 페인팅 브러시를 사용하여 다양한 색상의 폴리시를 조화롭게 디자인할 수 있다. 4. 폴리시 성분이 물과 분리되는 성질을 이용하여 워터마블 기법을 시행할 수 있다. 5. 톱코트를 사용하여 폴리시 아트의 지속성을 높일 수 있다.

미용사 네일 필기시험에 美 미치다

CONTENTS

PART 1 네일 개론

네일 미용의 역사

네일 미용이란 네일 케어, 컬러링, 마사지, 인조 네일 시술 등 손톱과 발톱에 관한 모든 관리를 의미한다. 매니큐어(manicure)는 라틴어 '마누스(manus)'의 손이라는 단어와 '큐라(cura)'의 관리라는 단어가 결합하여 손과 손톱의 전체적인 관리를 뜻하고 있다. 페디큐어(pedicure) 또한 라틴어 '패디스(pedis)'의 발이라는 단어와 '큐라(cura)'의 관리라는 단어가 합해져 발과 발톱의 전체적인 관리를 의미한다.
이로써 네일 미용의 목적은 네일을 관리하여 건강하고 아름답게 네일을 유지하고 미적 욕구를 충족하는 데에 있다.

SECTION 1 한국의 네일 미용

(1) 고려 시대

봉선화 꽃으로 손톱을 붉게 물들이는 '염지갑화(染指甲花)'라는 풍습이 있었다. 이는 붉은색이 악귀를 물리치고 병마를 쫓는다는 주술적인 의미가 있었다.

(2) 조선 시대

미의 조건으로 손가락은 가늘고 고와야 하며 다산의 상징으로 손바닥은 혈색이 붉어야 한다고 하였다. 조선 시대에는 고려 시대와 마찬가지로 귀천에 상관없이 손톱을 물들이는 풍속이 지속하였다.

(3) 1988년

이태원에 한국 최초의 네일샵인 '그리피스'가 오픈하였다.

(4) 1996년

압구정 백화점에 네일 제품이 입점되면서 대중에게 알려지기 시작했다.

(5) 1998년

네일 민간자격시험제도가 시행되었다.

(6) 2000년

대부분 수입 브랜드였던 네일 제품들이 국내에도 네일 전문 브랜드와 제품이 개발되면서 네일 시장이 활성화되었다.

(7) 2014년

미용사(네일) 국가자격시험이 시행되었다.

SECTION 2 외국의 네일 미용

(1) 고대

❶ 이집트 : 헤나(henna)를 사용하여 손톱에 색을 입혀 신분과 지위를 표시하였다. 상류층은 짙은 색(빨간색과 오렌지색)으로, 하류층은 옅은 색을 사용하여 계급 차이를 두었다.

❷ 인도 : 특권층의 신분을 과시하기 위해 손톱 뿌리 부분에 문신 바늘로 색소를 주입하였다.

❸ 중국 : 입술연지의 재료인 '홍화'를 손톱에 발라 특권층의 신분표시를 하였으며 벌꿀, 달걀흰자, 고무나무 수액을 이용하여 손톱에 바르기도 하였다. 기원전 600년대에 왕족과 귀족들은 금색과 은색으로 손톱을 칠하였고 명나라 시대 귀족층은 검은색, 빨간색으로 손톱을 칠하여 신분을 과시하였다.

❹ 그리스·로마 시대 : 전쟁을 치르는 군사들이 용맹함을 과시하기 위해 입술과 손톱에 같은 색을 칠하면서 남성의 전유물로 네일 관리를 하였다.

(2) 중세 시대

영국에서는 식사하기 전 장미수로 손을 씻었으며 이탈리아는 가늘고 긴 손톱이 미의 기준이 되었다.

(3) 르네상스 시대

손톱의 색상이 붉고, 손가락이 가늘고 흰 피부가 미의 기준이 되었고 프랑스 왕비였던 카트린 드 메디시스(Catherine de Medicis)는 부드러운 손을 보호하기 위해 장갑을 착용하고 잠자리에 들었다고 하였다.

(4) 바로크 시대

프랑스의 베르사유 궁전에서는 문을 두드리는 노크를 예의에 어긋난 행동이라 여겨 한쪽 손의 손톱을 길게 길러 문을 긁도록 하였다.

(5) 로코코 시대

영국에서 손톱을 꾸미는 장식이 시작되면서 다양한 네일 제품이 개발되었다.

(6) 근대 시대

❶ 1800년 : 네일 관리가 대중화되기 시작하였으며 손톱 끝이 뾰족한 아몬드형 네일이 유행하였다. 손톱에 기름을 바르고 염소나 양의 부드러운 가죽으로 손톱 표면에 광택을 내었다.

❷ 1830년 : 치과에서 사용하던 기구에 착안하여 오렌지 우드스틱을 네일 관리에 적용하였다.

❸ 1885년 : 네일 에나멜 필름 형성제인 니트로셀룰로오스(nitrocellulose)가 개발되었다.

❹ 1892년 : 네일 관리 매니큐어가 여성들의 새로운 직업으로 도입되었다.

(7) 현대 시대

❶ 1900년 : 금속가위와 금속파일로 네일 관리를 시작하였다.

❷ 1910년 : 에나멜 제조회사인 플라워리(Flowery)에 의해 사포로 된 파일이 제작되었다.

❸ 1925년 : 네일 에나멜의 산업이 본격화되면서 색상은 다양하지 않으나 일반 상점에서 에나멜 구입이 가능해졌다.

❹ 1927년 : 프렌치 매니큐어 전용 흰색 에나멜이 제조되었다.

❺ 1930년 : 제나(Gena) 연구팀에서 큐티클 오일, 리무버, 워머 로션 등이 개발되었다.

❻ 1932년 : 레브론(Revlon)사에서 최초로 립스틱과 어울리는 색상의 네일 에나멜이 출시되었다. 다양한 색상의 네일 에나멜이 제조되었다.

❼ 1935년 : 탈부착 가능한 인조 네일이 개발되었다.

❽ 1940년 : 여배우 리타 헤이워스(Rita Heyworth)의 영향으로 빨간 색상의 풀코트 기법이 유행하였고 남성들은 이발소에서 손톱관리를 받기 시작하였다.

❾ 1956년 : 미용 과정 중 최초로 헬렌 걸리(Helen Gouley)가 네일 수업을 시작하였다.

❿ 1957년 : 인조 네일(Tip) 사용이 대중화되었고 호일(Foil)을 이용한 아크릴 네일이 최초로 시행되었으며 페디큐어가 등장하였다.

⓫ 1960년 : 실크(silk)와 린넨(linen)을 이용하여 손톱 보강을 하는 네일 랩핑 시술이 시작되었다.

⓬ 1970년 : 네일 팁과 아크릴릭 인조 네일이 대중화되었고, 치과에서 사용하던 아크릴 재료에서 현재 사용 중인 아크릴릭 제품이 개발되었다.

⓭ 1976년 : 미국에서 네일아트가 정착한 시기로 네모난 손톱 모양의 스퀘어(Square) 쉐입이 유행하였다.

⓮ 1981년 : 네일 브랜드인 오피아이(O.P.I), 에씨(Essie), 스타(Star) 등에서 네일 전문 제품들이 출시되었으며 네일 시장이 급성장하였다. 네일 전용 액세서리가 등장하기도 하였다.

⓯ 1994년 : 독일에서 라이트 큐어드 젤(Light Cured Gel)이 개발되었으며, 뉴욕 주에서는 네일 테크닉 면허 제도가 도입되었다.

⓰ 2000년대 : 네일아트 산업이 대중화되면서 핸드페인팅, 에어브러쉬, 3D 기법 등 다양한 네일아트 기법들이 등장하였다.

네일 미용 개론

SECTION 1 네일 미용의 위생 및 안전

❶ 네일 작업 공간은 조도가 높고 냉난방이 되어야 하며 환기가 잘 되어야 한다.

❷ 화학물질 사용이 많은 직업 특성상 작업장은 환기를 자주하고 내부 환풍기 및 공기청정기를 사용한다.

❸ 타월 및 페이퍼타월은 재사용하지 않고 사용 후에는 소독 및 세탁한다.

❹ 파일, 오렌지 우드스틱 등 일회용 도구들은 사용 후 폐기한다.

❺ 출혈이 생기지 않도록 주의해서 시술한다.

❻ 금속 도구들은 70% 알코올에 20분 이상 담가 소독한다.

❼ 시술 가능한 손톱, 발톱인지 확인 후 시술하여야 하며 감염 가능성이 있으면 시술하지 않고 병원 치료를 받을 수 있도록 고객에게 안내한다.

❽ 파일링으로 인한 이물질이 호흡기에 들어가지 않도록 마스크를 착용한다.

❾ 분진과 화학물질이 눈에 들어가지 않도록 보안경을 착용한다.

❿ 잦은 화학물질 사용 및 위생을 위하여 플라스틱 장갑을 착용한다.

⓫ 화학제품은 뚜껑이 있는 용기를 사용하고 라벨을 붙여 적절한 재료를 사용하도록 한다.

⓬ 뚜껑 있는 쓰레기통을 사용하고 폐기물은 자주 비워줘야 한다.

⓭ 전기를 이용하는 네일 기기들은 사용하지 않을 때 반드시 코드를 빼놓는다.

SECTION 2 네일 미용인의 자세

1 네일 아티스트(Nail Artist)

손톱과 발톱을 건강하게 관리하고 아름답게 꾸며주는 사람으로서, 손톱과 발톱에 관한 전문적인 지식과 미적 감각이 있어야 한다. 고객에게 맞는 매니큐어 또는 페디큐어 시술을 선택해서 전문적인 설명과 관리 후 고객에게 건강한 손톱, 발톱을 유지할 수 있도록 조언을 할 수 있어야 한다.

2 네일 아티스트의 역할

(1) **고객 관리** : 예약 고객 스케줄을 체크하고 약속된 시간에 관리할 수 있도록 준비한다. 인조네일 시술 후에는 보수할 수 있는 다음 스케줄을 미리 고객에게 안내한다.

(2) **매장 관리** : 매장 내부를 청결히 정리하고 위생관리를 한다. 특히 니퍼, 푸셔, 드릴비트 등 금속 도구들은 소독을 철저히 한다.

(3) **서비스 제공** : 고객 손의 상태, 디자인 선호도, 목적 등을 파악하여 고객에게 알맞은 시술 서비스를 제공한다. 질병 등으로 인한 시술이 가능하고 불가능한 손톱을 판별해 설명하고 서비스를 한다.

3 네일 아티스트의 자세

❶ 외모와 복장, 손을 청결하고 단정하게 유지한다.

❷ 출·퇴근 시간과 고객과의 약속 시간을 잘 지킨다.

❸ 그 날의 스케줄을 체크하고 고객의 성함을 잊지 않도록 한다.

❹ 고객에게는 친절하고 예의 바르게 대한다.

❺ 시술자의 취향이 아닌 고객의 요구를 명확하게 파악한 후 시술을 한다.

❻ 새로운 네일아트 디자인, 테크닉 등을 개발하고 노력하여 능력을 발전시킨다.

❼ 네일 아티스트라는 직업에 자부심을 가지고 소중히 여겨야하며 고객을 함부로 대하지 않는다.

SECTION 3 네일의 구조와 이해

1 네일 자체의 구조

(1) **네일 루트(nail root, 조근)** : 손톱이 자라는 시작 부분으로 큐티클 아래 피부밑에 위치하고 있다.

(2) **네일 바디(nail body, nail plate, 조체, 조판)** : 육안으로 보이는 반투명한 손톱 부분으로 신경과 혈관이 없어 산소가 필요없다. 네일 베드(nail bed)를 덮어 보호하는 역할을 한다.

(3) **프리엣지(free edge, 자유연)** : 손톱의 끝 부분으로, 네일 베드(nail bed)와 떨어져 하얗게 보이는 부분으로, 길이 및 형태를 조절할 수 있다.

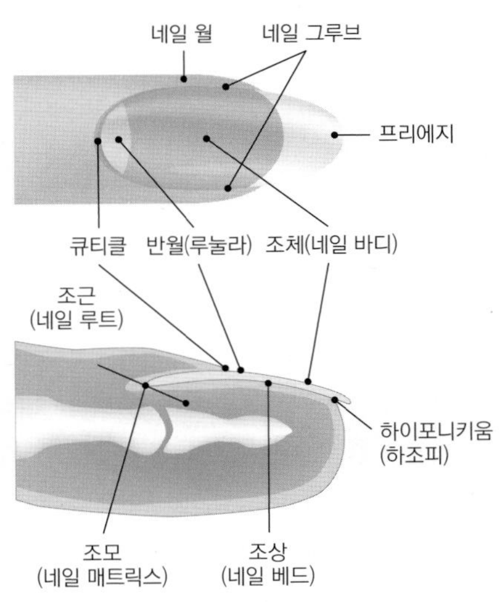

2 네일 밑의 구조

(1) **매트릭스(matrix, 조모)** : 네일 루트 바로 아래에 위치해 있으며 혈관, 림프관, 신경이 있는 곳으로 손톱이 성장하는 중요한 부분이다. 매트릭스가 손상되거나 다치면 손톱이 자라지 않거나 기형적으로 자랄 수 있으므로 주의해야 한다.

(2) **루눌라(lunula, 반월)** : 네일 베드와 네일 루트, 매트릭스를 연결해주는 유백색 반달모양의 케라틴화가 덜 된 여린 부분이다.

(3) **네일 베드(nail bed, 조상)** : 네일 바디 아래의 피부부위를 말하며 네일 바디를 지탱해주고 손톱의 신진대사와 영양분을 공급하는 역할을 한다.

3 네일 주변의 피부

(1) **큐티클(cuticle, 조소피)** : 에포니키움과 네일 사이에 신경이 없는 얇은 피부막으로, 병균의 침입으로부터 네일을 보호해주는 역할을 한다. 네일 관리를 할 때 미용상 니퍼로 잘라내는 곳이다.

(2) **에포니키움(eponychium, 상조피)** : 네일 바디의 시작점으로 큐티클과 루눌라 부분을 덮고 있는 가는 경계선 피부이다. 과도한 큐티클 정리로 인해 에포니키움에 상처가 생기면 균에 감염되거나 거스러미가 일어날 수 있다.

(3) **하이포니키움(hyponychium,하조피)** : 프리엣지와 네일 베드가 맞닿는 부분의 피부로 이물질이나 균으로부터 네일을 보호하는 역할을 한다.

(4) **네일 그루브(nail groove, 조구)** : 네일 바디와 네일 월 사이의 파인 홈을 말한다.

(5) **네일 월(nail wall, 조벽)** : 네일 그루브의 양측면 피부를 말하며 파로니키움(paronychium)이라고도 한다.

SECTION 4 네일의 특성과 형태

1 네일의 특성

네일은 피부의 일부로 경케라틴(단단한 단백질형태)으로 구성되어 있으며 아미노산과 시스테인이 포함되어 있다. 약 12~18% 수분을 함유하고 있고 반투명한 연한 핑크빛을 띠며 둥근 아치 형태로 형성되어 있다.

2 네일의 성장

❶ 네일의 성장은 매트릭스(matrix, 조모)에서 시작되며 매트릭스(matrix, 조모)가 다치거나 압력이 가해지면 네일이 기형적으로 자라거나 성장이 멈추기도 한다.

❷ 손톱은 하루에 0.1㎜ 정도 자라며 한 달에 3㎜ 정도 자란다. 손톱이 완전히 성장하는 기간은 4~6개월 정도이며 겨울보다 따뜻한 여름에 더 빨리 자란다. 빨리 자라는 손톱은 자극을 제일 많이 받는 중지 손톱이며 늦게 자라는 손톱은 엄지 손톱이다.

❸ 네일의 성장 정도는 나이, 건강상태, 환경에 따라 차이가 날 수 있다.

3 네일의 기능

❶ 손끝, 발끝을 보호하는 역할을 한다.

❷ 물건을 들어 올리거나 잡는데 도움을 준다.

❸ 방어, 공격의 기능을 한다.

❹ 몸 상태를 나타내 준다.

❺ 장식적인 기능으로 외적인 미를 나타낸다.

4 네일의 형태

손톱의 다양한 모양과 길이는 손톱 전체의 이미지를 형성하며 손톱의 두께, 길이, 고객의 직업에 따라 어울리는 손톱 모양으로 시술하면 좋다. 자연 손톱은 180~240 그릿(grit)의 파일을 사용하여 비비지 않고 한 방향으로 파일링을 하여야 손톱이 상하지 않는다.

네일의 모양	네일의 형태	특징
	스퀘어형 (square)	● 긴 손톱에 어울리는 네일 형태로 프리엣지 모서리 부분이 직각인 사각형의 네일 형태이다. ● 손톱의 형태 중 가장 단단하므로 손끝을 많이 사용하는 고객에게 어울리며 인조네일, 발톱에 많이 사용하는 형태이다.
	세미스퀘어 (semi square)	● 스퀘어 형태에서 양쪽 모서리만 살짝 둥글린 네일 형태이다. ● 양쪽 모서리가 너무 뾰족한 스퀘어형태는 일상생활에 불편함을 주기 때문에 세미스퀘어 형태를 많이 선호한다.
	라운드형 (round)	● 완만한 커브스타일의 둥근 네일 형태이다. ● 손톱의 길이가 짧은 고객이나 남성들에게 어울리는 네일 형태이다.
	오벌형 (oval)	● 긴 타원형의 네일 모양이다. ● 여성스럽고 우아한 이미지를 주므로 많은 여성들이 선호하는 네일 형태이다.
	포인티드형 (pointed)	● 뾰족한 아몬드형의 네일 형태이다. ● 손가락이 가장 길어 보이지만 자연 손톱이 잘 부러지는 단점이 있다.

SECTION 5 네일의 병변

1 네일 병변의 이해

네일의 색과 형태로 개인의 건강상태를 파악할 수 있다. 네일 아티스트는 시술 가능한 네일과 시술이 불가능한 네일을 구분할 줄 알아야 하며, 손톱다듬기 시술이 불가능한 경우 의사의 상담과 처방을 받을 수 있도록 고객에게 설명을 해주어야 한다.

2 시술 가능한 네일의 병변

종류	증상	원인	관리
멍든 네일 (혈종) (Hematoma)	네일 바디에 피가 응결되어 검붉게 보이는 상태	외부의 큰 충격으로 인해 피가 응결됨	네일에 무리가 가지 않도록 주의하며 시술해야 함 / 인조네일 관리는 시술 중 네일이 떨어져 나갈 수 있으므로 하지 않는 것이 좋다.
변색된 손톱 (Discolored nail)	네일의 색상이 황색, 청색, 검푸른색, 자색 등의 색상으로 변색된 상태	베이스코트를 사용하지 않고 유색 에나멜을 바를 경우 / 심장질환 및 혈액순환 저하 등의 건강상태 / 흡연, 태양광선에 장시간 노출, 노화 등	유색 폴리시 착색 : 네일블리치, 네일 하이트너 사용 / 규칙적인 운동과 건강상태 개선시킨다. / 금연, 자외선 노출이 되지 않도록 보호한다.
달걀 껍질 네일 (조갑연화증) (Eggshell nail)	네일 전체가 희고 얇은 상태로 프리엣지 부분이 겹겹이 벗겨지고 휘어진 형태	내과적 질병, 영양 상태 결핍으로 인한 케라틴의 부족으로 나타남	충분한 영양소 섭취 부드러운 파일과 샌딩버퍼로 시술한다.
고랑파진 네일 (주룸진네일) (Furrow/ Corrugation)	네일의 세로나 가로로 골이 파져있는 형태	아연 부족, 순환기계 질환, 유전성	가벼운 버핑 작업으로 네일 표면을 고르게 하거나 골이 깊을 경우 필러를 사용하여 골을 채워준다.
거스러미 네일 (행네일) (Hang nail)	큐티클 주위 피부의 거스러미가 일어남	과도한 큐티클 제거 / 큐티클을 잡아떼는 버릇 / 환절기 또는 피부 건조로 인한 거스러미 발생	충분한 보습 / 핫오일매니큐어, 파라핀매니큐어로 관리한다. / 물, 세제가 손에 닿지 않도록 고무장갑 착용
조백반증 (루코니키아) (Leuconychia)	네일 바디에 흰색 반점이 나타나는 상태	외부충격으로 인해 네일 베드에 공기가 들어가 발생	네일이 자라나면서 자연스럽게 없어진다.
니버스(Nevus) 조갑모반증	네일 표면에 검은 색상의 얼룩 현상이 나타남	네일 표면의 멜라닌색소 침착으로 발생	네일이 자라나면 잘라준다. 진한 색상의 폴리시를 도포하여 가려준다.
교조증 (오니코파지) (Onychophagy)	손톱을 물어뜯어 나타나는 상태	심리적인 불안과 스트레스로 인한 습관성	손톱을 뜯지 않도록 주의한다. 변형된 네일은 인조 네일과 꾸준한 매니큐어로 관리한다.
조내생증 (오니코크립토시스) (Onychocryptosis, Ingrown naill)	발톱에 많이 나타나는 증상으로 네일 양 사이드 부분이 살 안쪽으로 파고드는 형태	작은 신발 착용으로 인한 네일의 압박 잘못된 파일 방법	발톱 모양은 스퀘어 형태로 잡는다. / 파고드는 발톱 교정 제품으로 시술 관리한다. 파고드는 네일이 심해 염증이 발생할 경우 의료 진료를 권유한다.
조갑위축증 (오니코아트로피) (Onychoatrophy)	네일이 오므라들면서 부서져 떨어져 나감	네일 매트릭스가 손상되었거나 잦은 화학제품 사용 / 내과적 질병으로 인해 나타남	화학제품 사용을 금지하고 부드러운 파일로 시술한다.
조갑종렬증 (오니코렉시스) (Onychorrhexis)	네일이 세로결로 갈라지거나 부서지는 형태	보통 노인성 변화에 의해 나타나지만, 화학제품 과다 사용으로 인한 네일의 건조증에서도 발생함	화학제품 사용을 금하고 부드러운 파일로 파일링한다. 네일 랩을 붙여 보강한다.
조갑비대증 (오니콕시스) (onychauxis)	네일이 과잉 성장하여 두꺼운 형태	내과적 질병이나 상해에 의해 유발됨	파일, 드릴머신으로 버핑작업을 하여 두께를 줄여준다.
조갑익상편 (테리지움) (Pterygium)	큐티클이 과잉 성장하여 네일 위로 자라나는 상태	대부분 유전인 경우가 많음	주기적으로 큐티클을 제거하고 핫크림 매니큐어로 관리한다.

3 시술 불가능한 네일의 병변

종류	증상	원인
네일몰드 (조갑사상균증) (Nail mold)	네일 표면이 황녹색으로 보이며 증상이 심할 경우 검은색으로 변색이 됨	인조네일 시술 후 리프팅 현상으로 인한 들뜬 부분에 습기가 차 사상균이 번식함 인조 네일을 제거하고 약을 바르면 회복이 된다.
오니키아 (조갑염) (Onychia)	네일 주변 피부가 붉어지고 염증이 유발됨	비위생적인 네일 도구를 사용하여 박테리아 감염이 된 경우 발생한다.
오니코리시스 (조갑박리증) (Onycholysis)	네일이 네일 베드에서 분리되는 상태로 심하면 분리되는 면적이 넓어지고 완전히 탈락되기도 함	갑상선 기능 이상이나 매독 등의 질환으로 인해 네일 박리현상이 나타남 기계적인 자극으로 인해 박리된 경우 네일을 짧게 자르고 자극을 줄여야 한다.
오니코마이코시스 (조갑진균증) (Onychomycosis)	네일이 불투명한 백색이 되며 변형이 되기도 함	진균 감염에 의해 발생한다.
오니코그리포시스 (조갑구만증) (Onychogryphosis)	네일이 비정상적으로 두껍고 심하게 구부러지며 자람. 네일 밖으로 구부러지며 비틀려 자랄 경우 피부에 파고들어 염증을 유발할 수 있음	원인이 불명확하다.
오니콥토시스 (조갑탈락증) (Onychoptosis)	네일이 한 개 이상 빠져버리는 증상을 말함	매독, 당뇨병, 약물 반응 등 건강 이상으로 발생한다.
파로니키아 (조갑주위염) (Paronychia)	네일 주위 피부가 빨갛게 부어오르고 압통을 동반 / 세균감염으로 인해 염증이 생김	비위생적인 네일 도구 사용, 과도한 큐티클 정리로 인한 세균감염으로 발생한다.
화농성육아종 (Pyrogenic Granuloma)	네일 주변에 심한 염증성 결절이 발생함	네일 주위의 박테리아 감염으로 발생된다.
티니아(백선) (Tinea)	피부진균증의 일종으로 흔한 피부질환으로 가렵고 피부가 갈라지는 증상이 나타나면 심할 경우 물집이 잡히고 부어오름 전염성이 높은 염증질환	진균 감염으로 발생한다.

SECTION 6 고객 응대 및 상담

1 시술 전 준비사항

그 날 고객 예약을 점검 후 사전 준비를 해두어 고객이 방문할 경우 바로 서비스를 할 수 있도록 한다. 네일 기구를 소독하고 필요한 재료 및 소모품을 확인하고 준비한다.

❶ 사용할 네일 도구 및 기구는 사전에 소독해 놓는다.

❷ 시술 테이블 위 재료 정리대에 필요한 기본재료를 준비한다.

❸ 전기 관련 제품의 경우 작동 여부를 사전에 확인해 보고 온열 전기 제품은 미리 켜 놓는다.

❹ 시술자는 용모를 단정하게 하고 샵 주변 정돈을 한 후 고객 맞을 준비를 한다.

2 고객 상담

❶ 네일 서비스 전 고객과 가벼운 대화로 친밀감을 느끼게 한 후 고객카드를 작성하도록 한다.

❷ 고객의 네일 건강상태를 체크한다. ❸ 고객이 원하는 서비스 사항을 확인한다.

❹ 고객이 원하는 네일 서비스에 대한 방법과 가격 등을 안내한다.

3 고객카드 작성

❶ 고객의 기본 인적사항을 작성한다. ❷ 고객의 건강 기록사항을 체크한다.

❸ 고객이 받은 네일 서비스 종류와 날짜를 기록한다.

고객 관리 카드

- 성 명 :
- 주 소 :
- 직 업 :
- 연 락 처 :
- 생년월일 :
- 결혼여부 :

■ 피부색(톤)	□ 흰피부	□ 노란색피부	□ 붉은피부	□ 어두운피부
■ 큐티클피부	□ 얇은	□ 보통	□ 딱딱한	
■ 손톱 상태	□ 정상 손톱	□ 갈라지는 손톱	□ 물어뜯는 손톱	□ 약한 손톱
■ 발톱 상태	□ 정상 발톱	□ 파고드는 발톱	□ 갈라지는 발톱	□ 두꺼운 발톱
■ 컬러 선호도	□ 비비드컬러	□ 파스텔컬러	□ 누드컬러	
■ 아트 선호도	□ 화려한	□ 스페셜한	□ 심플한	

■ 의료기록	□ 임신	□ 화장품부작용	□ 알레르기	□ 무좀
	□ 내과적 질환	□ 수술여부	□ 기타( )	

고객 서비스 기록카드 담당 네일리스트:

시술 일자	네일 서비스	리터치 일자	시술금액	시술자

4 서비스 시술

❶ 고객이 불편함을 느끼지 않도록 시술 과정마다 설명을 하며 서비스를 한다.

❷ 네일 디자인과 색상은 고객의 라이프스타일(생활환경, 직업, 패션스타일 등)을 고려하여 시술하여야 만족도 높은 서비스를 제공할 수 있다.

❸ 컬러링 시술 전 고객이 원하는 색상을 2~3개 정도 테스트를 한 후 시술한다.

❹ 네일아트 시술할 때는 고객이 원하는 아트가 맞는지 대화를 하며 시술한다.

5 서비스 시술 후 고객 관리

❶ 서비스 후 고객에게 일어날 수 있는 문제점이나 주의사항을 설명한다.

❷ 고객에게 다음 방문 날짜를 안내해 드리고 예약 접수를 한다.

❸ 사용한 네일 도구는 소독하고 테이블과 주변 정리정돈을 한다.

손·발의 구조와 기능

SECTION 1 뼈(골)의 형태 및 발생

1 골격계의 구성

(1) 뼈의 기능

❶ 지지 기능

인체의 외형을 결정해주고 체중을 받쳐주며 주변의 조직들을 지지하면서 신체기능을 유지한다.

❷ 보호 기능

뼈는 체강 내 두개골 속의 뇌, 척추 공간 내의 척수, 가슴 안의 허파와 심장, 골반 안의 방광과 자궁 등을 보호한다.

❸ 운동 기능

팔다리 및 몸통뼈에 부착된 근육이 수축하면서 지렛대 역할을 하여 각종 운동기능을 작용한다.

❹ 조혈 기능

뼈에는 혈구를 생성하는 골수라는 조혈 공간이 있다. 골수에서는 적혈구, 백혈구, 혈소판을 생산한다.

❺ 저장 기능

뼈는 무기질 종류인 칼슘과 인을 저장하였다가 적절하게 인체에 공급해준다.

(2) 뼈의 구조

성인의 뼈는 두개골 23개, 척추골 26개, 상지골 64개, 하지골 62개, 늑골 24개, 이소골 6개, 흉골 1개로 총 206개로 구성되어 있고 체중의 20%를 차지한다.

❶ 골막(뼈막)

모든 뼈의 표면을 덮고 있으며 골외막과 골내막으로 나누어진다. 뼈의 보호, 성장과 재생에 관여하고 근육과 힘줄이 부착되어 있다.

❷ 골조직

뼈의 실질적인 조직인 단단한 부분으로 치밀뼈와 해면뼈로 구성되어 있다.

❸ 골수

뼈 사이의 공간을 채우고 있는 부드러운 조직으로 적색골수와 황색골수로 나누어진다.

SECTION 2 손과 발의 뼈대(골격) 구조와 기능

1 손의 골격

손의 골격은 수근골(8개), 중수골(5개), 수지골(14개)로 총 27개 뼈로 구성되어 있으며 손의 위치는 수근골과 요골 간의 타원관절의 움직임으로 변화하게 된다. 손가락은 섬세한 운동을 할 수 있으며 특히 엄지손가락은 손의 기능에서 45%의 많은 역할을 담당하기도 한다.

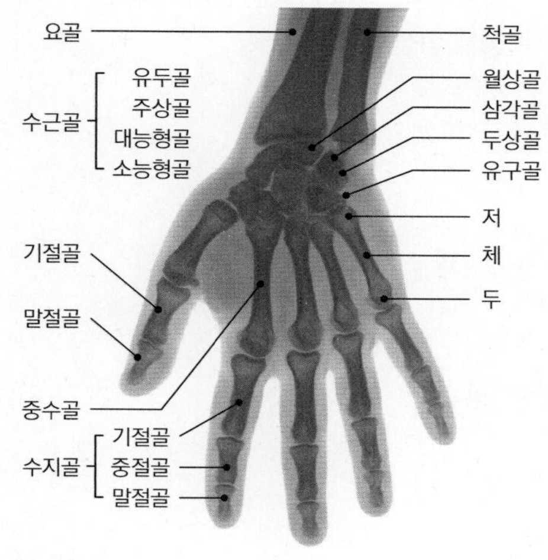

수근골 (손목뼈) 8개	근위손목뼈	손배뼈(주상골)	• 손목을 이루고 있는 8개의 짧은 뼈로 인대에 의해 서로 연결되어 있다.
		반달뼈(월상골)	
		세모뼈(삼각골)	
		콩알뼈(두상골)	
	원위손목뼈	큰마름뼈(대능형골)	
		작은마름뼈(소능형골)	
		알머리뼈(유두골)	
		갈고리뼈(유구골)	
중수골 (손바닥뼈) 5개	손허리뼈		• 손등과 손바닥을 이루고 있는 5개의 손허리뼈이다. • 첫째(엄지손가락에 해당하는 중수골) 손허리뼈가 가장 짧고 둘째(검지손가락에 해당하는 중수골) 손허리뼈가 가장 길다.
수지골 (손가락뼈) 14개	첫마디뼈(기절골)		• 손가락을 이루는 뼈로 각 손가락마다 3개의 첫마디뼈(기절골), 중간마디뼈(중절골), 끝마디뼈(말절골)로 되어 있으며 엄지손가락만 2개의 첫마디뼈(기절골), 끝마디뼈(말절골)로만 이루어져 총 14개의 손가락뼈로 구성된다.
	중간마디뼈(중절골)		
	끝마디뼈(말절골)		

2 발의 골격

발의 골격은 족근골(7개), 중족골(5개), 족지골(14개)로 총 26개 뼈로 구성되어 있으며 발은 신체의 체중을 지탱하고 운동할 수 있는 기능을 가지고 있다. 발의 근육은 손의 근육보다 커서 족궁을 형성한다.

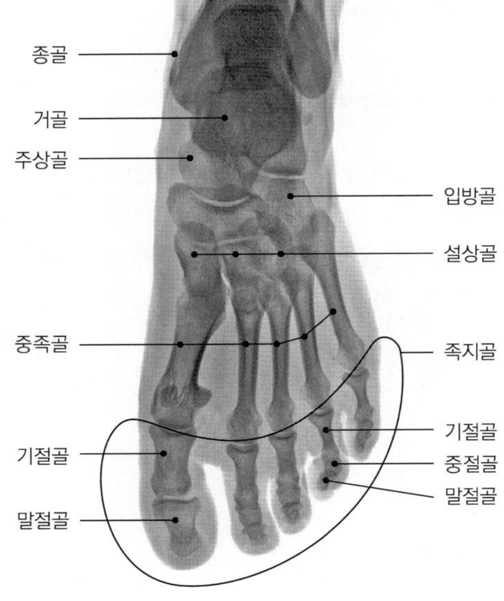

족근골 (발목뼈) 7개	근위발목뼈	발배뼈(주상골)	● 7개의 발목뼈로 형성되어 있으며 무게를 지탱하고 발목운동을 통해 걷거나 뛰는 속도를 조절해준다.
		목발뼈(거골)	
		발꿈치뼈(종골)	
		입방뼈(입방골)	
	원위발목뼈	안쪽쐐기뼈(내측설상골)	
		중간쐐기뼈(중간설상골)	
		가쪽쐐기뼈(외측설상골)	
중족골 (발바닥뼈) 5개	발허리뼈		● 발등과 발바닥을 이루고 있는 5개의 발허리뼈이다. ● 첫째(엄지 발가락에 해당하는 중수골) 발허리뼈가 가장 굵고 둘째(검지 발가락에 해당하는 중수골) 발허리뼈가 가장 길다. ● 발바닥에 아치를 형성하여 충격완화 역할을 한다.
족지골 (발가락뼈) 14개	첫마디뼈(기절골)		● 발가락을 이루는 뼈로 각 발가락마다 3개의 첫마디뼈(기절골), 중간마디뼈(중절골), 끝마디뼈(말절골)로 되어 있으며 엄지 발가락만 2개의 첫마디뼈(기절골), 끝마디뼈(말절골)로만 이루어져 총 14개의 발가락뼈로 구성된다. ● 손가락뼈와는 달리 다양한 운동보다는 체중을 지탱해야 되기 때문에 발가락뼈들은 굵고 길이가 짧다.
	중간마디뼈(중절골)		
	끝마디뼈(말절골)		

SECTION 3 손·발의 근육 형태 및 기능

1 근육 형태 및 기능

근육은 질긴 힘줄로 뼈와 연결된 조직으로 뼈대 근육은 체중의 약 40~50%를 차지하며 신체운동과 자세 유지를 도와준다.

형태	구분	특징
골격근	수의근(가로무늬근)	● 뼈에 부착된 근육으로 의식적으로 원하는 움직임이나 힘을 만들어 낸다.
평활근	불수의근(민무늬근)	● 내장의 벽을 구성하는 근육으로 의지와 관계없이 자율적인 운동에 관여한다.
심근	불수의근(가로무늬근)	● 심장에 존재하는 두꺼운 근육으로 의지와 관계없이 수축과 이완을 반복하며 심장박동에 관여한다.

2 손의 근육

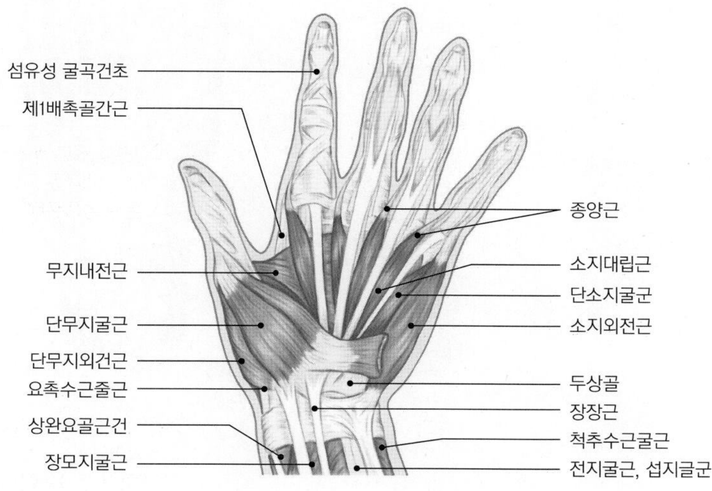

무지구근	짧은엄지폄근(단무지신근)	긴엄지굽힘근(장무지굴근)	● 엄지 손가락 아랫부분에 있는 근육으로 엄지 손가락을 벌리거나 굽히는 운동을 한다.
	짧은엄지굽힘근(단무지굴근)	긴엄지벌림근(장무지외전근)	
	짧은엄지벌림근(단무지외전근)	엄지모음근(무지내전근)	
	긴엄지폄근(장무지신근)	엄지맞섬근(무지대립근)	
소지구근	새끼폄근(소지신근)	새끼맞섬근(소지대립근)	● 소지 손가락 아랫부분에 있는 근육으로 소지 손가락을 벌리거나 굽히거나 물건을 잡을 때 작용한다.
	새끼벌림근(소지외전근)	짧은새끼굽힘근(단소지굴근)	
중수근	벌레근(충양근)		● 손가락을 펴거나 모으는 운동에 작용한다.

근육의 형태	특징
신근(폄근)	● 손가락을 뻗거나 펴는 근육
굴근(굽힘근)	● 손가락, 손목을 오므리거나 구부리는 근육
내전근(모음근)	● 손가락을 붙일 때 사용하는 근육
외전근(벌림근)	● 손가락을 벌리는 근육
회내근(엎침근)	● 손바닥을 아래로 향하게 하는 근육
회외근(뒤침근)	● 손바닥을 위를 향하게 하는 근육
대립근	● 엄지손가락이나 소지손가락이 물건을 잡을 때 당겨오는 근육

3 발의 근육

족배근(발등근육)	짧은엄지폄근(단무지신근)	
	짧은발가락폄근(단지신근)	
족천근(발바닥근육)	내측족저근	무지내전근
		무지외전근
		단무지굴근
	중앙족저근	단지굴근
		족척방형근
		충양근
		척측골간근
		배측골간근
	외측족저근	소지외전근
		단소지굴근

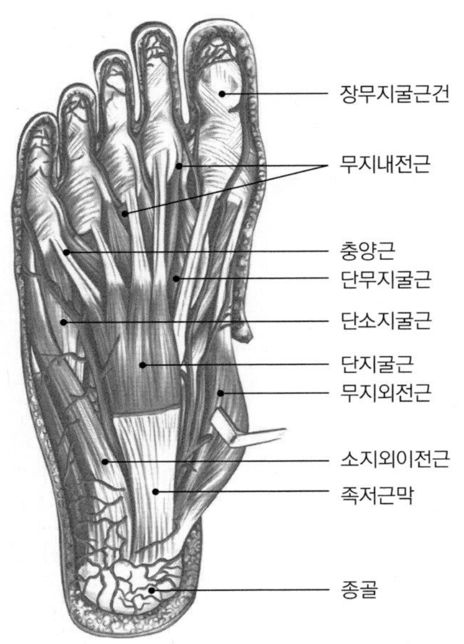

SECTION 4 손·발의 신경 조직과 기능

1 신경계의 특징

❶ 신경계는 감각 기관에서 받아들인 자극을 뇌나 척수로 전달하고 그에 맞는 명령을 각 운동기관에 내려 신체의 여러 가지 기능을 조절한다.

❷ 신경계는 수많은 신경 세포로 이루어져 있고 신경의 기본 단위인 뉴런(neuron)은 신경 세포체와 신경 돌기로 구성되어 있다.

(1) 손의 신경

구분	기능
액와신경	● 소원근과 삼각근의 운동 및 삼각근 상부에 있는 피부감각을 지배하는 신경
근피신경	● 팔의 굴근에 대한 운동지배 및 앞팔의 외측 피부감각을 지배하는 신경
요골신경	● 위팔 및 아래팔의 모든 신근과 팔의 바깥쪽과 손등의 엄지손가락 쪽을 지배하는 신경
척골신경	● 척측 및 손바닥 안쪽의 근을 지배하고 또 손바닥 안쪽의 피부 지각을 주관하는 신경
정중신경	● 팔의 말초신경 중 하나로 일부 손바닥의 감각과 손목, 손의 운동기능을 담당

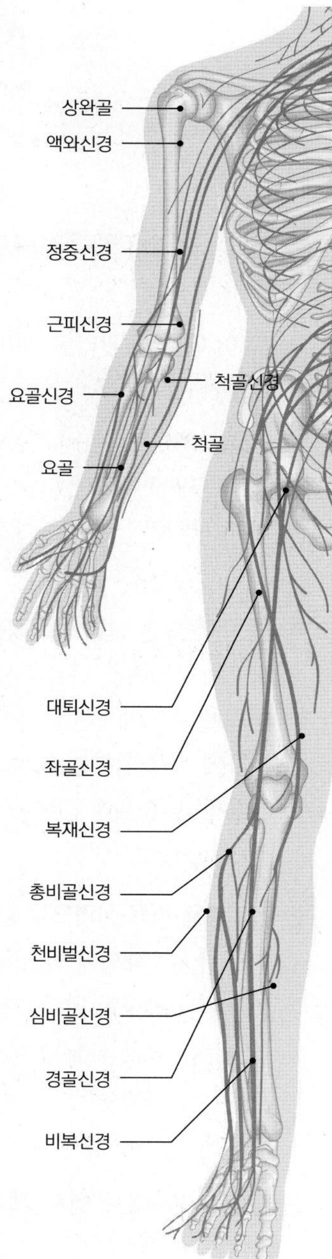

(2) 발의 신경

구분	기능
대퇴신경	● 요근과 장골근의 사이를 내려와서 서혜인대의 하부를 지나 치골와에서 대퇴동정맥의 외측을 지나서 대퇴의 전면으로 나옴 ● 대퇴의 전내측의 피부에 분포하며, 일부는 복재신경이 됨
복재신경	● 하퇴와 발의 내측 분포, 대퇴 정면의 근, 고관절 및 슬관절 지배, 일반 감각성 및 운동성 기능
경골신경 비골신경 외측비복피신경	● 좌골신경에서 대퇴 또는 무릎높이로 나뉘어져 있는 하퇴굴근군. 내측족근부, 족저에 분포하는 신경. ● 둔부 아래에 위치한 좌골신경이 경골신경과 비골신경이 됨 ● 비골신경은 내측발신경과 외측발신경이되어 발등의 내측면에 분포

네일 개론 예상적중문제

네일 미용의 역사

01 매니큐어 어원 중 관리를 의미하는 라틴어는 무엇인가?

① 큐라(cura)
② 패디스(pedis)
③ 마누스(manus)
④ 매니스(manis)

01 큐라(cura)는 관리, 패디스(pedis)는 발, 마누스(manus)는 손을 의미한다.

02 매니큐어에 대한 설명으로 옳은 것은?

① 네일케어, 컬러링, 마사지 등 손과 손톱의 총체적인 관리를 뜻한다.
② 손과 발의 전체적인 관리를 말한다.
③ 손톱에 색을 입히는 유색 화장품을 의미한다.
④ 고대이집트 어원에서 마누스(manus)와 큐라(cura)가 합성된 말이다.

02 매니큐어는 손에 관한 전체적인 관리를 의미한다.

03 한국의 네일 미용 설명으로 옳지 않은 것은?

① 1988년 - 이태원에 최초의 네일전문샵이 오픈하였다.
② 1996년 - 압구정 백화점에 네일코너가 입점되었다.
③ 1998년 - 민간자격시험제도가 시행되었다.
④ 2000년 - 네일 국가자격증시험제도가 시행되었다.

03 네일 국가자격증시험제도는 2014년에 시행되었다.

04 한국 네일 미용에서 '염지갑화'라고 하여 봉선화로 손톱에 물을 들이는 풍습이 있었던 시기는 언제인가?

① 고조선시대
② 신라시대
③ 고려시대
④ 조선시대

04 고려시대 풍습에 대한 내용이다.

정답 01 ① 02 ① 03 ④ 04 ③

05 라틴어 마누스(manus)와 큐라(cura)라는 어원에서 유래된 용어는 무엇인가?

① 아크릴릭(acrylic)
② 마사지(massage)
③ 매니큐어(manicure)
④ 페디큐어(pedicure)

05 마누스(manus)는 손을, 큐라(cura)는 관리를 의미한다. 손톱과 손의 전체적인 관리는 매니큐어(manicure)이다.

06 네일 미용 역사에 대한 설명 중 옳지 않은 것은?

① 고대 중국에서는 벌꿀, 계란 흰자, 고무나무 수액 등을 손톱에 발랐다.
② 고대 이집트에서는 남자들도 네일 관리를 받았다.
③ 손톱의 색상으로 계급을 나타내기도 하였다.
④ 최초의 네일 관리는 B.C 3000년에 이집트에서 시작되었다.

06 중세시대에는 남자들도 네일 관리를 받았다.

07 홍화, 난백, 밀랍 등을 사용하여 손톱을 관리하였던 나라는 어디인가?

① 그리스 ② 로마
③ 이집트 ④ 중국

07 고대 중국에서는 천연재료를 가지고 손톱을 관리하였다.

08 고대 이집트시대 손톱에 물을 들여 신분차이를 나타내었던 이 염료는 무엇인가?

① 밀랍 ② 연지
③ 홍화 ④ 헤나

08 고대 이집트에서는 헤나를 사용하여 붉은색으로 손톱의 색을 입혔다.

09 인조네일이 개발된 시기로 맞는 것은?

① 1910년 ② 1935년
③ 1940년 ④ 1960년

09 인조네일은 1935년에 개발되었다.

10 손톱 끝이 뾰족한 아몬드형 네일이 유행하였고 네일아트가 점점 대중화된 시기는 언제인가?

① 1700년대 ② 1800년대
③ 1900년대 ④ 2000년대

10 아몬드형 네일이 유행한 시기는 1800년대이다.

정답 05 ③ 06 ② 07 ④ 08 ④ 09 ② 10 ②

11 네일 에나멜 재료 중 하나인 니트로셀룰로오스가 개발된 시기는?

① 1830년 ② 1880년
③ 1885년 ④ 1892년

> **11** 에나멜 필름형성제인 니트로셀룰로오스는 1885년도에 개발이 되었다.

12 1900년대 네일 미용 특징으로 맞는 것은?

① 금속가위와 금속파일이 네일 관리에 사용되기 시작하였다.
② 레드 풀코트가 유행하였다.
③ 인조손톱이 개발되었다.
④ 실크와 린넨을 사용하여 랩핑 시술을 하였다.

> **12** 1900년에는 금속파일과 금속가위를 이용하여 네일 관리를 하였다.

13 19세기 동안 유행했던 손톱의 모양은 무엇인가?

① 스퀘어 ② 오벌
③ 라운드 ④ 포인트

> **13** 19세기에는 오벌 형태(아몬드형)의 손톱모양이 유행하였고 20세기에는 스퀘어 형태의 손톱 모양이 유행하였다.

14 라이트 큐어드 젤 시스템이 등장한 시기로 맞는 것은?

① 1935년 ② 1950년
③ 1970년 ④ 1994년

> **14** 독일에서 등장한 라이트 큐어드 젤 시스템은 1994년도이다.

15 1950년대의 네일 미용 설명으로 옳지 않은 것은?

① 페디큐어가 등장하였다.
② 인조네일 사용이 대중화되었다.
③ 네일 랩핑 시술이 시작되었다.
④ 호일을 이용한 아크릴 네일이 최초로 시행되었다.

> **15** 네일 랩핑 시술은 1960년대에 시작되었다.

16 1956년 미용학교에서 네일 케어를 처음으로 가르치기 시작한 인물은 누구인가?

① 헬렌 걸리
② 시트
③ 닥터 코로니
④ 타미 테일러

> **16** 헬렌 걸리에 의해 미용학교 네일 교육과정이 시작되었다.

정답 11 ③ 12 ① 13 ② 14 ④ 15 ③ 16 ①

17 **네일 미용 역사에 관한 내용으로 틀린 것은?**

① 고대 이집트에서는 왕족은 짙은 색을, 계급이 낮은 층은 옅은 색을 사용하여 계급 차이를 두었다.
② 중세시대에는 검정색, 빨간색 등의 색상으로 손톱을 칠하여 신분을 표시했다.
③ 중국에서는 벌꿀, 달걀흰자, 고무나무 수액을 이용하여 손톱에 바르기도 하였다.
④ 기원전 시대에는 네일의 색상을 칠하기 위해 관목이나 음식물, 식물 등을 사용하였다.

17 검은색, 빨간색 등의 색상으로 손톱을 칠하여 신분을 표시한 시기는 15세기 중국의 역사 내용이다.

18 **한국의 네일 미용 역사에 관한 설명 중 옳지 않은 것은?**

① 한국의 네일 미용의 시작은 봉선화 꽃으로 손톱을 물들이는 풍습으로부터 시작되었다.
② 한국의 네일 산업은 1960년대 중반부터 미국과 일본의 영향으로 급성장하기 시작하였다.
③ 한국 최초의 네일샵은 1988년 이태원에서 시작되었다.
④ 1990년대부터 네일 미용이 대중화되었고 1998년에는 네일 민간 자격증이 도입되었다.

18 한국의 네일 산업은 2000년 이후부터 급성장하였다.

19 **네일 미용 역사에 관한 설명으로 옳지 않은 것은?**

① 고대 이집트에서는 헤나를 이용하여 손톱에 색을 입혔다.
② 최초의 네일 관리는 기원전 3000년 이집트에서 시작되었다.
③ 그리스시대에는 벌꿀, 달걀흰자, 고무나무 수액을 이용하여 손톱에 바르기도 하였다.
④ 15세기 중국 명나라시대 귀족층은 검은색, 빨간색으로 손톱을 칠하여 신분을 과시하였다.

19 벌꿀, 달걀흰자, 고무나무 수액을 이용하여 손톱에 바른 시기는 고대 중국시대이다.

20 **네일 역사에 관한 내용으로 틀린 것은?**

① 1930년대 : 인조네일 개발
② 1950년대 : 페디큐어 등장
③ 1970년대 : 스퀘어쉐입 유행
④ 1990년대 : 아크릴릭 제품 개발

20 1957년에 호일을 사용한 아크릴릭 제품이 처음으로 개발되었다.

정답 17 ② 18 ② 19 ③ 20 ④

21 나라별 네일 미용 역사의 설명으로 옳지 않은 것은?

① 그리스·로마시대 : 전쟁을 치르는 군사들이 용맹함을 과시하기 위해 입술과 손톱에 같은 색을 칠하였다

② 이집트 : 특권층의 신분을 과시하기 위해 손톱의 뿌리 부분에 문신 바늘로 색소를 주입하였다.

③ 중국 : 입술연지의 재료인 '홍화'를 손톱에 발라 특권층의 신분 표시를 하였다.

④ 중세시대 : 노크를 예의에 어긋난 행동이라 여겨 한쪽 손의 손톱을 길게 길러 문을 긁도록 하였다.

> **21** 특권층의 신분을 과시하기 위해 손톱의 뿌리 부분에 문신 바늘로 색소를 주입한 시기는 인도이다.

네일 미용 개론

01 손톱 밑의 구조에 포함되지 않은 것은?

① 매트릭스(조모) ② 네일 베드(조상)
③ 루눌라(반월) ④ 네일 루트(조근)

> **01** 네일 루트는 손톱 자체의 구조이다.

02 하이포니키움(하조피)에 관한 설명으로 맞는 것은?

① 손톱 아래 피부와 연결된 끝 부분으로 이물질이나 세균의 침입을 막아준다.

② 손톱 윗부분을 덮고 있는 얇은 피부막으로 네일을 보호해 주는 역할을 한다.

③ 손톱을 둘러싸고 있는 양옆의 피부이다.

④ 손톱이 성장하는 중요한 부분이다.

> **02** ② 큐티클(조소피), ③ 파로니키움(조상연), ④ 매트릭스(조모)에 대한 설명이다.

03 손톱의 생리적인 특성에 대한 설명으로 옳지 않은 것은?

① 손톱은 평균 하루에 0.1~0.15㎜정도 자란다.

② 손톱은 주로 케라틴으로 구성되어 있으며 아미노산과 시스테인이 포함되어 있다.

③ 손톱의 조체는 변형된 얇은 각질층이 겹겹으로 이루어져 있다.

④ 손톱의 성장은 상조피의 조직이 경화되면서 죽은 세포를 밀어내는 현상이다.

> **03** 손톱의 성장은 네일 루트(조근)에서 이루어진다.

정답 21 ② 01 ④ 02 ① 03 ④

04 **네일 미용 관리 후 고객이 불만족할 경우 네일 아티스트로서 대처방법으로 적합한 것은?**

① 고객의 잘못을 인정하도록 잘 설명한다.
② 할인이나 서비스 티켓으로 마무리한다.
③ 불만족 부분을 파악하고 해결 방안을 제시한다.
④ 만족할 수 있는 주변 네일샵을 소개해준다.

05 **손톱의 구조에 대한 설명으로 틀린 것은?**

① 프리에지(자유연) : 손톱의 끝 부분으로 길이 및 형태를 조절할 수 있다.
② 네일 루트(조근) : 손톱이 자라는 시작 부분으로 큐티클 아래 피부밑에 위치하고 있다.
③ 네일 바디(조체) : 육안으로 보이는 반투명한 손톱 부분으로 네일 베드(조상)를 덮어 보호하는 역할을 한다.
④ 네일 베드(조상) : 손톱의 성장이 진행되는 중요한 곳으로 이상이 생기면 비정상적인 손톱이 된다.

05 손톱의 성장이 진행되는 중요한 곳으로 이상이 생기면 비정상적으로 자라는 곳은 매트릭스(조모)이다.

06 **고객을 위한 네일 아티스트의 바른 자세가 아닌 것은?**

① 고객에게 시술 가능한 방법을 설명한다.
② 고객의 경제 상태를 파악한다.
③ 고객이 원하는 서비스사항을 확인한다.
④ 고객의 네일 건강상태를 체크한다.

06 고객의 사생활은 파악하지 않는다.

07 **큐티클이 과잉 성장하여 네일 위로 자라는 질병은 무엇인가?**

① 조갑비대증(오니콕시스)
② 조갑익상편(테리지움)
③ 조갑종렬증(오리코렉시스)
④ 조갑위축증(오리코아트로피)

07 조갑익상편(테리지움)은 큐티클이 과잉 성장하여 네일 위로 자라나는 질병으로 지속적인 큐티클 관리로 완화할 수 있다.

정답 04 ③ 05 ④ 06 ② 07 ②

08 **네일의 구조 중 길이와 형태를 조절할 수 있는 곳은?**

① 네일 그루브(조구)
② 네일 바디(조체)
③ 프리에지(자유연)
④ 네일 월(조벽)

08 네일의 프리에지(자유연) 부분은 길이와 형태를 조절할 수 있는 곳이다.

09 **변색된 손톱의 특징으로 옳지 않은 것은?**

① 네일 바디에 검은 색상의 반점처럼 나타난다.
② 베이스코트를 사용하지 않고 유색 폴리시를 바를 경우 나타날 수 있다.
③ 손톱의 색상이 황색, 푸른색, 자색 등으로 나타난다.
④ 심장질환 및 혈액순환이 좋지 못한 건강상태에서 나타날 수 있다.

09 네일 바디에 반점처럼 나타나는 것은 모반(니버스)이다.

10 **건강한 손톱의 특징이 아닌 것은?**

① 반투명한 연한 핑크빛을 띤다.
② 둥근 아치 형태로 단단하게 형성되어 있다.
③ 약 5~10%의 수분을 함유하고 있다.
④ 손톱 표면이 매끄럽고 광택이 난다.

10 건강한 손톱은 약 12~18%의 수분을 함유하고 있어야 한다.

11 **손톱의 특징으로 옳지 않은 것은?**

① 네일의 성장은 매트릭스(조모)에서 시작이 된다.
② 네일의 성장 정도는 나이, 건강상태, 환경에 따라 차이가 날 수 있다.
③ 네일 베드(조상)는 손톱의 신진대사와 영양분을 공급하는 역할을 한다.
④ 네일 바디(조체)는 산소를 필요로 한다.

11 네일 바디(조체)는 죽은 각질 세포로 되어 있어 신경이나 혈관이 없고 산소를 필요로 하지 않는다.

12 **파고드는 발톱(조내생증)을 예방하기 위한 발톱 형태로 옳은 것은?**

① 스퀘어형 ② 라운드형
③ 포인트형 ④ 오발형

12 파고드는 발톱(조내생증)을 예방하기 위해서는 스퀘어 형태 또는 일자 형태로 잡아줘야 한다.

정답 **08** ③ **09** ① **10** ③ **11** ④ **12** ①

13 손톱의 특성에 관한 설명으로 틀린 것은?

① 손톱은 겨울보다 여름에 성장이 더 빠르다.
② 손톱은 피부의 변성물로 머리카락과 같은 케라틴과 칼슘으로 구성되어 있다.
③ 손톱의 손상으로 인해 조갑이 탈락될 경우 회복되는데 약 6개월 정도 걸린다.
④ 손톱 중 성장이 가장 느린 곳은 엄지 손톱이며 중지 손톱은 성장이 가장 빠르다.

13 손톱은 피부의 일부이며 케라틴이라는 단백질과 아미노산 시스테인을 포함하고 있다.

14 고객을 응대할 때 네일 아티스트로서의 자세로 옳지 않은 것은?

① 고객에게 적절한 서비스를 하여야 한다.
② 안전규정을 준수하고 충실히 하여야 한다.
③ 모든 고객에게 공평한 서비스를 제공해야 한다.
④ 매출을 위하여 고객에게 추가시술을 권한다.

14 필요한 시술만 고객에서 권해야 한다.

15 네일몰드(조갑사상균증)에 관한 설명으로 틀린 것은?

① 손톱에 흰색 반점이 나타나는 현상이다.
② 인조네일 시술 후 리프팅 현상으로 인한 들뜬 부분에 잘 발생한다.
③ 인조손톱 보수기간을 놓친 경우 일어날 수 있다.
④ 특히 덥고 습한 여름철에 많이 발생이 된다.

15 손톱에 흰색 반점이 나타나는 손톱은 루코니키아(조백반증)이다.

16 손톱의 역할 및 기능의 설명으로 틀린 것은?

① 방어, 공격의 기능을 한다.
② 물건을 들어 올리거나 잡는 데 도움을 준다.
③ 몸을 지지해주는 기능을 한다.
④ 손끝, 발끝을 보호하는 역할을 한다.

16 몸을 지지해주는 기능은 뼈의 기능이며 손톱은 몸 상태를 나타내기도 한다.

정답 13 ② 14 ④ 15 ① 16 ③

17 **네일 미용의 위생 및 안전관리를 위한 대처방법으로 적합하지 않은 것은?**

① 파일링으로 인한 이물질이 호흡기에 들어가지 않도록 마스크를 착용한다.
② 화학제품은 뚜껑이 있는 용기를 사용한다.
③ 뚜껑 있는 쓰레기통을 사용하고 폐기물은 자주 비워줘야 한다.
④ 파일, 오렌지 우드스틱은 소독하여 재사용한다.

17 파일과 오렌지 우드스틱은 일회용 도구로 고객 한 명에게 사용 후 폐기 처분해야 한다.

18 **손톱의 구조 중 네일 루트(조근)에 관한 설명으로 맞는 것은?**

① 손톱이 자라는 시작 부분이다.
② 유백색 반달모양의 케라틴화가 덜 된 부분이다.
③ 네일 바디(조체)를 지탱해준다.
④ 길이 및 형태를 조절할 수 있다.

18 ② 루눌라(반월), ③ 네일 베드(조상), ④ 프리에지(자유연) 설명이다.

19 **교조증(오니코파지)의 원인과 관리방법의 설명으로 옳은 것은?**

① 과도한 큐티클 제거로 인해 거스러미가 일어난 경우로 크림이나 오일을 도포하여 보습에 신경을 써준다.
② 물어뜯는 손톱으로 네일 형태가 변형되므로 인조 손톱을 붙여 교정할 수 있다.
③ 멜라닌 색소가 침착되어 발생된 증상으로 손톱이 자라면서 없어지기도 한다.
④ 식습관이나 영양 불균형으로 인해 네일이 갈라지고 부서지는 형태로 부드러운 파일을 사용하여 관리한다.

19 ① 거스러미손톱(행네일), ③ 모반(니버스), ④ 조갑종렬증(오니코렉시스)에 대한 설명이다.

20 **고객관리에 대한 응대로 지켜야 할 사항으로 올바르지 않은 것은?**

① 예약 고객은 약속된 시간에 관리할 수 있도록 미리 준비한다.
② 네일 서비스 중에는 고객과 대화를 나누지 않는다.
③ 소지품과 옷 보관함을 마련하여 고객의 물품이 바뀌는 일이 없도록 한다.
④ 시술자의 취향이 아닌 고객에게 알맞은 시술 서비스를 제공한다.

20 네일 서비스 중 시술에 필요한 내용은 고객에게 설명하고 안내를 해야 한다.

정답 17 ④ 18 ① 19 ② 20 ②

21 **다음 중 네일 미용 시술이 가능한 네일 병변은 무엇인가?**

① 조갑염 ② 펑거스
③ 행네일 ④ 몰드

21 행네일은 거스러미 손톱으로 시술이 가능한 네일 병변이다.

22 **네일 미용의 위생 및 안전관리를 위한 방법으로 옳지 않은 것은?**

① 작업장은 자주 환기시키고 내부 환풍기 및 공기청정기를 사용한다.
② 분진과 화학물질이 눈에 들어가지 않도록 보안경을 착용한다.
③ 사용이 편리한 스프레이 제품을 많이 사용한다.
④ 잦은 화학물질 사용 및 위생을 위하여 플라스틱 장갑을 착용한다.

22 스프레이 형태의 제품은 공기 중으로 화학물질이 퍼지므로 사용을 자제한다.

23 **손톱의 구조 중 프리에지(자유연) 아랫부분의 피부는 무엇인가?**

① 에포니키움(상조피)
② 하이포니키움(하조피)
③ 큐티클(조소피)
④ 네일 그루브(조구)

23 에포니키움(상조피)은 손톱이 피부로 들어가기 시작하는 부분이며, 큐티클(조소피)은 손톱 부분을 덮고 있는 피부이다. 네일 그루브(조구)는 네일 양쪽 부분의 오목한 피부를 말한다.

24 **시술이 불가능한 네일 병변에 해당하는 것은 무엇인가?**

① 조갑위축증(오리코아트로피)
② 조갑익상편(테리지움)
③ 조갑박리증(오리코리시스)
④ 조갑비대증(오니콕시스)

24 조갑박리증(오리코리시스)은 네일 자체가 네일 베드에서 박리되는 상태로 시술이 불가능하다.

25 **손톱의 구조에 관한 설명으로 틀린 것은?**

① 네일 베드(조상)는 네일 바디(조체) 위에 위치하고 있으며 손톱의 신진대사를 돕는다.
② 네일 루트(조근)는 손톱이 자라나는 곳이다.
③ 프리에지(자유연)는 손톱의 끝 부분으로 네일 베드(조상)와 떨어져 있다.
④ 네일 바디(조체)는 단단한 각질 구조물로 신경과 혈관이 없다.

25 네일 바디(조체)가 네일 베드(조상) 위에 위치하고 있다.

정답 21 ③ 22 ③ 23 ② 24 ③ 25 ①

26 **고객관리카드 작성 시 기록해야 할 내용으로 맞지 않는 것은?**

① 고객이 시술한 네일 서비스 내용
② 고객의 이름과 연락처
③ 손발의 질병 및 이상 증상
④ 고객의 학력과 가족사항

26 고객 사생활에 관한 내용은 기록하지 않는다.

27 **네일의 구조에서 모세혈관, 림프, 신경조직이 있는 곳은 어디인가?**

① 큐티클
② 네일 베드
③ 매트릭스
④ 에포니키움

27 매트릭스(조모)는 손톱이 성장하는 중요한 부분으로 모세혈관과 림프, 신경조직이 있다.

28 **건강한 네일의 조건에 관한 설명으로 옳지 않은 것은?**

① 건강한 네일은 20~28%의 수분을 함유해야 한다.
② 건강한 네일은 연한 핑크빛을 띄고 있다.
③ 건강한 네일은 네일 베드에 단단히 부착되어 있어야 한다.
④ 건강한 네일은 표면이 매끄럽고 탄력성이 좋아야 한다.

28 건강한 네일은 약 12~18%의 수분을 함유하고 있어야 한다.

29 **조갑종렬증(오니코렉시스)의 관한 설명으로 맞는 것은?**

① 네일이 과잉 성장하여 두꺼워진 형태
② 네일이 갈라지거나 부서지는 형태
③ 네일이 세로나 가로 형태로 골이 파인 증상
④ 네일 색상이 검푸른 색으로 나타난 형태

29 ① 조갑비대증(오니콕시스), ③ 고랑파진 손톱(커러제이션), ④ 변색된 손톱의 설명이다.

30 **발톱을 너무 짧게 자르거나 폭이 좁은 신발을 신을 경우 발생할 수 있는 네일 병변은?**

① 오니코파지(교조증)
② 오니코렉시스(조갑종렬증)
③ 오니코아트로피(조갑위축증)
④ 오니코크립토시스(조내생증)

30 발톱을 너무 짧게 자르거나 폭이 좁은 신발을 신을 경우 오니코크립토시스(조내생증) 네일 질환이 발생할 수 있다.

정답 26 ④ 27 ③ 28 ① 29 ② 30 ④

31 **고객관리에 관한 설명으로 적합한 것은?**

① 네일 제품으로 인한 알레르기 반응은 누구에게나 발생할 수 있으므로 신경 쓰지 않아도 된다.
② 문제성 피부질환이 있는 고객은 조심해서 시술한다.
③ 유행하는 네일아트 스타일을 고객에게 적극적으로 추천한다.
④ 감염 가능성이 있는 고객은 시술하지 않고 병원 치료를 받을 수 있도록 안내한다.

32 **손톱에 관한 설명으로 맞는 것은?**

① 손톱의 주성분은 인이며 죽은 세포로 구성되어 있다.
② 손톱에는 신경과 근육이 있다.
③ 손톱에는 혈관이 존재하지 않는다.
④ 손톱은 12~18% 수분을 함유하고 있다.

32 손톱은 케라틴이라는 단백질로 구성되어 있으며 근육이 존재하지는 않는다. 그리고 손톱의 네일 베드에는 혈관과 신경이 분포하고 있다.

33 **네일의 병변 중 손톱을 심하게 물어뜯어 생기는 증상은 무엇인가?**

① 조내생증 ② 교조증
③ 니버스 ④ 조갑익상편

33 손톱을 물어뜯어 네일의 형태가 변형된 증상은 교조증(오니코파지)이다.

34 **손톱자체의 구조가 아닌 것은?**

① 네일 루트(조근)
② 네일 프리에지(자유연)
③ 네일 매트릭스(조모)
④ 네일 바디(조체)

34 네일 매트릭스(조모)는 손톱 밑의 구조에 해당한다.

35 **영양 상태 결핍으로 인한 손톱 전체가 희고 얇은 상태로 프리에지 부분이 휘어진 형태의 네일 병변은 무엇인가?**

① 달걀껍질네일(조갑연화증)
② 고랑파진네일(퍼로워)
③ 거스러미네일(행네일)
④ 니버스(조갑모반증)

35 에스쉘 네일이라고도 하며 프리엣지 부분이 얇고 휘어진 형태의 네일 병변은 달걀껍질네일(조갑연화증)이다.

정답 31 ④ 32 ④ 33 ② 34 ③ 35 ①

36 **네일의 병변과 그 원인의 연결이 틀린 것은?**

① 고랑파진네일 : 아연 부족 또는 순환기계 질환 이상
② 니버스 : 네일의 멜라닌색소 침착
③ 헤마토마 : 외부의 충격으로 인해 피가 응결됨
④ 루코니키아 : 심장질환 및 혈액순환 저하

36 루코니키아는 네일 베드(조상)와 네일 바디(조체) 사이에 공기유입이 된 것이다. 심장질환 및 혈액순환 저하의 원인 네일 병변은 변색된 손톱이다.

37 **네일 매트릭스에 관한 설명으로 옳지 않은 것은?**

① 네일 루트 바로 아래에 위치해 있다.
② 혈관, 림프관, 신경이 있는 중요한 부분이다.
③ 네일 바디를 지탱해주고 있다.
④ 매트릭스가 손상되거나 다치면 손톱이 기형적으로 자랄 수 있으므로 주의해야 한다.

37 네일 바디를 지탱해주는 것은 네일 베드이다.

38 **네일 미용 시술 시 실내공기 환기 방법으로 옳지 않은 것은?**

① 작업장 내에 설치된 커튼은 장기적으로 관리한다.
② 화학물질 사용이 많은 직업 특성상 작업장은 자주 환기를 시킨다.
③ 내부 환풍기 및 공기청정기를 사용한다.
④ 공기보다 무거운 성분이 있으므로 환기구는 아래쪽에 설치하는 것이 좋다.

38 작업장 내에 커튼은 설치할 수 없다.

39 **손톱의 성장에 관한 내용 중 옳지 않은 것은?**

① 나이가 젊을수록 성장 속도가 더 빠르다.
② 지성피부의 손톱이 더 빨리 자란다.
③ 손톱이 완전히 성장하는 기간은 4~6개월 정도이다.
④ 겨울보다 여름이 더 빨리 자란다.

39 피지선 분비는 손톱의 성장에 영향을 주지 않는다.

40 **비위생적인 도구를 사용하여 생길 수 있는 네일 병변은 무엇인가?**

① 니버스(모반)
② 오니키아(조갑염)
③ 오니코렉시스(조갑종렬증)
④ 테리지움(조갑익상편)

40 비위생적인 도구를 사용하여 손톱 밑 피부에 염증 유발을 시키는 네일 병변은 오니키아(조갑염)이다.

정답 36 ④ 37 ③ 38 ① 39 ② 40 ②

손·발의 구조와 기능

01 인체의 골격은 약 몇 개의 뼈로 이루어져 있는가?

① 약 203개 ② 약 206개
③ 약 216개 ④ 약 218개

02 신경조직과 관련된 설명으로 맞는 것은?

① 말초신경은 교감신경과 부교감신경으로 구성된다.
② 자율신경계는 12쌍의 뇌신경과 31쌍의 척수신경으로 구성되어 있다.
③ 말초신경은 외부나 체내에 가해진 자극을 중추신경계로 전달하는 역할을 한다.
④ 중추신경계는 체성신경계와 자율신경계로 구분한다.

03 손의 골격 중 몸쪽 손목뼈(근위 수근골)가 아닌 것은?

① 알머리뼈(유두골)
② 손배뼈(주상골)
③ 콩알뼈(두상골)
④ 세모뼈(삼각골)

04 골격근에 관한 설명으로 틀린 것은?

① 횡문근이라고도 한다.
② 체중의 약 80%를 차지한다.
③ 대부분 뼈에 부착되어 있다.
④ 수의근이라고도 한다.

05 뼈의 기능으로 틀린 것은?

① 조혈기능 ② 보호기능
③ 운동기능 ④ 흡수기능

정답 01 ② 02 ③ 03 ① 04 ② 05 ④

01 인체의 골격은 약 206개로 구성되어 있다.

02 ① 자율신경계는 교감신경과 부교감신경으로 구성된다. ② 체성신경계는 12쌍의 뇌신경과 31쌍의 척수신경으로 구성되어 있다. ④ 말초신경계는 체성신경계와 자율신경계로 구분한다.

03 알머리뼈(유두골)는 손목뼈(원위 수근골)에 해당한다.

04 골격근은 체중의 약 40~50%를 차지한다.

05 뼈는 조혈기능, 보호기능, 운동기능, 지주기능, 무기물질 저장기능이 있다.

06 손가락과 손가락 사이가 붙지 않고 벌어지게 하는 손등의 근육은 무엇인가?

① 내전근 ② 대립근
③ 외전근 ④ 회외근

> 06 ① 내전근은 손가락을 붙이거나 모을 수 있게 하는 근육, ② 대립근은 물건을 잡을 때 사용하는 근육, ④ 회외근은 손바닥이 위로 향하게 하는 근육이다.

07 발의 근육에 해당하는 것은 무엇인가?

① 족배근 ② 비복근
③ 장골근 ④ 대퇴근

> 07 ② 비복근은 종아리 근육, ③ 장골근은 엉덩이 근육, ④ 대퇴근은 허벅지 근육이다.

08 손, 발의 뼈 구조에 관한 설명으로 틀린 것은?

① 한 손의 손목뼈는 8개, 손바닥뼈 5개, 손가락뼈 14개로 구성되어 있다.
② 한 발의 발목뼈는 7개, 발바닥뼈 5개, 발가락뼈 14개로 구성되어 있다.
③ 손목뼈는 8개의 뼈로 구성되어 있다.
④ 발목뼈는 6개의 뼈로 구성되어 있다.

> 08 발목뼈는 총 7개의 뼈로 구성되어 있다.

09 심근과 평활근은 어느 신경이 관여를 하는가?

① 중추신경 ② 자율신경
③ 감각신경 ④ 반사신경

> 09 심근과 평활근은 불수의근으로 자율신경계의 영향으로 의식에 상관없이 작용한다.

10 횡문근에 관한 설명으로 맞는 것은?

① 가로무늬 형태로 골격근과 심근이 속한다.
② 불수의근이다.
③ 자율신경의 지배를 받는다.
④ 가로무늬가 없어 민무늬근이라고도 부른다.

> 10 횡문근은 가로무늬근으로 골격근과 심근에 해당한다.

11 수의근에 대하는 근육은 어디인가?

① 심근 ② 평활근
③ 골격근 ④ 내장근

> 11 심근, 평활근, 내장근은 의지와 관계없이 자율적인 운동을 하는 불수의근이다.

정답 06 ③ 07 ① 08 ④ 09 ② 10 ① 11 ③

12 뇌신경과 척수신경은 각각 몇 쌍인가?

① 뇌신경 12쌍, 척수신경 30쌍
② 뇌신경 12쌍, 척수신경 31쌍
③ 뇌신경 11쌍, 척수신경 30쌍
④ 뇌신경 11쌍, 척수신경 31쌍

12 뇌신경은 12쌍, 척수신경은 31쌍으로 구분된다.

13 손가락뼈(수지골)의 명칭으로 틀린 것은?

① 주상골 ② 기절골
③ 중절골 ④ 말절골

13 손가락뼈(수지골)는 기절골, 중절골, 말절골로 구성되며 주상골은 손목뼈(수근골)에 해당한다.

14 손목, 손가락을 구부리는데 작용하는 근육은 무엇인가?

① 내전근 ② 외전근
③ 굴근 ④ 신근

14 ① 내전근은 손가락을 붙이거나 모을 수 있게 하는 근육, ② 외전근은 손가락 사이를 벌어지게 하는 근육, ④ 신근은 손목과 손가락을 벌리거나 펴게 하는 근육이다.

15 중추신경계의 구성으로 맞는 것은?

① 뇌와 척수
② 대뇌와 중뇌
③ 교감신경과 부교감신경
④ 뇌간과 뇌교

15 중추신경계는 뇌와 척수로 구성되어 있다.

16 골격계에 관한 설명으로 틀린 것은?

① 무기질 종류인 칼슘과 인을 저장하였다가 적절하게 인체에 공급해 준다.
② 인체의 골격은 약 208개의 뼈로 구성되어 있다.
③ 체중의 약 20%를 차지하고 있다.
④ 체중을 받쳐주며 주변의 조직들을 지지해준다.

16 인체의 골격은 약 206개로 구성되어 있다.

17 인체의 3가지 근육 형태가 아닌 것은?

① 심근 ② 평활근
③ 골격근 ④ 협근

17 협근은 볼의 근육으로 표정근의 한 종류이다.

정답 12 ② 13 ① 14 ③ 15 ① 16 ② 17 ④

18 뼈의 기본 구조가 아닌 것은?

① 골막 ② 골수강
③ 심막 ④ 골조직

19 골격근의 기능이 아닌 것은?

① 자세유지
② 수의적 운동
③ 조혈작용
④ 체중의 지탱

20 손의 근육이 아닌 것은?

① 장무지외전근 ② 벌레근
③ 반건양근 ④ 소지신근

21 손가락 마디에 있는 뼈로서 총 14개로 구성된 뼈는 무엇인가?

① 중수골 ② 수근골
③ 삼각골 ④ 수지골

22 손톱, 발톱을 구성하는 성분으로 맞는 것은?

① 칼슘 ② 콜라겐
③ 케라틴 ④ 철분

23 손의 중수근에 속하는 근육은 무엇인가?

① 벌레근(충양근)
② 엄지모음근(무지내전근)
③ 새끼맞섬근(소지대립근)
④ 긴엄지굽힘근(장무지굴근)

18 심막은 심장을 싸고 있는 막이다.

19 조혈작용은 골격계(뼈)의 기능이다.

20 반건양근은 골반의 한 근육이다.

21 수지골은 엄지 손가락은 2개의 마디, 검지·중지·약지·소지 손가락은 각 3개의 마디로 총 14개의 뼈로 구성되어 있다.

22 네일은 케라틴이라는 경단백질로 주로 구성되어 있다.

23 ② 엄지모음근(무지내전근), ④ 긴엄지굽힘근(장무지굴근)은 무지구근의 속하고, ③ 새끼맞섬근(소지대립근)은 소지구근의 속한다.

정답 18 ③ 19 ③ 20 ③ 21 ④ 22 ③ 23 ①

24 **골격근에 관한 설명으로 옳은 것은?**

① 골격근은 줄무늬가 없는 민무늬근이라고 한다.
② 골격근은 자세유지, 움직임을 주며 불수의근이다.
③ 골격근은 내장벽을 형성하여 위와 내장 등의 장기를 둘러싸고 있다.
④ 골격근은 뼈에 부착된 근육으로 수의적 활동이 가능하다.

25 **다음 중 중추신경계가 아닌 것은 무엇인가?**

① 척수 ② 뇌신경
③ 대뇌 ④ 소뇌

24 골격근은 가로무늬근으로 내 의지대로 움직일 수 있는 수의근이다. 내장벽을 형성하여 위와 내장 등의 장기를 둘러싸고 있는 근육은 평활근이다.

25 뇌신경은 체성신경계로 구분된다.

정답 24 ④ 25 ②

피부학

피부와 피부 부속 기관

SECTION 1 피부 구조 및 기능

1 피부 구조

피부는 신체 외부의 자극으로부터 신체를 보호해주는 중요한 기관으로 표피, 진피, 피하지방층의 3개의 층으로 구성되어 있다. 피부 총면적은 나이, 성별, 부위에 따라 차이가 나지만 성인의 경우 약 1.6~1.8㎡이고 중량은 체중의 16% 정도를 차지하며 인체의 장기 중 가장 넓은 면적을 차지한다. 남성보다 여성의 피부가 얇고 피하 지방은 여성이 남성보다 두껍다.

(1) 표피

표피는 외배엽의 유래로 각질중층편평상피로 기저층과 중간층 및 각질층의 3층으로 분류하나 일반적으로 기저층, 유극층, 과립층, 투명층, 각질층이라는 5개 층으로 구분하며 각질세포, 색소세포, 랑게르한스세포, 머켈세포를 포함한다.

구조	기능
기저층	• 표피의 가장 아래층으로 단층의 원주형 세포층으로 핵을 가지고 있고 활발한 세포분열이 이루어진다. 활발한 세포분열이 이루어져 분열과 증식을 한 각질세포는 점차 표면층을 향해 이동하여 표피세포의 재생이 이루어진다. • 각질형성세포와 색소형성세포가 존재한다. • 멜라닌을 생성하는 멜라닌형성세포가 있어 피부색을 결정하며 외부 자극이나 자외선으로부터 피부를 보호하는 역할을 한다.
유극층	• 표피 중 가장 두꺼운 층으로 가시 모양의 극돌기가 있어 유극층 또는 가시층이라고 불린다. • 유핵세포이며 세포분열을 하며 랑게르한스세포가 존재하여 피부의 면역기능을 담당한다.
과립층	• 편평형의 세포가 3~4층의 두꺼운 과립세포층으로 이루어 외부의 압력으로부터 방어를 한다. • 핵이 위축되어 퇴화하고 각질화 과정이 시작된다. • 수분 증발을 막는 수분 증발 저지막(레인 방어막)이 있어 이물질 침투에 대해 방어막 역할을 하며 수분 증발로 인한 염증 유발을 억제한다.
투명층	• 무핵의 각화 세포로 주로 손, 발바닥에 분포되어 있다. 엘라이딘이라는 반유동성 단백질을 함유하고 있다. • 수분 침투를 막아 피부를 윤기 있게 한다. 자외선을 반사하여 색소침착이 되지 않는다.
각질층	• 외부의 자극이나 자외선 등으로부터 피부를 보호한다. • 무핵세포로 각질층에는 천연보습인자가 있어 10~20%의 수분을 유지한다.

TIP 레인 방어막의 역할

- 외부로부터 침입하는 각종 물질을 방어
- 체내에 필요한 물질이 체외로 빠져나가는 것을 방지
- 피부가 건조해지는 것을 방지
- 피부염 유발을 억제

(2) 표피의 구성 세포

구조	기능
각질형성세포 (케라티노사이트 : Keratinocyte)	● 표피의 주요 구성 세포로 전체 80% 이상을 차지하며 피부의 기초를 이루는 단백질인 케라틴(Keratin)을 생산한다. 기저층에서 생성되어 각질층까지 분열되어 올라가 각질세포가 되는데 이러한 세포를 각질형성세포(keratinocyte)라 하며 피부 표면으로 떨어져 나가는 것을 각화 과정이라고 한다. 각질형성세포의 각화 주기는 약 28일이며 매일 수백만 개의 세포들이 탈락과 생성이 반복된다.
멜라닌형성세포 (멜라노사이트 : Melanocyte)	● 색소형성세포라 하며 멜라닌세포에 의해 멜라닌이 생성되어 피부색을 결정짓는다. 기저층에 분포하고 자외선을 흡수 또는 분산시켜 피부를 보호한다. ● 멜라닌세포수는 인종과 피부색과 관계없이 일정하며 멜라닌소체의 양과 분포에 따라 피부색이 결정된다. ● 멜라닌세포 조절이나 피부의 침착 정도는 유전적, 환경적, 호르몬성 유전적 요인에 의해 결정되며 멜라닌 색소의 양과 생성 속도 및 분포 상태에 따라 피부색이 다르다.
랑게르한스세포 (Langerhans cell)	● 유극층에 분포하고 표피층 세포의 2~3%를 차지한다. ● 가지 돌기를 가지고 있고 림프 순환계와 연관이 있으며 원인 항원을 탐지하여 면역 담당 세포인 림프구로 전달하는 중요한 면역세포이다. ● 내인성 노화가 진행될 때 감소한다.
머켈세포 (Merkel cell)	● 기저층에 위치하고 신경세포와 연결되어 촉각을 감지하는 역할을 한다. ● 불규칙한 모양의 핵이 존재하며 신경 자극을 뇌에 전달하는 역할을 한다. ● 손, 발, 입술 등 모발이 없는 피부에서 주로 발견된다.

TIP 세라마이드(Ceramide)

- 피부 각질층을 구성하는 각질 세포 간 지질 중 약 40% 이상 차지한다.
- 수분 억제, 각질층의 구조를 유지한다.

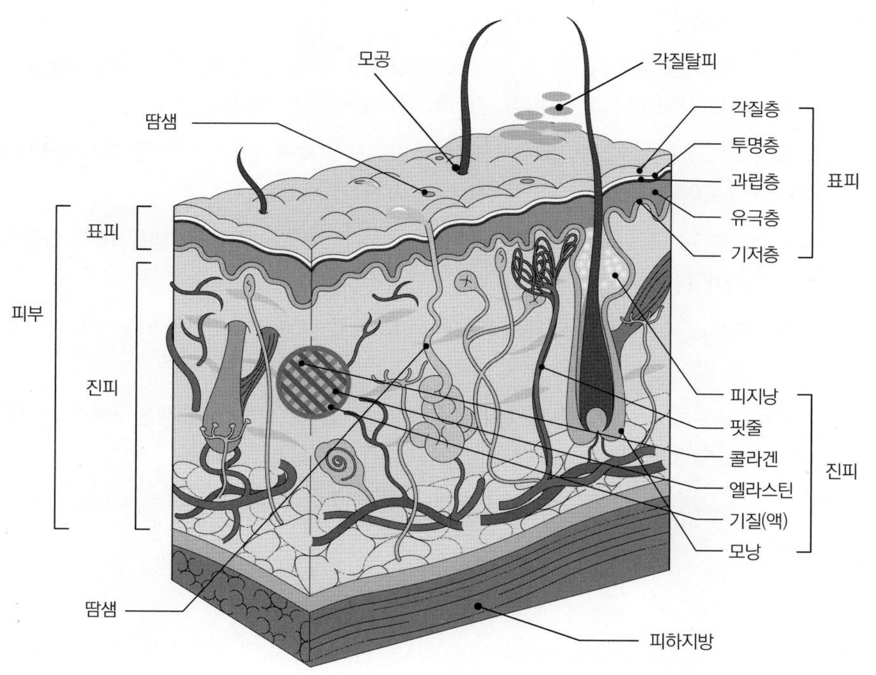

PART 2 피부학

(3) 진피

피부의 80% 이상을 차지하는 층으로 가장 두꺼우며 망상층, 유두층으로 구분된다. 피부조직 외에 부속기관인 혈관, 신경관, 림프관, 땀샘, 기름샘, 모발과 입모근을 포함하며 피하지방층 사이에 존재하며 피부의 영양, 감각, 분비의 중요한 기능을 한다. 교원섬유, 탄력섬유 외에 기질로 구성되고, 무코다당류, 아교섬유, 물로 구성되어 있다. 체온 조절 기능이 있으며 신체의 탄력적인 균형 유지와 피부 윤기를 나타내는 데 중요한 역할을 한다.

❶ 진피의 구성 세포

진피층을 구성하는 세포는 섬유아세포(fibroblast), 대식세포(macrophage), 색소보유세포(chromatophorp), 비만세포(mast cell), 랑게르한스세포(langerhans Cell), 림프구(lymphocyte), 형질세포(plasma cell) 등이 있다. 이러한 진피의 구성 세포 중 섬유아세포와 대식세포가 대부분을 차지한다.

구조	기능
유두층 (Papillary layer)	● 표피와 진피의 사이에 있으며 이사이에 돌기가 있어 유두층이라고 한다. 혈관유두와 신경유두가 존재한다. ● 교원섬유(콜라겐)와 탄력섬유(엘라스틴섬유)들로 헐겁게 연결되어 있고 그 사이에는 기질로 채워져 있다. ● 모세혈관이 존재하여 기저층에 영양을 공급하고 표피에 영양소와 산소를 공급해 주므로 표피건강에 영양을 미치며 통각과 촉각의 감각수용체가 위치하고 있다.
망상층 (Reticular layer)	● 유두층 아래에 있는 두꺼운 층으로 된 불규칙한 그물 모양의 결합조직이며 진피의 80% 정도로 대부분을 차지하고 피부가 늘어날 수 있는 탄력적 성질을 지니게 한다. ● 세포성분과 세포 간 물질로 구성된 두꺼운 층으로 섬유단백질인 교원섬유와 탄력섬유로 이루어져 있으며 피부가 늘어나거나 파열되지 않게 보호한다. ● 혈관, 림프관, 피지선, 한선, 신경, 모낭 등이 분포되어 있다. ● 랑게르선(Langers line)이 존재하며 감각기관으로 냉각, 온각, 압각이 있다.

(4) 구성 요소(세포)

❶ 섬유아세포(Fibroblast) : 세포 외 기질 및 콜라겐과 엘라스틴 등의 교원섬유단백질을 생성하는 진피층의 주요 세포이며 주름, 처짐, 건조함 등과 관장하는 세포이다.

❷ 대식세포(Macrophage) : 면역을 담당하는 세포로서 인체에 침입한 병원균이나 세균 바이러스에 저항하는 세포이다.

❸ 색소보유세포(Chromatophorp) : 색소를 생산, 보유하고 있으며 유륜, 항문 쪽에 집중되어 있고 피부색을 짙게 한다.

❹ 비만세포(Mast cell) : 천식, 아토피 등 즉시 알레르기 반응의 주요인이 되는 면역세포로서 주로 혈관 주변에 많이 존재한다.

❺ 형질세포(Plasma cell) : B 림프구가 특수하게 분화된 것으로 항체를 생산하며 만성염증이 있을 경우나 림프조직에서 많이 나타난다.

❻ 림프구(Lymphocyte) : 백혈구의 한 형태로 우리 몸의 면역기능에 관여하는 세포이다.

(5) 구성 물질

❶ 교원섬유(콜라겐: Collagenous fiber)

㉠ 결합조직섬유의 하나로 섬유아세포에서 생산되며 진피의 90% 정도 차지하는 단백질이다.

㉡ 피부의 모양을 유지해주는데 교원섬유가 유연성을 잃어버리면 피부 처짐 및 주름이 나타나고

노화될수록 콜라겐 함량이 낮아진다.

ⓒ 섬유아세포에서 생성되고 피부 외에도 뼈, 연골조직, 힘줄 등에 존재한다.

ⓓ 탄력성은 거의 없으나 엘라스틴과 함께 피부의 장력과 탄성에 영향을 준다.

❷ 탄력섬유(엘라스틴 : Elastic fiber)

㉠ 신축성이 강한 섬유 형태의 단백질로 원래 길이의 1.5배까지 늘어나는 탄력성이 좋아 피부의 탄력을 결정짓는 중요한 요소가 된다.

㉡ 탄력성이 강한 섬유단백질인 엘라스틴으로 구성되어 있으며 섬유아세포에서 생성되며 물에 가열해도 젤라틴화 되지 않고 여러 화학 물질에 저항력도 강하다.

㉢ 노화가 진행됨에 따라 탄력섬유가 파괴되면서 피부 처짐과 주름이 생긴다.

❸ 기질(Ground substance)

㉠ 진피와 결합섬유 사이를 채우고 있는 물질로 점다당질이 주성분이다.

㉡ 주성분은 하이루론산과 황산 등으로 이루어져 있으며 섬유아세포에서 합성되며 교원섬유와 탄력섬유 사이를 채우고 있는 무코다당류이다.

㉢ 히알루론산이 40% 이상 차지하며 자기 무게 몇백 배의 수분을 함유할 수 있어 대표적인 보습 화장품의 주원료로 사용되고 있다.

(6) 피하조직(Subcutaneous tissue)

❶ 피부의 최하층으로 지방조직을 다량 함유하며 진피의 근육과 뼈 사이에 불규칙한 형태로 위치한다.

❷ 충격흡수 작용 및 체온유지 작용, 영양소 저장기능이 있으며 여성호르몬과 관계가 있어 곡선미를 부여한다.

❸ 부위, 나이, 성별, 영양 상태에 따라 다양하며 눈 밑, 입술, 안검, 귀 등에는 덜 발달되어 있다. 지방조직이 지나치게 쌓이게 되면 피부 표면이 울퉁불퉁해지는데 이것을 셀룰라이트(Cellulite) 라고 한다.

셀룰라이트(Cellulite)

- 림프순환 이상으로 체내에 노폐물, 독소 등이 쌓여서 피부조직에 남아 피부 표면이 울퉁불퉁하게 보이는 현상으로 주로 허벅지, 엉덩이, 복부에 나타난다.

2 피부 기능

(1) 보호작용

가장 기본적인 작용으로 물리적, 화학적, 세균, 광선 등으로부터 피부를 보호하는 작용을 한다.

(2) 체온조절작용

신체의 정상적인 체온(36.5°C)을 유지하기 위해서는 외부 온도가 낮거나 높을 때 진피에 있는 온각이 반응을 보이므로 피부 표면이 팽창되고 모공과 땀구멍이 넓게 벌어진다.

체온이 상승할 경우 땀의 분비를 촉진하고 열 발산을 증가시켜 체온을 낮추고, 체온이 떨어질 경우 땀의 분비를 줄여 체온을 상승시킨다.

(3) 감각작용

진피에 온각, 냉각, 촉각, 압각, 통각의 감각 수용체가 존재하여 외부의 자극을 즉시 뇌에 전달한다. 피부 1㎠에는 통각점이 200여 개, 촉각점이 25개, 냉각점이 12개, 온각점이 2개 가량 존재한다.

(4) 분비작용

피지선에서 피지가 분비되고 한선에서는 땀이 분비되어 체내의 노폐물을 배출시킨다. 피지와 땀이 섞여 피지막을 형성하며 수분 증발 및 세균발육을 억제한다.

(5) 흡수작용

피부의 부속기관인 모낭, 피지선, 한선을 통해 선택적으로 흡수된다.

(6) 호흡작용

인체의 호흡은 폐가 주관하지만 1% 정도는 피부표면을 통해 산소를 흡수하고 이산화탄소를 방출하여 에너지를 생성한다.

(7) 비타민 D 합성작용

피부가 자외선에 노출되면 프로비타민 D가 비타민 D로 활성화되며 칼슘과 인의 흡수를 도와 뼈를 견고하게 하는 등 피부를 통하여 비타민을 합성하는 기능 및 역할을 한다.

SECTION 2 피부 부속기관의 구조 및 기능

1 땀샘(한선 : Sweat gland)

진피와 피하지방 조직의 경계 부위에 위치하여 체온조절의 중요한 역할을 하며, 체내의 수분이나 노폐물을 배출시켜 신장의 기능을 보조한다. 피부표면의 pH를 조절하여 약산성으로 유지할 수 있도록 도와주고 성인의 경우 하루 약 700~900cc의 땀을 배출한다.

기능에 따라 소한선(에크린한선)과 대한선(아포크린한선)으로 나눌 수 있다.

(1) 소한선(에크린한선 : Eccrine gland)

실밥을 둥글게 한 것 같은 모양으로 진피 내에 존재하여 땀을 분비하는 기능을 하며, 무색, 무취의 투명한 약산성 액체이다. 거의 전신에 걸쳐 분포되어 있으며 손·발바닥과 겨드랑이, 이마에 가장 많다. 노폐물 배출과 체온조절에 중요한 역할을 하고 자율신경의 지배를 받는다.

(2) 대한선(아포크린한선 : Apocrine gland)

모낭에 연결된 모공을 통해서 피지와 결합되어 땀이 분비된다. 겨드랑이(액와), 대음순, 배꼽, 유륜, 항문 등에 분포되어 있고 점성이 있는 유백색의 액체로 표피에서 세균 분해작용을 하여 독특한 냄새가 난다. 사춘기 이후로 주로 분비되나 노화가 진행될수록 활동이 줄어든다. 남성보단 여성에게 더 많이 분포되어있고 인종별로는 흑인 > 백인 > 황인 순으로 분포된다.

2 피지선(Sebaceous gland)

❶ 진피에 위치하며 모낭과 연결된 포도송이 모양의 분비선이다. 피지선은 손바닥과 발바닥에는 존재하지 않으며 얼굴의 T존 부위, 머리, 가슴 등에 발달되어 있다.

❷ 피부에 피지막을 형성하여 피부를 유연하게 하고 수분 증발을 방지, 피부표면 보호, 살균작용 등을 한다. 여자보다 남자가 피지 분비량이 많다.

❸ 윗입술, 구강 점막, 성기, 유두, 눈꺼풀 부위는 직접 피부 표면에 연결되어 존재하는 독립 피지선에 해당한다.

3 모발(Hair)

모발은 체모와 두발의 총칭으로 케라틴이라는 단백질로 구성되어 있으며 멜라닌, 지질, 수분 등으로 이루어져 있다. 모발의 성장 속도는 하루에 0.2~0.5㎜ 성장하며 수명은 3~6년이며 건강한 모발의 pH는 4.5~5.5이다. 보호기능, 배설기능, 촉각 등의 기능이 있다.

(1) 모발의 분류

❶ 생모 : 태아의 가늘고 부드러운 털이며 태아가 성장하면서 점차 탈락되어 취모나 종모로 변한다.

❷ 취모 : 전신에 나 있는 가늘고 연한 색의 부드러운 털

❸ 종모 : 두껍고 뻣뻣하며 색이 진한 털로 특정 부위에 난다.

(2) 모발의 구조

❶ 모간 : 피부 밖으로 나와 있는 부분

❷ 모표피 : 모발의 가장 바깥층으로 모피질을 보호하는 역할

❸ 모피질 : 모표피 안쪽 부분으로 멜라닌색소를 가장 많이 함유

❹ 모수질 : 모발의 중심부에 자리하고 있는데 가는 모에는 존재하지 않는다.

❺ 모근 : 두피 안에 있는 부분

❻ 모낭 : 둥근 모양으로 모근부를 보호하고 있는 부분

❼ 모구 : 전구 모양으로 멜라닌세포와 모기질세포로 구성

❽ 모유두 : 모낭 끝의 작은 돌기로 영양을 공급하고 두발의 성장을 담당

피부 유형 분석

SECTION 1 정상피부의 성상 및 특징

1 정상피부의 성상 및 특징

정상피부는 피지선과 한선의 기능이 적절히 이루어져 가장 이상적인 피부라 할 수 있으며 유분과 수분의 균형이 잘 유지되는 피부를 말한다. 수분량과 피지량이 적절하여 피부 결이 매끄럽고 탄력성이 좋다. 모공은 약간 보이며 번들거리지 않고 세안 후 피부 당김 증상도 없으며 피부표면이 촉촉하고 부드러운 편이다.

2 정상피부 관리법

❶ 계절 및 연령에 따른 유·수분 공급으로 현재의 상태를 유지하도록 노력한다.

❷ 규칙적인 기초 손질을 하고 비타민 제품 등을 활용한다.

SECTION 2 건성피부의 성상 및 특징

1 건성피부의 성상 및 특징

건성피부는 피지선의 기능이 정상피부에 비해 저하되어 피부 각질층의 수분량이나 유분량이 적어 피부 표면에 윤기가 없다. 수분과 유분이 모두 부족하여 피부 결이 얇고 표면이 거칠어 잔주름과 표정 주름이 많이 생긴다. 모공은 작고 피부 결이 섬세하며 유수분 부족으로 탄력저하 및 피부 처짐도 발생한다. 특히 세안 후 당김이 심하게 느껴진다.

2 건성피부 관리법

❶ 충분한 수분 섭취와 실내 온도 및 습도를 적절히 유지하여 피부가 건조되는 것을 방지한다

❷ 유·수분이 함유된 화장품을 사용하고 정기적 마사지로 신진대사 촉진을 돕는다.

SECTION 3 지성피부의 성상 및 특징

1 지성피부의 성상 및 특징

지성피부란 피지선의 기능 항진에 의해 피지분비량이 지나치게 많은 피부를 말한다. 유전 및 호르몬, 식사, 임신 등이 원인이다. 얼굴 전체가 번들거리거나 모공이 크고 피지가 지방성분으로 산화되어 거무칙칙하게 변한다. 또 피부가 두꺼워지고 피부표면이 울퉁불퉁하게 보이고 블랙헤드나 트러블이 발생하기 쉬우며 메이크업이 잘 지워진다.

2 지성피부 관리법

❶ 알코올이 들어있는 화장수를 사용하여 피지를 잡아준다.

❷ 유·수분이 함유된 스킨이나 로션은 사용하지 않는다.

❸ 딥클렌징 등으로 노폐물을 제거하여 피부 청결을 유지한다.

❹ 균형 있는 식사를 한다.

SECTION 4 민감성피부의 성상 및 특징

1 민감성피부 성상 및 특징

민감성피부는 정상피부에 비해 조절기능 또는 면역기능이 극히 저하되어 외부자극에 대한 저항력이 약하고 화학적, 환경적인 반응에 예민한 피부유형을 말한다. 원인으로는 유전적 원인, 후천적 원인이 있고 식생활의 개인차가 있으므로 정확히 판단하기 힘든 경우가 많으나 심리적, 정신적 요인과 매우 큰 연관성을 가진다.

2 민감성피부 관리법

❶ 자극인자를 피하고 적정한 운동과 영양을 섭취한다. 트러블 시 진정 관리를 해준다.

❷ 무색, 무취, 무알코올의 화장품을 사용하여 피부 자극을 피한다.

❸ 스트레스를 받지 않고 적절한 운동과 영양을 섭취한다.

SECTION 5 복합성피부의 성상 및 특징

1 복합성피부의 성상 및 특징

복합성피부란 한 부위에 중성, 지성, 건성, 민감성 등 여러 가지 피부 타입이 섞여 있는 복합적인 피부 타입을 말한다. 복합성 피부는 T존은 피지분비가 많고, U존은 피지분비가 적어 부위별로 확연하게 차이가 나타나는데 여성들이 남성들보다 많고 주로 중년 이후에 나타난다. 피부에 맞는 화장품 선택이 어렵고 화장이 고르게 받지 않는다. 피부조직도 전체적으로 일정하지 않다.

2 복합성피부 관리법

❶ T존은 피지조절을 하는 화장수를 사용하고, U존은 유·수분을 공급할 수 있는 화장품을 사용하여 밸런스를 맞춰준다.

❷ 주 2회 정도 팩을 하여 트러블이 많은 복합성피부를 진정시켜 준다.

SECTION 6 노화피부의 성상 및 특징

1 노화피부의 성상 및 특징

노화피부는 피부가 노화되면서 피지선(기름선)과 한선(땀샘)의 역할이 감소되어 세포의 수분손실이 증가하여 각질 형성이 촉진되며 피부가 거칠어지고 주름이 형성된다. 콜라겐 감소와 엘라스틴의 변형으로 피부가 얇아지고 피부의 윤기가 떨어지며 멜라닌세포수의 감소로 색소침착이 일어난다. 탄력저하로 피부 처짐이 발생하고 굵은 주름이 발생하며 모공이 커지고 피부색도 칙칙해진다.

2 노화피부 관리법

❶ 적절한 운동과 규칙적인 식사로 영양분을 섭취한다

❷ 유·수분이 함유된 화장품을 선택하여 주름 및 탄력관리를 한다.

❸ 심신의 안정을 찾고 스트레스를 받지 않는다.

피부와 영양

영양소의 종류

- 3대 영양소 : 탄수화물, 단백질, 지방
- 5대 영양소 : 3대 영양소, 비타민, 무기질
- 6대 영양소 : 5대 영양소, 물
- 7대 영양소 : 6대 영양소, 식이섬유

SECTION 1 3대 영양소, 비타민, 무기질

1 탄수화물

(1) 기능 및 특징

탄수화물은 인체에 가장 필요한 3대 영양소이며 체내에서 완전 산화되는 가장 중요한 에너지원이다. 신체에서 에너지원으로 탄수화물을 포도당, 과당 및 갈락토스로 흡수한다. 과잉섭취 시 혈액의 산도를 높이고 피부의 저항력을 약화하며, 산성 체질을 만들고 비만이 된다. 탄수화물 부족시에 체중감소, 기력부족 등이 올 수 있다.

(2) 탄수화물 종류

❶ 단당류 : 포도당, 과당, 갈락토스

❷ 이당류 : 자당, 맥아당, 유당

❸ 다당류 : 전분, 글리코겐, 섬유소, 당원질

2 단백질

(1) 기능 및 특징

❶ 단백질은 몸의 근육, 모발, 손톱, 발톱, 뼈, 내장기관, 세포 등 인체 내의 모든 것을 구성하는 구성 성분이다. 또한, 피부의 항체를 형성, 효소 및 호르몬, 포도당 생성 및 에너지 공급, 체내의 대사 과정 조절 등 인체의 매우 중요한 역할을 담당하고 있다.

❷ 과잉섭취 시 비만, 골다공증, 불면증, 신경 예민 등이 올 수 있고, 부족 시 성장발육이 활발하지 못하며, 성인은 체중감소, 저단백혈증, 피로, 부종, 저항력 감퇴, 소화기 질환, 빈혈, 무월경 등을 초래한다.

❸ 단백질 섭취 → 췌장, 소장에서 소화효소 분비 → 아미노산 → 혈장단백질(알부민, 글로불린)

※ 혈장단백질 형성 : 알부민, 글로불린, 피브리노젠

(2) 아미노산 종류

❶ 단백질의 기본 구성단위다.

❷ 필수 아미노산 : 체내에서 합성할 수 없어 반드시 음식물로 공급받아야 하는 아미노산(아르기닌, 이소루신, 루이신, 리신, 트레오닌, 트립토판, 발린, 히스티딘 등)

❸ 불 필수 아미노산 : 체내에 다른 아미노산이나 다른 물질로부터 합성할 수 있는 아미노산(알라닌, 프롤린, 아스파라긴, 시스테인, 글루탐산, 글리신, 세린, 티로신 등)

3 지방

(1) 기능 및 특징

❶ 인체에 필요한 필수적인 고효율의 에너지 공급원이며, 필수 지방산 공급과 남은 잔여분은 피하조직에 저장되어 필요시에 쓰인다.

❷ 지방질은 신체의 체온조절에 관여하며, 피지선의 기능조절, 피부의 건조를 방지한다.

❸ 과잉섭취 시 비만, 콜레스테롤이 체내에 침착하여 모세혈관의 노화 현상이 일어나고 피부 탄력이 저하, 동맥경화, 심장병, 간 질환, 지방간, 간경변 등을 유발한다.

❹ 결핍 시에는 체중 감소, 조직 감소현상, 피부 건조현상이 나타난다.

(2) 지방산

❶ 고체 상태이며 주로 동물성 지방인 포화지방산과 융점이 낮아 액체상태의 식물성 지방인 불포화지방산이 있다.

❷ 포화지방산 : 체내 흡수가 느리고, 상온에서 고체이다. 동물성 지방 섭취 시 증가하며, 혈중 콜레스테롤이 축적되면 혈관병증이 생길 위험이 크다.

❸ 불포화지방산 : 필수 지방산이라고 하며, 인체에서 합성되지 않는다. 상온에서 액체이며, 체내 흡수가 쉽고, 배설도 잘 된다. 공기 노출 시 변질 되기 쉽다. 리놀산, 아라키돈산, 리놀렌산 등이 있다.

(3) 밀납(Wax)

❶ 고체형의 지방 성분으로 고급 지방산에 알코올이 결합된 에스테르이며, 공기 중 변질하지 않으며, 세균에 강하다.

❷ 동·식물의 표피에 있어 건조를 방지하고 체온을 유지, 미생물의 침입, 수분 증발 및 흡수를 방지한다.

4 비타민

(1) 기능 및 특징

비타민은 에너지원이나 신체 조직을 구성하지는 않으나 피부에 직접적인 영향을 주며, 체내의 생리작용을 조절한다. 결핍 시 면역성 약화, 피부염, 빈혈, 생식기능 장애, 대사기능 장애 등 신진대사기능이 떨어지는 여러 가지 신진대사 장애를 일으킬 수 있다.

(2) 지용성 비타민

기름과 유지에 용해되는 비타민으로 과잉 섭취 시에 체내에 저장되고, 결핍증세도 서서히 나타난다. 구성 원소는 탄소, 수소, 산소이다.

종류	특징
비타민 A (레티놀 : Retinol)	● 표피에 각질이 생성되거나 주름이 형성될 때 각화를 정상화시켜 피부재생을 돕고 노화방지에 효과, 피지분비 억제, 점막 손상을 방지, 시력을 좋게 유지, 피부 윤활유 역할을 한다. ● 과잉섭취 시 : 탈모증, 소양증 유발 ● 결핍 시 : 피부각화, 안구건조증, 결막염, 야맹증, 면역력 저하 등 ● 식품 : 카로틴 다량 함유(귤, 당근, 녹황색 채소, 달걀)
비타민 D (칼시페롤 : Calciferol)	● 자외선에 의해 피부에 합성, 칼슘 및 인의 흡수 촉진, 습진, 각화증에 도움, 피부의 민감화를 저하하며, 골다공증 예방에 도움을 준다. ● 결핍 시 : 구루병, 골연화증, 골다공증 ● 식품 : 우유, 달걀노른자, 마가린 등
비타민 E (토코페롤 : Tocopherol)	● 체내 중요한 노화를 방지하는 산화방지제이며, 상처를 치유하는 효능, 피부의 영양 상태를 좋게 유지, 면역체계를 강화하고, 세포재생을 돕는다. 항산화비타민으로 생식, 번식에도 도움을 준다. ● 결핍 시 : 노화 피부, 건조 피부, 냉증, 월경불순, 신경장애, 유산, 조산, 불임증 등 ● 식품 : 식물성기름, 우유, 달걀, 간, 곡물의 배아, 푸른 잎 야채 등
비타민 K (필로퀴논 : Phylloguinone)	● 항응고제로 혈액 응고에 필수적이며, 비타민 P와 함께 모세혈관의 벽을 강화, 피부염과 습진에 좋은 효과를 나타내고 있다. ● 결핍 시 : 피부 점막 출혈, 지혈이 안 됨 ● 식품 : 녹색 채소, 과일, 곡류, 우유, 간 등

(3) 수용성 비타민

물에 용해되는 비타민으로 과잉 섭취 시 체내에 저장되지 않고 배출되며, 필요량을 공급받지 못할 경우 결핍증세가 빠르게 나타나므로 영양소를 자주 공급받아야 한다. 구성원소는 수소, 산소, 탄소, 질소, 황, 코발트 등이다.

종류	특징
비타민 B1 (티아민 : Thiamin)	● 항신경성 비타민으로 신경을 정상 유지시키는 역할과 피부 면역성을 강화해주며, 입술이나 피부 점막 등 상처 치유에 도움을 준다. ● 결핍 시 : 각기병, 식욕부진, 부종, 피로 ● 식품 : 효모, 돼지고기, 간, 콩류, 현미, 보리 등
비타민 B2 (리보플라빈 : Riboflavin)	● 항피부염성 비타민으로 모세혈관의 혈액 순환 촉진과 피부의 보습함유량 증대, 탄력감 증가, 피부 점막 보호, 성장 촉진에 도움을 주며, 열에도 비교적 안정적이다. ● 결핍 시 : 지루성피부염, 구내염, 일광과민증, 성장부진, 체중감소, 식욕감퇴, 백내장 등 ● 식품 : 신선한 야채, 달걀, 간, 고기, 우유, 유산균 등
비타민 B6 (피리독신 : Phridoxine)	● 헤모글로빈 생성에 도움을 주며, 피부의 새 세포 형성에 관여, 여드름성 피부, 건성 및 지루성 피부, 모세혈관 확장 피부에 진정효과가 있다. 피부병을 예방하고, 피지분비 억제, 신경조직의 에너지 전달 작용을 한다. ● 결핍 시 : 성장장애, 피부병, 근육통, 빈혈, 구토, 신장결석 등 ● 식품 : 간, 우유, 쌀, 효모, 밀 등

비타민 B12 (시아노코발라민 : Cyanocobalamin)	● 항악성빈혈 비타민으로 빈혈을 방지하고, 신경계와 조혈작용을 돕는다. ● 결핍 시 : 악성빈혈, 간 비대증 ● 식품 : 간, 육류, 조개, 달걀, 우유 등
비타민 C (아스코르브산 : Ascorbic acid)	● 항산화 비타민으로 멜라닌 생성을 억제해 색소침착을 제어하는 효과가 있고, 피부 저항력 강화, 모세혈관벽 강화로 피부 손상을 억제, 진피의 결체 조직 강화시켜 피부회복력을 강화시킨다. 미백작용에 도움을 주고, 피부 과민증 억제 및 해독작용, 기미, 주근깨 등의 치료에 사용, 혈액순환을 좋게 도우며, 피부광택을 좋게 한다. ● 결핍 시 : 기미, 괴혈병, 잇몸출혈, 색소침착증, 면역력 감퇴, 식욕부진, 각화증, 빈혈 등 ● 식품 : 신선한 야채, 과일 등

5 무기질

(1) 기능 및 특징

인체의 영양 대사를 조절하고, 체중의 2% 정도를 함유하고 있으며, 칼슘(Ca)과 인(P)의 비율이 가장 높고 나머지는 미량으로 구성되어 있다. 무기질은 인체의 구성성분, 기능조절, 세포기능 활성화 등 인체의 대사 조절에 꼭 필요한 영양성분이다.

종류	특징
칼슘(Ca)	● 뼈와 치아의 주성분이며, 근육 이완과 수축작용, 체내흡수율이 낮다. ● 결핍 시 : 골다공증, 구루병, 혈액 응고현상, 신경과민 등 ● 식품 : 콩, 치즈, 우유, 아스파라거스 등
인(P)	● 세포의 핵산과 세포막을 구성하며, 칼슘과 같이 골격과 치아의 경 조직의 주성분을 이룬다. 비타민 및 효소 활성 등 생리작용에 관여한다. ● 식품 : 콩, 치즈, 코코아, 달걀, 간, 건포도, 우유 등
나트륨(Na)	● 체내의 수분과 산 및 알칼리의 균형을 유지하고, 근육의 탄성에 도움을 준다. ● 과잉섭취 시 신장병의 원인이 된다. 염소(Cl)와 결합하여 삼투압 조절 작용을 하고, 소화액 분비를 돕는다. ● 식품 : 소고기, 빵, 치즈, 굴, 시금치 등
철분(Fe)	● 인체에 가장 많이 함유하는 무기질이며, 혈액 속 헤모글로빈을 구성하는 물질, 산소 운반 작용, 면역 기능 강화하며, 피부 혈색과 밀접한 관계가 있다. ● 결핍 시 : 빈혈, 적혈구 수 감소 ● 식품 : 콩, 달걀노른자, 살구, 소고기, 간, 동물의 내장 등
요오드(I)	● 갑상선 및 부신의 기능을 촉진시켜 피부를 건강하게 해주고, 모세혈관의 기능을 정상화시킨다. ● 식품 : 생선, 굴, 새우, 미역, 김 등
마그네슘(Mg)	● 근육의 활성을 돕고, 신경 안정과 뼈의 구성에 관여한다. ● 식품 : 콩, 밀, 양배추, 호두, 시금치 등
염소(Cl)	● 삼투압을 조절하고, 효소의 활성화, 위액 형성에 도움을 준다. ● 식품 : 빵, 우유, 버터, 치즈, 달걀, 양배추, 김 등

SECTION 2 피부와 영양

❶ 피부에 영양을 주는 것에는 두 가지 종류가 있다. 음식으로부터 섭취하는 것과 화장품으로부터 섭취하는 것이다. 화장품은 피부 표면을 촉촉하고, 매끄럽고, 윤기있게 가꿔주는 데 도움을 주지만 참된 영양은 되지 못한다. 피부의 영양은 음식물을 통해서만이 피부세포로 영양이 공급되어 윤기 있고 건강한 피부를 만들 수 있다. 음식물을 통해 영양을 공급받는 것을 미용식이라고 한다.

❷ 하루에 필요한 필수 영양소와 비타민, 무기질 등을 섭취하여 소화하고, 흡수, 배설 등 적절한 대사과정이 이루어지고, 영양성분이 효율적으로 피부에 흡수되었을 때 건강한 피부를 유지할 수 있다.

SECTION 3 체형과 영양

❶ 인스턴트 음식 등을 피한다.

❷ 과식이나 편식을 줄인다.

❸ 건강한 체형을 유지하기 위해서 균형 잡힌 식습관과 규칙적인 운동을 유지한다.

피부 장애와 질환

SECTION 1 원발진과 속발진

1 원발진 병변(Primary lesion)

건강한 피부표면에 여러 가지 원인에 의해 처음으로 나타나는 병적인 변화를 원발진이라고 한다.

종류	특징
반점 (Macule)	● 피부표면에 색조 변화를 일으킨 것을 말하며, 표면이 부풀어 오르거나 패이지 않았으며, 다양한 크기가 있다, 주근깨, 기미, 자반, 노화 반점, 오타씨 모반, 백반, 몽골반점 등이 이에 속한다.
반	● 반점보다 넓은 피부 상의 색상 변화이며, 특징으로 자반과 색소반이 구별된다.
구진 (Papule)	● 피부 표면의 작은 융기로 지름 0.5~1㎝ 이하의 발진으로 안에 고름이 없는 딱딱한 덩어리를 말한다.
팽진	● 부종성 발진으로 크기가 다양하며 편편한 융기모양으로, 대부분 가려움을 동반한다. 모양은 불규칙적이며, 대표적으로 두드러기, 곤충에 물린 자리 등이 있고, 한두 시간 급속한 증상을 보인 후 없어진다.
결절 (Nodule)	● 크기가 1㎝보다 크고 중간에 응어리가 있는 발진을 결절이라고 한다. 주로 손등과 손목에 나타나며 구진보다 크고 단단하다.
소수포 (Vesicle)	● 쌀알 정도 크기의 묽은 액체의 물집을 말하며 표피나 표피 바로 아래에 주로 생긴다
농포 (Pustule)	● 피부 일부분에 융기처럼 돌출되어있고, 안에는 고름이 차 있다.
낭종 (Cyst)	● 반고체나 액체의 물질이 들어있는 혹을 뜻하며, 위치에 따라 증상은 다양하다. 피부에 나타나는 경우에는 천천히 자라며 통증이 거의 없는 경우가 많다.
면포 (Comedo)	● 흔히 여드름이라고도 말하며 개방 면포와 폐쇄 면포, 뾰루지, 깊은 종기(낭종 또는 결절)들을 말하는 것으로 얼굴, 목, 가슴, 등, 어깨, 심지어는 팔에도 발생할 수 있다. 피지선에 염증이 생기는 질환을 말한다.
종양 (Tumor)	● 과잉으로 발육한 직경 2㎝ 이상의 큰 결절이며, 크기, 모양, 색이 다양하다.

2 속발진 병변(Secondary lesion)

원발진 후 경시변화 때문에 형태가 변한 것을 속발진이라 한다.

종류	특징
인설 (Scale)	● 각질층이 과잉으로 증식하여 두꺼워지거나 탈락하는 것으로 대표적으로 비듬이 있다.
균열	● 진피까지 피부가 갈라진 상태이다. 입술, 손, 무좀 등
미란 (Erosion)	● 표피가 기저층까지 벗겨져 진피가 노출된 상태로, 붉고 축축한 상태의 피부이며 피부염증 상태나 화상에서 나타나고, 흉터가 남지 않고 치유된다.
가피 (Crust)	● 피부표면에 상처가 나거나 손상되었을 때 굳어져서 생기는 부스럼 딱지이다.
궤양 (Ulcer)	● 표피에서 진피에 걸쳐 손상된 경우이며, 출혈과 고름을 동반하고 있어 치료해도 반흔을 남기게 된다.
반흔 (Fissure)	● 궤양이 치료된 후 나타난 흉터이다. 정상피부와 달리 소릉, 소구가 없기 때문에 매끈매끈하고 광택이 난다. 피부 부속기관도 없기 때문에 땀과 피지도 분비되지 않고 모발도 없다.
태선화 (Linchenification)	● 여러 원인에 의해 심한 가려움증이 동반하여 장기간 반복적으로 피부를 긁게 되며 그로 인해 주름이 지면서 상처가 생겨 표피가 건조해지고 가죽처럼 두꺼워지고 딱딱해진 상태이다.
위축 (Atrophy)	● 조직의 크기가 감소된 상태를 나타낸다. 주로 노화 피부에서 탄력을 잃었을 때를 말하는데 주름을 예로 들 수 있다.
농양 (Abscess)	● 피부 외상으로 방어막이 깨져 피부 하층에 균이 침투하여 고름이 생기는 경우를 말한다.
각화증 (Keratosis)	● 표피의 최상층에 있는 각질층이며, 각질층이 비대해지고, 딱딱하게 굳어지는 피부병으로 각질 증식증이라고도 한다.
켈로이드 (Keloid)	● 진피층의 교원질 과다 생성으로 인해 상처가 치유될 때 표면 위로 부풀어 오르는 융기물이다.

SECTION 2 피부질환

1 바이러스성·진균성·세균성 피부질환

(1) 바이러스성 피부질환

종류	특징
사마귀	● 전염성이 높으므로 손톱으로 긁거나 상처를 따라 퍼져 숫자가 증가한다. 파보바이러스 감염에 의해 구진이 발생한다.
물사마귀	● 내부에 물이 들어 있는 것처럼 보이는 사마귀를 물사마귀라 하며 전염성이 강하고, 밤알 크기에서 완두콩 크기 정도로 크기가 다양하다. 가슴, 복부, 경부, 음부에 형성되고, 유아에 나타나기 쉽다. 자연 치유되기도 한다.
수두	● 대상포진에 의해 발생한 급성 바이러스 질환이다. 가려움을 동반하고 발진성 수포가 온몸에 발생한다.
홍역	● 파라믹소 바이러스에 의한 급성 유행성 바이러스로 전염성이 강하며, 발열, 홍반, 결막염, 콧물, 구진이 복합적이며 평생 면역을 얻는다.

풍진	● 풍진 바이러스에 의한 급성 감염성 질환으로 목 뒤, 귀 뒤의 림프절 비대와 통증으로 시작, 얼굴, 몸에 발진이 나타난다.
대상포진	● 수두·대상포진 바이러스에 의해 발생하며 지각 신경계를 따라 군집 수포성 발진을 이루며 통증을 동반한다. 대개 면역력이 떨어지는 60대 이상 연령에 많이 발생한다.
단순포진 (헤르페스)	● 헤르페스바이러스에 의해 입 주위, 볼, 콧구멍 주위, 음부 등에 발생하며, 붉은빛을 띤 작은 수포성 질환으로, 흉터 없이 치유되나 재발이 잦다.

(2) 진균성(곰팡이) 피부질환

종류	특징
칸디다증	● 칸디다균이 피부표면에 번식하여 생기는 증세이며 정상인에게는 칸디다증이 생기지 않으며, 면역 기능이 떨어진 사람에게서 나타나는 증상으로, 손·발톱, 입안, 식도, 척추, 질 등 발생부위에 따라 다양한 증상으로 발병한다.
무좀(백선)	● 곰팡이균에 의해서 발생하며, 주로 손, 발 피부나 손·발톱에 기생하여 생긴다. 가려움증을 동반하며, 피부 껍질이 벗겨지고 손·발톱은 두꺼워지고 부서지고 변색한다.
어루러기	● 말라세지아균에 의해 발생하며, 피부 가장 바깥쪽인 각질층, 손·발톱, 머리카락에 생기며 하얀색 버짐 같은 탈색 반점이 생긴다.

(3) 세균성 피부질환

종류	특징
심상성모창	● 중년 이후 남자의 수염 부위에 발생하며, 면도가 원인이 되어 모낭부에 소농포가 많이 발생한다. 표피가 손상을 입은 부위에 황색 포도구균이 침투하여 발생하는 경우가 많고, 일반적으로 난치이고 만성으로 경과된다.
면정	● 안면이나 구순 주위, 코, 이마 등에 생기는 뾰루지의 일종으로 염증 진행이 빠르다.
전염성 농가진	● 대부분이 황색포도상구균의 감염에 의해 생기며, 완두콩 크기 정도의 반구형 수포가 계속하여 발생하며, 일정 기간 지나면 수포가 터져 미란이 되고 딱지가 생긴다. 유아, 소아에게 주로 나타난다.
표저	● 손발 끝에 박힌 가시나 미세한 상처 부위에 구균, 황색포도구균 등이 침투하여 일어나는 화농성 염증이다. 화농균이 심층까지 들어가 말초신경까지 자극하므로 심한 통증을 동반한다.
단독	● 연쇄구균이 일으키는 급성 피부질환으로 심한 오한이나 고열 증상이 나타난다.

2 색소 이상에 의한 피부질환

(1) 과색소침착

종류	특징
기미	● 불규칙한 모양의 다양한 크기의 갈색점으로 중년여성에게 발생하며, 주로 얼굴에 나타난다. 자외선 과다노출, 경구피임약 복용, 임신, 내분비장애 등이 원인이며, 표피형, 진피형, 혼합형으로 나뉘는 색소성 질환이다.
주근깨	● 원인은 불분명 혹은 유전적 요인을 꼽는다. 햇빛에 노출된 부위의 피부에 주로 생기는 황갈색의 작은 색소성 반점을 말한다
흑피증	● 피부조직에 멜라닌 색소가 침착하여 흑갈색으로 변화하는 상태로 피부 뿐만 아니라 점막까지도 흑색화가 나타나기도 한다.

릴흑피증	● 안면 흑피증이라 하며 화장품이나 연고에 의해 발생하는 색소침착이다.
오타씨모반	● 눈 주위나 눈 안의 결막 주위에 멜라닌 색소가 밀집하는 현상으로 피부색이 청갈색 또는 청회색의 진피성 색소 반점이다.
벌록피부염	● 광 접촉 피부염으로 향료에 함유된 요소가 원인으로 나타난다.

(2) 저색소침착

종류	특징
백반증	● 피부 멜라닌 색소가 파괴된 상태로서, 원형, 타원형의 흰색 반점 등을 나타내며 천천히 확대되기도 한다. 후천적인 탈색소 질환이다.
백피증	● 선천적인 멜라닌 색소 결핍으로 피부는 연분홍색이고, 머리카락은 은백색으로 나타나고 홍채의 색도 감소되어 있다. 일명 알비노라고도 한다.

3 각화 이상에 의한 피부질환

종류	특징
굳은살(Callus)	● 피부표면의 한 부위에 기계적 자극이 계속 가해지면 각질층이 두꺼워지는 현상이다.
티눈(Corn)	● 각질층이 진피 쪽으로 증식된 형태로 말초신경과 닿아있어 통증을 동반하고, 증식된 심의 끝점을 잘라내지 않으면 재발할 수 있다.
모공성 태선	● 모공이 각화되어 피부 표면이 건조하고 거칠어진다. 모공각화증이라고도 한다.
욕창	● 한 자세로 앉아있거나 누워있을 때 신체 부위에 지속적인 압박이 가해졌을 때 순환장애로 인해 피부와 조직에 궤양이 발생한 상태를 말한다.
마찰성 수포	● 피부표면에 압력이나 마찰로 인해 생기는 수포를 말한다.

4 한선에 의한 피부질환

종류	특징
한진(땀띠)	● 땀관이 막혀 땀이 원활하게 표피로 배출되지 못하고 축적되어 발진과 물집이 생기는 질환이다.
주사	● 지루성피부에 생기는 질환으로 면포의 형성 없이 바로 구진과 농포가 형성되며 주로 눈꺼풀에 생기는 염증(결막염, 각막염)으로 남성에게서만 볼 수 있는 코 옆의 혹 등이 동반현상으로 나타난다.
한포	● 손바닥, 발바닥, 손가락 끝 등에 다수의 밤알 크기로 생긴 수포를 한포라고 하며 수포는 각각 단독으로 존재하며 수포가 터진 곳은 표피가 벗겨진 것처럼 되고 간지러움을 동반한다.
취한증	● 주로 겨드랑이와 발바닥에서 뚜렷이 나타나며, 아포크린샘에서 분비되는 물질이 피부 표면에서 그람양성 세균에 의해 분해되면서 피부에서 악취가 나는 질환을 말한다.
다한증	● 체온을 조절하는 데 필요 이상으로 발한이 되는 것을 말하며, 열이나 자극반응에 지나치게 땀을 많이 흘리는 질환이다.
무한증	● 땀이 나지 않거나 극히 적은 상태로, 발한이 장해를 받으면 체온의 발산이 어려워 자주 발열한다.
색한증	● 땀에 색상이 있는 피부질환으로 원인은 세균이다.

5 온도에 의한 피부질환

(1) 화상

종류	특징
제1도 화상	● 피부가 붉게 변하며, 열감이 있고 통증을 수반하지만, 후유증이나 합병증 없이 치료된다.
제2도 화상	● 진피층까지 손상된 상태며 수포가 표피에 형성된다. 붓고, 심한 열감, 통증을 동반하며, 흉터가 남을 수 있다.
제3도 화상	● 피부 전층 및 신경이 손상된 상태로 피부가 흰색 또는 검은색으로 변하며, 통증이 느껴지지 않는다.
제4도 화상	● 피부 전층 및 신경, 근육 및 뼈 조직이 손상된 상태를 말한다.

(2) 한랭

종류	특징
동창	● 한랭 상태에서 귀나 코 등 사지의 말단 부분이 추위에 노출되어 피부의 혈관이 마비되어 나타나는 피부 이상 상태이다.
동상 (Frostbite)	● 영하의 추위에 계속 노출되어 피부조직이 얼어 혈액이 공급되지 않는 상태를 말한다.
한랭 두드러기	● 찬 공기나 찬물에 피부가 노출되었을 때, 붉은 두드러기가 발생하는 질환이다.

6 기타 피부질환

종류	특징
한관종	● 눈 밑 물사마귀라고도 불리며, 진피 내 땀샘 분비관의 변화에 의해 생기는 양성 종양이다. 크기는 2~3㎜ 크기의 황색 또는 분홍색의 반투명이며, 땀 샘관에 종양이 생겨 뿌리가 깊은 것이 특징이다.
비립종	● 피부의 얕은 부위에 위치한 작은 각질 주머니로, 크기는 보통 1~2㎜ 정도이며, 색은 흰색이나 노란색을 띤다. 눈 밑, 뺨 등에 주로 발생한다.
지루피부염	● 피지분비가 많은 부위에서 주로 발생하며, 기름기가 있는 비듬과 홍반이 특징이며, 가려움증을 동반된다.
하지정맥류	● 다리의 혈액순환 이상으로 피부밑에 형성되며, 정맥류는 짙은 보라색 또는 파란색으로 꽈배기 모양으로 튀어나오는데, 주로 하지(다리)와 발의 정맥에 발생하며 이것을 하지정맥류라고 한다.

피부와 광선

SECTION 1 자외선이 미치는 영향

1 자외선(Ultraviolet rays)

(1) 광선에는 여러 파장의 빛이 방사되는데 그 중 약 50%는 가시광선, 약 5%는 자외선, 나머지는 적외선이다.

(2) 자외선이란 일반적으로 UV로 표시되며 200~400㎚의 짧은 태양 광선을 말한다.

(3) 자외선은 파장에 따라 UV-A(장파장), UV-B(중파장), UV-C(단파장)로 분류하며, 그 이하의 자외선은 대기상 흡수 산란되기 때문에 지표상에 거의 도달하지 않는다.

❶ 긍정적인 영향 : 살균소독, 비타민 D 합성, 피부 저항력 증가, 혈액순환과 신진대사 활성화, 노폐물 제거 등

❷ 부정적인 영향 : 홍반 반응, 색소침착(기미, 주근깨 등), 피부암, 광노화, 일광화상, 일광알레르기 등

그림 태양광선의 종류와 자외선

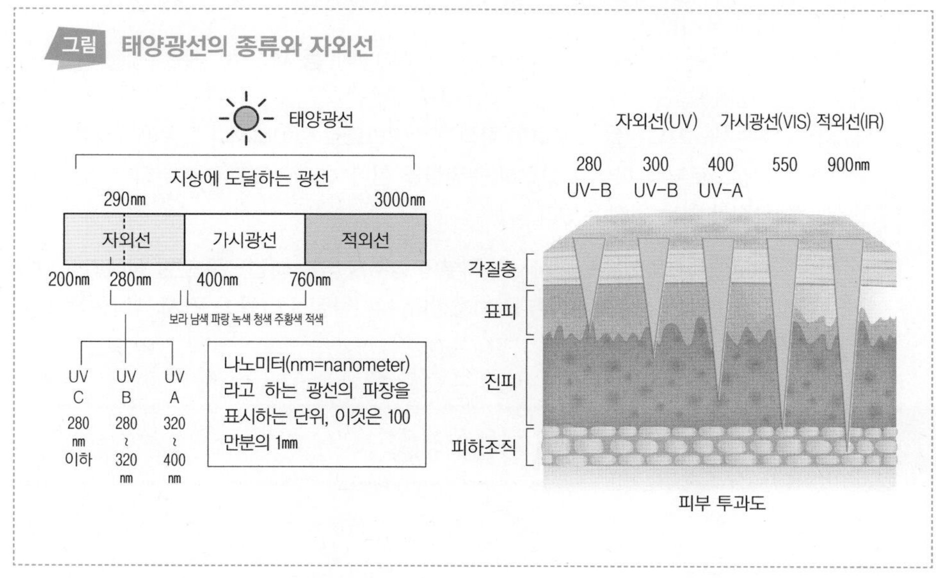

2 자외선의 종류

구분	파장범위	특징
UV-A 장파장	320~400㎚	● 진피의 하부까지 침투하여 색소침착 유발, 피부탄력 감소 및 주름 형성, 콜라겐 및 엘라스틴 파괴, 변형, 피부 건조(광노화 현상), 인공 선탠.
UV-B 중파장	290~320㎚	● 진피의 상부 또는 거의 표피에 침투하여 홍반을 발생. 홍반발생 능력이 자외선 A의 1,000배 또한 심하면 표면에 수포를 발생시킴. 열상, 과다노출 시 일광화상 발생
UV-C 단파장	200~290㎚	● 오존층에서 거의 흡수되어 피부에 거의 도달하지 않음(환경오염으로 일부 피부에 영향을 주게 되어 피부암 원인이 됨), 단파장으로 가장 강한 자외선, 살균작용

3 자외선으로부터 피부보호

자외선으로 피부를 보호하기 위해 노출을 피하거나 자외선 차단용 의복, 도구 등을 이용해 가리거나, 가장 편리하게는 화장품을 이용하여 자외선을 흡수하는 자외선 흡수제와 자외선을 산란시키는 자외선 산란제를 사용할 수 있다.

- **SPF**(Sun Protection Factor) **:** 자외선 UV-B에 의한 피부 홍반(선번) 방지용 화장품(썬크림)을 바르면 늦출 수 있는 시간을 측정한 수치이다.

$$SPF \quad \frac{\text{제품을 사용한 피부가 홍반을 일으키는 최소한 홍반량 (MED)}}{\text{제품을 사용하지 않은 피부가 홍반을 일으키는 최소한 홍반량 (MED)}}$$

- **PA**(Protect A) **:** UV-A에 의한 피부 흑화량을 늦출 수 있는 시간을 측정하여 수치가 아닌 +를 이용해 등급을 표시한다.
- PA+(2~4시간 미만), PA++(4~8시간 미만), PA+++(8시간 이상) 등 세 단계 구분

(1) **자외선 흡수제** : 자외선을 흡수하여 화학적인 방법으로 열에너지나 진동에너지로 변화시킴으로써 유해한 자외선으로부터 피부를 보호하는 역할을 한다. 최대한도까지 흡수되면 더는 작용하지 못하므로 덧발라줘야 하는 단점이 있다.

(2) **자외선 산란제** : 자외선을 난반사시켜 피부의 침투를 막는 방법으로 분말 상태의 안료에 의해 물리적인 방법으로 광선을 산란시켜 피부를 보호한다. 무기물질로 다량 도포 시 백탁현상이 생길 수 있다.

SECTION 2 적외선이 미치는 영향

1 적외선(Infrared rays : IR)

적외선의 파장은 760㎚ 이상으로 물체에 흡수되면 물리적 분자운동을 일으켜 열을 발생시키며, 조직의 심부까지 침투되어 의료용이나 미용에서 여러 용도로 사용된다.

❶ 근육 이완과 혈액순환 촉진
❷ 신진대사 촉진
❸ 피부에 영양분 침투
❹ 식균 작용
❺ 노폐물 배출

피부 면역

SECTION 1 면역의 종류와 작용

1 면역의 정의

체내에 외부의 이물질이 침입하였을 때 체내의 항체가 작용하여 방어하고 제거하는 면역 기능이다.

(1) **항원** : 외부인자, 병원미생물로 면역계를 자극하는 이물질

(2) **항체** : 체내에서 몸을 방어하기 위한 면역 인자

2 면역의 종류 및 작용

(1) 자연 면역

❶ 태어나면서부터 스스로 회복할 수 있는 인체 면역 기능이다.

❷ 신체적 방어벽 : 세균의 침입이나, 충격으로부터 내부를 보호하기 위한 여러 가지 외부적인 보호 장치 중 하나이다(피부 각질층, 점막, 코털 등).

❸ 화학적 방어벽 : 인체 내로 침투한 세균들은 입, 코, 목구멍, 위 등의 기관에서 내부점액질로 제어된다(침, 위산, 소화효소, 콧물 등).

❹ 반사작용 : 입이나 호흡기를 통해 세균이 인체에 침투하면 바로 반응하여 방어하는 기능이다(재채기, 섬모운동 등).

❺ 식세포 작용 : 대식세포, 단핵구

❻ 염증 및 발열 : 식작용과 조직재생이 이뤄짐

❼ 방어 단백질 : 인터페론

❽ 자연살해세포(NK세포) : 종양 세포나 바이러스에 감염된 세포를 죽이는 세포

(2) 획득 면역

❶ 외부 침입에 의해 항체가 작용하여 면역기능이 방어하고, 특정 항원에 노출되면 평생 기억(면역 기억)하는 특징이 있으므로 항원에 한번 노출되면 평생 면역성을 얻을 수 있다.

❷ B 림프구 : 체액성 면역, 형질세포가 되어 면역 글로불린이라고 불리는 항체를 생성한다.

❸ T 림프구 : 세포성 면역, 혈액 내의 림프구 약 80%를 차지하며, 인체 내에 들어와 있는 항원을 제거한다.

피부 노화

SECTION 1 피부 노화의 원인

피부 노화의 원인은 나이가 들면서 자연스럽게 신체 대사가 떨어지고 기능이 저하되어 외형적으로나 내적으로 변화가 일어나기 시작한다. 가장 큰 특징으로 주름이 생기고, 윤기와 피부 탄력이 떨어지며, 피부톤이 어두워지고, 기미 잡티, 혹은 피부에 검버섯 등이 생긴다. 노화 피부의 원인은 유전, DNA의 손상, 면역력 저하, 신경세포의 파괴, 활성산소, 순환계 장애에서 생기는 독소, 스트레스, 텔로미어 단축, 환경적인 요인에 의해서 생긴다는 학설이 있으나 추측만 있을 뿐 정확히 밝혀진 바는 없다.

SECTION 2 피부 노화 현상

1 내인성 노화(자연노화)

❶ 나이가 들면서 자연적으로 피부가 노화되는 현상

❷ 진피 내의 무코다당류(히알루론산)의 감소(피부의 탄력과 유연성 감소)

❸ 피지생성 및 땀, 한선의 수 감소(피부가 지쳐 보인다)

❹ 수분 손실의 증가(피부 당김이 심해지고 주름이 형성된다)

❺ 각질세포의 응집력 강화(표피가 거칠고 비듬이 일어나 보인다)

❻ 표피세포의 교체율 감소(기저세포의 세포생성이 감소한다)

❼ 멜라닌세포 수의 감소(자외선에 대한 방어력이 감소, 피부의 색소침착 현상이 일어난다)

❽ 콜라겐의 감소(피부탄력 감소)

❾ 엘라스틴의 변질

❿ 피부 내의 지방결핍

2 외인성 노화(광노화)

❶ 자외선, 추위 등의 노출로 피부가 노화되는 현상

❷ 표피의 각질층이 두꺼워짐

❸ 진피 내의 모세혈관이 확장됨

❹ 콜라겐의 변성 및 파괴가 일어남

❺ 피부가 건조해지고 거칠어짐

❻ 스트레스, 흡연, 알코올 등의 영향을 받음

❼ 멜라닌세포 수의 증가

❽ 주름이 깊어짐

❾ 섬유아세포 수의 양 감소

3 피부 노화 관리 방법

❶ 규칙적인 운동과 균형 잡힌 식사로 영양분을 섭취한다.

❷ 스트레스를 받지 않는다.

❸ 유해한 자외선으로부터 피부를 보호한다.

❹ 피부를 청결하게 유지하며, 피부의 모이스쳐 밸런스를 잘 유지해준다.

피부학 예상적중문제

피부와 피부 부속 기관

01 표피를 구성하는 부속물에 대한 설명 중 틀린 것은?

① 멜라닌세포 - 자외선에 의해 기저층의 세포가 손상되는 것을 막아 준다.
② 각질형성세포 - 피부의 각질을 만들어 내며, 신경 자극을 뇌에 전달한다.
③ 랑게르한스세포 - 피부 이물질을 림프구에 전달하여 면역 역할을 담당한다.
④ 머켈세포 - 표피의 기저층에 위치하며 주로 손바닥, 발바닥에 존재한다.

02 피부의 각질층에 존재하는 세포 간 지질 중 가장 많이 함유된 것은?

① 세라마이드(ceramide) ② 콜레스테롤(cholesterol)
③ 왁스(wax) ④ 스쿠알렌(squalene)

02 세라마이드는 피부 각질층을 구성하는 각질 세포 간 지질 중 약 40% 이상이 함유되어 있다

03 각질층에 대한 설명으로 옳지 않은 것은?

① 각화가 완전히 된 세포들로 구성되어 있다.
② 엘라이딘이라는 단백질을 함유하고 있어 피부를 윤기 있게 해주는 기능이 있다.
③ 표피를 구성하는 세포층 중 가장 바깥층이다.
④ 비듬이나 때처럼 박리 현상을 일으키는 층이다.

03 투명층은 엘라이딘이라는 단백질을 함유하고 있어 피부를 윤기 있게 해주는 기능을 한다.

04 피부의 세포가 기저층에서 생성되어 각질세포로 변화하여 피부 표면으로부터 떨어져 나가는 데 걸리는 기간은?

① 대략 60일 ② 대략 28일
③ 대략 120일 ④ 대략 280일

정답 01 ② 02 ① 03 ② 04 ②

05 다음 중 표피층을 순서대로 나열한 것은?

① 각질층, 유극층, 망상층, 기저층, 과립층
② 각질층, 유극층, 투명층, 과립층, 기저층
③ 각질층, 투명층, 과립층, 유극층, 기저층
④ 각질층, 과립층, 유극층, 투명층, 기저층

05 피부의 표피는 바깥에서부터 각질층, 투명층, 과립층, 유극층, 기저층으로 구성되어 있다

06 피부의 표피세포는 대략 몇 주 정도의 교체 주기를 가지고 있는가?

① 1주 ② 2주
③ 3주 ④ 4주

06 표피세포는 약 4주의 교체 주기를 가지고 있다.

07 표피에서 촉감을 감지하는 세포는?

① 멜라닌세포 ② 각질형성세포
③ 머켈세포 ④ 랑게르한스세포

07 머켈세포는 표피의 기저층에 있으며 신경세포와 연결되어 촉감을 감지한다.

08 다음 중 멜라닌세포에 관한 설명으로 옳지 않은 것은?

① 멜라닌의 기능은 자외선으로부터의 보호 작용이다.
② 과립층에 위치한다.
③ 색소 제조 세포이다.
④ 자외선을 받으면 왕성하게 활성화 된다.

08 멜라닌세포는 기저층에 분포한다.

09 투명층에 존재하는 단백질로 피부를 윤기 있게 해주는 물질은?

① 엘라이딘 ② 콜레스테롤
③ 단백질 ④ 세라마이드

10 다음 중 피부의 면역기능과 가장 관계가 있는 세포는?

① 멜라닌세포 ② 랑게르한스세포(긴수뇨세포)
③ 머켈세포(신경종말세포) ④ 콜라겐

10 랑게르한스세포는 피부의 면역기능을 담당하며, 외부로부터 침입한 이물질을 림프구로 전달하는 역할을 한다.

11 다음 중 표피층에 존재하는 세포가 아닌 것은?

① 각질형성세포 ② 비만세포
③ 멜라닌세포 ④ 랑게르한스세포

11 비만세포는 결합조직, 특히 혈관 주위에 많이 분포한다.

정답 05 ③ 06 ④ 07 ③ 08 ② 09 ① 10 ② 11 ②

12 비늘 모양의 죽은 피부 세포가 비듬이나 때처럼 떨어져 나가는 피부층은?

① 투명층 ② 기저층
③ 각질층 ④ 유극층

> **12** 각질층은 표피를 구성하는 세포층 중 가장 바깥층을 구성하며 비듬이나 때처럼 박리 현상을 일으키는 층이다

13 피부의 표피를 구성하는 세포층 중에서 가장 바깥에 존재하는 것은?

① 유극층 ② 과립층
③ 투명층 ④ 각질층

> **13** 피부의 표피는 바깥에서부터 각질층, 투명층, 과립층, 유극층, 기저층으로 구성되어 있다

14 표피 중에서 각화가 완전히 된 세포들로 이루어진 층은?

① 과립층 ② 유극층
③ 각질층 ④ 투명층

> **14** 각질층은 각화가 완전히 된 세포들로 구성되며, 비듬이나 때처럼 박리 현상을 일으키는 층이다

15 다음 표피의 순서 중 아래층부터 위층으로 올바른 순서는?

① 기저층 - 유두층 - 과립층 - 투명층 - 각질층
② 망상층 - 유두층 - 기저층 - 각질층 - 투명층
③ 기저층 - 유극층 - 과립층 - 투명층 - 각질층
④ 기저층 - 과립층 - 투명층 - 과립층 - 각질층

16 피부의 각질 케라틴을 만들어 내는 세포는?

① 각질형성세포 ② 색소세포
③ 기저세포 ④ 섬유아세포

> **16** 각질형성세포는 표피의 주요 구성세포로, 피부의 기초를 이루는 단백질인 케라틴을 생산한다.

17 비듬이나 때처럼 박리 현상을 일으키는 피부층은?

① 표피의 기저층 ② 표피의 각질층
③ 표피의 과립층 ④ 진피의 유두층

18 다음 중 표피를 구성하는 주된 세포가 아닌 것은?

① 각질형성세포 ② 머켈세포
③ 랑게르한스세포 ④ 섬유아세포

> **18** 섬유아세포는 진피층을 구성하는 세포이다.

정답 12 ③ 13 ④ 14 ③ 15 ③ 16 ① 17 ② 18 ④

19 다음 중 표피의 구성층 중 가장 두껍고 표피의 영양 상태를 체크할 수 있는 층은?

① 각질층 ② 과립층
③ 유극층 ④ 기저층

20 다음 중 옳지 않은 내용은?

① 유극층은 원주형 세포가 단층적으로 이어져 있다.
② 유극층은 피부의 면역기능을 담당한다.
③ 피부 표피 중 가장 두꺼운 층은 유극층이다.
④ 멜라닌세포가 주로 분포된 곳은 기저층이다.

20 기저층은 표피의 가장 아래층으로 단층의 원주형 세포층이다.

21 윤기가 있고 무색층으로서 손바닥과 발바닥에 주로 있는 층은?

① 각질층 ② 과립층
③ 기저층 ④ 투명층

21 투명층은 손바닥과 발바닥 등 비교적 피부층이 두꺼운 부위에 주로 분포한다.

22 투명층은 인체의 어떤 부위에 가장 많이 존재하는가?

① 얼굴, 목 ② 손바닥, 발바닥
③ 가슴, 등 ④ 팔, 다리

23 다음 세포층 가운데 손바닥과 발바닥에서만 볼 있는 것은?

① 과립층 ② 각질층
③ 유극층 ④ 투명층

23 투명층은 손바닥과 발바닥 등 비교적 피부층이 두꺼운 부위에 주로 분포한다.

24 손바닥과 발바닥 등 비교적 피부층이 두꺼운 부위에 주로 분포되어 있으며 수분 침투를 방지하고 피부를 윤기 있게 해주는 기능을 가진 엘라이딘이라는 단백질을 함유하는 표피 세포층은?

① 투명층 ② 각질층
③ 유두층 ④ 망상층

정답 19 ③ 20 ① 21 ④ 22 ② 23 ④ 24 ①

25 피부 구조에 대한 설명으로 옳은 것은?

① 멜라닌세포는 표피의 과립층에 존재한다.
② 표피 내측부터 각질층, 투명층, 과립층, 유극층, 기저층으로 구분된다.
③ 표피에 한선, 피지선, 혈관 등의 부속기관이 분포한다.
④ 표피에는 각질형성세포, 색소형성세포, 랑게르한스세포, 머켈세포가 존재한다.

26 피부 구조에 있어 물이나 일부의 물질을 통과하지 못하게 하는 흡수 방어벽 층은 어디에 있는가?

① 각질층과 투명층 사이 ② 유극층과 기저층 사이
③ 과립층과 유극층 사이 ④ 투명층과 과립층 사이

27 표피 중에서 피부로부터 수분이 증발하는 것을 막는 층은?

① 각질층 ② 기저층
③ 과립층 ④ 유극층

27 과립층은 유극층과 투명층 사이에 존재하며, 체내에 필요한 물질이 체외로 빠져나가는 것을 억제해 수분의 증발을 막아 피부가 건조해지는 것을 방지하는 역할을 한다.

28 천연보습인자의 설명으로 틀린 것은?

① Natural Moisturizing Factor의 약자로 NMF 표기한다.
② 피부 수분 보유량을 조절한다
③ 아미노산, 젖산, 요소 등으로 구성되고 있다.
④ 수소이온 농도의 지수 유지를 말한다

29 레인 방어막의 설명으로 틀린 것은?

① 피부 외부로부터 이물질의 침입을 막는다.
② 피부 내부로부터 필요한 물질이 체외로 나가는 것을 막는다.
③ 피부염 유발을 억제한다.
④ 피부 외부 물질의 흡수를 돕는다.

29 과립층에 존재하는 레인 방어막은 외부로부터 이물질이 침입하는 것을 방어하는 역할을 하는 동시에 체내에 필요한 물질이 체외로 빠져나가는 것을 막고 피부가 건조해지거나 피부염이 유발하는 것을 억제하는 역할을 한다.

30 표피의 발생은 어디에서부터 시작되는가?

① 피지선 ② 외배엽
③ 땀샘 ④ 간엽

30 외배엽은 신경세포, 표피 조직, 눈, 척추 등으로 분화한다.

정답 25 ④ 26 ④ 27 ③ 28 ② 29 ④ 30 ②

31 피부의 구조는?

① 결합섬유, 탄력섬유, 평활근
② 각질층, 투명층, 과립층
③ 표피, 진피, 피하조직
④ 피지선

32 피부 표피 중 가장 두꺼운 층은?

① 각질층 ② 과립층
③ 유극층 ④ 기저층

32 유극층은 5~10층으로 이루어져 표피층 중 가장 두꺼운 층을 형성한다.

33 세포 표면에 가시 모양의 돌기를 가지고 있는 것으로 피부 표피층 중에서 가장 두꺼운 층은?

① 과립층 ② 각질층
③ 기저층 ④ 유극층

33 유극층은 표피 중 가장 두꺼운 층으로 세포 표면에 가시 모양의 돌기가 세포 사이를 연결하고 있으며, 케라틴의 성장과 분열에 관여한다.

34 피부의 새로운 세포 형성은 어디에서 이루어지는가?

① 기저층 ② 과립층
③ 유극층 ④ 투명층

34 표피의 가장 아래층에 있는 기저층에서 새로운 세포가 형성된다.

35 다음 중 기저층의 중요한 역할로 가장 적당한 것은?

① 수분 방어 ② 면역
③ 새로운 세포 형성 ④ 팽윤

35 기저층은 유두층으로부터 영양분을 공급받고 새로운 세포가 형성되는 층이다.

36 피부에 있어 색소 세포가 가장 많이 존재하는 곳은?

① 표피의 기저층 ② 진피의 망상층
③ 표피의 각질층 ④ 진피의 유두층

36 기저층은 원주형의 세포가 단층으로 이어져 있으며 각질형성세포와 색소형성세포가 존재한다.

37 피부의 색상을 결정짓는데 주요한 요인이 되는 멜라닌색소를 만들어 내는 피부층은?

① 과립층 ② 기저층
③ 유극층 ④ 유두층

정답 31 ③ 32 ③ 33 ④ 34 ① 35 ③ 36 ① 37 ②

38 피부 색소의 멜라닌을 만드는 색소형성세포는 어느 층에 있는가?

① 과립층 ② 각질층
③ 유극층 ④ 기저층

38 기저층에는 색소형성세포와 각질형성세포가 존재한다.

39 털의 기질부는 표피층 중에서 어느 부분에 해당하는가?

① 기저층 ② 각질층
③ 유극층 ② 과립층

39 털의 재생에 중요한 역할을 담당하는 기질부는 표피층 중 기저층에 해당한다.

40 피부의 각화 과정(keratinization)이란?

① 피부가 손톱, 발톱으로 딱딱하게 변하는 것을 말한다.
② 피부세포가 기저층에서 각질층까지 분열되어 올라가 죽은 각질세포로 되는 현상을 말한다.
③ 기저세포 중의 멜라닌 색소가 많아져서 피부가 검게 되는 것을 말한다.
④ 피부가 거칠어 져서 주름이 생겨 늙는 것을 말한다.

41 피부의 세포층 중 원주형의 세포가 단층으로 이어져 있어 각질형성세포와 색소형성세포가 존재하는 곳은?

① 투명층 ② 기저층
③ 각질층 ④ 유극층

41 각질형성세포와 색소형성세포는 기저층에 존재한다.

42 피부의 주체를 이루는 층으로써 망상층과 유두층으로 구분되며 피부 조직 외에 부속기관을 포함하는 곳은?

① 표피 ② 진피
③ 근육 ④ 피하 조직

42 유두층과 망상층으로 구성된 피부는 진피층이다.

43 피부가 추위를 감지하면 근육을 수축시켜 털이 서게 한다. 어떤 근육이 털을 서게 하는가?

① 안륜근 ② 전두근
③ 입모근 ④ 후두근

43 신경의 지배를 받아 피부에 소름을 돋게 하는 근육을 입모근이라 하는데, 근육을 수축시켜 털이 서게 한다.

44 콜라겐과 엘라스틴이 주성분으로 이루어진 피부 조직은?

① 표피 상층 ② 표피 하층
③ 피하조직 ④ 진피

44 진피는 콜라겐 조직과 탄력적인 엘라스틴 섬유 및 무코다당류로 구성되어 있다.

정답 38 ④ 39 ① 40 ② 41 ② 42 ② 43 ③ 44 ④

45 모세혈관이 위치하며 콜라겐 조직과 탄력적인 엘라스틴 섬유 및 무코다당류로 구성된 피부의 부분은?

① 표피 ② 진피
③ 유극층 ④ 피하 조직

46 교원섬유(collagenous fiber)와 탄력섬유(elastic fiber)로 구성되어 있어 강한 탄력성을 지닌 곳은?

① 진피 ② 표피
③ 피하 조직 ④ 근육

47 다음 중 진피의 구성 세포는?

① 멜라닌세포 ② 섬유아세포
③ 랑게르한스세포 ④ 머켈세포

48 다음 중 피부의 진피층을 구성하는 주요 단백질은?

① 알부민 ② 글로불린
③ 콜라겐 ④ 시스틴

49 진피의 성분 중 우수한 보습 능력을 가지고 있어 피부 관리 제품에도 많이 함유된 것은?

① 알코올(alcohol) ② 콜라겐(collagen)
③ 판테놀(panthenol) ④ 글리세린(glycerine)

50 다음의 피부 구조 중 진피에 속하는 것은?

① 망상층 ② 기저층
③ 유극층 ④ 과립층

51 콜라겐(collagen)에 대한 설명으로 틀린 것은?

① 노화된 피부에는 콜라겐 함량이 낮다.
② 콜라겐이 부족하면 주름이 발생하기 쉽다.
③ 콜라겐은 섬유아세포에서 생성된다.
④ 콜라겐은 피부의 표피에 주로 존재한다.

정답 45 ② 46 ① 47 ② 48 ③ 49 ② 50 ① 51 ④

45 진피는 유두층과 망상층으로 구성되어 있으며 혈관과 신경이 존재하는 곳이다.

46 진피는 아교섬유인 콜라겐과 탄력섬유인 엘라스틴으로 구성되어 있어 강한 탄력을 지니고 있다.

47 섬유아세포는 진피의 윗부분에 많이 분포하며, 콜라겐, 엘라스틴 등을 합성한다.

48 진피는 콜라겐 조직과 탄력적인 엘라스틴 섬유 및 무코다당류로 구성되어 있다.

49 콜라겐은 진피의 약 70% 이상을 차지하고 있으며, 진피에 콜라겐이 감싸져서 탄력과 수분을 유지하게 된다. 화장품에 콜라겐을 배합하면 보습성이 아주 좋아지고 사용감이 향상된다.

50 진피는 유두층과 망상층으로 구성되어 있다.

51 콜라겐은 피부의 진피에 주로 존재한다.

52 피부의 구조 중 진피에 속하는 것은?

① 과립층 ② 유두층
③ 유극층 ④ 기저층

52 진피는 유두층과 망상층으로 구성되어 있다.

53 다음 중 유두층에 대한 설명으로 옳은 것은?

① 노화될수록 진피와의 경계인 물결 모양의 파형이 완만해진다.
② 단단하고 불규칙한 그물 모양의 결합조직으로 진피의 대부분을 이룬다.
③ 랑게르선이 존재한다.
④ 피하조직과 연결되어 있다.

54 진피에서 가장 두꺼운 부분이며, 섬유 모양의 그물 모양으로 구성된 층은?

① 유두층 ② 망상층
③ 유두 하층 ④ 과립층

54 망상층은 진피의 80%를 차지하는데 유두층의 아래에 있으며, 피하조직과 연결되는 층이다.

55 피부 구조에서 진피 중 피하조직과 연결된 것은?

① 망상층 ② 유두층
③ 기저층 ④ 유극층

55 유두층의 아래에 있는 망상층은 진피의 80%를 차지하며 피하조직과 연결되어 있다.

56 다음 중 유두층에 대한 설명 중 틀린 것은?

① 혈관과 신경이 있다.
② 혈관을 통하여 기저층에 많은 영양분을 공급한다.
③ 표피층에 있어 모낭 주위에 존재한다.
④ 수분을 다량으로 함유하고 있다.

56 유두층은 표피의 경계 부위에 유두 모양의 돌기를 형성하는 진피의 상단 부분에 해당한다.

57 신체 부위 중 피부 두께가 가장 얇은 곳은?

① 손등 피부 ② 볼 부위
③ 볼기 부위 ④ 눈꺼풀

57 피부 눈꺼풀의 두께는 약 0.6㎜ 정도로 신체 부위 중 가장 얇은 부위이다.

58 다음 중 피하 지방층이 가장 적은 부위는?

① 배 부위 ② 눈 부위
③ 넓적다리 부위 ④ 등 부위

58 위 눈 부위는 얼굴의 다른 부위보다 매우 얇으며 피하 지방층이 가장 적은 부위이다.

정답 52 ② 53 ① 54 ② 55 ① 56 ③ 57 ④ 58 ②

59 **피부 표면의 수분 증발을 억제하여 피부를 부드럽게 해주는 물질은?**

① 방부제 ② 보습제
③ 계면 활성제 ④ 유연제

60 **우리 몸의 대사과정에서 배출되는 노폐물, 독소 등이 배설되지 못하고 피부 조직에 남아 비만으로 보이며 림프 순환이 원인인 피부 현상은?**

① 셀룰라이트 ② 쿠퍼 로제
③ 켈로이드 ④ 알레르기

61 **셀룰라이트(cellulite)의 설명으로 틀린 것은?**

① 수분이 정체되어 부종이 생긴 현상
② 허벅지, 엉덩이, 복부에 주로 발생
③ 피하 지방이 축적되어 뭉친 현상
④ 혈액과 림프 순환의 장애가 원인이다.

62 **피부의 기능이 아닌 것은?**

① 피부는 피하 지방과 모발의 완충작용으로 외부로부터의 충격, 압력으로부터 보호한다.
② 피부는 땀과 피지를 통해 노폐물을 분비·배설한다.
③ 피부는 체온의 외부 발산을 막고 외부 온도 변화를 내부로 전달하는 작용 한다.
④ 피부는 산소를 흡수하고 이산화탄소를 방출하면서 에너지를 생성한다.

63 **셀룰라이트에 대한 설명 중 옳은 것은?**

① 피하지방이 적어 혈액과 림프액의 순환 촉진으로 피부가 귤껍질같이 울퉁불퉁해진 상태
② 피하지방이 적어 혈액과 림프액의 순환 장애로 피부가 귤껍질같이 울퉁불퉁해진 상태
③ 피하지방이 많아 혈액과 림프액의 순환 촉진으로 피부가 귤껍질같이 울퉁불퉁해진 상태
④ 피하지방이 많아 혈액과 림프액의 순환 장애로 피부가 귤껍질같이 울퉁불퉁해진 상태

정답 59 ④ 60 ① 61 ① 62 ③ 63 ②

59 유연제는 피부를 부드럽고 유연하게 유지할 수 있도록 해주는 물질이다.

60 셀룰라이트는 여성의 허벅지, 엉덩이, 복부에 발생하는 오렌지 껍질 모양의 피부를 말하는데, 우리 몸의 대사과정에서 배출되는 노폐물, 독소 등이 피부 조직에 남아 생기는 현상이다.

61 셀룰라이트는 혈액 순환 또는 림프 순환 장애로 인해 피하 지방이 축적되어 뭉친 현상이다.

62 피부는 체온조절 기능이 있어 온도가 낮아질 때는 체온의 저하를 방지하고 온도가 높아질 때는 열의 발산을 증가시킨다. 또한, 외부의 온도 변화를 신체 내부로 전달하지 않는 역할을 한다.

64 피부의 기능에 대한 설명으로 틀린 것은?

① 인체의 내부 기관을 보호한다.
② 비타민 B를 생성한다.
③ 체온을 조절한다.
④ 감각을 느끼게 한다.

64 피부는 비타민 D를 생성한다.

65 다음 중 피부의 기능이 아닌 것은?

① 보호작용 ② 감각작용
③ 체온조절작용 ④ 순환작용

65 피부의 기능 : 보호 작용, 체온 조절 작용, 비타민 D 합성 작용, 분비·배설, 호흡 작용, 감각 작용

66 다음 중 외부로부터 충격이 있을 때 완충작용으로 피부를 보호하는 역할을 하는 것은?

① 모공과 모낭 ② 피하지방과 모발
③ 땀샘과 피지선 ④ 외피

66 각질층 피하 지방과 모발은 외부의 충격으로부터 피부를 보호해주는 완충작용한다.

67 피부의 기능이 아닌 것은?

① 보호작용 ② 체온조절작용
③ 호흡작용 ④ 비타민 A 합성작용

67 피부는 비타민 D를 합성하는 작용을 한다.

68 피부가 느끼는 감각기관 중에서 가장 적게 분포하는 감각은?

① 냉각 ② 온각
③ 통각 ④ 촉각

68 가장 예민한 감각은 통각이고, 가장 둔한 감각은 온각이다.

69 다음 중 피부의 감각기관인 촉각점이 가장 적게 분포하는 곳은?

① 손끝 ② 발바닥
③ 혀끝 ④ 입술

69 발바닥에는 촉각점이 적게 분포되어 있다.

70 피부 감각 기관 중 피부에 가장 많이 분포된 것은?

① 통각점 ② 냉각점
③ 온각점 ④ 촉각점

70 피부 1㎠에는 통각점이 약 200여개, 촉각점이 25개, 냉각점이 12개, 온각점이 2개 가량 존재한다.

정답 64 ② 65 ④ 66 ② 67 ④ 68 ② 69 ② 70 ①

71 뜨거운 물을 피부에 사용할 때 미치는 영향이 아닌 것은?

① 혈관의 확장을 가져온다.

② 모공을 수축한다.

③ 분비물의 분비를 촉진시킨다.

④ 피부의 긴장감을 떨어뜨린다.

72 피부의 감각 중에서 가장 예민한 감각은?

① 통각 ② 냉각

③ 압각 ④ 촉각

73 다음 중 성인의 가장 이상적인 피부의 pH는?

① 3.5 ~ 4.0 ② 4.5 ~ 6.5

③ 6.5 ~ 7.0 ④ 7.0 ~ 7.5

74 다음 중 피부 표면의 pH에 가장 큰 영향을 주는 것은?

① 각질 생성 ② 침의 분비

③ 땀의 분비 ④ 호르몬의 분비

75 피부의 부속기관에 대한 설명 중 틀린 것은?

① 에크린한선 – 소한선, 모낭에 연결되어 있지 않고, 체온유지 기능을 한다

② 모발 – 기온변화, 자외선, 공해로부터 인체 보호, 털의 가장 안쪽 층은 모수질이다

③ 피지선 – 약산성, 미생물 증식 억제, 수분 증발을 막고, 한선을 통해 피지 배출을 한다.

④ 아포크린한선 – 대한선, 겨드랑이에 많고, 모낭과 연결되어 있다. 개인의 체취를 낸다

76 땀샘에 대한 설명으로 틀린 것은?

① 진피와 피하 지방 조직의 경계 부위에 위치한다.

② 에크린한선(소한선)과 아포크린한선(대한선)으로 구분된다.

③ 아포크린한선에서 분비되는 땀의 분비량은 소량이나 나쁜 냄새의 요인이 된다.

④ 에크린한선은 입술뿐만 아니라 전신 피부에 분포되어 있다.

정답 71 ② 72 ① 73 ② 74 ③ 75 ③ 76 ④

71 뜨거운 물은 모공을 확장시키고, 차가운 물은 수축시킨다.

73 건강한 성인의 피부 표면의 pH는 4.5 ~ 6.5의 약산성이다.

74 신체 부위, 온도, 습도, 계절 등에 따라 피부의 pH는 달라지지만 땀의 분비가 가장 크게 영향을 준다.

76 입술에는 땀샘이 존재하지 않는다.

77 한선에 대한 설명 중 틀린 것은?

① 체온조절 기능이 있다.

② 진피와 피하 지방 조직의 경계 부위에 위치한다.

③ 에크린한선에서 분비되는 땀은 나쁜 냄새의 요인이 된다.

④ 피부 표면 pH에 가장 큰 역할을 한다.

77 한선은 입술, 음경의 귀두나 표피를 제외한 전신에 존재한다.

78 다음 중 소한선의 특징이 아닌 것은?

① 긴장할 때 분비된다.

② 전신에 분포되어 있으며 입술에는 없다.

③ 흰색이다.

④ 손바닥과 발바닥에 가장 많이 분포되어 있다.

78 소한선은 무색·무취의 약산성 액체이다.

79 피부의 땀샘 중 대한선은 어는 부위에서 볼 수 있는가?

① 얼굴과 손발 ② 배와 등

③ 팔과 다리 ④ 겨드랑이와 유두 주변

79 아포크린한선은 겨드랑이, 눈꺼풀, 유두, 배꼽 주변 등에 분포한다.

80 사춘기 이후 성호르몬의 영향을 받아 분비되기 시작하는 땀샘으로 체취선이라고 하는 것은?

① 소화샘 ② 갑상샘

③ 대한선 ④ 피지선

80 대한선은 성호르몬의 영향을 받아 분비되기 시작하는 땀샘으로 겨드랑이, 유두, 배꼽 등에 존재한다.

81 한선(땀샘)의 설명으로 틀린 것은?

① 에크린한선과 아포크린한선이 있다.

② 입술을 포함한 전신에 존재한다.

③ 땀을 많이 흘리면 영양분과 미네랄을 잃는다.

④ 체온조절 기능이 있다.

81 땀샘에는 에크린 땀샘과 아포크린 땀샘이 있는데, 에크린 땀샘은 손바닥, 발바닥, 겨드랑이 등에 많이 분포하고, 아포크린 땀샘은 겨드랑이, 눈꺼풀, 바깥귀길 등에 분포한다.

82 다음 중 아포크린한선(대한선)의 분포가 없는 곳은?

① 유두 ② 겨드랑이

③ 배꼽 주변 ④ 입술

82 입술에는 땀샘이나 모공이 없다.

정답 77 ③ 78 ③ 79 ④ 80 ③ 81 ② 82 ④

83 **다음 중 피지에 대한 설명 중 잘못된 것은?**

① 피지를 분비하는 선은 진피의 망상층에 위치한다.
② 피지가 외부로 분출이 안되면 여드름 요소인 면포로 발전한다.
③ 일반적으로 남자는 여자보다도 피지의 분비가 많다.
④ 피지는 아포크린한선에서 분비된다

83 피지는 피지선에서 분비된다.

84 **다음 중 피지선의 노화 현상을 나타내는 것은?**

① 피지의 분비가 감소한다.
② 피지의 분비가 많아진다.
③ 피부 중화 능력이 상승한다.
④ pH의 산성도가 강해진다.

84 피부의 노화 : 피지의 분비량이 감소하고, 피부의 중화 기능이 떨어지며, 산성도 도약해진다.

85 **다음 중 땀샘의 역할이 아닌 것은?**

① 분비물 배출 ② 체온조절
③ 피지 분비 ④ 땀 분비

85 피지는 땀샘이 아니라 피지선에서 분비된다.

86 **독립 피지선이 있는 곳은?**

① 윗입술 ② 코
③ 가슴 ④ 손바닥

86 윗입술은 직접 피부 표면에 연결되어 존재하는 독립 피지선에 해당한다.

87 **인체 중에 피지선이 전혀 없는 곳은?**

① 이마 ② 코
③ 귀 ④ 손바닥

87 피지는 피지선에서 나오는 분비물로 손바닥과 발바닥에는 존재하지 않는다.

88 **피지선에 관한 내용으로 틀린 것은?**

① 진피의 망상층에 위치한다.
② 사춘기 남성에게 집중적으로 분비된다.
③ 입술, 성기, 유두, 귀두 등에 독립 피지선이 있다.
④ 손바닥과 발바닥, 얼굴, 이마 등에 많다.

88 손바닥과 발바닥에는 피지선이 존재하지 않는다.

정답 83 ④ 84 ① 85 ③ 86 ① 87 ④ 88 ④

89 **피지선의 활동을 증가시키는 호르몬은?**

① 멜라닌 ② 에스트로겐
③ 안드로겐 ④ 인슐린

90 **성인이 하루에 분비하는 피지의 양은?**

① 약 0.1 ~ 0.2g ② 약 1 ~ 2g
③ 약 3 ~ 5g ④ 약 5 ~ 8g

91 **건강한 모발의 주성분은 무엇으로 이루어졌는가?**

① 탄수화물 ② 지방
③ 단백질 ④ 칼슘

92 **모발의 성장에 관한 설명 중 가장 거리가 먼 것은?**

① 필요한 영양은 모유두에서 공급된다.
② 봄, 여름보다 가을, 겨울에 더 빨리 성장한다
③ 모발은 3 ~ 5년의 성장기에 주로 자란다.
④ 모발은 "성장기 - 퇴화기 - 휴지기"의 사이클을 거친다.

93 **모발은 하루에 얼마나 성장하는가?**

① 0.2 ~ 0.5㎜ ② 0.6 ~ 0.8㎜
③ 0.9 ~ 1.0㎜ ④ 1.0 ~ 1.2㎜

94 **모발의 성장주기에 대한 설명으로 옳지 않은 것은?**

① 성장기 : 모근이 모유두와 결합하는 시기
② 퇴행기 : 모구부가 수축하여 모유두와 분리
③ 휴지기 : 모유두 활동 시작
④ 발생기 : 오래된 모발을 밀어내 탈모시킴

95 **모발의 결합 중 수분 때문에 일시적으로 변형되며, 열을 가하면 재결합되어 형태가 만들어지는 결합은?**

① 펩타이드 결합 ② 염 결합
③ s - S 결합 ④ 수소 결합

89 안드로겐은 남성의 2차 성징 발달에 작용하는 호르몬으로 정자 형성을 촉진하기도 하며, 피지선을 자극해 피지의 생성을 촉진한다.

90 성인 하루의 피지 분비량은 약 1~2g이다.

91 모발의 주성분은 케라틴이라는 단백질이다.

92 모발은 낮보다 밤에, 가을·겨울보다 봄·여름에 더 빨리 성장한다.

93 모발은 하루에 0.2~0.5㎜씩 성장한다.

정답 89 ③ 90 ② 91 ③ 92 ② 93① 94 ③ 95 ④

96 **다음 중 일반적으로 건강한 모발의 상태는?**

① 단백질 10~20%, 수분 10~15%, pH 2.5~4.5
② 단백질 20~30%, 수분 70~80%, pH 4.5~5.5
③ 단백질 50~60%, 수분 25~40%, pH 7.5~8.5
④ 단백질 70~80%, 수분 10~15%, pH 4.5~5.5

97 **모발의 체인 결합으로 볼 수 없는 것은?**

① 시스틴 결합(cystine bond)
② 폴리펩타이드 결합(polypeptide bond)
③ 수소 결합(hydrogen bond)
④ 염 결합(salt bond)

97 체인 결합은 가로 방향의 결합으로 시스틴 결합, 염 결합, 수소 결합이 있다. 폴리펩타이드 결합은 주쇄 결합이다.

98 **모유두가 활동을 멈추고 모발은 두피에 머무르고 있으나 가벼운 물리적 자극 때문에 쉽게 탈모가 되는 단계는?**

① 성장기 ② 휴지기
③ 퇴화기 ④ 모발 주기

99 **다음 중 피부색의 설명으로 옳은 것은?**

① 피부의 색은 건강상태와 관계없다.
② 적외선은 멜라닌 생성에 큰 영향을 미친다.
③ 남성보다 여성, 고령층보다 젊은 층에 색소가 많다.
④ 피부의 황색은 카로틴에서 유래된다.

100 **모발은 물에 대한 팽윤성이 변한다. 다음 중 가장 낮은 팽윤성을 나타내는 pH는?**

① 1~2 ② 4~5
③ 7~9 ④ 10~12

101 **혈관과 림프관이 분포되어 있어 모구에 산소와 영양을 공급하여 모발의 성장에 관여하는 것은?**

① 모유두 ② 모표피
③ 모피질 ④ 모수질

101 모유두는 모낭 끝에 있는 작은 돌기 조직으로 모발에 영양을 공급하는 부분이다.

정답 96 ④ 97 ② 98 ② 99 ④ 100 ② 101 ①

피부 유형 분석

01 세안 후 피부가 당기며, 잔주름이 많고 화장이 잘 들뜨는 피부 유형은?

① 건성피부　② 복합성피부
③ 노화피부　④ 민감피부

02 피지와 땀의 분비 저하로 유·수분의 균형이 정상적이지 못하고, 피부결이 얇으며 탄력 저하와 주름이 쉽게 형성되는 피부는?

① 지성피부　② 이상피부
③ 건성피부　④ 민감피부

03 아래 설명과 가장 가까운 피부 유형은?

- 모공이 작다.
- 탄력이 좋지 못하다.
- 잔주름이 많다.
- 세안 후 이마 볼 부위가 당긴다.

① 지성피부　② 건성피부
③ 민감피부　④ 정상피부

04 건성피부의 특징과 가장 거리가 먼 것은?

① 피지와 땀의 분비 저하로 유·수분의 균형이 정상적이지 못하다.
② 각질층의 수분이 30% 이하로 부족하다.
③ 피부가 얇고 외관으로 피부결이 섬세해 보인다.
④ 모공이 작다.

05 지성피부의 특징이 아닌 것은?

① 정상피부보다 피지 분비량이 많다.
② 여성보다 남성 피부에 많다.
③ 모공이 매우 크며 반들거린다.
④ 피부결이 섬세하고 곱다.

06 다음 중 지성피부의 주된 특징을 나타낸 것은?

① 조그만 자극에도 피부가 예민하게 반응한다.

01 건성피부는 피지와 땀의 분비 저하로 유·수분의 균형이 정상적이지 못하고 세안 후 이마, 볼 부위가 당기며, 화장이 잘 들뜨고 주름이 많은 특징이 있다.

02 건성피부는 피지와 땀의 분비가 적고 피부의 탄력이 좋지 못하며 주름이 쉽게 형성되는 특징이 있다.

03 건성피부는 모공이 작고 탄력이 없으며, 유·수분의 균형이 정상적이지 못해 세안 후 이마, 볼 부위가 당기는 특징이 있다.

04 건성피부는 각질층의 수분 함량이 10% 이하의 피부를 말한다.

05 지성피부는 피부결이 곱지 못하다.

06 지성피부는 모공이 크고 피지 분비가 왕성하여 번들거림이 심하며, 뾰루지가 잘 나는 특징이 있다.

정답　01 ①　02 ③　03 ②　04 ②　05 ④　06 ③

② 유분이 적어 각질이 잘 일어난다.
③ 모공이 크고 여드름이 잘 생긴다.
④ 세안 후 피부가 쉽게 붉어지고 당김이 심하다.

07 **아래 설명과 가장 가까운 피부 유형은?**

- 모공이 넓다.
- 여드름이 잘 난다.
- 정상피부보다 두껍다.
- 번들거린다.

① 지성피부 ② 건성피부
③ 민감피부 ④ 정상피부

07 지성피부는 모공이 크고 여드름, 뾰루지, 블랙 헤드가 잘 생기며 정상피부보다 두꺼운 특징이 있다.

08 **지성피부에 대한 설명 중 틀린 것은?**

① 지성피부는 정상피부보다 피지 분비량이 많다.
② 보편적으로 남성보다는 여성 피부에 많다.
③ 지성피부가 생기는 원인은 남성 호르몬인 안드로겐(androgen)이나 여성 호르몬인 프로게스테론(pro-gesterone)의 기능이 활발해져서 생긴다.
④ 지성피부의 관리는 피지 제거 및 세정을 주목적으로 한다.

08 지성피부는 여성보다 남성에게 많이 나타난다.

09 **피부결이 거칠고 모공이 크며 화장이 쉽게 지워지는 피부 유형은?**

① 지성 ② 중성
③ 민감성 ④ 건성

09 지성피부는 피부결이 거칠고 모공이 크고 여드름이 잘 생기며 화장이 쉽게 지워지는 피부 특성이 있다.

10 **피지 분비가 많아 모공이 잘 막히고 노화된 각질이 두껍게 쌓여 있어 여드름이나 뾰루지가 잘 생기는 피부는?**

① 건성피부 ② 민감성피부
③ 복합성피부 ④ 지성피부

10 지성피부는 피지 분비가 왕성하여 피부 번들거림이 심하며 피부결이 곱지 못하며, 여드름이나 뾰루지가 잘 생긴다.

11 **모공이 크고 번들거리며 특히 남성에 많은 피부 유형은?**

① 건성 ② 지성
③ 중성 ④ 민감성

11 지성피부는 모공이 크고 정상피부보다 두껍고 화장이 쉽게 지워지며 남성 피부에 많이 나타나는 피부 유형이다.

정답 07 ① 08 ② 09 ① 10 ④ 11 ②

12 **지성피부의 특징으로 맞는 것은?**

① 모세혈관이 약화되거나 확장되어 피부 표면으로 보인다.
② 표피가 얇고 피부 표면이 항상 건조하고 잔주름이 쉽게 생긴다.
③ 피지 분비가 왕성하여 피부 번들거림이 심하며 피부결이 곱지 못하다.
④ 표피가 얇고 투명해 보이며 외부 자극에 쉽게 붉어진다

13 **노화피부의 특징이 아닌 것은?**

① 노화피부는 탄력이 떨어진다.
② 주름이 형성되어 있다.
③ 피지 분비가 왕성해 번들거린다.
④ 색소 침착 불균형이 나타난다.

14 **민감성피부에 대한 설명으로 가장 적합한 것은?**

① 피지의 분비가 적어서 거친 피부
② 멜라닌 색소가 많은 피부
③ 땀이 많이 나는 피부
④ 어떤 물질에 큰 반응을 일으키는 피부

15 **색소 침착 불균형이 나타나는 피부 유형은?**

① 지성피부 ② 건성피부
③ 민감성피부 ④ 노화피부

16 **정상피부의 관리법으로 틀린 것은?**

① 계절과 나이에 알맞은 제품을 선택하여 사용한다.
② 유·수분의 균형을 계속 유지하도록 관리해준다.
③ 알코올이 들어있는 화장수로 피지를 잡아준다.
④ 비타민 제품을 활용한다.

17 **건성피부의 원인과 거리가 먼 것은?**

① 피지와 땀 분비 저하 ② 각질의 수분 10% 이하
③ 비타민 A 부족 ④ 알레르기 체질

12 지성피부는 피부가 정상피부보다 두껍고 피지 분비가 왕성하여 피부 번들거림이 심하다.

13 노화피부는 피지의 분비가 원활하지 못하다.

14 민감성피부의 특징
- 어떤 물질에 대해 큰 반응을 일으킨다.
- 모공이 거의 보이지 않는다.
- 여드름, 알레르기 등의 피부 문제가 자주 발생한다.
- 바람을 맞으면 얼굴이 빨개진다.
- 얼굴이 자주 건조해진다.

15 노화피부는 색소 침착 불균형이 나타나 노인성 반점 등이 나타난다.

정답 12 ③ 13 ③ 14 ④ 15 ④ 16 ③ 17 ④

피부와 영양

01 다음 중 인체의 중요 에너지원으로 작용하는 것끼리 묶어진 것은?

① 지방, 탄수화물　　② 무기질, 지방
③ 비타민, 무기질　　④ 탄수화물, 비타민

01 에너지원 : 탄수화물, 지방, 단백질

02 다음 중 탄수화물에 대한 설명으로 잘못된 것은?

① 당질이라고도 하며 신체의 중요한 에너지원이다.
② 장에서 포도당, 과당 및 필수아미노산으로 흡수된다.
③ 지나친 탄수화물의 섭취는 신체를 산성 체질로 만든다.
④ 탄수화물의 소화 흡수율은 99%에 가깝다.

02 탄수화물은 장에서 포도당, 과당 및 갈락토오스로 흡수된다.

03 다음 중 단당류에 해당하는 것은?

① 맥아당　　② 포도당
③ 자당　　④ 유당

03 맥아당, 자당, 유당은 이당류에 해당하며, 포도당, 과당, 갈락토오스는 단당류에 해당한다.

04 다음 중 피부의 각질, 손톱, 발톱의 구성 성분인 케라틴을 가장 많이 함유한 것은?

① 동물성 단백질　　② 동물성 지방질
④ 탄수화물　　③ 식물성 지방질

04 케라틴은 동물성 단백질로 각질, 손톱, 발톱의 구성 성분이다.

05 단백질의 기본 구성단위이며 최종 가수분해 물질은 무엇인가?

① 지방산　　② 갈락토오스
③ 포도당　　④ 아미노산

05 아미노산은 단백질의 기본 구성단위이며, 최종 가수분해 물질이다.

06 75%가 에너지원으로 쓰이고 남은 것은 지방으로 전환되어 저장되는데 주로 글리코겐 형태로 간에 저장, 과잉섭취 시 혈액의 산도를 높이고 피부의 저항력을 약화시키며, 산성체질을 만들고 비만이 나타나는 영양소는?

① 탄수화물　　② 비타민
③ 단백질　　④ 무기질

정답　01 ①　02 ②　03 ②　04 ①　05 ④　06 ①

07 다음 중 필수 아미노산에 속하지 않는 것은?

① 아르기닌 ② 히스티딘
③ 라이신 ④ 글리신

07 필수 아미노산 : 발린, 루신, 아이소루이신, 메티오닌, 트레오닌, 라이신, 페닐알라닌, 트립토판, 히스티딘, 아르기닌(글리신은 아미노산의 일종이다)

08 다음 중 필수 아미노산에 속하지 않는 것은?

① 아르기닌 ② 알라닌
③ 루신 ④ 발린

08 알라닌은 단백질을 구성하는 기본단위인 아미노산의 일종으로 필수 아미노산은 아니다.

09 다음 중 필수 지방산에 속하지 않는 것은?

① 리놀산(linolin acid)
② 리놀렌산(linolenic acid)
③ 아라키돈산(arachidonic acid)
④ 타르타르산(tartaric acid)

09 필수 지방산은 리놀산, 리놀렌산, 아라키돈산 3가지이다.

10 고형의 유성 성분으로 고급 지방산에 고급 알코올이 결합된 에스테르를 말하며 화장품의 굳기를 증가시켜 주는 것은?

① 피마자유 ② 왁스
③ 바셀린 ④ 밍크 오일

10 왁스는 고급 지방산에 고급 알코올이 결합된 에스테르를 말하며, 미생물의 침입, 수분 증발 및 흡수를 방지하는 역할을 한다.

11 체조직 구성 영양소에 대한 설명으로 틀린 것은?

① 지질은 체지방의 형태로 에너지를 저장하며 생체막 성분으로 체구성 역할과 피부의 보호 역할을 한다.
② 지방이 분해되면 지방산이 되는데 이중 불포화지방산은 인체 구성 성분으로 중요한 위치를 차지하므로 필수 지방산으로도 부른다.
③ 필수 지방산은 식물성 지방보다 동물성 지방을 먹는 것이 좋다.
④ 불포화지방산은 상온에서 액체상태를 유지한다. 필수 지방산은 동물성기름보다 식물성기름에 많이 함유되어 있다.

12 각 비타민의 효능에 대한 설명 중 옳은 것은?

① 비타민 E - 아스코르빈산의 유도체로 사용되며 미백제로 이용된다.
② 비타민 A - 혈액순환 촉진과 피부 청정 효과가 우수하다.

12 보기 ①, ②는 비타민 C, ④는 비타민 E에 대한 설명이다.

정답 07 ④ 08 ② 09 ④ 10 ② 11 ③ 12 ③

③ 비타민 P - 바이오플라보노이드(bioflavonoid)라고도 하며 모세혈관을 강화하는 효과가 있다.
④ 비타민 B - 세포 및 결합조직의 조기노화를 예방한다

13 성장촉진, 생리대사의 보조역할, 신경안정과 면역기능 강화 등의 역할을 하는 영양소는?

① 단백질　② 무기질
③ 비타민　④ 지방

13 비타민은 주 영양소는 아니지만, 생명체의 정상적인 발육과 영양을 위해 꼭 필요한 영양소이며, 비타민 A, B 복합체, C, D, E, F, K, U, L, P 등의 종류가 있다.

14 다음 중 3대 영양소가 아닌 것은?

① 단백질　② 비타민
③ 지방　④ 탄수화물

14 5대 영양소 : 3대 영양소, 무기질, 비타민

15 과일, 야채에 많이 들어있으면서 모세혈관을 강화시켜 피부 손상과 멜라닌 색소 형성을 억제하는 비타민은?

① 비타민 K　② 비타민 C
③ 비타민 B　④ 비타민 E

15 비타민 C는 모세혈관을 강화시켜 피부 손상과 멜라닌 색소 형성을 억제하며, 진피의 결체 조직을 강화하고 미백작용의 역할도 한다.

16 미백 작용 기능이 있고, 기미, 주근깨 등의 치료에 주로 쓰이는 것은?

① 비타민 B　② 비타민 A
③ 비타민 D　④ 비타민 C

16 비타민 C는 멜라닌 색소의 생성을 억제해 깨끗하고 주름 없는 피부를 만들어준다.

17 열에 가장 쉽게 파괴되는 비타민은?

① 비타민 B　② 비타민 D
③ 비타민 A　④ 비타민 C

17 비타민 C는 공기와 접촉시킨 상태에서 열을 가하면 대부분 파괴되며 알칼리에는 불안정하고 약산에 안정하다.

18 다음 중 비타민 E를 많이 함유한 식품은?

① 당근　② 맥아
③ 복숭아　④ 브로콜리

18 비타민 E는 식물성 기름, 우유, 달걀, 간에 많이 함유되어 있다.

정답 13 ③ 14 ② 15 ② 16 ④ 17 ④ 18 ②

19 상피조직의 신진대사에 관여하며 각화 정상화 및 피부재생을 돕고 노화방지에 효과가 있는 비타민은?

① 비타민 C ② 비타민 A
③ 비타민 E ④ 비타민 K

20 비타민 결핍증인 불임증 및 생식불능과 피부의 노화방지 작용 등과 가장 관계가 깊은 것은?

① 비타민 B 복합체 ② 비타민 A
③ 비타민 E ④ 비타민 D

21 비타민이 결핍되었을 때 발생하는 질병의 연결이 틀린 것은?

① 비타민 B1 - 각기증 ② 비타민 D - 괴혈병
③ 비타민 E - 불임증 ④ 비타민 A - 야맹증

22 다음 중 비타민(Vitamin)과 그 결핍증과의 연결이 틀린 것은?

① Vitamin B2 - 구순염 ② Vitamin D - 구루병
③ Vitamin A - 야맹증 ④ Vitamin C - 각기병

23 다음 중 멜라닌 생성 저하 물질인 것은?

① 비타민 C ② 콜라겐
③ 티로시나제 ④ 엘라스틴

24 비타민 E에 대한 설명 중 옳은 것은?

① 부족하면 야맹증이 된다.
② 자외선을 받으면 피부표면에서 만들어져 흡수된다.
③ 부족하면 피부나 점막에 출혈이 된다.
④ 호르몬 생성, 임신 등 생식기능과 관계가 깊다.

25 비타민 C가 인체에 미치는 효과가 아닌 것은?

① 피부의 멜라닌 색소의 생성을 억제시킨다.
② 혈색을 좋게 하여 피부에 광택을 준다.

19 비타민의 주요 기능
- 비타민 A : 상피조직의 형성, 피부재생, 노화 방지
- 비타민 C : 콜라겐 합성 촉진, 항산화 작용
- 비타민 E : 항산화제, 피부노화 방지
- 비타민 K : 혈액 응고

20 비타민 E는 결핍 시 불임증, 유산의 원인이 되며, 식물성 기름, 우유, 달걀 등에 많이 함유되어 있다.

21 비타민 D 결핍 시 구루병, 골연화증을 유발한다.

22 각기병은 비타민 B1 결핍 시 발생한다.

23 비타민 C는 멜라닌 색소의 생성을 억제해 깨끗하고 주름 없는 피부를 만들어 주며, 기미, 주근깨의 치료에도 도움을 준다.

24
- 비타민 A 결핍 시 야맹증
- 자외선을 받으면 피부표면에서 만들어져 흡수되는 것은 비타민 D
- 비타민 K 결핍 시 피부나 점막에 출혈

25 호르몬의 분비를 억제하는 것은 비타민 E이다.

정답 19 ② 20 ③ 21 ② 22 ④ 23 ① 24 ④ 25 ③

③ 호르몬의 분비를 억제시킨다.
④ 피부 과민증을 억제하는 힘과 해독작용이 있다.

26 비타민 C 부족시 어떤 증상이 주로 일어날 수 있는가?
① 피부가 촉촉해짐
② 여드름의 발생원인이 됨
③ 지방이 많이 낌
④ 색소 기미가 생김

26 비타민 C 결핍 시 증상 – 기미가 생기고, 괴혈병을 유발, 잇몸 출혈, 빈혈 등이 나타난다.

27 산과 합쳐지면 레티놀산이 되고, 피부의 각화작용을 정상화시키며, 피지 분비를 억제하므로 각질 연화제로 많이 사용되는 비타민은?
① 비타민 A ② 비타민 B 복합체
③ 비타민 D ④ 비타민 C

27 카로틴이 다량 함유되어 있는 비타민 A는 피부의 각화작용을 정상화시키고 피지의 분비를 억제하는 역할을 하며, 결핍 시에는 피부 표면이 경화된다.

28 다음 중 결핍 시 피부표면이 경화되어 거칠어지는 주된 영양물질은?
① 비타민 A ② 비타민 D
③ 무기질 ④ 탄수화물

28 비타민 A는 피부의 각화작용을 정상화하는 기능이 있으며, 결핍 시에는 피부 표면이 경화되어 거칠어진다.

29 다음 중 비타민 A와 깊은 관련이 있는 카로틴을 가장 많이 함유한 식품은?
① 쇠고기, 돼지고기 ② 귤, 당근
③ 감자, 고구마 ④ 사과, 배

29 카로틴은 체내에서 비타민 A로 변하는데, 당근, 고추, 귤, 토마토, 수박에 많이 함유되어 있다.

30 햇빛에 노출되었을 때 피부 내에서 어떤 성분이 생성되는가?
① 비타민 B ② 글리세린
③ 천연보습인자 ④ 비타민 D

30 자외선이 피부에 자극을 주게 되면 비타민 D 합성이 일어난다.

31 혈액 속의 헤모글로빈의 주성분으로서 산소와 결합하는 것은?
① 인(P) ② 철(Fe)
③ 칼슘(Ca) ④ 무기질

31 철은 인체에서 가장 많이 함유하고 있는 무기질로서 혈액 속의 헤모글로빈의 주성분이며, 산소 운반 작용 및 면역 기능을 한다.

정답 26 ④ 27 ① 28 ① 29 ② 30 ④ 31 ②

32 헤모글로빈을 구성하는 매우 중요한 물질로 피부의 혈색과도 밀접한 관계에 있으며 결핍되면 빈혈이 일어나는 영양소는?

① 철분(Fe) ② 칼슘(Ca)
③ 마그네슘(Mg) ④ 요오드(I)

32 철은 혈액 속의 헤모글로빈의 주성분이며, 혈색을 좋게 하는 기능을 한다. 결핍 시에는 빈혈이 일어나고 적혈구 수가 감소한다.

33 뼈 및 치아를 형성하는 성분으로 비타민 및 효소 활성화에 관여하는 무기질은?

① 인 ② 마그네슘
③ 나트륨 ④ 철분

33 인은 뼈와 치아를 형성하는 성분이며 비타민 및 효소의 활성화에 관여한다.

34 갑상선과 부신의 기능을 활발히 해주어 피부를 건강하게 해주며 모세혈관의 기능을 정상화시키는 것은?

① 요오드 ② 마그네슘
③ 나트륨 ④ 철분

34 요오드는 갑상선 및 부신의 기능을 촉진하며 모세혈관의 기능을 정상화시켜 준다.

35 갑상선의 기능과 관계있으며 모세혈관 기능을 정상화시키는 것은?

① 인 ② 칼슘
③ 요오드 ④ 철분

35 요오드는 갑상선 및 부신의 기능을 촉진하며 모세혈관의 기능을 정상화시키는 역할을 한다.

36 체내에서 근육 및 신경의 자극 전도, 삼투압 조절 등의 작용을 하며, 식욕에 관계가 깊기 때문에 부족하면 피로감, 노동력의 저하 등을 일으키는 것은?

① 식염(NaCI) ② 구리(Cu)
③ 인(P) ④ 요오드(D)

36 식염은 삼투압 조절 등의 작용을 하며 결핍 시 피로감을 느끼게 되며, 노동력이 저하된다.

37 피부 영양관리에 대한 설명 중 가장 올바른 것은?

① 대부분 영양은 음식물을 통해 얻을 수 있다.
② 외용약을 사용하여서만 유지할 수 있다.
③ 마사지를 잘하면 된다.
④ 영양크림을 어떻게 잘 바르는가에 달려 있다.

37 피부는 화장품을 통해서도 영양을 보충하지만, 식품을 통해서 대부분의 영양을 공급받는다.

정답 32 ① 33 ① 34 ① 35 ③ 36 ① 37 ①

38 건강한 체형을 위한 영양 섭취에 대한 설명으로 옳지 않은 것은?

① 인스턴트 식품을 줄인다.
② 과식과 편식을 줄인다.
③ 매일매일 규칙적인 식습관을 유지한다.
④ 규칙적으로 식사하면 영양의 균형을 고려하지 않아도 된다.

38 영양의 균형을 고려하여 음식물을 섭취해야 건강한 체형을 유지할 수 있다.

피부 장애와 질환

01 미용 기구에 의한 감염 우려가 있는 세균성 피부질환은?

① 조백선 ② 수주
③ 농가진 ④ 객선

01 세균성 피부질환 : 심상모창, 면정, 농가진, 표저, 단독 등이 있다.

02 피부진균에 의해 발생하며 습한 곳에서 자주 발생하는 피부질환은?

① 모낭염 ② 족부백선
③ 티눈 ④ 대상포진

02 족부백선 : 백선은 진균성 피부질환으로 발에 나타남

03 대상포진에 대한 설명으로 맞는 것은?

① 전염되지는 않는다.
② 바이러스를 갖고 있지 않다.
③ 지각신경 분포를 따라 군집 수포성 발진이 생기며 통증이 동반된다.
④ 목과 눈꺼풀에 나타나는 전염성 비대 증식현상이다.

04 다음 중 곰팡이균에 의해 발생하며, 가려움증이 동반되고, 주로 손과 발에서 나타나는 질병은?

① 대상포진 ② 무좀
③ 홍반 ④ 사마귀

05 다음 중 바이러스성 질환으로 입술 주위 수포성 발진이 생기며, 재발이 잘되는 질환은?

① 대상포진 ② 습진
③ 헤르페스 ① 태선

정답 38 ④ 01 ③ 02 ② 03 ③ 04 ② 05 ③

06 기미에 대한 설명이 아닌 것은?

① 피부 내에 멜라닌이 합성되지 않아 나타나며, 높은 연령에서 발생 빈도가 높다.
② 30~40대의 중년 여성에게 잘 나타나고 재발이 잘 된다.
③ 썬탠기에 의해서도 기미가 생길 수 있다.
④ 경계가 명확한 갈색의 점으로 나다난다.

06 기미는 멜라닌 색소가 피부에 과다하게 침착되어 나타나는 증상이다.

07 다음 중 진균에 의한 피부질환이 아닌 것은?

① 두부백선 ② 어루러기
③ 족부백선 ④ 사마귀

07 사마귀는 바이러스성 피부질환이다.

08 다음 중 인체에 발생하는 사마귀의 원인은?

① 바이러스 ② 악성 증식
③ 곰팡이 ④ 박테리아

09 다음 중 기미의 유형이 아닌 것은?

① 혼합형 기미 ② 진피형 기미
③ 표피형 기미 ④ 피하조직형 기미

09 기미에는 표피에 침착되는 표피형 기미, 진피까지 깊숙이 침착되는 진피형 기미, 표피와 진피에 침착되는 혼합형 기미 3가지가 있다.

10 다음 중 원발진에 속하는 것은?

① 수포, 반점, 인설 ② 수포, 균열, 반점
③ 반점, 구진, 결절 ④ 반점, 가피, 구진

11 피부질환의 초기 병변으로 질병으로 간주되지 않는 피부의 변화는?

① 알레르기 ② 원발진
③ 속발진 ④ 발진열

11 처음으로 나타나는 병적인 변화를 원발진이라 하고 그 이후 나타나는 병적인 변화를 속발진이라고 한다.

12 다음 중 원발진으로만 짝지어진 것은?

① 농포, 수포 ② 색소침착, 찰상
③ 티눈, 흉터 ④ 동상, 궤양

12 원발진에는 반점, 구진, 결절, 수포, 농포, 면포 등이 있다.

정답 06 ① 07 ④ 08 ① 09 ④ 10③ 11 ② 12 ①

13 피부질환의 상태를 나타낸 용어 중 원발진(primary lesion)에 해당하는 것은?

① 결절 ② 미란
③ 가피 ④ 반흔

14 표피로부터 가볍게 흩어지고 지속적이며 무의식적으로 생기는 죽은 각질 세포는?

① 비듬 ② 농포
③ 두드러기 ④ 종양

15 다음 중 원발진이 아닌 것은?

① 농포 ② 구진
③ 반흔 ④ 종양

16 장기간에 걸쳐 반복하여 긁거나 비벼서 표피가 건조하고 가죽처럼 두꺼워진 상태는?

① 가피 ② 태선화
③ 반흔 ④ 낭종

17 다음 중 속발진에 해당하지 않는 것은?

① 균열 ② 면포
③ 가피 ④ 미란

18 다음 중 태선화에 대한 설명으로 옳은 것은?

① 표피가 얇아지는 것으로 표피세포 수의 감소와 관련이 있으며 종종 진피의 변화와 동반된다.
② 둥글거나 불규칙한 모양의 굴착으로 점진적인 괴사에 의해서 표피와 함께 진피의 소실이 오는 것이다.
③ 질병이나 손상에 의해 진피와 심부에 생긴 결손을 메우는 새로운 결체 조직의 생성으로 생기며 정상 치유 과정의 하나이다.
④ 표피 전체와 진피의 일부가 가죽처럼 두꺼워지는 현상이다.

15 반흔, 가피, 미란, 위축 모두 속발진에 해당한다.

정답 13 ① 14 ① 15 ③ 16 ② 17 ② 18 ④

19 피부의 변화 중 결절에 대한 설명으로 잘못된 것은?

① 표피 내부에 직경 1㎝ 미만의 묽은 액체를 포함한 융기이다.

② 여드름 피부의 4단계에 나타난다.

③ 표피 내부에 직경 2㎝ 이상의 큰 융기이다.

④ 구진과 종양의 중간 염증이다.

20 피부 발진 중 일시적인 증상으로 가려움증을 동반하여 불규칙적인 모양을 한 피부 현상은?

① 팽진 ② 면포

③ 결절 ④ 구진

> **20** 팽진은 피부 상층부에 부분적인 부종으로 인해 국소적으로 부풀어 오르는 증상을 말하며 가려움증을 동반한다.

21 다음 중 공기의 접촉 및 산화와 관계있는 것은?

① 흰 면포 ② 구진

③ 검은 면포 ④ 팽진

> **21** 흰 면포가 시간이 지나면서 구멍이 개방되어 내용물의 일부가 산화되어 검은 면포가 된다.

22 켈로이드는 어떤 조직이 비정상으로 성장한 것인가?

① 피하지방조직 ② 정상 분비선조직

③ 정상 상피조직 ④ 결합조직

23 진피에 자리하고 있으며 통증이 동반되고, 여드름 피부의 4단계에서 생성되는 것으로 치료 후 흉터가 남는 것은?

① 가피 ② 농포

③ 낭종 ④ 면포

24 바이러스성 질환으로 높은 연령층에 발생 빈도가 높고, 군집성 수포가 발생하며 통증이 동반되는 질환은?

① 습진 ② 태선

③ 단순포진 ④ 대상포진

25 기미피부의 손질방법으로 틀린 것은?

① 정신적 스트레스를 최소화 한다.

② 자외선을 자주 이용하여 멜라닌을 관리한다.

정답 19 ① 20 ① 21 ③ 22 ④ 23 ③ 24 ④ 25 ②

③ 화학적 필링과 AHA 성분을 이용한다.
④ 비타민 C가 함유된 음식물을 섭취한다.

26 기계적 손상에 의한 피부질환이 아닌 것은?

① 티눈 ② 욕창
③ 굳은살 ④ 종양

27 피부 색소침착에서 과색소침착 증상이 아닌 것은?

① 백반증 ② 기미
③ 주근깨 ④ 오타씨모반

28 백반증에 관한 내용 중 틀린 것은?

① 멜라닌 세포의 과다한 증식으로 일어난다.
② 백색 반점이 피부에 나타난다.
③ 후천적 탈색소 질환이다.
④ 원형, 타원형 또는 부정형의 흰색 반점이 나타난다.

28 백반증은 멜라닌 세포의 파괴로 인해 백색 반점이 나타나는 증상이다.

29 다음 중 각질 이상에 의한 피부질환은?

① 기미 ② 주근깨
③ 티눈 ④ 릴 흑피증

29 기미, 주근깨, 릴 흑피증은 과색소 침착에 의한 피부 질환이다.

30 피부에 계속적인 압박으로 생기는 각질층의 증식현상이며, 원추형의 국한성 비후증으로 경성과 연성이 있는 것은?

① 사마귀 ② 욕창
③ 티눈 ④ 굳은살

30 경성 티눈은 발가락의 등 쪽이나 발바닥에 주로 발생하며 연성 티눈은 발가락 사이에 주로 발생한다.

31 벌록 피부염(berlock dermatitis)이란?

① 향료에 함유된 요소가 원인인 광접촉 피부염이다.
② 눈 주위부터 볼에 걸쳐 다수 군집하여 생기는 담갈색의 색소반이다.
③ 안면이나 목에 발생하는 청자갈 색조의 불명료한 색소 침착이다.
④ 절상이나 까진 상처의 전후처치를 잘못해서 생기는 색소의 침착이다.

31 벌록 피부염은 향료에 함유된 요소가 자외선을 쬐었을 때 피부의 색깔이 변하는 피부질환이다.

정답 26 ④ 27 ① 28 ① 29 ③ 30 ③ 31 ①

32 물사마귀라고 불리우며 황색 또는 분홍색의 반투명성 구진(2~3㎜ 크기)을 가지는 피부양성종양으로 땀샘관의 개출구 이상으로 피지분비가 막혀 생성되는 것은?

① 한관종 ② 섬유종
③ 면포 ④ 지방종

> 32 한관종은 사춘기 이후의 여성의 눈 주위, 뺨, 이마에 주로 발생

33 티눈의 설명으로 옳은 것은?

① 각질층의 한 부위가 두꺼워져 생기는 각질층의 증식현상이다.
② 주로 발바닥에 생기며 아프지 않다.
③ 각질핵은 각질 윗부분에 있어 자연스럽게 제거가 된다.
④ 발뒤꿈치에만 생긴다.

> 33 티눈은 통증을 동반하며, 발바닥과 발가락에 주로 발생한다.

34 주로 40~50대에 보이며 혈액 흐름이 나빠져 모세혈관이 파손되어 코를 중심으로 양 뺨에 나비 형태로 붉어진 증상은?

① 주사 ② 기미
③ 검버섯 ④ 비립종

35 땀관이 막혀 땀이 원활하게 표피로 배출되지 못하고 축적되어 발진과 군집성 수포가 생기는 증상은?

① 주사 ② 한진
③ 비립종 ④ 한관종

36 열에 의한 피부질환 중에서 홍반, 부종, 통증을 동반하고 수포를 형성하는 화상은?

① 제1도 화상 ② 제2도 화상
③ 제3도 화상 ④ 중급 화상

> 36
> - 제1도 화상 : 피부가 붉게 변하면서 국소 열감과 동통 수반
> - 제2도 화상 : 진피층까지 손상되어 수포가 발생한 피부, 홍반, 부종, 통증 동반
> - 제3도 화상 : 피부 전층 및 신경이 손상된 상태, 피부색이 흰색 또는 검은색으로 변함
> - 제4도 화상 : 피부 전층, 근육, 신경 및 뼈 조직이 손상된 상태

37 다음 중 피지선과 가장 관련이 깊은 질환은?

① 사마귀 ② 한관종
③ 주사 ④ 백반증

> 37 주사는 피지선에 염증이 생기면서 붉게 변하는 염증성 질환이다.

정답 32 ① 33 ① 34 ① 35 ② 36 ② 37 ③

38 자각증상으로서 피부를 긁거나 문지르고 싶은 충동에 의한 가려움증은?

① 소양감 ② 작열감
③ 촉감 ④ 의주감

38 소양감은 가려움증을 의미한다.

39 다음 중 제2도 화상에 속하는 것은?

① 햇볕에 탄 피부
② 진피층까지 손상되어 수포가 발생한 피부
③ 피하 지방층까지 손상된 피부
④ 피하 지방층 아래의 근육까지 손상된 피부

40 모래알 크기의 각질 세포로서 눈 아래 모공과 땀구멍에 주로 생기는 백색 구진 형태의 질환은?

① 비립종 ② 칸디다증
③ 한진 ④ 화염성모반

40 비립종은 직경 1~2㎜의 둥근 백색 구진으로 눈 아래 모공과 땀구멍에 주로 생기는 질환이다.

41 땀띠가 생기는 원인으로 가장 옳은 것은?

① 땀띠는 피부표면에 있는 땀구멍이 일시적으로 막히기 때문에 생기는 발한기능의 장애 때문에 발생한다.
② 땀띠는 여름철 너무 잦은 세안 때문에 발생한다.
③ 땀띠는 여름철 과다한 자외선 때문에 발생하므로 햇볕을 받지 않으면 생기지 않는다.
④ 땀띠는 피부에 미생물이 감염되어 생긴 피부질환이다.

41 땀피는 땀구멍이 막혀서 땀이 원활하게 표피로 배출되지 못해서 생긴다.

42 직경 1~2㎜의 둥근 백색 구진으로 안면(특히 눈 밑)에 발생하는 것은?

① 비립종 ② 피지선 모반
③ 한관종 ④ 표피낭종

43 여드름 발생의 주요 원인과 가장 거리가 먼 것은?

① 아포크린한선의 분비 증가 ② 모낭 내 이상 각화
③ 여드름 군의 군락 형성 ④ 염증 반응

43 아포크린한선은 겨드랑이, 유두 주위에 많이 분포하는 것으로 여드름 발생과는 상관이 없다.

정답 38 ① 39 ② 40 ① 41 ① 42 ① 43 ①

44 다음 중 세포 재생이 더 이상 되지 않으며 기름샘과 땀샘이 없는 것은?

① 흉터 ② 티눈
③ 두드러기 ④ 습진

44 흉터는 손상된 피부가 치유된 흔적을 말하는데, 세포 재생이 더 이상 되지 않으며, 기름샘과 땀샘도 없다.

45 다리의 혈액순환 이상으로 피부밑에 형성되는 검푸른 상태를 무엇이라 하는가?

① 혈관 축소 ② 흉터
③ 모세혈관확장증 ④ 하지정맥류

45 하지정맥류는 혈액 순환 이상으로 정맥이 늘어나서 피부 밖으로 돌출되어 보이는 것을 말하는데, 다리가 무겁게 느껴지고 쉽게 피곤해지는 증상이 나타난다.

46 피부질환 중 지성피부에 여드름이 많이 나타나는 이유의 설명 중 가장 옳은 것은?

① 한선의 기능이 왕성할
② 림프의 역할이 왕성할 때
③ 피지가 계속 많이 분비되어 모낭구가 막혔을 때
④ 피지선의 기능이 왕성할 때

46 여드름은 피지가 많이 분비되어 표피의 각화 이상으로 모낭구가 막혔을 때 많이 나타난다.

피부와 광선

01 피부에 자외선을 많이 노출시켰을 경우에 나타날 수 있는 현상은?

① 멜라닌 색소가 증가해 기미, 주근깨 등이 발생한다.
② 피부가 윤기가 나고 부드러워진다.
③ 피부에 탄력이 생기고 각질이 엷어진다.
④ 세포의 탈피현상이 감소된다.

01 피부가 자외선에 자주 노출되면 기미, 주근깨, 검버섯 등의 과색소 침착이 일어난다

02 강한 자외선에 노출될 때 생길 수 있는 현상이 아닌 것은?

① 만성 피부염 ② 광노화
③ 홍반 ④ 일광화상

02 자외선에 자주 노출되면 일광화상, 홍반반응, 색소침착, 광노화, 피부암 등의 피부 변화가 나타날 수 있다.

03 자외선 B는 자외선 A보다 홍반 발생 능력이 몇 배 정도인가?

① 10배 ② 100배
③ 1,000배 ④ 10,000배

정답 44 ① 45 ④ 46 ③ 01 ① 02 ① 03 ③

04 홍반을 주로 유발시키는 자외선 파장은?

① UV-A　　① UV-B
③ UV-C　　④ UV-D

05 단파장으로 가장 강한 자외선이며, 원래는 오존층에 완전 흡수되어 지표면에 도달되지 않았으나 오존층의 파괴로 인해 인체와 생태계에 많은 영향을 미치는 자외선은?

① UV-A　　① UV-B
③ UV-C　　④ UV-D

06 다음 중 적외선에 관한 설명으로 옳지 않은 것은?

① 혈류의 증가를 촉진시킨다.
② 피부에 생성물을 흡수되도록 돕는 역할을 한다.
③ 노화를 촉진시킨다.
④ 피부에 열을 가하여 피부를 이완시키는 역할을 한다.

07 다음 중 UV-A(장파장 자외선)의 파장 범위는?

① 290 ~ 320nm　　② 100 ~ 200nm
③ 320 ~ 400nm　　④ 200 ~ 290nm

08 적외선의 설명으로 틀린 것은?

① 병에 대한 저항력을 높인다.
② 체온이 낮아진다.
③ 혈액순환을 촉진시킨다.
④ 피부를 이완시킨다.

09 다음 중 일광화상을 일으키는 주요 광선은?

① 적외선　　② UV-A
③ UV-B　　④ UV-C

04 UV-B는 290~320nm의 중파장으로 피부의 홍반을 유발한다.

05 자외선 C는 파장 범위가 200~290nm의 단파장으로 가장 강한 자외선이며, 오존층에서 거의 흡수되어 피부에는 영향을 미치지 않았으나, 최근 오존층의 파괴로 인해 인체에 많은 영향을 미치고 있다.

07 자외선의 파장 범위

- UV-A : 320 ~ 400nm
- UV-B : 290 ~ 320nm
- UV-C : 200 ~ 290nm

정답 04 ② 05 ③ 06 ③ 07 ③ 08 ② 09 ③

10 **다음 중 가장 강한 살균작용을 하는 광선은?**

① 적외선 ② 원적외선
③ 자외선 ④ 가시광선

11 **다음 중 자외선이 피부에 미치는 영향이 아닌 것은?**

① 색소 침착 ② 홍반 형성
③ 살균 효과 ④ 비타민 A 합성

11 자외선이 피부에서 합성하는 것은 비타민 D이다.

12 **적외선을 피부에 조사시킬 때의 영향으로 틀린 것은?**

① 신진대사에 영향을 미친다.
② 혈관을 확장시켜 순환에 영향을 미친다.
③ 근육을 수축시킨다.
④ 식균 작용에 영향을 미친다.

13 **즉시 색소침착 작용을 하며 인공 선탠에 사용되는 것?**

① UV-A ② UV-B
③ UV-C ④ UV-D

13 UV-A : 색소 침착, 피부 건조, 인공 선탠

14 **UV-C의 설명이 바르지 않은 것은?**

① 최근 오존층의 파괴로 인해 각별한 주의가 필요하다.
② 가장 강한 자외선이다.
③ 320~400㎚의 장파장 자외선이다.
④ 피부암의 원인이 된다.

14 UV-C는 200~290㎚의 단파장 자외선이다.

15 **적외선을 피부에 조사시킬 때 나타나는 생리적 영향에 대한 설명으로 틀린 것은?**

① 전신의 체온 저하에 영향을 미친다.
② 혈관을 확장시켜 순환에 영향을 미친다
③ 신진대사에 영향을 미친다.
④ 식균 작용에 영향을 미친다.

정답 10 ③ 11 ④ 12 ③ 13 ① 14 ③ 15 ①

피부 면역

01 체내로 침입하는 미생물이나 화학물질을 공격하고 저항할 수 있는 인체의 방어기전을 무엇이라고 하는가?

① 항원 ② 항체
③ 면체 ④ 면역

02 특정 면역체에 대해 면역글로블린이라는 항체를 생성하는 것은?

① T 림프구 ② B 림프구
③ 자연살해세포 ④ 각질형성세포

03 작은 림프구 모양의 세포로 종양 세포나 바이러스에 감염된 세포를 자발적으로 죽이는 세포를 무엇이라 하는가?

① 멜라닌세포 ② 각질형성세포
③ 랑게르한스세포 ④ 자연살해세포

04 제1방어계 중 기계적 방어벽에 해당하는 것은?

① 피부 각질층 ② 위산
③ 섬모운동 ④ 소화교소

05 피부의 면역에 관한 설명으로 맞는 것은?

① 세포성 면역에는 보체, 항체 등이 있다.
② T 림프구는 항원전달세포에 해당한다.
③ 표피에 존재하는 각질형성세포는 면역조절에 작용하지 않는다.
④ B 림프구는 면역글로블린이라고 불리는 항체를 생성한다.

피부 노화

01 피부의 노화 원인과 가장 관련이 없는 것은?

① 노화 유전자와 세포 노화
② 항산화제
③ 아미노산 라세미화
④ 텔로미어 단축

정답 01 ④ 02 ② 03 ④ 04 ① 05 ④ 01 ②

03 자연살해세포는 바이러스에 감염된 세포나 암세포를 직접 파괴하는 면역세포로 인체에 약 1억 개의 자연살해세포가 있으며, 간이나 골수에서 성숙한다.

04 기계적 방어벽에는 피부 각질층, 점막, 코털 등이 있다.

02 광노화의 반응과 가장 거리가 먼 것은?

① 거칠어짐 ② 과색소침착증
③ 건조 ④ 모세혈관 수축

03 내인성 노화가 진행될 때 감소 현상을 나타내는 것은?

① 각질층 두께 ② 주름
③ 피부 처짐 현상 ④ 랑게르한스세포

04 광노화 현상이 아닌 것은?

① 표피 두께 증가 ② 멜라닌세포 이상 항진
③ 체내 수분 증가 ④ 진피 내의 모세혈관 확장

05 피부노화 현상으로 옳은 것은?

① 피부노화가 진행되어도 진피의 두께는 그대로 유지된다.
② 광노화에서는 내인성 노화와 달리 표피가 얇아지는 것이 특징이다.
③ 피부 노화는 나이에 따른 과정으로 일어나기도 하며, 누적된 햇빛 노출에 의하여 야기되기도 한다.
④ 내인성 노화보다는 외인성 노화에서 표피 두께가 두꺼워진다.

06 자연노화(내인성 노화)에 의한 피부 증상이 아닌 것은?

① 망상층이 얇아진다.
② 피하지방세포가 감소한다.
③ 각질층의 두께가 감소한다.
④ 멜라닌세포 수가 감소한다.

07 노화 피부의 특징이 아닌 것은?

① 피지분비가 원활하지 못하다.
② 탄력이 없고, 수분이 많다.
③ 주름이 형성되어 있다.
④ 색소침착 불균형이 나타난다.

02 광노화의 경우 모세혈관이 확장한다.

03 내인성 노화가 진행될수록 멜라닌세포와 랑게르한스세포의 수가 감소한다.

정답 02 ④ 03 ④ 04 ③ 05 ④ 06 ③ 07 ②

08 **어부들에게 피부의 노화가 조기에 나타나는 가장 큰 원인은?**

① 생선을 너무 많이 섭취하여서
② 햇볕에 많이 노출되어서
③ 바다에 오존 성분이 많아서
④ 바다의 일에 과로하여서

09 **피부 노화의 원인이 아닌 것은?**

① 영양의 불균형　② 피하지방의 결핍
③ 결합조직의 약화　④ 엘라스틴 섬유조직의 강화

10 **피부 노화인자 중 외부인자가 아닌 것은?**

① 나이　② 자외선
③ 건조　④ 산화

11 **깊은 피부 주름의 주원인은?**

① 콜라겐섬유의 구조 변화
② 각질층의 수분과 지방의 양이 감소
③ 수면의 부족
④ 피부조직의 지방과 수분의 감소

12 **광노화 현상이 아닌 것은?**

① 표피 두께 증가
② 멜라닌세포 이상 항진
③ 진피 내의 모세혈관 확장
④ 체내 수분 증가

13 **광노화와 가장 거리가 먼 것은?**

① 피부 두께가 두꺼워진다.
② 섬유아세포의 양이 감소한다.
③ 다당질이 증가한다.
④ 콜라겐이 비정상적으로 늘어난다.

정답　08 ②　09 ④　10 ①　11 ①　12 ④　13 ④

08 어부들은 햇빛에 많이 노출되어 광노화 현상이 나타난다.

09 엘라스틴 섬유조직이 강화되면 피부탄력에 도움이 된다.

10 나이가 증가함에 따라 피부가 노화되는 것은 내인성 노화에 속한다.

공중위생 관리학

공중보건학

SECTION 1 공중보건학 총론

1 공중보건학의 개념

(1) 윈슬로우(C.E.A. Winslow)의 정의

조직적인 지역사회의 노력을 통해 질병을 예방하고 수명을 연장시키며, 신체적·정신적 건강을 효율적으로 증진시키는 기술과 과학으로 정의하고, 공중보건학의 대상은 개인의 건강이 아니라 지역사회 주민의 건강임을 강조하고 있다.

(2) 공중보건학의 목적

질병 예방, 수명 연장, 신체적·정신적 건강증진을 통해 국민의 건강과 장수를 실현하는 데 있다.

의학과 공중보건의 비교

	대상	목적
의학	개인	질병 치료
공중보건	지역사회 주민	질병 예방

(3) 공중보건학의 범위 : 공중보건학의 범위는 지역사회를 단위로, 다음과 같이 분류할 수 있다.

분야	범위
환경보건	● 환경위생, 식품위생, 환경오염, 산업보건 등
역학 및 질병 관리	● 감염병 관리, 역학, 기생충질환, 비감염성 관리
보건관리	● 보건행정, 보건교육, 모자보건, 학교보건, 보건영양, 인구보건, 가족보건, 정신보건, 영유아보건, 노인보건, 응급의료

TIP **보건행정 범위** 다회 기출 2014, 2015, 2016

2 건강과 질병

(1) 건강의 정의

세계보건기구(WHO)는 단순히 질병이 없고 허약하지 않은 상태만을 의미하는 것이 아니라 육체적, 정신적, 사회적으로 완전히 안녕한 상태라고 정의하였다. 즉, 육체적·정신적으로 완전한 상태이며 더 나아가 사회에서 각자의 역할을 충실히 수행할 수 있는 상태를 의미한다.

(2) 질병 발생의 3대 요인

요인	분류	주요 요인
병인적 요인	생물학적	● 기생충, 바이러스 등
	물리적	● 태양광선, 방사능, 기온 등
	화학적	● 화학물질, 가스, 농약 등
	정신적	● 스트레스, 신경쇠약 등
숙주적 요인	종족	● 흑인, 백인, 황인
	면역	● 개인 면역력
	성별	● 남녀 성별
환경적 요인	물리적	● 기온, 날씨 등 자연환경
	생물학적	● 질병을 옮기는 매개물

3 인구보건 및 보건지표

인구문제는 인구의 구성, 지역적 분포 등의 인구 현상과 경제성장, 공업화, 산업화 등 사회 변화에 의해 발생한다.

(1) 인구증가

인구증가는 자연증가와 사회증가의 합을 의미한다. 자연증가는 출생인구에서 사망인구를 제외, 사회증가는 전입인구에서 전출인구를 제외한 수를 의미한다.

❶ 인구증가율 = $\frac{\text{자연증가} + \text{사회증가}}{\text{인구}} \times 1,000$

❷ 조자연증가율 = $\frac{\text{연간출생} + \text{연간사망}}{\text{인구}} \times 1,000$ 또는 조출생률 - 조사망률

❸ 인구증가지수(Vital Index, 인구동태지수) = (출생수 ÷ 사망수) × 100

(2) 인구구성형태

인구 구성은 성별 및 연령별 구성을 결합하여 나타낸 것으로 5가지 기본형태가 있다.

❶ 피라미드형

- 출생률은 높고 사망률이 낮은 유형
- 인구증가형
- 14세 이하 인구가 65세 이상 인구의 2배 이상
- 인구증가 잠재력이 가장 높음

❷ 종형*

- 출생률과 사망률이 낮은 유형
- 인구정지형
- 14세 이하 인구가 65세 이상 인구의 2배 정도*
- 가장 이상적인 구조

❸ 항아리형

- 출생률이 사망률보다 낮은 유형
- 인구감소형, 선진국형
- 14세 이하 인구가 65세 이상 인구의 2배 이하

❹ 별형*

- 생산층 인구가 증가하는 유형
- 인구유입형, 도시형*
- 생산층 인구가 전체 인구의 1/2이상

❺ 기타형

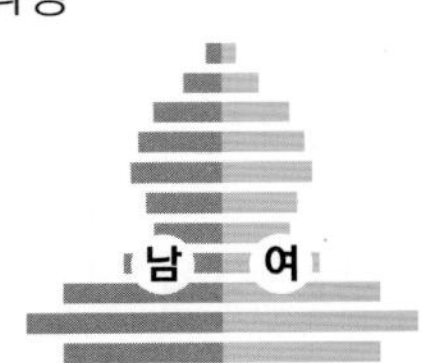

- 생산층 인구가 감소하는 유형
- 인구유출형, 농촌형
- 생산층 인구가 전체 인구의 1/2미만

종형, 별형의 인구구성 특징 기출 2014, 2016

(3) **공중보건지표*** : * 한 나라의 건강수준을 다른 국가와 비교할 수 있는 지표

❶ 영아사망률 : 생후 1년 내 사망한 영아의 사망률

❷ 평균수명 : 사람이 평균해서 몇 년 살 수 있는지에 대한 기대값으로 0세의 평균여명

❸ 비례사망지수 : 연간 인구 사망수에 대한 50세 이상의 사망수를 백분율로 표시한 지수

TIP
- 영아사망률은 보건수준 평가의 대표적 지표이나, 세계보건기구에서 추천한 보건지표(비례사망지수, 평균수명, 조사망률*)에는 포함되지 않음

영아사망률 계산공식

$$영아사망률 = \frac{그\ 해의\ 1세\ 미만\ 사망아\ 수}{어느\ 해의\ 연간\ 출생아\ 수} \times 1,000$$

SECTION 2 질병 관리

1 질병

질병이란 건강에서 벗어난 상태로, 몸의 조직 또는 기관에 이상이 생겨 정상적인 생리기능을 하지 못하는 상태를 말한다.

2 감염병 발생의 3대 요인

❶ 감염원 : 감수성 숙주에 병원체를 전파시킬 수 있는 근원이 되는 것으로 보균자, 환자, 감염된 동물 등이 있다.

❷ 감염경로 : 감염원으로부터 감수성 보유자에게 병원체가 운반되는 과정으로 피부접촉, 비말전파(공기전파), 동물매개 전파, 개달물 전파 등이 있다.

❸ 감수성 숙주 : 병원체에 대한 저항력이 낮은 상태의 숙주로, 감수성이 높은 집단은 감염병에 쉽게 노출된다.

3 감염병 발생과정

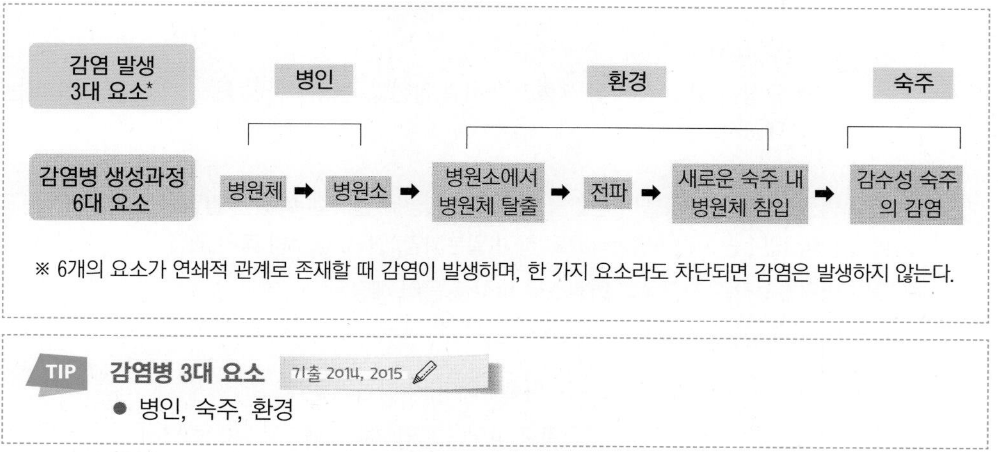

TIP 감염병 3대 요소 기출 2014, 2015

- 병인, 숙주, 환경

(1) 병원체

인체에 침입하여 병을 일으키는 미생물을 말한다.

병원체 종류	감염병
박테리아 (Bacteria)	• 적절한 온도와 습도에서 증식하는 세균으로 호흡기계, 소화기계, 피부점막계 박테리아가 있다. • 호흡기계 : 결핵, 디프테리아, 백일해 등 • 소화기계 : 콜레라, 장티푸스, 세균성 이질 등 • 피부점막계 : 파상풍, 매독, 페스트(흑사병) 등
바이러스 (Virus)*	• 세포 내에 기생하는 병원체이다. • 호흡기계 : 홍역, 인플루엔자, 유행성 이하선염 등 • 소화기계 : 폴리오, 소아마비, 유행성간염 등 • 피부점막계 : 황열, AIDS, 공수병(광견병), 일본뇌염 등

리케차 (Rickettsia)	● 세포 내에 기생한다. ● 쯔쯔가무시병, 발진티푸스, 발진열 등
기생충 (Parasite)	● 입, 피부를 통해 인체에 침입한다. ● 말라리아, 아메바성 이질, 회충, 십이지장충, 무구조충, 간디스토마, 폐디스토마, 사상충 등
진균 (Fungus)	● 주로 곰팡이, 효모로서 대부분 감염을 일으키지 않은 비병원성이다. ● 칸디다증, 무좀, 백선 등
클라미디아 (Chlamydia)	● 앵무새병, 트라코마 등

(2) 병원소

병원체가 증식하면서 다른 숙주에게 감염 가능한 상태로 저장되는 장소를 말한다.

❶ 인간병원소 : 현증환자, 보균자 등

보균자 종류	특징
건강 보균자*	● 병원체에 감염되었으나 증상이 없어 건강한 자와 구별이 어려운 보균자로 병원체를 배출할 수 있음 ● 디프테리아, 일본 뇌염 등
잠복기 보균자	● 감염병 발병 전 잠복 기간 중 병원체를 배출하여 타인에게 병원체를 전파할 수 있음 ● 홍역, 백일해 등 호흡기계 감염병
회복기 보균자 (병후 보균자)	● 감염병 증상이 회복기에 들어 소실되었으나 병원체를 배출할 수 있음 ● 장티푸스, 세균성 이질 등 소화기계 감염병

건강보균자 기출 2014

● 증상이 없고 격리 및 색출이 어려워 감염병 관리상 가장 중요하게 취급해야 하는 대상자

❷ 동물 병원소 : 감염된 동물이 인간을 감염시켜 질병을 일으킬 수 있는 감염원으로 작용하는 경우를 말한다. 인수공통감염병이라고도 하며 일본뇌염, 탄저, 공수병 등이 있다.

❸ 토양 병원소 : 각종 진균류의 병원소로 파상풍 등이 해당된다.

(3) 병원소에서 병원체의 탈출

병원체가 병원소에서 탈출하는 경로는 탈출구에 따라 다음과 같다.

❶ 호흡기계 탈출 : 기침, 재채기 등으로 전파되며 홍역, 수두, 폐결핵 등이 해당된다.

❷ 소화기계 탈출 : 분변, 토사물 등으로 전파되며 콜레라, 장티푸스 등이 해당된다.

❸ 비뇨생식기계 탈출 : 소변, 분비물 등으로 전파된다.

❹ 기계적 탈출 : 주사기 또는 모기, 벼룩 등 흡혈성 곤충에 의해 전파되며 말라리아, 발진티푸스 등이 해당된다.

(4) 전파

병원체가 병원소에서 탈출하여 새로운 숙주에게 침입하는 경우를 전파라 하며, 직접 전파와 간접 전파가 있다.

❶ 직접 전파 : 병원체가 중간 매개체 없이 직접 새로운 숙주에게 전파되는 경우를 말한다. 성병과 같이 신체적인 접촉에 의한 전파와 감기, 결핵 등 기침과 재채기 등 호흡기를 통한 비말감염 등이 있다.

❷ 간접 전파 : 병원체가 중간 매개체를 통하여 전파되어 감염이 되는 경우를 말한다. 절족동물 등 활성 전파체와 공기, 물, 식품, 토양 등 비활성 전파체를 통해 이루어진다.

TIP **절지동물에 의한 전파**

곤충	질병명
모기	● 말라리아, 일본뇌염, 사상충
이	● 발진티푸스, 재귀열, 장티푸스
벼룩	● 페스트, 발진열
진드기	● 재귀열, 쯔쯔가무시병, 발진열

(5) 새로운 숙주 내 침입

호흡기계, 소화기계, 비뇨기계 등을 통해 침입하는 것으로 병원체가 병원소부터 탈출하는 경로와 같다.

(6) 숙주의 감수성

숙주에 병원체가 침입하였을 경우, 병원체에 대한 저항력 또는 면역이 있으면 발병하지 않고 감수성이 있을 때 감염되거나 발병한다.

❶ 감수성 : 숙주에 침입한 병원체에 대해 방어할 수 없는 상태를 감수성이 있다고 말한다.

❷ 면역 : 병원체 침입에 대한 절대적 방어를 의미하며, 선천성면역과 후천성면역이 있다.

선천성 면역	태어날 때부터 가지고 있는 면역	
후천성 면역	능동면역	● 자연능동면역* : 감염병 이완 후에 형성되는 면역 ● 홍역, 콜레라, 수두, 장티푸스, 페스트 등
		● 인공능동면역* : 예방접종을 통한 면역 ● 탄저, 광견병, 결핵, 디프테리아, 파상풍 등
	수동면역	● 자연수동면역 : 태아가 모체로부터 태반 또는 수유를 통해 형성되는 면역
		● 인공수동면역 : 면역물질을 주사하여 형성되는 면역

자연능동면역, 인공능동면역 기출 2015, 2016

- 자연능동면역 : 감염 후 얻어지는 면역
- 인공능동면역 : 예방접종 후 얻어지는 면역
- 자연수동면역 : 모체로부터 형성되는 면역

4 법정 감염병의 관리

구분	특징	종류
제1급 감염병 (17종)	● 생물테러감염병 또는 치명률이 높거나 집단 발생 우려가 커서 발생 또는 유행 즉시 신고하고 음압격리가 필요한 감염병 ● 신고기간 : 즉시	에볼라바이러스병, 마버그열, 라싸열, 크리미안콩고출혈열, 남아메리카출혈열, 리프트밸리열, 두창, 페스트, 탄저, 보툴리눔독소증, 야토병, 신종감염병증후군, 중증급성호흡기증후군(SARS), 중동호흡기증후군(MERS), 동물인플루엔자인체감염증, 신종인플루엔자, 디프테리아

구분	특징	종류
제2급 감염병 (20종)	● 전파 가능성을 고려하여 발생 또는 유행 시 24시간 이내에 신고하고 격리가 필요한 감염병 ● 신고기간 : 24시간 이내	결핵, 수두, 홍역, 콜레라, 장티푸스, 파라티푸스, 세균성 이질, 장출혈성대장균감염증, A형간염, 백일해, 유행성 이하선염, 풍진, 폴리오, 수막구균 감염증, b형헤모필루스인플루엔자, 폐렴구균 감염증, 한센병, 성홍열, 반코마이신내성황색포도알균(VRSA)감염증, 카바페넴내성장내세균속균종(CRE)감염증
제3급 감염병 (26종)	● 발생 또는 유행 시 24시간 이내에 신고하고 발생을 계속 감시할 필요가 있는 감염병 ● 신고기간 : 24시간 이내	파상풍, B형간염, 일본뇌염, C형간염, 말라리아, 레지오넬라증, 비브리오패혈증, 발진티푸스, 발진열, 쯔쯔가무시증, 렙토스피라증, 브루셀라증, 공수병, 신증후군출혈열, 후천성면역결핍증(AIDS), 크로이츠펠트-야콥병(CJD) 및 변종크로이츠펠트-야콥병(vCJD), 황열, 뎅기열, 큐열, 웨스트나일열, 라임병, 진드기매개뇌염, 유비저, 치쿤쿠니야열, 중증열성혈소판감소증후군(SFTS), 지카바이러스감염증
제4급 감염병 (23종)	● 제1급~제3급 감염병 외에 유행 여부를 조사하기 위해 표본감시 활동이 필요한 감염병 ● 신고기간 : 7일 이내	인플루엔자, 매독, 회충증, 편충증, 요충증, 간흡충증, 폐흡충증, 장흡충증, 수족구병, 임질, 클라미디아감염증, 연성하감, 성기단순포진, 첨규콘딜롬, 반코마이신내성장알균(VRE) 감염증, 메티실린내성황색포도알균(MRSA) 감염증, 다제내성녹농균(MRPA) 감염증, 다제내성아시네토박터바우마니균(MRAB) 감염증, 장관감염증, 급성호흡기감염증, 해외유입기생충감염증, 엔테로바이러스 감염증, 사람유두종바이러스 감염증

5 주요 감염병

(1) 급성 소화기계 감염병

환자나 보균자의 분변으로 배출된 병원체가 식품이나 식수에 오염되어 감염을 일으키는 질병을 말한다.

● 콜레라, 세균성 이질, 장티푸스, 폴리오, 유행성 간염, 파라티푸스 등

(2) 급성 호흡기계 감염병

환자나 보균자의 객담 또는 콧물 등의 배출로 감염되는 비말감염과 공기 전파를 통한 비말핵감염 및 먼지감염으로 일으키는 질병을 말한다.

● 디프테리아, 백일해, 홍역, 풍진, 성홍열, 조류독감, 인플루엔자, 중증급성호흡기증후군

(3) 절지동물매개 감염병

많은 절지동물 중 인간에게 질병을 전파하는 곤충에 의해 감염을 일으키는 질병을 말한다.

● 페스트(쥐벼룩), 발진티푸스(이), 말라리아(모기), 일본뇌염(모기), 쯔쯔가무시병(진드기)

(4) 동물매개 감염병

인수공통감염병이라고도 하며, 사람과 동물에 의해 감염을 일으키는 질병을 말한다.

● 광견병, 탄저(소, 말 등), 브루셀라증(말, 소, 돼지 등), 렙토스피라증(들쥐)

절지동물 매개감염 기출 2014, 2016

- 페스트, 발진티푸스, 일본뇌염, 발진열, 말라리아, 사상충증, 양충병, 황열, 유행성 출혈열 등

수인성 감염병 기출 2014

- 콜레라, 이질, 장티푸스, 파라티푸스, 세균성 대장균 등

6 기생충 질환 관리

(1) **선충류** : 소화기, 근육, 혈액에 기생

종류	특징
회충	• 소장에 기생 • 오염된 음식물이 경구로 침입하여 위에서 부화하여 소장에 정착 • 증상 : 발열, 구토, 복통 등
구충	• 소장의 상부인 공장에 기생 • 경구감염, 경피감염 • 증상 : 체독증(경구감염), 기침, 가래(폐)
요충	• 맹장에 기생 • 항문주위에 산란하며, 집단감염이 쉬움 • 증상 : 항문주위 소양감, 구토, 설사, 복통
편충	• 대장 상부에 기생 • 경구감염

(2) **흡충류** : 민물고기 관련 기생충으로 숙주의 간, 폐 등에 기생

종류	특징
간디스토마 (간흡충)	• 간 담도에 기생 • 제1중간숙주 : 왜우렁이, 제2중간숙주 : 담수어(붕어, 잉어) • 증상 : 소화장애, 황달, 빈혈, 간비대 등
폐디스토마* (폐흡충)	• 폐에 기생 • 제1중간숙주 : 다슬기, 제2중간숙주 : 가재, 게 • 증상 : 기침, 객혈, 국소마비, 흉통 등

(3) **조충류** : 육류 관련 기생충으로 소화기관에 기생

종류	특징
유구조충 (갈고리촌충)	• 사람의 작은창자에 기생 • 중간숙주 : 돼지 • 증상 : 구토, 설사, 식욕감퇴 등
무구조충 (민촌충)	• 오염된 소고기 생식 시 감염 • 중간숙주 : 소 • 증상 : 구토, 설사, 복통, 장폐색
긴촌충	• 사람, 개, 고양이 등의 돌창자에 기생 • 제1중간숙주 : 물벼룩, 제2중간숙주 : 송어, 연어, 대구 등 • 증상 : 복통, 설사, 구토 등

SECTION 3 가족 및 노인보건

1 가족보건

(1) 모자보건의 개념

모자모건은 모성과 영유아에게 보건의료 서비스를 제공하여 모성 및 영유아의 사망률을 저하시키고, 건강증진 및 우성학적 유전인자를 생성하는데 목적이 있다.

(2) 영유아 보건

❶ 모체에서의 태아 건강관리와 신생아 및 영유아기의 보건관리를 포함한다

❷ 신생아 : 출생 후 4주 이내, 영아 : 만 1세 이하, 유아 : 만 4세 이하

❸ 영아 사망의 대부분은 신생아 기간에 발생하며, 신생아 사망의 주요 원인은 호흡장애, 출생 시의 손상 및 기형 등이 원인이다.

❹ 영아사망의 원인은 호흡기나 소화기계 감염 및 사고 등이 원인이다.

> **TIP 모자보건지표 수준**
> - 출생률, 사망률, 신생아 사망률, 영아 사망률, 모성 사망률

(3) 가족계획

계획적인 가족형성으로 부부의 생활능력이나 건강상태에 따라 자녀의 수나 출산의 간격을 계획적으로 조절하는 일을 의미한다.

> **가족계획 방법**
> - 초산연령 조절, 출산횟수 조절
> - 출산간격 조절, 출산기간 조절

2 노인보건

(1) 노인보건의 개념

65세 이상 노인 인구의 신체적·정신적·사회적 건강을 유지 및 증진시키기 위해 보건의료자원들을 관리하는 것을 의미한다.

(2) 노인 문제

❶ 의료비 부담으로 인한 건강문제

❷ 고독 및 소외문제

❸ 소득감소에 따른 경제문제

❹ 여가 문제

(3) 노인보건의 목표

퇴행성 병변을 일으키는 여러 요인 등을 연구하여 노화 진행을 억제하고 가능한 한 그 영향을 적게 받도록 함으로써 질병을 감소시키고 수명을 연장하며 지역사회에서 형태적·기능적으로 의미 있는 삶을 영위하도록 하는 데 있다.

SECTION 4 환경보건

1 환경보건

(1) 환경보건의 개념

세계보건기구(WHO)의 환경위생 전문 위원회는 "인간의 신체발육과 건강 및 생존에 유해한 영향을 미치거나 미칠 가능성이 있는 모든 환경요소를 관리하는 것"이라고 정의하였다.

(2) 기후와 온열요소

❶ 기후의 개념 : 어떤 장소에서 매년 반복되는 정상상태에 있는 대기현상의 종합된 상태를 의미하며, 기온·기습·기류를 기후의 3대 요소라고 한다. 기온은 대기의 온도, 기습은 일정 온도의 공기 중에 수증기가 포함될 수 있는 정도, 기류는 기압 차에 의해 형성되며, 바람이라고 한다.

TIP 기후의 3대 요소
- 기온 : 쾌적기온 18±2℃
- 기습 : 쾌적기습 40~70%
- 기류 : 쾌적기류 실내 0.2~0.3m/sec. 실외 1m/sec

❷ 온열요소 : 인간은 일정 체온을 유지하는 항온동물로써 체온조절에 영향을 미치는 기온·기습·기류·복사열을 4대 온열요소라 한다.

❸ 불쾌지수 : 기온과 기습에 따라 사람이 느끼는 불쾌감을 수치로 표현한 것으로, 기온이 17~18℃, 습도가 60~65%일 때 가장 쾌적함을 느낀다.

(3) 공기의 종류

구분	내용
산소	● 대기의 21% 차지 ● 저산소증 : 산소량이 10% 미만 시 호흡곤란, 7% 이하 시 질식 유발 ● 산소중독 : 고농도 산소를 장시간 호흡 시 폐부종, 출혈 등 발생
이산화탄소	● 대기의 0.03% 차지 ● 실내 공기 오염지표 ● 3% 이하 시 호흡촉진, 8% 시 호흡곤란, 10% 이상에서 질식 유발
일산화탄소	● 무색, 무취, 무자극성 맹독성 기체 ● 물체의 불완전 연소 시 발생하는 유독가스 ● 헤모글로빈과의 친화성이 산소보다 높아 산소결핍증을 일으킴
질소	● 대기의 78% 차지 ● 정상기압에서는 인체 무해하나 고압이나 감압 시 전신의 동통이나 신경마비 등의 감압병 또는 잠함병 유발

(4) 공기의 자정작용*

공기는 각종 매연과 가스 등에 오염되나 다음과 같은 대기의 자정작용으로 인해 조성이 일정하게 유지된다.

❶ 공기 자체 희석작용　❷ 자외선에 의한 살균작용
❸ 강우, 강설에 의한 분진의 세정작용　❹ 광합성에 의한 산소와 이산화탄소의 교환작용
❺ 산소와 오존, 산화수소에 의한 산화작용

- **군집독 :** 일정한 공간에 다수가 밀집해 있을 때 공기의 이산화탄소 증가 및 기온 상승에 따라 불쾌감, 두통, 현기증, 구토 등이 발생하는 생리적 이상 현상

2 대기환경

(1) 대기오염의 개념

옥외의 대기 중에 오염물이 존재하여 다수의 지역주민에게 불쾌감을 일으키거나 보건상의 위해를 끼치며 인류의 생활이나 동식물의 성장을 방해하는 상태를 말한다.

(2) 대기오염물질

공장, 배기관 등에서 직접 배출된 것을 1차 오염물질이라 하며, 1차 오염물질 일부가 대기 중에서 화학적으로 변화된 것을 2차 오염물질이라 한다.

분류	종류	특징
1차 오염물질	일산화탄소	● 자동차 배기가스
	이산화탄소	● 화석연료의 연소 및 산림 파괴에 의한 배출
	황산화물	● 석탄, 석유연료가 연소할 때 발생, 화력발전소, 난방시설
	질소산화물	● 연료의 연소과정에서 질소의 산화에 의해 발생
2차 오염물질	오존	● 눈과 목을 자극하는 강력한 산화제
	PAN류	● 스모그의 광화학 반응에서 발생하는 산화물
	알데히드	● 강한 자극성의 가스로 점막에 자극
	스모그	● 안개 같은 대기오염 상태

(3) 대기오염의 영향

❶ 지구환경에 미치는 영향

- 지구온난화(온실효과), 오존층의 파괴, 라니냐 현상, 황사현상, 엘리뇨 현상, 산성비 등

❷ 인체에 미치는 영향

- 황산화물 : 기관지염, 폐기능 감소
- 질소산화물 : 신장염, 호흡기 약화
- 탄화수소 : 폐기능 저하
- 납 : 신경위축, 사지경련
- 수은 : 중추신경장애, 단백뇨

- **열섬현상 :** 대기오염에 의해 도심 속 온도가 주변보다 높게 나타나는 현상
- **기온역전현상 :** 고도가 높은 곳의 기온이 하층부보다 높은 경우를 말하며, 밤에 지표면의 열이 대기 중으로 복사되면서 발생하는 대기오염현상

3 수질환경

(1) 수질오염의 개념

물에 병원미생물 또는 이화학물질이 함유되어있는 상태를 말한다.

(2) 수질오염의 지표

종류	특징
용존산소 (Dissolved Oxygen, DO)	● 물속에 용해되어 있는 산소량 ● 용존산소가 낮을수록 물의 오염도가 높음을 의미함 ● 물의 온도가 낮을수록, 압력이 높을수록 용존산소가 많이 존재함
생물화학적 산소요구량* (Biochemical Oxygen Demand, BOD)	● 세균이 호기성 상태에서 유기물질을 분해, 산화시키는 데 소비되는 산소량 ● 하수 및 공공수역 수질오염도를 나타내는 지표로 사용 ● 생물화학적 산소요구량이 높을수록 유기성 오염도가 높음을 의미함
화학적 산소요구량 (Chemical Oxygen Demand, COD)	● 유기물질을 산화제를 이용하여 화학적으로 산화시킬 때 소모되는 산소량 ● 공장폐수의 오염도를 측정하는 지표로 사용 ● 화학적 산소요구량이 높을수록 오염도가 높음을 의미함

(3) 수질오염 사례

❶ 미나마타병 : 수은유출로 언어장애, 청력장애, 손·발 마비 등의 증상을 유발한다.

❷ 이타이이타이병 : 카드뮴 유출로 신장기능장애, 골연화증 등의 증상을 유발한다.

(4) 상수

❶ 물의 정수법

- 침사 : 물의 모래를 가라앉히는 것
- 침전 : 침전지에서 유속을 느리게 하거나 멈추게 하여 부유물을 침전시키는 방법
- 여과 : 모래층을 통해 물을 침투, 여과시키는 것
- 소독 : 가열법, 자외선소독법, 오존소독법, 염소소독법 등

❷ 상수처리과정

- 취수(물을 끌어옴) → 도수(취수를 정수장으로 끌어옴) → 정수(침사-침전-여과-소독) → 송수 → 배수 → 급수

❸ 물의 경도

- 연수 : 음용수로 사용되는 경도 10 이하의 물을 말한다. 증류수는 경도 0인 단물이다.
- 경수 : 경도 20 이상의 물을 말하며, 지하수가 해당된다.

TIP 일시경수, 영구경수

- 일시경수는 물을 끓일 때 경도가 저하되어 연화되는 물(탄산염, 중탄산염)
- 영구경수는 물을 끓여도 경도 변화가 없는 물(황산염, 질산염)

- 상수(음용수)의 오염 지표로 이용

(5) 하수

가정의 생활 하수, 산업폐수, 지하수 등의 오수를 말하며 수인성 감염병, 상수원 오염, 토양오염 등 보건 위생상의 문제가 발생하므로 하수처리가 필요하다.

❶ 하수의 종류

- 합류식 : 가정용수, 천수, 공장폐수를 하나의 관으로 합류하여 운반·처리하는 방법
- 혼합식 : 천수, 가정용수 등의 일부를 함께 운반·처리하는 방법
- 분류식 : 빗물, 지하수를 각각 구분하여 운반·처리하는 방법

❷ 하수 처리 과정

- 예비처리(침사, 침전) → 본처리(혐기성, 호기성 분해처리) → 오니처리(육상투기, 소각, 퇴비화법, 소화법 등)

4 주거환경

종류	특징
주택의 조건	• 공기가 맑고 교통이 편리한 곳이어야 한다. • 남향 또는 동남향의 지형을 갖춘 곳이 좋다. • 건조하고 지반이 견고한 곳이 좋다. • 하수처리가 편리해야 한다.
환기	• 자연환기 • 인공환기
채광 및 조명	• 자연조명(채광) : 자연채광에서 충분한 밝기를 얻으려면 창의 크기가 거실 바닥면적의 1/7~1/5이 적당하며, 창의 높이가 높고, 남향이 좋다. • 인공조명 : 적절한 조도는 시력의 유지, 작업능률의 향상 등을 위해 필요하다. 일반 작업의 경우 100~200Lux, 독서 시에는 150Lux, 정밀 작업 시에는 300~500Lux가 적절하다.

SECTION 5 산업보건

1 산업보건의 개념

세계보건기구(WHO)와 국제노동기구(ILO)는 "모든 직업에서 일하는 근로자들의 육체적, 정신적, 사회적 건강을 증진시키며 근로조건으로 인한 질병을 예방하고 건강에 유해한 취업을 방지하고 근로자를 생리적으로나 심리적으로 적합한 작업환경에 배치하여 일하도록 하는 것"이라 정의하고 있다.

2 산업재해

산업장에서 발생하는 인력과 경제적 손실, 생산력 감퇴, 사회불안을 조성한다.

(1) 산업재해 원인

환경적 요인	● 시설, 공구 불량 ● 안전장치 미비 ● 작업환경 불량
인적 요인	● 관리상 요인 : 작업지식 부족, 작업 미숙, 작업진행 혼란 등 ● 생리적 요인 : 체력 부족, 수면 부족, 피로 등 ● 심리적 요인 : 부주의, 집중력 부족, 태만 등

(2) 산업재해지수

❶ 근로자 1,000명당 1년간 발생하는 사상자 수

● 연천인율(발생률) = $\frac{\text{사상자수}}{\text{평균근로자수}} \times 1,000$

❷ 연근로시간 100만 시간당 재해 발생 수

● 도수율(빈도율) = $\frac{\text{재해발생건수}}{\text{연근로시간수}} \times 1,000,000$

❸ 근로시간 1,000시간 당 발생한 근로손실일수

● 강도율 = $\frac{\text{근로손실일수}}{\text{연근로시간수}} \times 1,000$

3 직업병

직업 종사자의 근로환경에 의해 발생하는 특정 질환을 말한다.

(1) 작업환경 요인에 따른 건강장애

요인	종류
고온·고열	● 열사병, 열경련증, 열허탈증 등
이상기압	● 고압환경장애, 저압환경장애
이상저온	● 전신체온저하, 동상
방사선	● 전신장애, 백혈병
진동	● 레이노병(손가락 마비)
분진	● 진폐증, 규폐증, 석면폐증
공업중독	● 납중독, 수은중독, 크롬중독, 카드뮴중독, 벤젠중독

2) 직업병 종류

질병명	원인	직업
잠함병	고압환경	잠수부
고산병	저압환경	비행사, 승무원
진폐증	폐에 분진 축적	탄광근로자
규폐증	유리규산 분진흡입	암석 연마자, 금속광산 산업자
열중증	고열환경에서 작업	제철소, 용광로 작업자

SECTION 6 식품위생과 영양

1 식품위생

(1) 식품위생의 개념

식품위생법에서 “식품, 첨가물, 기구 또는 용기·포장을 대상으로 하는 음식에 관한 위생”이라 정의하고 있다.

(2) 식중독

식품위생법에서 “식품 섭취로 인하여 인체에 유해한 미생물 또는 유독물질에 의하여 발생하였거나 발생한 것으로 판단되는 감염성 질환 또는 독소형 질환”이라 정의하고 있다.

❶ 세균성 식중독

종류		내용
감염형 식중독	살모넬라 식중독	• 원인 : 가금류, 어육제품, 난류 • 증상 : 구토, 복통, 설사, 발열
	장염비브리오 식중독	• 원인 : 어패류, 낙지, 오징어 • 증상 : 복통, 설사, 급성위장염
	병원성 대장균 식중독	• 원인 : 치즈, 우유, 두부 등 • 증상 : 설사, 복통
독소형 식중독	포도상구균 식중독	• 원인 : 유제품, 김밥, 빵 등 • 증상 : 구토, 복통, 급성 위장염
	보툴리누스균 식중독	• 원인 : 소시지, 육류 등 • 증상 : 설사, 구토, 호흡곤란
	웰치 식중독	• 원인 : 육류, 어패류 등 • 증상 : 설사, 복통, 출혈성 장염 등

❷ 자연독 식중독

종류		내용	
식물성	독버섯	• 독성분 : 무스카린	• 증상 : 설사, 호흡곤란
	감자	• 독성분 : 솔라닌	• 증상 : 복통, 설사, 구토
	보리	• 독성분 : 에르고톡신	• 증상 : 중독
동물성	복어	• 독성분 : 테트로도톡신	• 증상 : 근육마비, 위장장애
	조개류	• 독성분 : 베네루핀	• 증상 : 구토, 사지마비, 언어장애
곰팡이독	옥수수	• 독성분 : 아플라톡신	
	황변미	• 독성분 : 시트리닌	
	페니실륨 루브룸에 오염된 곡물	• 독성분 : 루브라톡신	

2 영양소

(1) 영양소의 역할

❶ 열량공급 : 신체에 에너지를 공급한다(탄수화물, 지방, 단백질)

❷ 신체조직구성 : 신체의 조직을 구성한다(단백질, 무기질)

❸ 생리기능조절 : 신체의 생리기능을 조절한다(무기질, 비타민)

(2) 영양소 분류 및 결핍증

구분	종류	작용	결핍증
열량소	탄수화물	에너지 공급	체중 감소
	단백질	에너지 공급, 체조직 구성	피로감, 성장 지연
	지방	에너지 공급, 체내 열량 저장	체중 감소, 피부 건조
조절소*	무기질	신체조직 구성, 신체기능조절	빈혈, 면역력 저하, 갑상선 장애
	비타민	생리기능조절	각기병, 야맹증, 괴혈병, 구루병

(3) 비타민 종류 및 결핍증**

구분	종류	작용	결핍증
지용성 비타민	비타민 A	신체 성장, 피부점막 기능유지	야맹증, 각막연화증, 피부점막 각질화
	비타민 D*	뼈 생성에 관여	구루병, 골연화증
	비타민 E	항산화작용, 피부노화방지	불임, 유산
	비타민 F	생리기능조절	지방대사 장애, 손발톱 약화, 피부건조
	비타민 K	혈액응고 관여	혈액응고 지연
수용성 비타민	비타민 B*	지질대사 지원 항산화 역할	B1티아민 : 각기병, 식욕부진 B2리보플라빈* : 구순염, 설염, 피부염
	비타민 C	색소침착 예방, 콜라겐 형성 촉진	괴혈병, 뼈·치아의 발육 이상증
	비타민 H	피부건강	피부염, 얼굴 창백

TIP 

- 지용성 비타민 : 비타민 A, D, E, F, K
- 수용성 비타민 : 비타민 B, C, H

(4) 무기질 종류 및 결핍증

종류	작용	결핍증
철분(Fe)	혈액 구성성분	빈혈, 적혈구 감소
칼슘(Ca)	뼈와 치아 주성분	골다공증, 발육 불량
식염(NaCl)	근육과 신경 조절소	피로감, 무력감
인(P)	뼈·치아, 뇌신경 주성분	면역력 저하, 뼈·치아 부실
요오드(I)	갑상선 기능 유지	갑상선 및 부신기능 약화

SECTION 7 보건행정

1 보건행정의 정의 및 범위

(1) 보건행정의 정의

보건사업이나 공중보건을 위해 국가 또는 지방자치단체에서 하는 행정조직의 활동이다.

(2) 보건행정의 특성

❶ 공공성, 사회성을 지닌다.

❷ 국민의 행복과 복지를 위한 봉사성을 지닌다.

❸ 과학행정인 동시에 기술행정적 성격을 지닌다.

❹ 지역사회 주민을 교육하거나 자발적 참여를 조장한다.

(3) 보건행정의 범위*

❶ 보건자료 및 보건 관련 제 기록의 보존

❷ 대중에 대한 보건교육

❸ 환경위생

❹ 감염병 관리

❺ 모자보건

❻ 의료

❼ 보건간호

보건행정 범위(세계보건기구가 규정한 범위) 기출 2014, 2015, 2016

2. 사회보장과 국제 보건기구

(1) 사회보장의 정의

사회보장기본법에 의하면, 사회보장이란 출산, 양육, 실업, 노령, 장애, 질병, 빈곤 및 사망 등의 사회적 위협으로부터 모든 국민을 보호하고 국민 삶의 질을 향상시키는 데 필요한 소득 서비스를 보장하는 사회보험, 공공부조, 사회서비스로 정의하고 있다.

(2) 사회보장 제도*

❶ 사회보험 : 국민에게 발생하는 사회적 위험을 보험의 방식을 대처함으로써 국민의 건강과 소득을 보장하는 제도로 산재보험, 연금보험, 고용보험, 건강보험 등이 해당된다.

❷ 공적부조 : 국가와 지방자치단체의 책임 하에 생활유지 능력이 없거나 생활이 어려운 국민의 최저생활을 보장하고 자립을 지원하는 제도로 국민기초생활보장, 의료보호 등이 해당된다.

❸ 사회복지서비스 : 국가·지방자치단체 및 민간부문의 도움이 필요한 모든 국민에게 복지, 보건의료, 교육, 고용, 주거, 문화, 환경 등의 분야에서 인간다운 생활을 보장하고 상담, 재활, 돌봄, 정보의 제공, 관련 시설의 이용, 역량개발, 사회참여지원을 통해 국민의 삶의 질이 향상되도록 지원하는 제도를 말한다. 노인복지, 아동복지, 장애인복지, 부녀복지서비스 등이 해당된다.

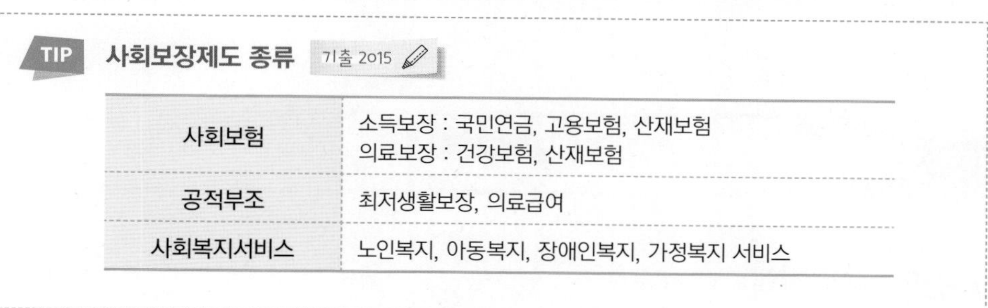

TIP 사회보장제도 종류 기출 2015

구분	내용
사회보험	소득보장 : 국민연금, 고용보험, 산재보험 의료보장 : 건강보험, 산재보험
공적부조	최저생활보장, 의료급여
사회복지서비스	노인복지, 아동복지, 장애인복지, 가정복지 서비스

(3) 국제보건기구

세계보건기구(WHO, World Health Organization)는 세계의 모든 사람들이 최고의 건강수준에 도달하는 것을 목적으로 활동하며 1946년 61개국의 세계보건기구헌장 서명 후 1948년 26개 회원국의 비준을 거쳐 정식으로 발족하였다. 대한민국은 1949년 65번째로 회원국이 되었으며, 북한은 1973년에 138번째 회원국으로 가입하였다.

소독학

SECTION 1 소독의 정의 및 분류

1 소독 용어 정의

용어	정의
소독	● 세균의 아포를 제외한 미생물을 제거하는 과정으로 병원균의 생활력을 파괴하여 전파력 또는 감염력을 낮추는 것
살균	● 미생물을 물리·화학적 작용을 통해 급속히 사멸시키는 것
멸균	● 병원성 또는 미생물 등 모든 균이 사멸된 무균상태 ● 모든 미생물을 죽이거나 아포까지 제거하는 것
방부	● 병원성 미생물 성장을 제거 또는 정지시켜 부패를 방지하는 것
여과	● 균체로부터 미생물을 분리시키는 것
세척	● 물과 비누를 이용하여 표면에 부착된 유기물과 오염을 제거하는 것 ● 멸균과 소독의 가장 기초적인 단계

> TIP **소독력 비교**
> ● 멸균 > 살균 > 소독 > 방부

2 소독제의 구비조건*

❶ 살균효과가 있어야 한다.

❷ 광범위한 소독범위, 무취, 탈취력이 있어야 한다.

❸ 표백 및 부식성이 없어야 한다.

❹ 가격이 경제적이고 구입이 용이해야 한다.

❺ 화학적으로 안정성이 있어야 한다.

❻ 사용자에게 무독, 무해해야 한다.

❼ 사용법이 간편해야 한다.

❽ 용해성이 높고 침투력이 좋아야 한다.

> TIP **소독제의 구비조건** 기출 2015

3 소독제 사용 및 보존 시 주의사항*

❶ 약품을 냉암소에 보관한다.

❷ 소독 대상 물품에 적당한 소독약과 소독방법을 선정한다.

❸ 병원미생물의 종류, 저항성 및 멸균, 소독의 목적에 따라 그 방법과 시간을 고려한다.

소독제 사용시 주의사항 기출 2014, 2015, 2016

- 취급방법, 농도표시, 소독제 병의 세균 오염 등에 대해 숙지한 후 사용한다.

4 소독 기전

소독 기전이란 소독제가 미생물에 작용하여 살균하는 작용을 의미한다.

(1) 소독제의 작용 기전

작용	종류
산화작용	• 산화작용으로 효소대사를 저해하여 소독 효과를 나타낸다. • 과산화수소, 오존, 염소 및 그 유도체, 과망간산칼륨
단백질 응고작용*	• 세균의 단백질을 응고작용으로 소독 효과를 나타낸다. • 석탄산, 크레졸, 승홍, 알코올, 포르말린, 생석회*
삼투압에 의한 작용	• 삼투압을 통해 수분이 탈수되어 미생물 성장을 억제한다. • 알코올, 무기염류
가수분해 작용	• 물과 반응해 미생물을 분해하여 소독 효과를 나타낸다. • 강산, 강알카리, 중금속염

(2) 소독제 작용 영향 요인

❶ 온도 : 온도가 높을수록 소독 효과가 높다.

❷ 시간 : 시간이 길수록 소독 효과가 높다.

❸ 소독제 농도 : 소독제 농도가 높을수록 소독 효과가 높다.

❹ 미생물 농도 : 미생물의 농도가 낮을수록 소독 효과가 높다.

소독에 영향을 미치는 인자

- 온도, 수분, 시간

SECTION 2 미생물 총론

1 미생물의 정의

(1) 미생물의 정의

❶ 0.1㎛ 이하의 작은 생명체로 육안식별이 어려우며, 현미경으로 관찰이 가능하다.

❷ 단일세포 또는 균사로 이루어져 있으며, 숙주에 기생한다.

❸ 질병을 일으키는 병원성 미생물과 질병을 유발하지 않은 비병원성 미생물로 분류한다.

(2) 미생물의 구조

미생물은 한 개의 세포로 구성되어 있으며, 원핵세포 생물과 진핵세포 생물이 있다.

원핵세포	● 단세포성 생물로 박테리아, 세균 등이 있다. ● 핵막이 없는 작고 간단한 원형 염색체로 유사분열 또는 감수분열을 하지 않는다. ● 원핵세포 크기는 약 1㎛ 이하이다.
진핵세포	● 염색체로 구성된 DNA이다. ● 유사분열을 하고 핵이 있으며 핵막이 있다. ● 식물, 동물, 조류, 원생동물 등의 세포이다. ● 진핵세포 크기는 10~100㎛ 정도이다.

2 미생물의 분류

인체에 미치는 영향에 의한 분류는 다음과 같다.

비병원성 미생물	● 인체에 병적인 반응을 일으키지 않는 미생물 ● 발효균, 유산균, 효모균, 곰팡이균 등
병원성 미생물	● 인체에 병적인 반응을 일으키는 미생물 ● 세균, 바이러스, 리케차, 진균 등

3 미생물 증식 영향요인

미생물은 조건이 적합한 환경에서 분열 및 증식하는데, 필요한 요소로는 영양소, 온도, 습도, 산소, 수소이온농도(pH) 등이다.

온도	● 저온세균 : 20℃ 이하로 비브리오균과 같은 어패류에서 발견 ● 중온세균 : 37℃에 최적화한 이질균, 장티푸스균 등으로 인체에서 성장 가능하다. ● 고온세균 : 50~80℃의 높은 온도에서 자라는 호열성 세균으로 배수구, 온천 등에서 발견된다.
습도	● 증식을 위해서는 40% 이상의 수분이 필요하다.
영양소	● 질소, 탄소, 무기염류의 영양이 필요하다.
산소	● 호기성세균* : 증식을 위해 산소가 필요한 균으로 곰팡이, 결핵, 디프테리아, 백일해 등이 있다. ● 혐기성세균 : 증식에 산소를 필요로 하지 않는 균으로 파상풍균, 보툴리누스균 등이 있다. ● 통성혐기성세균 : 산소 유무에 관계없이 증식하나, 산소가 있으면 증식이 더 잘되는 균으로 포도상구균, 대장균, 살모넬라균 등이 있다.
수소이온농도(pH)*	● 최적 농도는 pH 6~8이다.

미생물 증식의 3대요인

● 영양소, 습도, 온도

SECTION 3 병원성 미생물

1 병원성 미생물의 종류와 특징

(1) 세균

❶ 세균의 형태

구균	● 둥근 모양의 세균 ● 폐렴균, 임질균, 뇌척수막염균 등	● 염증, 화농을 일으킨다.
간균	● 긴 막대기 모양의 세균으로 크기와 길이가 다양하다. ● 파상풍균, 탄저균, 결핵균, 디프테리아균 등	
나선균	● 나선 모양의 세균	● 매독균, 렙토스피라균, 콜레라균 등

❷ 세균의 아포형성

- 증식환경이 부적합할 때 아포를 형성한다.
- 소독제, 건조한 환경, 열 등에 저항력이 있다.
- 끓는 물에 가열해도 사멸되지 않는다.*
- 고압증기멸균법 적용 시 거의 사멸된다.*

아포 기출 2015, 2016

- 아포가 형성되는 균은 탄저균, 파상풍균, 보툴리누스균 등이다.
- 아포는 고압증기멸균법 적용 시 거의 사멸된다.

- 아포를 형성하게 되면 세균의 모든 대사가 멈추고, 증식하기 적합한 환경이 유지되면 균체로 돌아가 증식한다.

❸ 세균의 구조

핵소체	● 핵 안의 섬유성 물질로 리보핵산을 합성해서 리보소체를 형성함
핵	● 세포의 뇌라 부르며 DNA를 포함함
세포질	● 여러 가지 효소, 대사 산물 등이 포함되어있는 세포 안쪽
세포막	● 세포질을 감싸고 있는 막으로 균체 내외로 물질투과를 조절하는 삼투압 장벽의 역할을 함

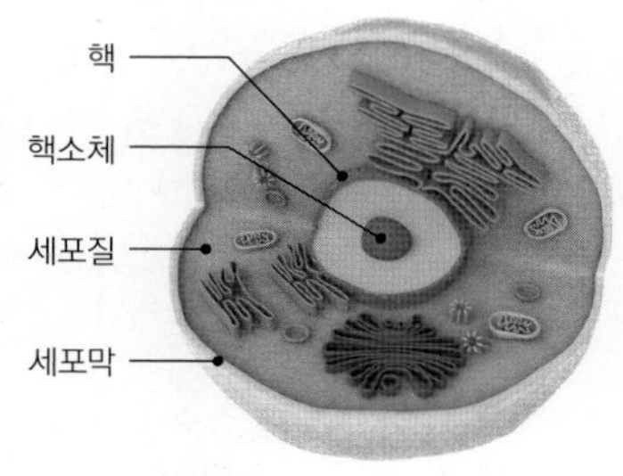

출처 : 해부생리학. 메디시언

(2) 바이러스

- 가장 작은 크기의 미생물이다.
- 동·식물이나 세균에 기생한다.
- 생체 내에서만 증식이 가능하다.
- 항생제에 대하여 감수성이 없다.
- 수두, 천연두, 폴리오, 인플루엔자, 후천성 면역결핍증(AIDS), 간염 등을 유발한다.

(3) 진균

- 곰팡이균으로 가장 큰 크기의 미생물이다.
- 형태에 따라 효모형(아포를 형성)과 균사형이 있다.
- 무좀, 백선 등의 피부질환을 유발한다.

(4) 리케차

- 세균과 바이러스의 중간크기이다.
- 절지동물(벼룩, 진드기 등)을 매개로 하여 음식물을 통해 감염된다.
- 발진티푸스, 발진열 등의 증상을 유발한다.

SECTION 4 소독방법

1 물리적 소독법*

종류		소독방법	소독대상
건열 멸균법	화염멸균법	화염 속에 20초 이상 접촉하여 멸균	금속, 유리, 백금, 도자기류 이·미용기구 소독에 적합
	건열멸균법	170℃ 건열멸균기에서 1~2시간 처리	유리기구, 금속기구, 주사기 바셀린, 글리세린 소독
	소각법*	불에 태워 멸균	이·미용업소 손님으로부터 나온 객담이 묻은 휴지 등
습열 멸균법	자비소독법*	100℃ 물에 15~20분간 처리* / 아포균은 완전 소독되지 않음 / 소독 효과를 높이기 위해 석탄산(5%) 또는 크레졸(3%)을 첨가한다.	식기류, 도자기류, 주사기, 의류 소독 등
	고압증기 멸균법*	고온·고압의 증기 멸균 / 아포형성균 멸균*/ 완전멸균으로 빠르고 효과적임 / 용해되는 물질은 멸균 불가능	초자기구, 고무제품, 자기류, 거즈 및 약액 등 / 습기에 약하거나 부식되는 재질은 금함
	간헐멸균법*	100℃ 증기로 30분 이상 멸균한 후 20℃ 실온에 24시간 방치하는 방법을 3회 실시 유통증기멸균법	식기류, 도자기류, 주사기, 의류 소독
	저온소독법	60~65℃에서 30분간 소독 / 포자를 생성하지 않는 균만 멸균 / 파스퇴르가 발명 / 고온 소독에 약한 물질 소독	우유, 아이스크림, 포도주 등의 저온살균
	초고온 순간 멸균법	135℃에서 2초간 가열 후 급냉	우유 멸균처리
무가열 멸균법	자외선 멸균법	2,400~2,800Å 파장을 이용하여 균의 활동 억제 / 자외선 살균기	공기, 물, 식품, 기구, 식기류
	일광소독	태양광선 내 자외선을 이용 한낮의 태양열에 건조	의류, 침구류, 거실 등의 소독
	초음파	초음파의 파장을 이용해 입자들의 충돌을 활성화하여 멸균 / 나선균 소독	액체, 수술 전 손 소독 등
	세균여과법	필터를 이용하여 미생물 제거 화학약품, 열을 사용할 수 없을 때 이용함	열에 불안정한 액체 멸균 혈청, 당, 요소 등

 **고압증기멸균법** 

- 아포(포자)까지 사멸시키는 멸균 방법
- 완전멸균으로 가장 빠르고 효과적인 멸균 방법

 **물리적 소독법의 종류** 기출 2015, 2016

 **간헐멸균법** : 100℃에서 30분 가열처리를 24시간마다 3회 반복하는 소독법

2 화학적 소독법*

(1) **페놀계, 방향족계** : 색소와 타닌성 물질을 구성하며 단백질 응고작용을 통해 살균한다.

종류	특징	소독대상
석탄산(페놀)*	● 세균의 단백질 응고작용 및 세포의 용해작용으로 살균한다. ● 금속기구 소독에 부적합하다. ● 포자와 바이러스에는 작용력이 약하다*. ● 3%의 수용액을 사용한다.	의류, 침구, 토사물, 배설물
크레졸(비누액)	● 석탄산의 2배 소독 효과가 있다. ● 3% 수용액을 사용한다. ● 세균 소독에 효과가 있다. ● 바이러스에 소독 효과가 없다.	이·미용실 실내 소독 손, 오물, 객담 등

 **석탄산 계수**

- 소독약의 살균력을 비교하기 위해 사용한다.
  예를 들어, 석탄산 계수가 2.0이면 살균력이 석탄산의 2배를 의미한다.

$$\text{석탄산계수} = \frac{\text{소독액의 희석배수}}{\text{석탄산의 희석배수}}$$

 **석탄산 소독 특징** 기출 2014, 2015

(2) **지방족계** : 유기용매에 녹지만 물에 녹지 않는 물질이다.

종류	특징	소독대상
알코올 (에틸알코올)	● 70%의 에탄올이 살균력이 강하다. ● 알코올 작용 기전은 단백질 응고, 세균의 효소저해작용을 한다. ● 아포균에는 소독 효과가 없다.	피부 및 기구소독
포르말린	● 강한 살균력으로 아포까지 사멸한다. ● 훈증 소독에 사용한다. ● 자극성이 강해 거의 사용하지 않는다. ● 포름알데히드 36% 수용액으로 가스소독제	무균실, 병실, 거실 등의 소독 및 금속제품, 고무제품, 플라스틱 등

(3) 계면활성제

종류	특징	소독대상
역성비누 (양이온 계면활성제)	● 세정력은 약하나 살균력이 강하다. ● 자극성과 독성이 없다. ● 일반비누와 혼용하면 살균력이 소멸된다. ● 손 세정 시 0.01~0.1% 수용액을 사용한다.	과일, 야채, 손소독
양성계면활성제 (양쪽성 계면활성제)	● 10배 희석해서 사용한다. ● 유기물에는 살균력이 감소한다. ● 실내 살균, 냄새 제거용으로 사용한다.	손소독 기계, 기구소독

(4) 승홍수 : 수은 화합물로 이온 상태에서 강한 살균작용을 한다.

종류	특징	소독대상
승홍수	● 0.1% 수용액을 사용한다*. ● 포도상구균, 대장균을 사멸한다. ● 금속 부식성*이 있다. ● 상처가 있는 피부에는 부적합하다. ● 염화칼륨 첨가 시 중성으로 변하여 자극성이 완화된다.	손 및 피부소독 플라스틱 제품소독

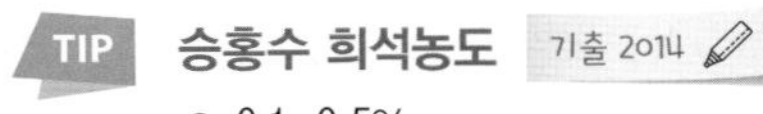

TIP 승홍수 희석농도 기출 2014

● 0.1~0.5%

TIP 승홍수는 금속 부식성이 있어 금속제품 소독에 부적합 기출 2015

(5) 염소 : 세포막 및 세포질의 단백질을 산화시킨다.

종류	특징	소독대상
염소	● 살균력 강하며 자극성과 부식성이 강하다. ● 세균 및 바이러스에 작용한다. ● 음용수 소독 시 잔류염소가 0.1~0.2ppm 되도록 한다. ● 자극적인 냄새가 난다.	상수 또는 하수 소독

(6) 과산화수소 : 분해하면서 발생기 산소에 의해 미생물을 산화시킨다.

종류	특징	소독대상
과산화수소	● 2.5~3.5%의 수용액 ● 미생물 살균소독약제	피부상처 소독, 구강 세척, 실내공간 살균

(7) 생석회(산화칼슘)*

종류	특징	소독대상
생석회	● 생석회에 물 첨가 시 형성되는 발생기 산소에 의해 소독작용을 한다. ● 장시간 방치 시 이산화탄소와 결합하여 살균력이 저하된다.	분변, 하수, 오수, 토사물 소독

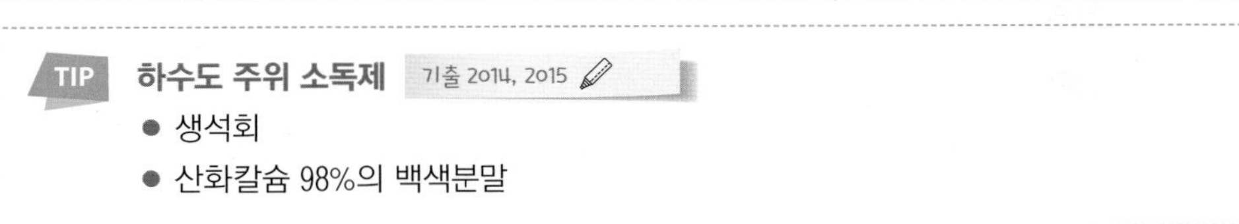

TIP 하수도 주위 소독제 기출 2014, 2015

● 생석회

● 산화칼슘 98%의 백색분말

(8) 오존*

종류	특징	소독대상
오존	• 물을 살균하는 산화제이다. • 반응성이 풍부하다. • 잔여물을 남기지 않는다.	식수 살균

TIP 물의 살균 기출 2015, 2016

SECTION 5 분야별 위생·소독

1 실내환경 위생·소독

❶ 실내에 환풍기를 설치하고 환기구를 청소하여 관리한다.

❷ 수시로 환기하여 실내공기를 깨끗하게 한다.

❸ 냉수와 온수시설을 갖추고 화장실에는 물비누와 소독제를 구비하며, 뚜껑이 있는 휴지통을 비치한다.

❹ 조명기구, 진열장에 먼지가 쌓이지 않도록 한다.

❺ 모든 전기제품은 정기적으로 안전점검을 한다.

❻ 응급처치에 필요한 구급약품 등을 상비한다.

2 도구 및 기기 위생·소독

자외선소독기	• 물수건으로 기기의 내·외관을 깨끗이 닦은 후 마른 수건으로 닦아 건조한다. • 알코올을 이용하여 소독한다.
시술용 테이블	• 70% 농도의 에탄올을 이용하여 소독한다.
니퍼, 푸셔	• 70% 에탄올에 20분간 담근 후 흐르는 물에 세척한다. • 마른 수건으로 닦은 후 자외선 소독기에 보관한다.
가위	• 70% 에탄올을 사용한다. • 고압증기 멸균기 사용 시에는 거즈에 싸서 소독한다.
핑거볼	• 소독 후 사용한다.
타올	• 소독 후 사용한다.
가운	• 세탁 및 일광소독 후 사용한다.

공중위생관리법규
(법, 시행령, 시행규칙)

SECTION 1 목적 및 정의

1 공중위생관리법의 목적(제1조)

공중이 이용하는 영업의 위생관리 등에 관한 사항을 규정함으로써 위생수준을 향상시켜 국민의 건강증진에 기여함을 목적으로 한다.

2 용어의 정의(제2조)

(1) **공중위생영업**

다수인을 대상으로 위생관리서비스를 제공하는 영업을 의미하여, 숙박업·목욕장업·이용업·미용업·세탁업·건물위생관리업이 해당된다.

❶ 이용업 : 손님의 머리카락 또는 수염을 깎거나 다듬는 등의 방법으로 손님의 용모를 단정하게 하는 영업

❷ 미용업 : 손님의 얼굴, 머리, 피부 및 손톱·발톱 등을 손질하여 손님의 외모를 아름답게 꾸미는 영업

일반미용업	● 파마·머리카락 자르기·머리카락 모양내기·머리 피부 손질·머리카락 염색·머리 감기, 의료기기나 의약품을 사용하지 아니하는 눈썹손질을 하는 영업
피부미용업	● 의료기기나 의약품을 사용하지 아니하는 피부상태 분석·피부관리·제모(除毛)·눈썹손질을 하는 영업
네일미용업	● 손톱과 발톱을 손질·화장(化粧)하는 영업
화장·분장미용업	● 얼굴 등 신체의 화장, 분장 및 의료기기나 의약품을 사용하지 아니하는 눈썹손질을 하는 영업
종합미용업	● 일반, 피부, 네일, 화장·분장 업무를 모두 하는 영업

❸ 건물위생관리업 : 공중이 이용하는 건축물·시설물 등의 청결유지와 실내공기정화를 위한 청소 등을 대행하는 영업

SECTION 2 영업의 신고 및 폐업

1 영업의 신고 및 폐업(제3조) : 시·군·구청장

(1) 공중위생업 영업신고

보건복지부령이 정하는 시설 및 설비를 갖추고 시장·군수·구청장에게 신고하여야 한다.

시설 및 설비기준**

1. 일반기준

- 공중위생영업장은 독립된 장소이거나 공중위생영업 외의 용도로 사용되는 시설 및 설비와 분리(벽이나 층 등으로 구분하는 경우) 또는 구획(칸막이·커튼 등으로 구분하는 경우)되어야 한다.
- 미용업을 2개 이상 함께 하는 경우(해당 명의로 각각 영업신고를 하거나 공동신고를 하는 경우)로서 각각의 영업에 필요한 시설 및 설비기준을 모두 갖추고 있으며, 각각의 시설이 선·줄 등으로 서로 구분될 수 있는 경우 공중위생영업장을 별도로 분리 또는 구획하지 않아도 된다.

2. 미용업(일반), 미용업(손톱·발톱) 및 미용업(화장·분장)

- 미용기구는 소독을 한 기구와 소독을 하지 아니한 기구를 구분하여 보관할 수 있는 용기를 비치해야 한다.
- 소독기·자외선 살균기 등 미용기구를 소독하는 장비를 갖추어야 한다.
- 작업장소, 응접장소, 상담실 등을 분리하기 위해 칸막이를 설치할 수 있으나, 설치된 칸막이에 출입문이 있는 경우 출입문의 3분의 1 이상을 투명하게 해야 한다.(탈의실은 해당되지 않음)

3. 미용업(피부) 및 미용업(종합)

- 미용기구는 소독을 한 기구와 소독을 하지 아니한 기구를 구분하여 보관할 수 있는 용기를 비치하여야 한다.
- 소독기·자외선살균기 등 미용기구를 소독하는 장비를 갖추어야 한다.
- 작업장소, 응접장소, 상담실 등을 분리하기 위해 칸막이를 설치할 수 있으나, 설치된 칸막이에 출입문이 있는 경우 출입문의 3분의 1 이상을 투명하게 하여야 한다.(탈의실은 해당되지 않음)
- 작업장소 내 베드와 베드 사이에 칸막이를 설치할 수 있으나, 설치된 칸막이에 출입문이 있는 경우 그 출입문의 3분의 1 이상은 투명하게 해야 한다.

▶ 공중위생관리법 시행규칙 제2조 별표 1

TIP **공중위생영업 신고 구비서류** 기출 2015

- 영업시설 및 설비개요서
- 교육수료증(미리 교육을 받은 경우)
- 국유재산 사용허가서 (국유철도 정거장 시설 영업자의 경우에만 해당)
- 철도시설 사용계약에 관한 서류(국유철도 외의 철도정거장 시설 영업자의 경우에만 해당)

(2) 공중위생업 변경신고***

보건복지부령이 정하는 중요사항을 변경하고자 하는 때에도 시장·군수·구청장에게 신고하여야 한다. (시행규칙 제3조의 2)

❶ 영업소의 명칭 또는 상호

❷ 영업소의 소재지

❸ 신고한 영업장 면적의 1/3 이상의 증감

❹ 대표자의 성명 또는 생년월일(법인에 한함)

❺ 미용업 업종 간 변경

공중위생영업 변경 구비서류

- 영업신고증
- 변경사항을 증명하는 서류

변경신고사항 기출 2015

- 영업장 면적의 1/3 증감

(3) 폐업신고

❶ 공중위생영업을 폐업한 날부터 20일 이내에 시장·군수·구청장에게 신고하여야 하며, 영업정지 등의 기간 중에는 폐업신고를 할 수 없다.

❷ 폐업신고 시 신고서를 첨부한다.

❸ 폐업신고 방법 및 절차 등에 관한 사항은 보건복지부령으로 정한다.

2 공중위생 영업의 승계

(1) 승계조건

❶ 양도 : 양수인이 공중위생업을 양도하거나 사망 시

❷ 법인 : 양수인·상속인 또는 합병 후 존속하는 법인이나 합병에 의해 설립되는 법인

❸ 경매, 「채무자 회생 및 파산에 관한 법률」에 의한 환가나 압류재산의 매각 등 이에 준하는 절차에 따라 공중위생영업 관련 시설 및 설비의 전부를 인수한 자

(2) 승계자격 및 신고* 기출 2016

❶ 승계자격 : 이용업 또는 미용업 면허를 소지한 자

❷ 신고기한 : 시장·군수 또는 구청장에게 1월 이내에 신고*

❸ 구비서류

영업 양도의 경우 : 양도·양수를 증명할 수 있는 서류 사본

상속의 경우 : 가족관계증명서 및 상속인임을 증명할 수 있는 서류

SECTION 3 영업자 준수사항

1 미용업 영업자의 위생관리 의무

미용기구의 소독기준 및 방법은 보건복지부령으로 정한다.

❶ 의료기구와 의약품을 사용하지 아니하는 순수한 화장 또는 피부미용을 할 것

❷ 미용기구는 소독을 한 기구와 소독을 하지 아니한 기구로 분리하여 보관한다.

❸ 면도기는 1회용 면도날만을 손님 1인에 한하여 사용할 것

❹ 미용사면허증을 영업소 안에 게시할 것

보충 미용기구의 소독기준 및 방법**

구분	방법
자외선소독	● 1㎠당 85㎼ 이상의 자외선을 20분 이상 쬐어준다.
건열멸균소독	● 섭씨 100℃ 이상의 건조한 열에 20분 이상 쐬어준다.
증기소독	● 섭씨 100℃ 이상의 습한 열에 20분 이상 쐬어준다.
열탕소독	● 섭씨 100℃ 이상의 물속에 10분 이상 끓여준다.
석탄산수 소독	● 석탄산수(석탄산 3%, 물 97%의 수용액을 말한다)에 10분 이상 담가 둔다.
크레졸 소독	● 크레졸수(크레졸 3%, 물 97%의 수용액을 말한다)에 10분 이상 담가 둔다.
에탄올 소독	● 에탄올수용액에 10분 이상 담가두거나 에탄올수용액을 머금은 면 또는 거즈로 기구의 표면을 닦아준다.

개별기준 : 이용기구 및 미용기구의 종류·재질 및 용도에 따른 구체적인 소독기준 및 방법은 보건복지부장관이 정하여 고시한다.

▶ 공중위생관리법 시행규칙 제5조 별표3

보충 **미용업자 위생관리 및 위생관리 서비스 기준**

- 점빼기·귓불뚫기·쌍꺼풀수술·문신·박피술 그 밖에 이와 유사한 의료행위 불가
- 피부미용을 위하여 「약사법」에 따른 의약품 또는 「의료기기법」에 따른 의료기기 사용 불가
- 미용기구 중 소독을 한 기구와 소독을 하지 아니한 기구는 각각 분리 보관
- 1회용 면도날은 손님 1인에 한하여 사용
- 영업장 안의 조명도는 75Lux 이상 유지*
- 영업소 내부에 미용업 신고증 및 개설자의 면허증 원본 게시**
- 영업소 내부에 최종 지불요금표 게시 또는 부착**
- 영업장 면적이 66제곱미터 이상인 경우 영업소 외부에도 「옥외광고물 등 관리법」에 적합하게 최종지불요금표를 게시 또는 부착(최종지불요금표에는 일부항목(5개 이상)만 표시)
- 3가지 이상의 미용서비스를 제공하는 경우에는 개별 미용서비스의 최종 지불가격 및 전체 미용서비스의 총액에 관한 내역서를 이용자에게 미리 제공(해당 내역서 사본 1개월간 보관)

▶ 공중위생관리법 시행규칙 제7조 별표 4

TIP **이·미용 영업장 조명도** 기출 2015

- 75Lux

TIP **영업소 내 게시사항** 기출 2016

- 이·미용업 신고증, 개설자의 면허증 원본, 최종지불요금표

2 공중위생영업자의 불법카메라 설치 금지

공중위생영업자는 영업소에 「성폭력범죄의 처벌 등에 관한 특례법」 제14조제1항에 위반되는 행위에 이용되는 카메라나 그 밖에 이와 유사한 기능을 갖춘 기계장치를 설치해서는 안된다.

SECTION 4 면허

1 미용사의 면허

미용사가 되고자 하는 자는 보건복지부령이 정하는 바에 의하여 시장·군수·구청장의 면허를 받아야 한다.

2 미용사 면허 발급 대상자*

❶ 전문대학 또는 이와 같은 수준 이상의 학력이 있다고 교육부장관이 인정하는 학교에서 이용 또는 미용에 관한 학과를 졸업한 자

❷ 「학점인정 등에 관한 법률」 따라 대학 또는 전문대학을 졸업한 자와 같은 수준 이상의 학력이 있는 것으로 인정되어 미용에 관한 학위를 취득한 자

❸ 고등학교 또는 이와 같은 수준의 학력이 있다고 교육부장관이 인정하는 학교에서 이용 또는 미용에 관한 학과를 졸업한 자

❹ 초·중등교육법령에 따른 특성화고등학교, 고등기술학교나 고등학교 또는 고등기술학교에 준하는 각종학교에서 1년 이상 이용 또는 미용에 관한 소정의 과정을 이수한 자

❺ 국가기술자격법에 의한 이용사 또는 미용사의 자격을 취득한 자

보충 면허 신청 구비서류

- 졸업증명서 또는 학위증명서 1부
- 이수증명서 1부
- 최근 6개월 이내의 건강 진단서(정신질환, 향정신성 의약품 중독자, 결핵환자가 아님을 증명)
- 6개월 이내에 모자 등을 쓰지 않고 촬영한 천연색 상반신 정면 사진(규격 : 3.5㎝*4.5㎝)

▶ 공중위생관리법 시행규칙 제9조

3 미용사 면허 발급 결격 대상자

❶ 피성년후견인(금치산자)

❷ 「정신건강증진 및 정신질환자 복지서비스 지원에 관한 법률」에 따른 정신질환자
(단, 전문의가 미용사로서 적합하다고 인정하는 사람은 가능)

❸ 공중의 위생에 영향을 미칠 수 있는 감염병 환자로서 보건복지부령이 정하는 자

❹ 마약 기타 대통령령으로 정하는 약물 중독자

❺ 면허가 취소된 후 1년이 경과되지 아니한 자

4 미용사 면허의 취소 및 정지

(1) 면허 취소 및 정지

시장·군수·구청장*은 미용사 면허를 취소하거나 6월 이내의 기간을 정하여 그 면허의 정지를 명할 수 있다.

❶ 면허 발급 결격 대상자 ①~④에 해당하게 된 때

❷ 면허증을 다른 사람에게 대여한 때

❸ 「국가기술자격법」에 따라 자격이 취소된 때

❹ 「국가기술자격법」에 따라 자격 정지 처분을 받은 때

❺ 이중으로 면허를 취득한 때(나중에 발급받은 면허 해당)

❻ 면허 정지 처분을 받고도 그 정지 기간 중 업무를 한 때

❼ 「성매매알선 등 행위의 처벌에 관한 법률」이나 「풍속영업의 규제에 관한 법률」을 위반하여 관계 행정 기관의 장으로부터 그 사실을 통보받은 때

(2) 면허증의 반납

❶ 면허 취소 또는 정지명령을 받은 자는 관할 시장·군수·구청장에게 면허증을 반납한다.

❷ 면허 정지명령을 받은 자가 반납한 면허증은 면허 정지기간 동안 관할 시장·군수·구청장이 보관한다.

(3) 면허증 재발급

❶ 면허증의 기재사항 변경 시

❷ 면허증 분실

❸ 면허증이 헐어 못쓰게 될 때

❹ 면허증 재교부에 따른 신청 서류를 시장·군수·구청장에게 제출한다.

면허증 재교부 신청 서류

- 면허증 원본(기재사항이 변경되거나 헐어 못쓰게 된 경우)
- 사진 1장 또는 전자적 파일 형태의 사진

(4) 면허 수수료

❶ 신규 : 5,500원 ❷ 재교부 : 3,000원

SECTION 5 업무

1 미용사의 업무 범위

(1) 미용사의 면허를 받은 자가 아니면 미용업을 개설하거나 그 업무에 종사할 수 없다. 다만, 미용사의 감독을 받아 보조업무를 행하는 경우에는 면허가 없어도 종사할 수 있다.

❶ 미용사의 업무 범위

미용사(일반)	● 파마·머리카락 자르기·머리카락 모양내기·머리 피부 손질·머리카락 염색·머리 감기, 의료기기나 의약품을 사용하지 아니하는 눈썹손질
미용사(피부)	● 의료기기나 의약품을 사용하지 아니하는 피부상태 분석·피부관리·제모·눈썹 손질
미용사(네일)	● 손톱과 발톱의 손질 및 화장
미용사(메이크업)	● 얼굴 등 신체의 화장·분장 및 의료기기나 의약품을 사용하지 아니하는 눈썹손질

❷ 미용의 보조업무

- 이·미용 업무를 위한 사전 준비에 관한 사항
- 이·미용 업무를 위한 기구·제품 등의 관리에 관한 사항
- 영업소의 청결 유지 등 위생관리에 관한 사항
- 머리 감기 등 이·미용 업무의 보조에 관한 사항

(3) 미용의 업무는 영업소 외의 장소에서 행할 수 없다.

(보건복지부령이 정하는 특별한 사유가 있는 경우는 예외)

> TIP **영업소 외에서의 미용 업무**
> - 질병이나 그 밖의 사유로 영업소에 나올 수 없는 자에 대하여 이용 또는 미용을 하는 경우
> - 혼례나 그 밖의 의식에 참여하는 자에 대하여 그 의식 직전에 이용 또는 미용을 하는 경우
> - 사회복지시설에서 봉사활동으로 이용 또는 미용을 하는 경우
> - 방송 등의 촬영에 참여하는 사람에 대하여 그 촬영 직전에 이용 또는 미용을 하는 경우
> - 특별한 사정이 있다고 시장·군수·구청장이 인정하는 경우

SECTION 6 행정지도 감독

1 보고 및 출입·검사(주체 : 시·도지사 또는 시장·군수·구청장)

❶ 공중위생관리 상 필요한 경우 공중위생영업자에게 필요한 보고를 하게 할 수 있다.

❷ 소속 공무원이 영업소에 출입하여 공중위생영업자의 위생관리의무이행 등에 대하여 검사하거나 필요에 따라 공중위생영업 장부나 서류를 열람할 수 있다.

> **위생관리실태 검사를 위해 검사대상물을 수거한 경우 다음 기관에 검사의뢰한다.**
> - 특별시·광역시·도의 보건환경연구원
> - 「국가표준기본법」 규정에 의하여 인정을 받은 시험·검사기관
> - 시·도지사 또는 시장·군수·구청장이 검사능력이 있다고 인정하는 검사기관

❸ 관계 공무원은 그 권한을 표시하는 증표를 지녀야 하며, 관계인에게 이를 내보여야 한다.

2 영업의 제한

공익 또는 선량한 풍속을 유지하기 위해 공중위생영업자 및 종사원에 대하여 영업시간 및 영업행위에 관해 필요한 제한을 할 수 있다.

3 위생지도 및 개선명령

시·도지사 또는 시장·군수·구청장은 개선이 필요한 해당자에게 보건복지부령으로 정하는 바에 따라 기간을 정하여 개선을 명할 수 있다

(1) 개선명령 대상자

❶ 공중위생영업의 종류별 시설 및 설비기준을 위반한 공중위생영업자

❷ 위생관리의무 등을 위반한 공중위생영업자

(2) 개선기간

❶ 위반사항의 개선 소요기간 등을 고려하여 즉시 또는 6개월의 범위에서 기간을 정하여 개선을 명한다.

❷ 기간 내 완료할 수 없는 경우에는 그 기간이 종료되기 전에 6개월의 범위에서 개선기간연장을 신청할 수 있다.

4 영업소의 폐쇄(시장·군수·구청장)

(1) 영업 정지 및 폐쇄 명령

❶ 6월 이내의 기간을 정하여 영업의 정지 또는 일부 시설의 사용중지 또는 영업소 폐쇄 등을 명할 수 있다.

- 영업신고를 하지 아니하거나 시설과 설비기준을 위반한 경우
- 변경신고를 하지 아니한 경우
- 지위승계신고를 하지 아니한 경우
- 공중위생영업자의 위생관리의무 등을 지키지 아니한 경우
- 카메라나 기계장치를 설치한 경우
- 영업소 외의 장소에서 이용 또는 미용 업무를 한 경우
- 보고를 하지 아니하거나 거짓으로 보고한 경우 또는 관계 공무원의 출입, 검사 또는 공중위생영업 장부 또는 서류의 열람을 거부·방해하거나 기피한 경우
- 개선명령을 이행하지 아니한 경우
- 「성매매알선 등 행위의 처벌에 관한 법률」, 「풍속영업의 규제에 관한 법률」, 「청소년 보호법」, 「아동·청소년의 성보호에 관한 법률」 또는 「의료법」을 위반하여 관계 행정기관의 장으로부터 그 사실을 통보받은 경우

❷ 영업정지처분 후 그 기간에 영업한 경우

❸ 정당한 사유 없이 6개월 이상 계속 휴업하는 경우

❹ 세무서장에게 폐업신고를 하거나 관할 세무서장이 사업자등록을 말소한 경우

(2) 영업소 폐쇄 조치*

❶ 간판 기타 영업표지물의 제거

❷ 위법한 영업소임을 알리는 게시물 등의 부착

❸ 영업을 위한 기구 또는 시설물 사용 봉인

TIP **영업소 폐쇄 조치 사항** 기출 2015

(3) 영업소 시설물 봉인 해제(시장·군수·구청장)

❶ 봉인을 계속할 필요가 없다고 인정되는 때

❷ 영업자 등이나 그 대리인이 해당 영업소를 폐쇄할 것을 약속하는 때

❸ 정당한 사유를 들어 봉인의 해제를 요청하는 때에는

❹ 게시물 등의 제거를 요청하는 경우

5 공중위생감시원

관계 공무원의 업무를 위하여 특별시·광역시·도 및 시·군·구(자치구)에 공중위생감시원을 둔다.

(1) 공중위생감시원의 자격 및 임명(시·도지사 또는 시·군·구청장)

❶ 소속 공무원 중 다음 해당자에게 공중위생감시원을 임명

- 위생사 또는 환경기사 2급 이상의 자격증이 있는 사람
- 「고등교육법」에 따른 대학에서 화학·화공학·환경공학 또는 위생학 분야를 전공하고 졸업한 사람 또는 법령에 따라 이와 같은 수준 이상의 학력이 있다고 인정되는 사람
- 외국에서 위생사 또는 환경기사의 면허를 받은 사람
- 1년 이상 공중위생 행정에 종사한 경력이 있는 사람

❷ 인력확보 미흡 시 추가 임명

- 공중위생 행정에 종사하는 사람 중 공중위생 감시에 관한 교육훈련을 2주 이상 받은 자

(2) 공중위생감시원의 업무

❶ 시설 및 설비의 확인

❷ 공중위생영업 관련 시설 및 설비의 위생상태 확인·검사

❸ 공중위생영업자의 위생관리의무 및 영업자준수사항 이행 여부 확인

❹ 위생지도 및 개선명령 이행 여부 확인

❺ 공중위생영업소의 영업정지, 일부 시설의 사용중지 또는 영업소 폐쇄명령 이행 여부 확인

❻ 위생교육 이행 여부 확인

(3) 명예공중위생감시원(시·도지사)

❶ 명예공중위생감시원 자격

- 공중위생에 대한 지식과 관심이 있는 자
- 소비자단체, 공중위생관련 협회 또는 단체의 소속직원 중에서 당해 단체 등의 장이 추천하는 자

❷ 명예공중감시원의 업무

- 공중위생감시원이 행하는 검사대상물의 수거 지원
- 법령 위반 행위에 대한 신고 및 자료 제공
- 공중위생에 관한 홍보·계몽 등 공중위생관리업무와 관련하여 시·도지사가 따로 정하여 부여하는 업무

SECTION 7 업소 위생등급

1 위생평가

(1) 위생서비스 수준의 평가방법

❶ 위생관리수준을 향상을 위해 위생서비스평가계획을 수립하여 시·군·구청장에게 통보

❷ 평가계획에 따라 관할 지역별 세부평가계획을 수립 후 위생서비스수준을 평가

❸ 평가의 전문성 향상을 위해 관련 전문기관 및 단체에 의해 평가 가능

(2) 위생서비스 수준 평가주기

❶ 2년마다 실시

❷ 공중위생영업의 종류 또는 위생관리등급별로 평가주기를 달리할 수 있음

❸ 휴업신고 시 위생서비스 평가를 실시하지 않을 수 있음

2 위생관리등급 공표(시장·군수·구청장)

(1) 위생서비스평가의 결과에 따른 위생관리등급을 해당 공중위생영업자에게 통보하고 이를 공표하여야 한다.

❶ 위생관리등급의 표지를 영업소의 명칭과 함께 영업소 출입구에 게시 가능

❷ 위생서비스의 수준이 우수한 영업소 포상 실시

❸ 위생관리 등급

업소기준	색 등급
최우수 업소	녹색 등급
우수업소	황색 등급
일반관리대상업소	백색 등급

(2) 위생서비스평가의 결과에 따른 위생관리등급별로 영업소에 대한 위생감시 실시

영업소에 대한 출입·검사와 위생감시의 실시주기 및 횟수 등 위생관리등급별 위생감시기준은 보건복지부령으로 정한다.

SECTION 8 위생교육

1 위생교육 대상 및 시기

❶ 공중위생영업자는 매년 3시간*

❷ 영업신고를 하고자 하는 자(미이수 시 영업개시 후 6개월 이내)

❸ 직접 종사자가 아니거나 두 곳 이상의 장소에서 영업을 하는 자는 영업장별로 공중위생 책임이 있는 종업원이 위생교육 이수 가능

2 위생교육 내용

❶ 공중위생관리법 및 관련 법규

❷ 소양교육(친절 및 청결에 관한 사항 포함)

❸ 기술교육

❹ 공중위생 관련 내용

3 위생교육 대체 및 유예

(1) **섬·벽지 지역 영업장** : 제 교육교재를 배부하여 익히도록 함으로써 교육으로 갈음

(2) **휴업** : 휴업신고를 한 다음 해부터 영업을 재개하기 전까지 위생교육 유예 가능

(3) **영업신고 전 위생교육을 받아야 하나, 영업신고 후 6개월 이내에 이수 가능한 경우**

❶ 천재지변, 본인의 질병·사고, 업무상 국외 출장 등의 사유로 교육을 받을 수 없는 경우

❷ 교육을 실시하는 단체의 사정 등으로 미리 교육을 받기 불가능한 경우

❸ 위생교육을 받은 날부터 2년 이내에 위생교육을 받은 업종과 같은 업종의 영업을 하려는 경우 위생교육을 받은 것으로 간주함

4 위생교육 실시기관

(1) **보건복지부장관이 허가한 단체**

(2) **공중위생 영업자 단체**

(3) **위생교육 단체의 장 실시 사항**

❶ 교육교재를 편찬하여 교육대상자에게 제공

❷ 위생교육 수료자에게 수료증 교부

❸ 교육 후 1개월 이내 교육 실시 결과를 시장·군수·구청장에게 통보

❹ 수료증 교부 대장 등 교육에 관한 기록 2년 이상 보관·관리

(4) **규정 외에 위생교육에 관하여 필요한 세부사항은 보건복지부장관이 정함**

SECTION 9 벌칙

1 벌칙*

(1) 1년 이하의 징역 또는 1천만 원 이하의 벌금*

❶ 영업신고 규정에 의해 신고를 하지 아니한 자

❷ 영업정지명령 또는 일부 시설의 사용중지명령을 받고도 그 기간 중에 영업을 하거나 그 시설을 사용한 자 또는 영업소 폐쇄명령을 받고도 계속하여 영업을 한 자

(2) 6월 이하의 징역 또는 500만 원 이하의 벌금

❶ 규정에 의한 변경신고를 하지 아니한 자

❷ 규정에 의하여 공중위생영업자의 지위를 승계한 자로 신고를 하지 아니한 자

❸ 공중위생영업자가 준수하여야 할 사항을 준수하지 아니한 자

(3) 300만 원 이하의 벌금

❶ 면허의 취소 또는 정지 중에 이용업 또는 미용업을 한 사람

❷ 면허를 받지 아니하고 이용업 또는 미용업을 개설하거나 그 업무에 종사한 사람

영업신고를 하지 아니한 경우 벌칙 기출 2015

- 1년 이하의 징역 또는 1천만 원 이하의 벌금

2 과징금

(1) 과징금 처분

❶ 영업정지가 이용자에게 심한 불편을 주거나 그 밖에 공익을 해할 우려가 있는 경우에는 영업정지 처분에 갈음하여 1억 원 이하의 과징금을 부과할 수 있다.

❷ 과징금을 부과하는 위반행위의 종별·정도 등에 따른 과징금의 금액 등에 관하여 필요한 사항은 대통령령으로 정한다.

❸ 과징금을 납부기한까지 납부하지 아니한 경우에는 대통령령으로 정하는 바에 따라 과징금 부과처분을 취소하고, 영업정지 처분을 하거나 「지방행정제재·부과금의 징수 등에 관한 법률」에 따라 이를 징수한다.

❹ 징수한 과징금은 시·군·구에 귀속된다.

❺ 시·군·구청장은 과징금의 징수를 위해 다음 사항을 기재한 문서로 관할 세무관서의 장에게 과세 정보의 제공을 요청할 수 있다.

- 납세자의 인적사항
- 사용 목적
- 과징금 부과기준이 되는 매출액

(2) 과징금 산정기준

❶ 영업정지 1개월은 30일을 기준으로 한다.

❷ 위반행위의 종별에 따른 과징금의 금액은 영업정지 기간에 다목에 따라 산정한 영업정지 1일당 과징금의 금액을 곱하여 얻은 금액으로 한다. 다만, 과징금 산정금액이 1억 원을 넘는 경우에는 1억 원으로 한다.

❸ 1일당 과징금의 금액은 위반행위를 한 공중위생영업자의 연간 총매출액을 기준으로 산출한다.

❹ 연간 총매출액은 처분일이 속한 연도의 전년도의 1년간 총매출액을 기준으로 한다. 다만, 신규사업·휴업 등에 따라 1년간 총매출액을 산출할 수 없거나 1년간 매출액을 기준으로 하는 것이 현저히 불합리하다고 인정되는 경우에는 분기별·월별 또는 일별 매출액을 기준으로 연간 총매출액을 환산하여 산출한다.

(3) 과징금의 부과 및 납부

과징금의 징수절차는 보건복지부령으로 정함

❶ 과징금을 부과

- 위반행위의 종별과 해당 과징금의 금액 등을 명시하여 서면으로 통지한다.

❷ 과징금 납부

- 20일 이내에 과징금 납부한다.
- 천재지변 또는 사유로 기간 내에 과징금 납부 불이행 시 그 사유가 없어진 날부터 7일 이내에 납부한다.

❸ 수납기관은 영수증을 납부자에게 교부한다.

❹ 과징금의 수납기관은 납부 사실을 시장·군수·구청장에게 통보한다.

❺ 과징금은 분할 납부할 수 없다.

3 양벌규정

법인의 대표자나 법인 또는 개인의 대리인, 사용인, 그 밖의 종업원이 그 법인 또는 개인의 업무에 관하여 벌칙 위반행위를 하면 행위자 외에 그 법인 또는 개인에게도 해당 조문의 벌금형을 부과한다.

다만, 법인 또는 개인이 위반행위를 방지하기 위하여 해당 업무에 관해 주의와 감독을 한 경우는 예외이다.

4 과태료***

대통령령으로 정하는 바에 따라 보건복지부장관 또는 시장·군수·구청장이 부과·징수한다

(1) 300만 원 이하의 과태료

❶ 보고를 하지 않거나 관계 공무원의 출입·검사 기타 조치를 거부·방해 또는 기피한 자

❷ 개선 명령에 위반한 자

(2) 200만 원 이하의 과태료

❶ 미용업소의 위생관리 의무를 지키지 아니한 자

❷ 영업소 외의 장소에서 이용 또는 미용 업무를 행한 자

❸ 위생교육을 받지 아니한 자

과태료 부과기준

위반행위	과태료
미용업소의 위생관리 의무 불이행 시	80만 원
영업소 외의 장소에서 미용 업무를 행할 시	80만 원
보고를 하지 않거나 관계 공무원의 출입, 검사, 기타 조치를 거부·방해	150만 원
위생관리업무에 대한 개선명령 위반 시	150만 원
위생교육 미수료 시	60만 원

▶ 공중위생관리법 시행령 [별표 2] 〈개정 2019. 10. 8.〉

과태료 부과대상 기출 2014, 2015, 2016

- 위생관리 의무 위반자
- 위생 교육받지 않은 자
- 관계 공무원 출입·검사 방해자

TIP **과태료 처분에 불복이 있는 자는 처분 고지일로부터 30일 이내 이의제기 가능** 기출 2015

SECTION 10 시행령 및 시행규칙 관련 사항

(1) 일반기준

❶ 위반행위가 2 이상인 경우 각각의 처분기준이 다른 경우에는 그 중 중한 처분기준에 의하되, 2 이상의 처분기준이 영업정지에 해당하는 경우에는 가장 중한 정지처분 기간에 나머지 각각의 정지처분기간의 2분의 1을 더하여 처분한다.

❷ 행정처분 절차가 진행되는 기간 중 반복하여 같은 사항을 위반한 때에는 그 위반횟수마다 행정처분 기준의 2분의 1씩 더하여 처분한다.

❸ 위반행위의 차수에 따른 행정처분기준은 최근 1년간 같은 위반행위로 행정처분을 받은 경우에 적용한다. 위반행위에 대하여 행정처분을 받은 날과 그 후 다시 같은 위반행위를 하여 적발된 날을 기준으로 한다.

❹ 가중된 행정처분을 하는 경우 가중처분의 적용 차수는 그 위반행위 전 행정처분 차수(제3호에 따른 기간 내에 행정처분이 둘 이상 있었던 경우에는 높은 차수를 말한다)의 다음 차수로 한다.

❺ 행정처분권자는 위반 정도가 경미하거나 해당 위반사항에 관하여 검사로부터 기소유예의 처분을 받거나 법원으로부터 선고유예의 판결을 받은 때에는 다음 구분에 따라 경감할 수 있다.

영업정지 및 면허정지의 경우에는 그 처분기준 일수의 2분의 1의 범위 안에서 경감할 수 있다. 영업장폐쇄의 경우에는 3월 이상의 영업정지처분으로 경감할 수 있다.

❻ 영업정지 1월은 30일을 기준으로 하고, 행정처분기준을 가중하거나 경감하는 경우 1일 미만은 처분기준 산정에서 제외한다.

(2) 개별기준(미용업)

위반행위	근거 법조문	행정처분기준			
		1차 위반	2차 위반	3차 위반	4차 이상 위반
1. 영업신고를 하지 않거나 시설과 설비기준을 위반한 경우	법 제11조 제1항제1호				
● 영업신고를 하지 않은 경우		영업장 폐쇄명령			
● 시설 및 설비기준을 위반한 경우		개선명령	영업정지 15일	영업정지 1월	영업장 폐쇄명령
2. 변경신고를 하지 않은 경우	법 제11조 제1항제2호				
● 신고를 하지 않고 영업소의 명칭 및 상호 또는 영업장 면적의 3분의 1 이상을 변경한 경우		경고 또는 개선명령	영업정지 15일	영업정지 1월	영업장 폐쇄명령
● 신고를 하지 않고 영업소의 소재지를 변경한 경우*		영업정지 1월	영업정지 2월	영업장 폐쇄명령	
3. 법 제3조의2제4항에 따른 지위승계신고를 하지 않은 경우	법 제11조 제1항제3호	경고	영업정지 10일	영업정지 1월	영업장 폐쇄명령
4. 법 제4조에 따른 공중위생영업자의 위생관리의무등을 지키지 않은 경우	법 제11조 제1항제4호				
● 소독을 한 기구와 소독을 하지 않은 기구를 각각 다른 용기에 넣어 보관하지 않거나 1회용 면도날을 2인 이상의 손님에게 사용한 경우		경고	영업정지 5일	영업정지 10일	영업장 폐쇄명령
● 피부미용을 위하여 「약사법」에 따른 의약품 또는 「의료기기법」에 따른 의료기기를 사용한 경우		영업정지 2월	영업정지 3월	영업장 폐쇄명령	
● 점빼기·귓볼뚫기·쌍꺼풀수술·문신·박피술 그 밖에 이와 유사한 의료행위를 한 경우		영업정지 2월	영업정지 3월	영업장 폐쇄명령	
● 미용업 신고증 및 면허증 원본을 게시하지 않거나 업소 내 조명도를 준수하지 않은 경우		경고 또는 개선명령	영업정지 5일	영업정지 10일	영업장 폐쇄명령
● 별표 4 제4호자목 전단을 위반하여 개별 미용서비스의 최종 지불가격 및 전체 미용서비스의 총액에 관한 내역서를 이용자에게 미리 제공하지 않은 경우		경고	영업정지 5일	영업정지 10일	영업정지 1월
5. 법 제5조를 위반하여 카메라나 기계장치를 설치한 경우	법 제11조 제1항 제4호 의2	영업정지 1월	영업정지 2월	영업장 폐쇄명령	
6. 법 제7조제1항 각 호의 어느 하나에 해당하는 면허 정지 및 면허 취소 사유에 해당하는 경우	법 제7조 제1항				

위반행위	근거 법조문	행정처분기준			
		1차 위반	2차 위반	3차 위반	4차 이상 위반
• 법 제6조제2항제1호부터 제4호까지에 해당하게 된 경우		면허취소			
• 면허증을 다른 사람에게 대여한 경우		면허정지 3월	면허정지 6월	면허취소	
• 「국가기술자격법」에 따라 자격이 취소된 경우		면허취소			
• 「국가기술자격법」에 따라 자격정지처분을 받은 경우(「국가기술자격법」에 따른 자격정지처분 기간에 한정한다)		면허정지			
• 이중으로 면허를 취득한 경우(나중에 발급받은 면허를 말한다)		면허취소			
• 면허정지처분을 받고 도 그 정지 기간중 업무를 한 경우		면허취소			
7. 법 제8조제2항을 위반하여 영업소 외의 장소에서 미용 업무를 한 경우	법 제11조 제1항제5호	영업정지 1월	영업정지 2월	영업장 폐쇄명령	
8. 법 제9조에 따른 보고를 하지 않거나 거짓으로 보고한 경우 또는 관계 공무원의 출입, 검사 또는 공중위생영업 장부 또는 서류의 열람을 거부·방해하거나 기피한 경우	법 제11조 제1항제6호	영업정지 10일	영업정지 20일	영업정지 1월	영업장 폐쇄명령
9. 법 제10조에 따른 개선명령을 이행하지 않은 경우	법 제11조 제1항제7호	경고	영업정지 10일	영업정지 1월	영업장 폐쇄명령
10. 「성매매알선 등 행위의 처벌에 관한 법률」, 「풍속영업의 규제에 관한 법률」, 「청소년 보호법」, 「아동·청소년의 성보호에 관한 법률」 또는 「의료법」을 위반하여 관계 행정기관의 장으로부터 그 사실을 통보받은 경우	법 제11조 제1항제8호				
• 손님에게 성매매알선 등 행위 또는 음란행위를 하게 하거나 이를 알선 또는 제공한 경우					
가) 영업소		영업정지 3월	영업장 폐쇄명령		
나) 미용사		면허정지 3월	면허취소		
• 손님에게 도박 그 밖에 사행행위를 하게 한 경우		영업정지 1월	영업정지 2월	영업장 폐쇄명령	
• 음란한 물건을 관람·열람하게 하거나 진열 또는 보관한 경우		경고	영업정지 15일	영업정지 1월	영업장 폐쇄명령
• 무자격안마사로 하여금 안마사의 업무에 관한 행위를 하게 한 경우		영업정지 1월	영업정지 2월	영업장 폐쇄명령	
11. 영업정지처분을 받고도 그 영업정지 기간에 영업을 한 경우	법 제11조 제2항	영업장 폐쇄명령			
12. 공중위생영업자가 정당한 사유 없이 6개월 이상 계속 휴업하는 경우	법 제11조 제3항제1호	영업장 폐쇄명령			
13. 공중위생영업자가 「부가가치세법」 제8조에 따라 관할 세무서장에게 폐업신고를 하거나 관할 세무서장이 사업자 등록을 말소한 경우	법 제11조 제3항제2호	영업장 폐쇄명령			

영업소 소재지 변경 후 미신고 시 행정처분

- 1차 위반 : 영업정지 1개월

면허취소에 해당하는 위반사항 기출 2016

- 이·미용사의 자격이 취소된 때
- 이중으로 면허를 취득한 때
- 면허정지 처분을 받고 정지 기간 중 업무를 행한 때

공중위생 관리학 예상적중문제

공중보건학

01 보건학의 목적으로 옳지 않은 것은?

① 질병예방 ② 수명연장
③ 질병치료 ④ 육체적·정신적 건강 증진

02 윈슬로우의 공중보건 정의로 틀린 것은?

① 질병예방 ② 질병치료
③ 수명연장 ④ 신체적·정신적 효율 증진

03 공중보건의 평가지표에 해당되지 않는 것은?

① 평균수명 ② 영아사망률
③ 비례사망지수 ④ 모자보건

04 출생률과 사망률이 낮은 유형으로 가장 이상적인 인구구성 형태는?

① 종형 ② 피라미드형
③ 항아리형 ④ 별형

05 세계보건기구 보건지표에 해당되지 않는 것은?

① 평균수명 ② 영아사망률
③ 비례사망지수 ④ 조사망률

06 감염병 관리 대상자 중 가장 중요하게 취급해야 하는 대상자는?

① 잠복기 보균자 ② 건강 보균자
③ 회복기 보균자 ④ 현성환자

01 공중보건학이란 지역사회의 노력을 통해 질병을 예방하고 수명을 연장시키며 육체적·정신적 효율을 증진시키는 기술과학이다.

03 모자보건은 보건행정의 범위이다.

04 종형은 인구정지형으로 14세 이하 인구가 65세 인구의 2배 정도 되는 이상적인 구조이다.

05 영아사망률은 세계보건기구 보건지표에는 해당되지 않는다.

06 건강 보균자는 증상이 없고 격리 및 색출이 어려워 가장 중요하게 취급해야 한다.

정답 01 ③ 02 ② 03 ④ 04 ① 05 ② 06 ②

07 건강보균자에 대한 설명으로 옳은 것은?

① 병원체를 보유하고 있으나 증상이 없으며 이를 체외로 배출하고 있는 자
② 잠복기간 중 병원체를 배출하여 타인에게 병원체를 전파할 수 있는 자
③ 감염병에 걸렸다가 치유된 자
④ 감영병 증상이 소실되었으나 병원체를 배출할 수 있는 자

> **07** ②는 잠복기 보균자, ④는 회복기 보균자에 대한 설명이다.

08 수인성 감염병의 경로에 해당하는 것은?

① 벼룩 ② 이질
③ 이 ④ 진드기

> **08** ①, ③, ④는 절지동물 매개 감염이다.

09 결핵, 파상풍, 디프테이라 등의 예방접종에 해당하는 면역은?

① 인공능동면역 ② 인공수동면역
③ 자연능동면역 ④ 자연수동면역

> **09** 예방접종을 통해 획득하는 면역은 인공능동면역이다.

10 발생 즉시 신고하고 음압격리가 필요한 1급 감염병에 해당되지 않는 것은?

① 페스트 ② 중동호흡기증후군(MERS)
③ 디프테리아 ④ 폐흡충증

> **10** 폐흡충증은 제4급 감염병이다.

11 절지동물 매개 감염병이 아닌 것은?

① 일본뇌염 ② 쯔즈가무시병
③ 발진티푸스 ④ 탄저

> **11** 탄저는 동물매개 감염병이다.

12 민물 가재 섭취 시 감염될 수 있는 기생충 질환은?

① 회충 ② 간디스토마
③ 갈고리촌충 ④ 폐디스토마

> **12** 회충은 오염된 음식물 섭취 시, 간디스토마는 잉어, 갈고리촌충은 돼지

13 생균백신을 예방접종으로 사용하는 질병은?

① 폴리오 ② 백일해
③ 장티푸스 ④ 디프테리아

> **13** 생균백신은 세균의 독소를 사용하는 예방접종이다. 홍역, 결핵, 폴리오가 해당된다.

정답 07 ① 08 ② 09 ① 10 ④ 11 ④ 12 ④ 13 ①

14 송어, 연어 등의 섭취 시 감염될 수 있는 것은?

① 유구조충 ② 폐흡충
③ 무구조충 ④ 긴촌충

14 유구조충은 돼지, 폐흡충은 가재, 무구조충은 소 섭취 시 감염될 수 있다.

15 모자보건 지표에 해당되지 않는 것은?

① 영아사망률 ② 노인사망률
③ 출생률 ④ 모성사망률

15 모자보건지표 : 출생률, 신생아 사망률, 영아사망률, 모성사망률

16 다음 중 온열요소에 해당되지 않는 것은?

① 기온 ② 기습
③ 복사열 ④ 기압

16 온열 4대 요소는 기온, 기습, 기류, 복사열이다.

17 실내공기 오염지표로 사용되는 것은?

① 산소 ② 이산화탄소
③ 일산화탄소 ④ 질소

17 사람이 많은 실내장소에서 이산화탄소량이 증가하므로 실내공기 오염지표로 사용된다.

18 질소에 대한 설명으로 옳지 않은 것은?

① 대기의 78%를 차지한다.
② 정상기압에서는 인체에 무해하다.
③ 물체의 불완전 연소시 발생하는 유독가스이다.
④ 고압이나 감압시 잠함병을 유발한다.

18 불완전 연소 시 발생하는 가스는 일산화탄소이다.

19 물의 인공정수 방법의 순서로 옳은 것은?

① 여과 – 침전 – 소독
② 침전 – 여과 – 소독
③ 소독 – 여과 – 침전
④ 소독 – 침전 – 여과

19 상수 정수단계 : 침사 – 침전 – 여과 – 소독

정답 14 ④ 15 ② 16 ④ 17 ② 18 ③ 19 ②

20 **하수오염도에 대한 설명으로 옳지 않은 것은?**

① 용존산소가 낮을수록 오염도가 낮다.
② BOD가 높을수록 유기성 오염도가 높음을 의미한다.
③ COD가 높을수록 오염도가 높음을 의미한다.
④ COD는 공장폐수의 오염도를 측정하는 지표이다.

20 용존산소가 낮을수록 물의 오염도가 높음을 의미한다.

21 **공기의 자정작용에 해당되지 않는 것은?**

① 광합성에 의한 산소와 이산화탄소의 교환작용
② 산소와 오존, 산화수소에 의한 산화작용
③ 자외선에 의한 살균작용
④ 기온역전작용

21 기온역전현상 : 고도가 높은 곳의 기온이 하층부보다 높은 경우를 말하며, 밤에 지표면의 열이 대기 중으로 복사되면서 발생하는 대기오염현상

22 **음용수의 오염지표로 이용되는 것은?**

① 세균수 ② 경도
③ 대장균수 ④ 경수

22 대장균은 상수의 오염지표로 이용된다.

23 **물의 일시경도의 원인 물질은 무엇인가?**

① 황산염 ② 질산염
③ 중탄산염 ④ 염화염

23 일시경수 : 물을 끓일 때 경도가 저하되어 연화되는 물이며 원인 물질은 탄산염, 중탄산염이다. 경수는 물을 끓여도 경도 변화가 없는 물로 원인물질은 황산염, 질산염, 염화염이다.

24 **직업과 직업병의 연결이 바르게 된 것은?**

① 고산병 - 비행사, 승무원
② 진폐증 - 잠수부
③ 규폐증 - 탄광근로자
④ 열중증 - 금속광산 산업자

24 진폐증 – 탄관근로자, 규폐증 – 금속광산 산업자, 열중증 – 제철소 근로자

25 **분진에 의해 발병되는 직업병이 아닌 것은?**

① 석면폐증 ② 레이노병
③ 진폐증 ④ 규폐증

25 레이노병은 진동이 심한 작업을 하는 사람에게 발병하는 직업병이다.

정답 20 ① 21 ④ 22 ③ 23 ③ 24 ① 25 ②

26 3대 영양소에 해당되지 않는 것은?

① 비타민 ② 단백질
③ 탄수화물 ④ 지방

27 감자에 함유된 독성분은 무엇인가?

① 테트로도톡신 ② 에르고톡신
③ 솔라닌 ④ 무스카린

27 테트로도톡신은 복어, 에르고톡신은 보리, 무스카린은 독버섯에 함유된 독성분이다.

28 독소형 식중독을 유발하는 세균이 아닌 것은?

① 포도상구균 ② 보툴리누스균
③ 웰치균 ④ 장염비브리오균

28 장염비브리오균은 감염형 식중독을 유발하는 세균이다.

29 인체의 생리기능조절작용에 관여하는 영양소는?

① 단백질 ② 무기질
③ 탄수화물 ④ 지방

29 인체의 생리기능조절에 관여하는 영양소는 무기질과 비타민이며, 단백질, 탄수화물, 지방은 에너지 공급에 관여하는 영양소이다.

30 결핍 시 구루병, 골연화증을 유발하는 비타민은 무엇인가?

① 비타민 A ② 비타민 B
③ 비타민 D ④ 비타민 K

30 비타민 A는 야맹증, 비타민 B는 각기병, 구순염, 비타민 K는 혈액응고 지연을 유발한다.

31 세계보건기구에서 규정한 보건행정의 범위에 속하지 않는 것은?

① 모자보건
② 보건자료 및 보건 관련 제기록의 보전
③ 대중에 대한 보건교육
④ 보건통계와 만성병 관리

31 보건행정 범위에는 ①,②,③ 외에 환경위생, 감염병 관리, 의료, 보건간호가 해당된다.

정답 26 ① 27 ③ 28 ④ 29 ② 30 ③ 31 ④

소독학

01 소독에 대한 설명으로 옳은 것은?

① 병원균의 생활력을 파괴하여 감염력을 낮추는 것
② 병원성 또는 미생물 등 모든 균을 사멸하는 것
③ 병원성 미생물 성장을 제거 또는 정지시키는 것
④ 미생물을 물리·화학적 작용을 통해 급속히 사멸시키는 것

01 ②는 멸균, ③은 방부, ④는 살균에 대한 설명이다.

02 멸균에 대한 설명으로 옳은 것은?

① 병원성 미생물 증식을 억제하는 것
② 균체로부터 미생물을 분리하는 것
③ 모든 미생물을 죽이거나 아포까지 제거하는 것
④ 세균의 아포를 제외한 미생물을 제거하는 것

02 ①은 방부, ②는 여과, ④는 소독에 대한 설명이다.

03 소독력이 강한 순서대로 바르게 배열된 것은?

① 살균 > 멸균 > 방부 > 소독
② 멸균 > 소독 > 살균 > 방부
③ 소독 > 살균 > 방부 > 멸균
④ 멸균 > 살균 > 소독 > 방부

04 소독제의 구비 조건으로 옳지 않은 것은?

① 표백 및 부식성이 없어야 한다
② 사용자에게 무독, 무해하여야 한다
③ 살균 효과가 좋으면 가격이 비싸도 무방하다
④ 용해성이 높고 침투력이 좋아야 한다

04 소독제는 가격이 경제적이어야 한다.

05 소독제 사용 시 주의사항으로 옳지 않은 것은?

① 소독제는 냉암소에 보관한다.
② 소독제의 취급방법을 숙지한다.
③ 소독제의 농도표시를 확인한다.
④ 대상물에 관계 없이 알코올을 사용한다.

05 소독제 사용 시 소독제의 취급 방법, 농도표시, 소독제 용기의 세균 오염 등을 체크한 후 사용한다.

정답 01 ① 02 ③ 03 ④ 04 ③ 05 ④

06 소독제 작용에 영향을 미치는 요인이 아닌 것은?

① 온도 ② 수분

③ 시간 ④ 습도

07 소독제 보관방법으로 옳지 않은 것은?

① 직사광선을 받지 않도록 한다.

② 사용 후 남은 소독제는 밀폐하여 잘 보관한다.

③ 식품 등과 혼돈할 수 있는 용기는 사용하지 않도록 한다.

④ 냉암소에 보관한다.

07 사용 후 남은 소독제는 변질하므로 보관하지 않도록 한다

08 석탄산, 크레졸 등에 해당하는 소독제의 작용기전은?

① 삼투압에 의한 작용

② 단백질 응고작용

③ 산화작용

④ 가수분해 작용

08 ①은 무기염류, ③은 과산화수소, 오존 등, ④는 강산, 강알칼리에 해당한다.

09 소독제와 그에 해당하는 작용기전이 바르게 연결된 것은?

① 과산화수소 - 가수분해

② 포르말린 - 단백질 응고작용

③ 중금속염 - 산화작용

④ 생석회 - 삼투압

09 ①은 산화작용, ③은 가수분해, ④는 단백질 응고작용

10 원핵세포에 대한 설명으로 옳지 않은 것은?

① 핵막이 없다.

② 단세포성 생물이다.

③ 박테리아, 세균 등이 있다.

④ 유사분열을 하고 핵이 있다.

10 ④는 진핵세포에 대한 설명이다.

11 다음 중 호기성 세균에 해당하지 않는 것은?

① 곰팡이 ② 결핵

③ 파상풍균 ④ 백일해

11 호기성 세균이란 증식을 위해 산소가 필요한 균을 말하며 곰팡이, 결핵, 백일해, 디프테리아 등이 있다. 파상풍균은 혐기성 세균에 해당하며, 혐기성 세균이란 증식에 산소를 필요로 하지 않는 균이다.

정답 06 ④ 07 ② 08 ② 09 ② 10 ④ 11 ③

12 미생물 증식에 영향을 주는 요인에 해당되지 않는 것은?

① 영양소 ② 시간
③ 습도 ④ 온도

13 세균이 증식하기 힘든 환경이 되는 경우 균의 저항력을 키우기 위해 형성하게 되는 것은?

① 아포 ② 핵
③ 염색체 ④ 핵막

14 아포가 형성되는 세균에 해당되지 않는 것은?

① 파상풍균 ② 보툴리누스균
③ 탄저균 ④ 콜레라균

15 바이러스의 특성으로 옳지 않은 것은?

① 가장 작은 크기의 미생물이다.
② 생체 내에서만 증식이 가능하다.
③ 항생제에 감수성이 있다.
④ 수두, 천연두, 폴리오, 인플루엔자 등을 유발한다.

16 다음 중 물리적 소독법에 해당하는 것은?

① 석탄산 ② 고압증기멸균법
③ 알코올 ④ 크레졸

17 아포까지 사멸시키는 멸균 방법은?

① 고압증기멸균법 ② 자외선 소독법
③ 자비소독법 ④ 화염멸균법

12 미생물 증식 영향요인으로는 온도, 습도, 영양소, 산소, 수소이온농도 등이 해당된다.

13 포자라고도 하며, 세균이 살아남기 위해 변형하는 것을 아포 형성이라고 한다.

14 아포를 형성하는 균에는 파상풍균, 보툴리누스균, 탄저균 등이 있다.

15 바이러스는 항생제에 감수성이 없다. 감수성이란, '숙주에 침입한 병원체에 대해 방어할 수 없는 상태를 감수성이 있다'라고 한다. 감수성이 있을 때 감염되거나 발병한다.

16 석탄산, 알코올, 크레졸은 화학적 소독법에 해당한다.

17 고압증기멸균법은 121℃에서 15~20분간 적용시키는 방법으로 미용기구 소독에도 좋은 방법이다.

정답 12 ② 13 ① 14 ④ 15 ③ 16 ② 17 ①

18 100℃ 증기로 30분간 가열처리를 24시간마다 3회 반복하는 멸균법은?

① 간헐멸균법
② 초고온 순간 멸균법
③ 세균여과법
④ 자비소독법

18 간헐멸균법은 증기 속에서 30분 이상 가열처리 한 후 20℃ 이상의 실온에서 방치하는 방법을 3회 실시하는 방법이다.

19 식기류, 도자기류 등의 소독에 적합하며 100℃ 물에 15~20분간 처리하는 소독법은?

① 저온소독법 ② 건열멸균법
③ 간헐멸균법 ④ 자비소독법

20 이·미용 업소의 고객에게서 배출된 객담이 묻은 휴지 등을 소독하는 방법은?

① 소각법 ② 자비소독법
③ 건열면균법 ④ 자외선멸균법

20 소각법은 불에 태워 멸균하는 방법이다.

21 다음 중 화학적 소독법에 해당하지 않는 것은?

① 포르말린 ② 자외선멸균법
③ 석탄산 ④ 크레졸

21 자외선멸균법은 물리적 소독법에 해당한다.

22 유리제품을 소독하는 방법으로 적합한 것은?

① 끓는 물에 15~20분간 처리한다.
② 60℃에서 30분간 소독한다.
③ 135℃에서 2초간 가열한다.
④ 건열멸균기에 넣어 소독한다.

22 유리제품, 금속기구, 주사기 등은 170℃ 건열멸균기에 넣어 처리하는 건열별균법이 적합하다. ①은 자비소독법, ②는 저온소독법, ③은 초고온 순간멸균법에 대한 설명이다.

23 이·미용업소에서 고객이 사용한 수건을 소독하는 방법으로 적합하지 않은 것은?

① 자비소독 ② 증기소독
③ 건열소독 ④ 역성비누액 소독

23 건열소독은 유리, 자기류 등에 적합한 소독법이다.

정답 18 ① 19 ④ 20 ① 21 ② 22 ④ 23 ③

24 자비소독 시 소독 효과를 높이기 위해 첨가하는 약품으로 알맞은 것은?

① 알코올 ② 탄산나트륨
③ 염화칼슘 ④ 승홍수

24 자비소독 시 소독 효과를 높이기 위해 석탄산(5%) 또는 크레졸(3%) 등을 첨가한다.

25 다음 중 자비소독법에 대한 설명으로 옳지 않은 것은?

① 아포균은 완전히 소독되지 않는다.
② 100℃에서 15~20분간 가열처리하는 방법이다.
③ 크레졸을 첨가하면 소독 효과가 높아진다.
④ 완전멸균으로 빠르고 효과적이다.

25 완전멸균은 고압증기멸균법에 대한 설명이다.

26 파스퇴르가 발명한 소독법으로 60~65℃에서 30분간 소독하는 방법은?

① 증기멸균법 ② 저온소독법
③ 여과살균법 ④ 자외선 살균법

26 저온소독법은 우유, 아이스크림 등 고온소독에 약한 물질을 소독하는 방법이다.

27 석탄산에 대한 설명으로 옳지 않은 것은?

① 금속기구 소독에 부적합하다.
② 포자와 바이러스에는 작용력이 약하다.
③ 3% 수용액을 사용한다.
④ 피부 및 기구소독에 적합하다.

27 석탄산은 세균의 단백질에 대한 살균력이 있는 소독제로 의류, 침구, 토사물, 배설물 등에 적합하다.

28 방역용 석탄산 수용액 농도로 적합한 것은?

① 3% ② 5%
③ 70% ④ 1%

28 3% 농도의 석탄산에 97%의 물을 혼합하여 사용한다.

29 소독제의 살균력을 비교하기 위해 사용되는 소독약은?

① 승홍수 ② 알코올
③ 석탄산 ④ 크레졸

29 소독약의 살균력을 비교하기 위해 석탄산 계수를 사용하는데, 석탄산 계수가 2.0이면 살균력이 석탄산의 2배임을 의미한다.

정답 24 ② 25 ④ 26 ② 27 ④ 28 ① 29 ③

30 **다음 중 크레졸에 대한 설명으로 옳지 않은?**

① 3% 수용액을 사용한다.
② 세균 소독에 효과가 없다.
③ 석탄산의 2배 소독 효과가 있다.
④ 바이러스 소독 효과가 없다.

30 크레졸은 세균 소독에 효과가 있다.

31 **에탄올에 대한 설명으로 옳지 않은 것은?**

① 70%의 에탄올이 살균력이 강하다.
② 칼, 가위, 유리 제품 등의 소독에 사용된다.
③ 강한 살균력으로 아포까지 사멸한다.
④ 가격이 저렴하고 쉽게 증발하는 특성이 있다.

31 에탄올은 아포균에 소독 효과가 없다.

32 **포르말린 소독으로 적합하지 않은 대상은?**

① 금속제품 ② 오물
③ 고무제품 ④ 플라스틱

32 오물은 크레졸이 적합하며, 포르말린은 병실 등의 소독이나 금속, 고무, 플라스틱 등이 적합하다.

33 **소독약품과 사용농도가 바르지 연결되지 않은 것은?**

① 승홍수 - 1%
② 석탄산 - 3%
③ 크레졸 - 3%
④ 알코올 - 70%

33 승홍수는 0.1% 수용액을 사용한다.

34 **역성비누액에 대한 설명으로 옳지 않은 것은?**

① 세정력, 살균력이 강하다.
② 자극성, 독성이 없다.
③ 일반비누와 혼용하면 살균력이 소멸된다.
④ 손 세정시 0.01~0.1% 수용액을 사용한다.

34 역성비누는 세정력은 약하지만, 살균력은 강하다.

35 **오물, 객담 등의 소독을 위한 크레졸의 적합한 농도는?**

① 3% ② 1%
③ 10% ④ 0.1%

35 크레졸은 3% 수용액을 사용한다.

정답 30 ② 31 ③ 32 ② 33 ① 34 ① 35 ①

36 금속류 기구 소독에 적합하지 않은 소독제는?

① 알코올 ② 역성비누
③ 크레졸 ④ 승홍수

37 음용수 소독에 사용되는 소독제는?

① 요오드 ② 페놀
③ 염소 ④ 승홍수

38 피부 상처 소독 및 구강세척 등에 사용되는 소독제는?

① 크레졸수 ② 과산화수소
③ 알코올 ④ 석탄산

39 오존을 소독제로 사용하기 적합한 대상은?

① 금속기구 ② 플라스틱류
③ 물 ④ 도자기

36 승홍수는 금속에 대하여 부식성이 있다.

37 염소는 상수 및 하수의 소독에 사용하며 음용수 소독 시 잔류 염소가 0.1~0.2ppm 되도록 한다.

38 과산화수소는 미생물 살균소독제이다.

39 오존은 물을 살균하는 산화제로 반응성이 풍부하고 잔여물을 남기지 않는 특성이 있다.

공중위생관리법규

01 다음 중 공중위생관리법의 목적은?

① 공중위생업 종사자의 위생관리
② 공중위생업소의 위생관리
③ 위생관리 서비스 제공
④ 위생수준을 향상시켜 국민 건강증진에 기여

02 이·미용 영업신고 시 필요 서류에 해당하지 않는 것은?

① 공중위생업 영업시설 개요서
② 이·미용 자격증
③ 공중위생업 영업설비 개요서
④ 교육수료증

02 자격증은 영업신고 서류에 포함되지 않는다.

정답 36 ④ 37 ③ 38 ② 39 ③ 01 ④ 02 ②

03 미용업 시설 및 설비기준으로 옳지 않은 것은?

① 소독기, 자외선 살균기 등 미용기구를 소독하는 장비를 갖추어야 한다.

② 작업 장소, 응접 장소, 상담실 등을 분리하기 위해 칸막이를 설치할 수 있다.

③ 공간 분리를 위한 칸막이에 출입문이 있는 경우 1/3 이상을 투명하게 해야 한다.

④ 영업소 내에 별실 또는 이와 유사한 시설을 설치할 수 있다.

03 영업소 내에 별실 또는 이와 유사한 시설을 설치할 수 없다.

04 영업자의 변경신고 사항에 해당되지 않는 것은?

① 영업소의 상호

② 영업장의 영업정지 명령 이행

③ 영업소의 소재지

④ 대표자의 성명(법인인 경우)

05 공중위생영업을 위해 시설 및 설비를 갖춘 후 신고할 대상은?

① 시장·군수·구청장 ② 보건복지부장관

③ 대통령 ④ 시·도시자

06 이·미용업 영업자의 지위를 승계받을 수 있는 자격은?

① 자격증이 있는 자

② 미용업 보조경력이 있는 자

③ 상속권이 있는 자

④ 면허를 소지한 자

06 면허를 취득한 자에 한에서 승계가 가능하다.

07 이·미용 영업 승계를 할 수 없는 경우는?

① 양수인이 영업을 양도하고자 할 때

② 합병에 의해 설립되는 법인일 때

③ 폐업할 때

④ 공중위생업 관련 시설 및 설비의 전부를 인수할 때

정답 03 ④ 04 ② 05 ① 06 ④ 07 ③

08 이·미용 영업소 내에 게시하지 않아도 되는 것은?

① 이·미용 영업신고증
② 면허증 원본
③ 최종지불요금표
④ 이·미용사 국가기술자격증

09 상속으로 인한 이·미용업 영업자 지위 승계 시 필요한 서류가 아닌 것은?

① 양도·양수를 증명할 수 있는 서류 사본
② 가족관계증명서
③ 상속인임을 증명할 수 있는 서류
④ 영업자 지위승계 신고서

09 ①은 영업양도의 경우 필요한 서류이다.

10 이·미용 영업자의 지위 승계와 관련된 내용으로 옳지 않은 것은?

① 이·미용업 면허를 소지한 자에 한해 승계할 수 있다.
② 영업자의 지위승계는 10일 이내에 신고하여야 한다.
③ 지위승계는 시장·군수·구청장에게 신고한다.
④ 보건복지령이 정하는 바에 따른다.

10 영업자의 지위승계는 1월 이내에 신고한다.

11 미용업자의 위생관리 및 위생관리 서비스 기준으로 적합하지 않은 것은?

① 1회용 면도날은 손님 1인에 한하여 사용한다.
② 영업장 안의 조명도는 75Lux 이상을 유지한다.
③ 모든 미용기구는 자외선 소독기에 보관한다.
④ 영업장 면적이 66제곱미터 이상인 경우 영업소 외부에도 최종지불요금표를 게시한다.

11 미용기구 중 소독을 한 기구와 소독을 하지 아니한 기구는 각각 분리 보관한다.

12 공중위생영업 폐업에 관한 설명으로 옳지 않은 것은?

① 공중위생영업 폐업은 시·도지사에게 신고한다.
② 공중위생영업을 폐업한 날부터 20일 이내에 신고한다.
③ 폐업신고 시 신고서를 첨부한다.
④ 방법 및 절차에 관한 사항은 보건복지부령으로 정한다.

12 공중위생영업 폐업은 시장·군수·구청장에게 신고한다.

정답 08 ④ 09 ① 10 ② 11 ③ 12 ①

13 다음 중 면허 발급 대상자에 해당되지 않는 경우는?

① 전문대학 또는 이와 같은 수준 이상의 학력이 있다고 교육부장관이 인정하는 학교에서 이용 또는 미용에 관한 학과를 졸업한 자
② 「학점인정 등에 관한 법률」에 따라 대학 또는 전문대학을 졸업한 자와 같은 수준 이상의 학력이 있는 것으로 인정되어 미용에 관한 학위를 취득한 자
③ 고등학교 또는 이와 같은 수준의 학력이 있다고 교육부장관이 인정하는 학교에서 이용 또는 미용에 관한 학과를 졸업한 자
④ 초·중등교육법령에 따른 특성화고등학교, 고등기술학교나 고등학교 또는 고등기술학교에 준하는 각종학교에서 3년 이상 이용 또는 미용에 관한 소정의 과정을 이수한 자

13 고등기술학교에 준하는 각종학교에서 1년 이상 과정을 이수한 자가 해당된다.

14 미용사 면허 발급 구비서류에 해당되지 않는 것은?

① 졸업증명서 또는 학위증명서
② 이수증명서
③ 최근 6개월 이내의 건강 진단서
④ 국가기술 자격 원본

15 다음 중 미용사 면허 발급 결격 대상자에 해당되지 않는 자는?

① 면허가 취소된 후 1년이 경과한 자
② 마약 기타 대통령령으로 정하는 약물 중독자
③ 감염병 환자로서 보건복지부령으로 정하는 자
④ 정신질환자

15 면허 취소 후 1년이 경과되지 아니한 경우 면허 발급 결격 대상자에 해당된다.

16 면허증 재발급 사유에 해당되지 않는 경우는?

① 면허증 기재사항 변경 시
② 면허증 분실 시
③ 면허증이 헐어 못쓰게 될 때
④ 면허증 재교부에 따른 신청 서류를 시·도지사에게 장에게 제출한다.

16 신청 서류를 시장·군수·구청장에게 제출한다.

정답 13 ④ 14 ④ 15 ① 16 ④

17 **영업소 외에서의 미용 업무를 할 수 있는 경우가 아닌 것은?**

① 혼례 등 의식 직전에 미용을 하는 경우
② 방송 등 촬영 직전에 미용을 하는 경우
③ 고객의 요청이 있을 경우
④ 시장·군수·구청장이 인정하는 경우

18 **영업의 폐쇄 조치 사항에 해당되지 않는 것은?**

① 간판 기타 영업표지물의 제거
② 위법한 영업소임을 알리는 게시물 부착
③ 영업소의 시설물 철거
④ 영업을 위한 기구 또는 시설물 봉인

19 **공중위생 감시원의 업무에 해당되지 않는 것은?**

① 위생교육 이행 여부 확인
② 공중위생 영업자 간의 분쟁조정
③ 공중위생영업 관련 시설 및 설비의 위생상태 확인·검사
④ 위생지도 및 개선명령 이행 여부 확인

20 **위생서비스 수준 평가에 대한 설명을 옳지 않은 것은?**

① 위생서비스 평가계획을 수립하여 시·군·구청장에게 통보한다.
② 위생서비스 수준 평가는 3년마다 실시한다.
③ 휴업신고 시 위생서비스 평가를 실시하지 않을 수 있다.
④ 위생관리 등급은 녹색, 황색, 백색 등급으로 분류한다.

21 **위생교육에 대한 설명으로 옳지 않은 것은?**

① 위생교육은 매년, 3시간 이수해야 한다.
② 영업신고를 하고자 하는 자는 영업개시 후 3개월 이내에 이수해야 한다.
③ 위생교육 실시기관은 수료증 교부 대장 등 교육에 관한 기록을 2년 이상 보관·관리
④ 위생교육에 관하여 필요한 세부사항은 보건복지부장관이 정한다.

19 공중위생 감시원의 업무 범위에는 시설 및 설비의 확인, 공중위생영업소의 영업정지, 일부 시설의 사용중지 또는 영업소 폐쇄명령 이행 여부 확인, 공중위생영업자의 위생관리의무 및 영업자 준수사항 이행여부 확인 등이 해당된다.

20 위생서비스 수준 평가는 2년마다 실시한다.

21 영업개시 후 6개월 이내에 이수해야 한다.

정답 17 ③ 18 ③ 19 ② 20 ② 21 ②

22 다음 중 미용업 관련하여 과태료 부과대상자에 해당되지 않는 자는?

① 미용업소의 위생관리 의무를 지키지 아니한 자
② 위생교육을 받지 않은 자
③ 보건복지령이 정하는 사항 변경 후 변경신고 아니한 자
④ 관계공무원 출입·검사 기타 조치를 거부·방해한 자

22 ③은 벌금에 해당한다.

23 면허 취소 또는 정지 중에 미용업을 한 자에게 부과되는 벌금 기준은?

① 100만 원 이하　② 200만 원 이하
③ 300만 원 이하　④ 500만 원 이하

24 신고를 하지 않고 영업장 소재지를 변경한 경우 1차 위반 시 행정처분은?

① 영업정지 1월　② 영업정지 2월
③ 개선명령　④ 영업장 폐쇄명령

24 1차 위반: 1월, 2차 위반: 영업정지 2월, 3차 위반: 영업장 폐쇄명령

25 1년 이하의 징역 또는 1천만 원 이하의 벌금에 해당되지 않는 경우는?

① 영업신고 규정에 의해 신고를 하지 않은 경우
② 영업정지 명령을 받고도 그 기간 중에 영업을 한 경우
③ 영업소 폐쇄명령을 받고도 계속 영업을 한 경우
④ 공중위생영업자의 지위를 승계한 자로 신고를 하지 아니한 자

25 ④는 6월 이하의 징역 또는 500만원 이하의 벌금에 해당된다.

26 200만 원 이하의 과태료부과 대상자 기준이 아닌 것은?

① 개선 명령에 위반한 자
② 미용업소의 위생관리 의무를 지키지 아니한 자
③ 영업소 외의 장소에서 미용 업무를 행한 자
④ 위생교육을 받지 아니한 자

26 개선 명령에 위반한 자는 300만원 이하 과태료 대상자에 해당된다.

27 면허증을 다른 사람에게 대여한 경우 1차 위반 행정처분은?

① 영업정지 10일　② 면허정지 3월
③ 면허정지 6월　④ 영업정지 1월

27 1차 위반 : 면허정지 3월, 2차 위반 : 면허정지 6월, 3차 위반 : 면허취소

정답 22 ③ 23 ③ 24 ① 25 ④ 26 ① 27 ②

28 영업소 외의 장소에서 미용업무를 이행한 경우 1차 위반 행정처분은?

① 면허정지 1월 ② 영업정지 1월
③ 영업정지 3월 ④ 면허정지 3월

29 1차 위반 시 면허취소에 해당되지 않는 경우는?

① 「국가기술자격법」에 따라 자격이 취소된 경우
② 이중으로 면허를 취득한 경우
③ 영업소 외의 장소에서 미용 업무를 한 경우
④ 면허정지 처분을 받고도 정지 기간 중 업무를 한 경우

30 1차 위반 시 경고 또는 개선명령에 해당되지 않는 경우는?

① 영업장 면적의 3분의 1 이상을 변경하고 신고하지 않은 경우
② 미용업 신고증 및 면허증 원본을 게시하지 않은 경우
③ 시설 및 설비기준을 위반한 경우
④ 피부미용을 위하여 「약사법」에 따른 의약품 또는 「의료기기법」에 따른 의료기기를 사용한 경우

28 1차 위반 : 영업정지 1월, 2차 위반 : 영업정지 2월, 3차 위반 : 영업장 폐쇄명령

29 ③의 경우 영업정지 1월에 해당한다.

30 ④의 경우는 영업정지 2월에 해당한다.

정답 28 ② 29 ③ 30 ④

화장품학

화장품학 개론

SECTION 1 화장품의 정의

1 화장품

인체를 청결·미화하여 매력을 더하고 용모를 밝게 변화시키거나 피부·모발의 건강을 유지 또는 증진하기 위하여 인체에 바르고 문지르거나 뿌리는 등 이와 유사한 방법으로 사용되는 물품으로써 인체에 대한 작용이 경미한 것을 말한다. 다만, 「약사법」의 의약품에 해당하는 물품은 제외한다.

2 기능성 화장품

"기능성화장품"이란 화장품 중에서 다음 각 목의 어느 하나에 해당되는 것으로서 총리령으로 정하는 화장품을 말한다.

❶ 피부의 미백에 도움을 주는 제품

❷ 피부의 주름개선에 도움을 주는 제품

❸ 피부를 곱게 태워주거나 자외선으로부터 피부를 보호하는 데에 도움을 주는 제품

❹ 모발의 색상 변화·제거 또는 영양공급에 도움을 주는 제품

❺ 피부나 모발의 기능 약화로 인한 건조함, 갈라짐, 빠짐, 각질화 등을 방지하거나 개선하는 데에 도움을 주는 제품

그림 기능성 화장품 범위

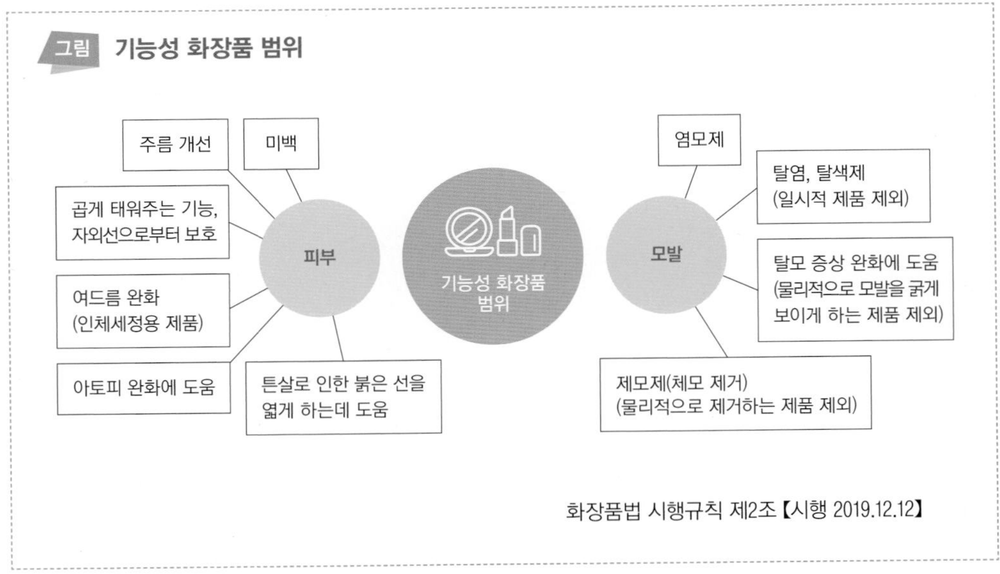

화장품법 시행규칙 제2조【시행 2019.12.12】

3 천연 화장품

동식물 및 그 유래 원료 등을 함유한 화장품으로써 식품의약품안전처장이 정하는 기준에 맞는 화장품을 말한다.

4 유기농 화장품

유기농 원료, 동식물 및 그 유래 원료 등을 함유한 화장품으로써 식품의약품안전처장이 정하는 기준에 맞는 화장품을 말한다.

5 맞춤형 화장품(2020. 03. 14. 시행)

다음 각 목의 화장품을 말한다.

- 제조 또는 수입된 화장품의 내용물을 다른 화장품의 내용물이나 식품의약품안전처장이 정하는 원료를 추가하여 혼합한 화장품
- 제조 또는 수입된 화장품의 내용물을 소분한 화장품

보충 화장품, 의약품 비교

구분	대상	목적*	기간	범위	부작용
화장품	정상인	청결, 미화	장기간	전신	인정하지 않음
의약품	환자	질병의 진단, 치료	일정 기간	특정 부위	인정함

화장품 사용 목적

- 인체를 청결, 미화하기 위하여 사용
- 용모를 변화시키기 위하여 사용
- 피부, 모발의 건강을 유지하기 위하여 사용

SECTION 2 화장품의 분류

▶ 화장품법 시행규칙 [별표3] 〈개정 2020. 01. 22〉

화장품 유형	제품 종류
영유아용 제품류 (만 3세이하)	영유아용 샴푸, 린스 영유아용 로션, 크림 영유아용 오일 영유아 인체 세정용 제품 영유아 목욕용 제품
목욕용 제품류	목욕용 오일·정제·캡슐 목욕용 소금류 버블 배스(bubble baths) 그 밖의 목욕용 제품류
인체세정용 제품류	폼 클렌저(foam cleanser) 바디 클렌저(body cleanser) 액체 비누(liquid soaps) 및 화장 비누(고체 형태의 세안용 비누) 외음부 세정제 물휴지 그 밖의 인체 세정용 제품류
눈 화장용 제품류	아이브로 펜슬(eyebrow pencil) 아이 라이너(eye liner) 아이 섀도(eye shadow) 마스카라(mascara) 아이 메이크업 리무버(eye make-up remover) 그 밖의 눈 화장용 제품류
방향용 제품류	향수 분말향 향낭(香囊) 콜롱(cologne) 그 밖의 방향용 제품류
두발염색용 제품류	헤어 틴트(hair tints) 헤어 컬러스프레이(hair color sprays) 염모제 탈염·탈색용 제품 그 밖의 두발 염색용 제품류
색조화장용 제품류	볼연지 페이스 파우더(face powder), 페이스 케이크(face cakes) 리퀴드(liquid)·크림·케이크 파운데이션(foundation) 메이크업 베이스(make-up bases) 메이크업 픽서티브(make-up fixatives) 립스틱, 립라이너(lip liner) 립글로스(lip gloss), 립밤(lip balm) 바디페인팅(body painting), 페이스페인팅(face painting), 분장용 제품 그 밖의 색조 화장용 제품류

화장품 유형	제품 종류
두발용 제품류	헤어 컨디셔너(hair conditioners) 헤어 토닉(hair tonics) 헤어 그루밍 에이드(hair grooming aids) 헤어 크림·로션 헤어 오일 포마드(pomade) 헤어 스프레이·무스·왁스·젤 샴푸, 린스 퍼머넌트 웨이브(permanent wave) 헤어 스트레이트너(hair straightner) 흑채 그 밖의 두발용 제품류
손발톱용 제품류	베이스코트(basecoats), 언더코트(under coats) 네일 폴리시(nail polish), 네일 에나멜(nail enamel) 탑코트(topcoats) 네일 크림·로션·에센스 네일 폴리시·네일 에나멜 리무버 그 밖의 손발톱용 제품류
면도용 제품류	애프터셰이브 로션(aftershave lotions) 남성용 탤컴(talcum) 프리셰이브 로션(preshave lotions) 셰이빙 크림(shaving cream) 셰이빙 폼(shaving foam) 그 밖의 면도용 제품류
기초화장용 제품류*	수렴·유연·영양 화장수(face lotions) 마사지 크림 에센스, 오일 파우더 바디 제품 팩, 마스크 눈 주위 제품 로션, 크림 손·발의 피부연화 제품 클렌징 워터, 클렌징 오일, 클렌징 로션, 클렌징 크림 등 메이크업 리무버 그 밖의 기초화장용 제품류
체취방지용 제품류	데오도런트 그 밖의 체취 방지용 제품류
체모제거용 제품류	제모제 제모 왁스 그 밖의 체모 제거용 제품류

화장품 제조

SECTION 1 화장품 원료

1 수성원료

피부에 수분을 부여하고 화장수, 로션 및 크림의 기초 물질로 사용한다.

정제수	• 대부분의 화장품 제조에 사용 • 피부 보습의 기초 물질로 화장수, 크림, 로션 등 기초화장품에 사용
에탄올	• 수렴, 청결, 살균제, 가용화제 등으로 사용 • 유기용매로 향료, 색소, 유기안료 용매로 사용

2 유성원료

화장품의 구성성분으로 수분 증발 억제 및 사용감 향상을 위한 원료로 사용한다. 화장품 원료로 사용하기 위해 탈색, 탈취 등 정제하여 사용한다.

(1) 오일

식물성 오일은 피부의 수분 증발을 억제하고 제품의 사용감을 높여주며, 동물성 오일은 색상이나 냄새가 좋지 않아 화장품 원료로 자주 사용되지 않는다.

천연 오일	식물성	올리브유, 피마자유 등	• 피부 친화성 높음 • 공기 노출 시 쉽게 변질됨 • 식물성 오일은 흡수가 느림 • 동물성 오일은 흡수가 빠름
	동물성	밍크오일, 난황유, 스쿠알렌 등	
	광물성	바셀린, 유동 파라핀 등	• 피부 친화성 높음 • 높은 유성감으로 피부호흡 방해
합성 오일	실리콘 오일		• 사용성 및 안정성이 높음

(2) 왁스

실온에서 고체상태인 유성 성분을 왁스라 한다. 왁스류를 화장품에 사용하면 고형화제 역할을 하여 사용감 개선 및 기능을 향상시킨다.

식물성 왁스	카르나우바 왁스 (Carnauba Wax)	• 카르나우바 야자나무 잎에서 추출 • 광택성이 뛰어남 • 크림, 립스틱 등에 사용함
	칸데릴라 왁스 (Candelilla Wax)	• 칸데릴라 식물 줄기에서 추출 • 주로 립스틱에 사용함 • 립스틱의 부서짐을 방지함
	호호바유 (Jojoba oil)	• 장기간 보존이 가능 • 피부 도포 시 퍼짐성이 좋음 • 상처 치료 및 진정력이 좋음
동물성 왁스	밀납 (Bees Wax)	• 벌집에서 추출 • 유연한 촉감 형성으로 크림, 로션, 파운데이션 등 대부분의 화장품에 사용됨
	라놀린 (Lanolin)	• 양의 털에서 추출 • 친화성, 윤택성이 좋음 • 알러지 유발 가능성으로 사용이 감소함

3 계면활성제

계면활성제는 경계면에 흡착하여 경계면이 성질을 변화시키는 물질이다. 화장품에 사용되는 계면활성제는 물과 기름을 혼합하기 위한 유화제, 향과 같이 물에 녹지 않는 물질을 용해하기 위한 가용화제, 안료를 분산시키기 위한 분산제 등 각각의 구조에 따라 종류가 다양하다. 일반적인 분류 방법은 계면활성제가 물에 용해되었을 때 전리되어 이온화되면 이온성, 이온화되지 않으면 비이온성으로 분류한다.

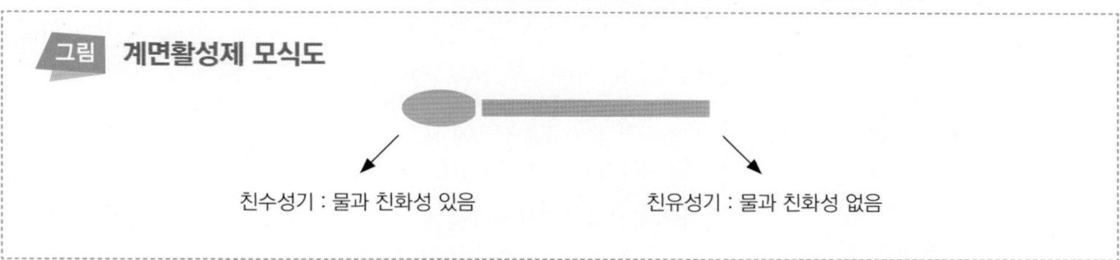

이온성	양이온	흡착력, 유연, 살균력	• 헤어린스, 섬유유연제, 살균제
	음이온	기포력, 침투력, 분산력	• 세정제, 샴푸, 클렌징 폼
	양쪽성	자극완화, 기포증진	• 어린이용 제품, 저자극 제품
비이온성		저자극으로 기초화장품 사용	• 화장수 가용화제, 크림 유화제 등

4 보습제

보습제는 수용성 물질로 수분 증발 억제 및 점도를 유지하여 피부에 수분을 공급한다.

폴리올(다가 알코올)	글리세린, 솔비톨	• 가장 보편적인 보습제
천연보습인자(NMF)*	아미노산, 젖산, 요소, 지방산	• 각질의 수분량을 일정하게 유지 • 피부 거칠어짐을 방지
고분자보습제(히알루론산)	콜라겐, 히알루론산염	• 피부 유연성 제공 • 우수한 보습력을 지님

TIP 보습제의 조건

- 흡습능력이 있을 것
- 흡습력이 환경변화에 영향을 쉽게 받지 않을 것
- 가능한 휘발성이 없을 것
- 다른 성분과 혼용성이 좋을 것
- 응고점이 가능한 낮을 것
- 점도가 적정하고 사용감이 우수하며 피부와 친화성이 좋을 것
- 가능한 무색, 무취, 무미일 것

5 색소

화장품에 사용되는 색소는 염료, 레이크, 유기안료에 해당하는 유기합성 색소와 광물성 염료인 무기안료, 천연색소로 분류한다.

구분		특징
유기 합성 색소	염료	• 수용성 염료 : 물에 녹는 염료로 화장수, 로션 등 착색제
		• 유용성 염료 : 알코올에 녹는 염료로 헤어오일 등 착색제
	레이크	• 무기와 유기안료의 중간 정도 색소의 선명을 지니고 있음 • 산, 알칼리에 약함
	유기안료	• 색상이 선명, 종류가 다양하여 색이 선명한 색조화장품에 사용 • 착색력, 내광성이 뛰어남 • 석유에서 합성하여, 대량생산이 가능함
무기안료 (광물성 안료)		• 백색 안료, 착색 안료, 체질 안료 • 광물에서 얻은 안료로 색상 선명도가 떨어지나 내광성이 좋음 • 마스카라 등 색조화장품에 사용 • 커버력이 우수하고 열에 강함
천연 색소		• 자연계, 미생물에서 유래됨 • 유기합성 색소가 사용되면서 사용이 감소함 • 베타카로틴, 코치닐, 안토시아닌 등

염료와 안료 비교

염료	안료
물, 오일에 용해	물, 오일에 용해되지 않음
기초화장품 착색제로 사용	색조화장품 사용

6 방부제(보존제)

일정 사용기간 동안 화장품을 안전하게 사용할 수 있도록 화장품의 오염과 변질, 부패를 방지하기 위해 방부제를 첨가하며 파라벤, 페녹시에탄올, 헥산디올 등이 해당된다.

파라벤	● 대표적인 방부제로 항균력이 높고 물에 대한 용해도가 좋음
페녹시에탄올	● 박테리아와 곰팡이에 대한 효과가 있음
헥산디올	● 산화방지 효과와 항균력이 있음 ● 천연화장품의 방부제로 사용됨

TIP 방부제의 조건

- 다양한 균종에 효과가 있어야 한다.
- 광범위한 온도와 pH에서 효과가 있어야 한다.
- 원료나 포장재에 의해 방부력이 감소되지 않아야 한다.
- 미생물에 빠르게 효과를 발휘해야 한다.
- 방부제 사용으로 다른 유효성분의 효과가 저하되지 않아야 한다.

TIP 화장품 원료의 종류

원료	종류		사용
수성원료	정제수, 에탄올		
유성원료	오일(액상)	식물성 오일	동백유, 올리브유, 피마자유 등
		동물성 오일	밍크오일, 난황오일
		광물성 오일	바세린, 유동파라핀
		합성 오일	실리콘 오일
	왁스*(고형)	식물성 왁스	카르나우바 왁스, 칸데릴라 왁스
		동물성 왁스	밀납, 경납 등
		고급 지방산	스테아린산, 라우린산
계면 활성제*	이온성	양이온	헤어린스 등의 유연제
		음이온	클렌징 크림, 샴푸
		양쪽성	저자극 샴푸, 어린이용 샴푸
	비이온성		대부분의 화장품
	천연		레시틴
보습제	폴리올		글리세린, 솔비톨
	천연보습인자*		아미노산, 젖산, 요소, 지방산
	고분자 보습제		콜라겐, 히알루론산염
고분자 화합물	점증제, 필름형성제		제품의 점성 향상, 사용감 개선, 피막형성
비타민	비타민 A, C, E 등		제품의 기능성 부여
색소*	유기합성 색소	염료	아조계, 잔틴계, 퀴놀린계 염료 등
		레이크	적색 201호, 204호, 206호, 207호 등
		유기안료	D&C Red No.30
	무기안료		이산화티탄, 산화철, 마이카, 탈크 등
	천연색소		베타카로틴, 코치닐, 안토시아닌 등
향료	식물성		라벤더, 로즈마리 등
	동물성		무스크 등
	합성		멘톨 등

SECTION 2 화장품의 기술

1 가용화(Solubilization)*

(1) 가용화

❶ 물에 녹지 않는 유성 성분이 계면활성제에 의해 투명한 상태로 용해된 상태이다.

❷ 용액에 유성 성분을 용해시키는 경우가 대표적이다.

(2) 가용화가 적용된 화장품

스킨토너, 에센스, 헤어토닉, 향수류 등

2 유화(Emulsion)*

(1) 유화

❶ 상호 혼합되지 않는 두 액체가 함께 섞여 백탁화 된 것을 유화(Emulsion)라고 한다.

❷ 많은 양의 유성 성분을 물에 균일하게 혼합하는 기술이다.

(2) 유화의 종류

❶ 수중유형(Oil in Water, O/W) : 물에 오일이 입자 형태로 분산되어 있는 형태

❷ 유중수형(Water in Oil, W/O) : 오일에 물이 입자 형태로 분산되어 있는 형태

그림 유화의 종류

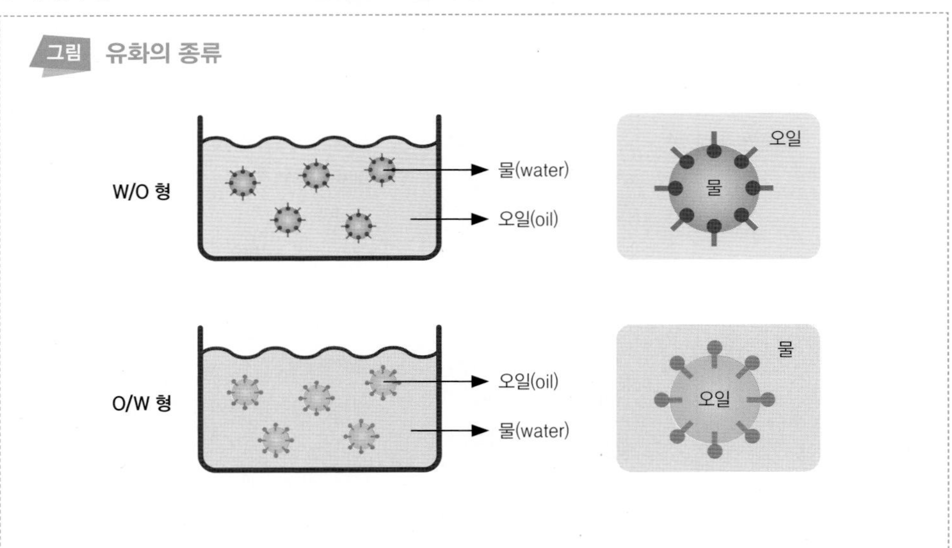

(3) 화장품 종류

❶ O/W : 크림류, 로션류와 같은 기초 화장품

❷ W/O : 색조화장품, 자외선 차단제, 특수 영양크림 등

3 분산(Dispersion)

❶ 물 또는 유성 성분에 미세한 고체 입자가 계면활성제에 의해 균일하게 분포된 상태

❷ 화장품 종류 : 파운데이션, 아이라이너, 립스틱, 네일 에나멜 등이 색조화장품

SECTION 3 화장품의 특성

화장품 품질특성이란, 제품의 품질을 결정하는 특성으로 안전성, 안정성, 사용성, 유효성이 있다.

1 화장품 품질 4대 요소*

구분	내용
안전성	● 피부에 대한 자극, 부작용이 없어야 한다.
안정성	● 사용 중 화학적 변화, 물리적 변화가 없어야 한다. – 화학적 변화 : 변색, 변취, 미생물 오염 등 – 물리적 변화 : 분리, 침전, 겔화, 휘발, 균열 등
유효성(기능성)	● 각각의 화장품 사용목적에 적합한 기능을 나타내어야 한다. ● 보습, 세정, 자외선차단, 미백 및 주름 개선효과, 색채효과, 체취방지효과 등을 나타내야 한다.
사용성	● 사용감(발림성, 흡수성 등) ● 기호성(향, 색, 디자인 등) ● 편리성(크기, 무게, 휴대성 등)이 좋아야 한다.

TIP 안정성 기출 2016

● 일정 기간 동안 변질되거나 분리되지 않는 화장품 품질 특성

화장품의 종류와 기능

SECTION 1 기초화장품

1 기초화장품 사용 목적

피부를 청결히 하며 유·수분 공급을 통해 피부 항상성을 유지하기 위해 사용

기능에 따라 세안용, 피부 정돈용, 피부 보호용 제품으로 분류

2 기초화장품 종류

세안용	• 클렌징 폼, 클렌징 로션, 클렌징 크림, 클렌징 오일, 클렌징 워터
피부 정돈용	• 유연화장수, 수렴화장수, 소염화장수
피부 보호용	• 에멀젼, 크림, 에센스, 자외선 차단제, 팩

3 세안용 화장품

분류	종류	효과
세안용	클렌징 폼 제형별 클렌징제품	• 얼굴의 노폐물 및 메이크업을 제거 • 종류 : 립&아이 메이크업 리무버, 클렌징 폼, 클렌징 로션, 클렌징 크림, 클렌징 오일, 클렌징 워터 등

4 피부 정돈용 화장품

(1) 화장수의 주요기능

❶ 피부의 각질층에 수분 공급 ❷ 메이크업 잔여물 제거

❸ 피부의 pH 밸런스 조절 ❹ 피부 진정 작용

분류	종류	효과
피부 정돈용	유연화장수	• 스킨소프너, 스킨로션 등 • 보습제를 함유하여 피부를 촉촉하고 부드럽게 함 • 수분공급 및 피부의 pH 회복
	수렴화장수	• 토닝로션, 아스트리젠트 등 • 수분공급 및 피부 결 정리 • 피지 억제 및 모공 수축
	소염화장수	• 모공 수축 및 염증 완화 • 여드름 피부 적합

5 피부 보호용 화장품

분류	종류	효과
기초 화장품	로션	● 피부에 수분과 영양 공급 ● 점성이 낮은 가벼운 사용감이 특징
	크림	● 피부 보습, 유연, 보호 기능 ● 종류 : 아이크림, 수분크림, 미백크림 등
	에센스	● 고농축 영양성분으로 영양과 보습효과 우수 ● 세럼이라고도 함
	팩	● 피부 노폐물 및 각질 제거, 보습과 영양 공급 ● 종류 : 파우더 타입, 필오프 타입, 워시오프 타입, 패치 타입, 티슈오프 타입, 마스크 타입 등

TIP 팩의 제거방법에 따른 분류

팩 타입	특징
필오프 타입	● 팩이 건조된 후 투명한 막을 떼어내는 타입
워시오프 타입	● 팩 도포 후 미온수로 씻어내는 타입
티슈오프 타입	● 티슈로 닦아내는 타입
시트 타입	● 시트를 얼굴에 올렸다가 제거하는 타입

SECTION 2 메이크업 화장품

분류	종류	효과
베이스 메이크업	메이크업 베이스	● 피부톤 정돈 및 파운데이션 밀착성 높여줌 ● 녹색 : 붉은 피부 / 보라 : 노란 피부 / 핑크 : 창백한 피부 등
	프라이머	● 피부표면의 요철, 모공 등을 정리 ● 파운데이션의 밀착감 상승
	파운데이션	● 피부 결점 커버 및 피부색 보정 효과 ● 종류: 리퀴드 타입, 스틱 타입, 케이크 타입 등
	컨실러	● 점, 주근깨, 기미, 다크써클 등 잡티 부위 커버 ● 종류 : 리퀴드 타입, 스틱 타입, 펜슬 타입 등
	파우더	● 피지 및 유분 제거로 번들거림 방지 ● 화사한 피부 표현

포인트 메이크업	아이섀도	● 눈 주위에 색감을 주어 입체감과 음영을 주는 효과
	아이브로 펜슬	● 눈썹에 색상과 모양을 형성함 ● 종류 : 펜슬 타입, 케이크 타입, 리퀴드 타입 등
	아이라이너	● 라인을 그려 눈을 또렷하게 연출 ● 종류 : 펜슬 타입, 케이크 타입, 리퀴드 타입, 젤 타입 등
	마스카라	● 속눈썹이 길고 풍성해 보이는 효과 ● 종류 : 볼륨마스카라, 롱래시마스카라 등
	치크 블러셔	● 얼굴에 혈색을 부여하고 입체감을 연출 ● 종류 : 크림 타입, 스틱 타입, 리퀴드 타입, 케이크 타입 등
	립스틱	● 입술에 색상을 부여하고 형태를 수정 ● 종류 : 펜슬 타입, 스틱 타임, 크림 타입, 리퀴드 타입 등

SECTION 3 모발 화장품

분류	종류	효과
세발	샴푸	● 모발 및 두피의 노폐물을 제거
	린스	● 모발의 표면을 부드럽게 하고 정전기 방지
	헤어 컨디셔너	● 손상된 모발에 영양 공급
양모	헤어 토닉	● 알코올을 주성분으로 탈모를 예방, 비듬·가려움증 감소효과
정발	헤어크림·오일	● 모발에 영양을 공급하여 광택, 유연성을 부여
	헤어 스프레이·무스·왁스·젤·포마드	● 모발의 형태를 정돈하여 스타일링 윤기 부여
염모	헤어 컬러스프레이	● 일시적으로 모발에 색상을 부여하는 효과
	염모제 탈염·탈색용 제품	● 탈색에 의해 검은 모발의 빛깔을 엷게 만들거나 모발의 빛깔을 다양하게 변화시키는 효과

SECTION 4 바디 관리 화장품

분류	종류	효과
세정용	바디샴푸	● 신체의 노폐물 제거
보습용	바디로션, 바디크림	● 신체에 유·수분 공급
일소용	선탠크림, 선탠로션 등	● 피부를 곱게 태워주고 거칠어짐을 방지
일소방지용	선스크린 크림, 젤 등	● 자외선으로부터 피부를 보호
방취용	데오도란트스틱, 스프레이	● 발한을 억제하며 체취 방지

SECTION 5 네일 화장품

분류	종류	효과
손·발톱용	큐티클오일	● 손·발톱 주변의 큐티클을 유연하게 함
	베이스코트	● 손·발톱 표면을 메워주고 네일 에나멜의 착색 방지 ● 네일 폴리시 도포 전에 발라 밀착성을 높여주는 효과
	네일 폴리시	● 손·발톱에 광택과 색상을 부여 ● 네일 에나멜(Nail enamel)
	탑코트	● 네일 폴리시 위에 덧발라 광택을 주고 내구성 지속력 부여
	네일 폴리시 리무버	● 네일 폴리시를 제거하기 위하여 사용
	네일 보강제	● 손상된 네일에 영양을 공급

TIP 네일 에나멜 조건

- 도포하기 좋은 적당한 점도
- 적당한 건조 속도
- 손톱 도포 시 지속성 우수
- 안료가 균일하게 분산되어 도포

SECTION 6 방향 화장품

1 부향률에 따른 분류

종류	부향률	지속시간	특징
퍼퓸	15~30%	6~7시간	● 가장 진한 농도의 향수
오데퍼퓸	9~12%	5~6시간	● 퍼퓸과 오데토일렛 중간 타입
오데토일렛	6~8%	4~5시간	● 가볍고 상쾌한 향으로 보편적으로 사용
오데코롱	3~5%	1~2시간	● 향수 입문자가 사용하기 적합
샤워코롱	1~3%	1시간	● 샤워 후 전신에 사용하기 좋음

TIP 향수의 농도

- 퍼퓸 > 오데퍼퓸 > 오데토일렛 > 오데코롱 > 샤워코롱

2 발향 단계에 따른 분류

탑노트	분사 후 2시간이내	● 향수의 첫 향으로 휘발성이 높은 향을 사용함 ● 시트러스, 프루티, 그린 계열 등
미들노트	분사 후 약 3~5시간	● 향의 중간 느낌으로 향료 자체의 향 ● 플로럴, 오리엔탈 계열 등
베이스노트	분사 후 6~11시간	● 향의 마지막 느낌으로 지속적으로 느껴지는 향 ● 머스크, 발삼, 오리엔탈, 시프레 등

3 향료 계열에 따른 분류

플로럴	● 꽃 향기로 장미, 쟈스민 등
시트러스	● 감귤계열로 레몬, 자몽, 만다린, 베르가못 등
시프레	● 젖은 나뭇잎 향
오리엔탈	● 달콤하고 매혹적이며 성숙한 향
그린	● 상쾌한 자연향
우디	● 나무 향으로 샌들우드, 시더우드계 등

> **TIP 향수의 조건**
> - 향의 특징
> - 향의 확산성
> - 향의 지속성
> - 시대에 부합되는 조화로운 향

SECTION 7 에센셜 오일 및 캐리어 오일

1 에센셜 오일의 효능

❶ 혈액순환 및 림프순환 촉진

❷ 항염, 항균 작용

❸ 면역기능 강화

❹ 피부 진정 작용

2 에센셜 오일 사용 시 주의사항

❶ 원액이 피부에 닿지 않도록 하며 희석한 오일을 사용한다.

❷ 직사광선을 피해 암소에 보관하고 사용 후 반드시 마개를 닫아 보관한다.

❸ 사용 전 패치테스트를 실시한다.

3 아로마 오일 사용방법

흡입법	● 손수건 등에 1~2방울 떨어뜨려 심호흡을 하는 방법
확산법	● 스프레이 등을 이용하여 향을 확산하는 방법
습포법	● 물에 5~10방울 떨어뜨려 수건을 적신 후 피부에 올리는 방법 ● 온습포는 피부염에, 냉습포는 통증 또는 부어오른 피부에 효과
입욕법	● 전신욕, 반신욕 등 몸을 담그는 방법

4 에센셜 오일 종류

종류	특징
티트리	● 피부 정화, 면역강화, 독소배출 등
라벤더	● 스트레스, 두통 완화, 피부재생 등
자스민	● 보습 효과, 재생, 진정
프랑킨세스	● 우울증 완화, 소화불량, 생리통 완화
유칼립투스	● 살균 효과, 감염, 화상, 염증에 효과
로즈마리	● 피부 청결, 두피 개선, 주름 완화
카모마일	● 알러지, 습진, 트러블, 가려움증 완화

5 캐리어 오일(베이스 오일)

❶ 베이스 오일로 식물성 위주의 오일이다.

❷ 에센셜 오일과 블랜딩하여 사용하면 흡수율을 높일 수 있다.

종류	특징
호호바 오일	● 항박테리아, 피지조절 기능, 보습성
아몬드 오일	● 비타민 A, E 풍부, 건조방지 효과
살구씨 오일	● 흡수성 좋고 피부나 모발의 윤기와 탄력 증대, 재생 효과
달맞이유	● 항염, 아토피피부염 완화
포도씨 오일	● 여드름 피부에 효과, 항산화 작용 및 피부재생 효과
피마자유	● 피부 보습
아보카도 오일	● 비타민 E 풍부, 건성, 습진, 탈수방지, 비만 관리용

SECTION 8 화장품 활성 성분

1 미백화장품 활성 성분

기능	● 자외선에 의한 기미 또는 주근깨 완화 ● 멜라닌 색소의 생성 억제 ● 이미 생성된 멜라닌을 환원시키거나 각질박리 작용
성분	● 하이드로퀴논, 비타민 C, 코직산, 알부틴, 감초, 닥나무추출물, 나이아신아마이드 등

2 주름개선화장품 활성 성분

기능	● 피부에 탄력을 주어 주름 완화 또는 개선 ● 콜라겐 합성 ● 피부 세포분화와 촉진
성분	● 레티놀, 아데노신, 코엔자임Q10, 비타민 E(토코페롤), 플라센타, 레티노이드, 알란토인, SOD 등

3 건성피부화장품 활성 성분

기능	● 건조한 피부에 보습을 주어 촉촉하게 유지 ● 보습제, 유연제로 피부의 수분증발 억제
성분	● 콜라겐, 엘라스틴, 소르비톨, 아미노산, 해초, 히알루론산, 레시틴, 세라마이드, 알로에 등

4 지성·여드름피부 화장품 활성 성분

기능	● 피지분비 조절 또는 억제 기능 ● 피지흡착 능력
성분	● 캄포, 살리실산, 유황, 카오린, 머드 등

5 민감성피부 화장품 활성 성분

기능	● 항염, 피부 진정 작용 ● 피부 트러블을 예방하고 치유작용을 함
성분	● 은행잎 추출물(징코), 비타민 P, 비타민 K, 아줄렌, 위치아젤, 클로로필, 리보플라빈, 판테놀 등

6 자외선 차단제 종류의 따른 특징

구분	특징	장점	단점	성분
자외선 산란제	● 물리적인 산란작용 ● 피부에서 자외선을 반사시켜 피부를 보호하는 기능을 한다.	● 자외선 차단율이 높다. ● 자극도가 낮아 피부에 안전하고 민감성 피부에도 사용 가능하다.	● 입자가 커 피부에 발랐을 때 백탁현상이 나타나거나 화장이 밀리는 현상이 발생한다.	● 이산화티탄, 산화아연, 티타늄디옥사이드, 징크옥사이드, 카오린 등
자외선 흡습제	● 화학적인 흡수작용 ● 피부에 흡수된 자외선은 화학에너지를 열에너지로 바꾸어 피부 밖으로 내보낸다.	● 색상이 없어 발림성이 좋고 사용감이 산뜻하다.	● 화학적인 반응으로 인해 피부에 자극을 줄 수 있고 트러블 발생이 높은 편이다.	● 옥틸메톡시신나메이트, 옥틸디메칠파바, 벤조페논-3, 옥시벤존 등

보충 자외선 차단지수(SPF : Sun Protection Factor)

- 제품이 UV-B를 차단하는 정도를 나타내는 지수
- 수치가 높을수록 차단시간이 길어짐을 의미
- 제품을 바른 피부와 바르지 않은 피부의 홍반량의 비

$$SPF = \frac{\text{제품을 바른 피부의 최소홍반량}}{\text{제품을 바르지 않은 피부의 최소홍반량}}$$

보충 기능성 화장품 종류

"기능성 화장품"이란 화장품 중에서 다음 각 목의 어느 하나에 해당되는 것으로서 총리령으로 정하는 화장품을 말한다.

❶ 피부의 미백에 도움을 주는 제품
❷ 피부의 주름개선에 도움을 주는 제품
❸ 피부를 곱게 태워주거나 자외선으로부터 피부를 보호하는데 도움을 주는 제품
❹ 모발의 색상 변화·제거 또는 영양공급에 도움을 주는 제품
❺ 피부나 모발의 기능 약화로 인한 건조함, 갈라짐, 빠짐, 각질화 등을 방지하거나 개선에 도움을 주는 제품

종류	효과
미백 화장품	● 피부에 멜라닌 색소가 침착하는 것을 방지하여 기미·주근깨 등의 생성을 억제함으로써 피부의 미백에 도움을 주는 기능을 가진 화장품 ● 피부에 침착된 멜라닌 색소의 색을 엷게 하여 피부의 미백에 도움을 주는 기능
주름개선 화장품	● 피부에 탄력을 주어 피부의 주름을 완화 또는 개선하는 기능을 가진 화장품
자외선 차단 화장품	● 강한 햇볕을 방지하여 피부를 곱게 태워주는 기능을 가진 화장품 ● 자외선을 차단 또는 산란시켜 자외선으로부터 피부를 보호하는 기능을 가진 화장품
모발염색 화장품	● 모발의 색상을 변화시키는 화장품 ● 일시적인 모발의 색상 변화 제품은 제외
제모 화장품	● 체모를 제거하는 기능을 가진 화장품 ● 물리적으로 체모를 제거하는 제품은 제외
탈모완화 화장품	● 탈모 증상의 완화에 도움을 주는 화장품 ● 물리적으로 모발을 굵게 보이게 하는 제품은 제외
여드름용 화장품	● 여드름성 피부를 완화하는 데 도움을 주는 화장품 ● 인체 세정용 제품류로 한정
영양 화장품	● 피부의 건조함 등을 완화하는 데 도움을 주는 화장품
튼살 완화 화장품	● 튼살로 인한 붉은 선을 엷게 하는 데 도움을 주는 화장품

화장품법 시행규칙 제2조【시행 2019. 12. 12.】

화장품학 예상적중문제

화장품학 개론

01 화장품의 사용 목적에 해당되지 않는 것은?
① 인체를 청결하게 한다.
② 용모를 변화시키기 위해 사용한다.
③ 피부의 건강을 유지, 증진시킨다.
④ 인체에 약리적인 효과를 주기 위해 사용한다.

01 약리적인 효과는 의약품 사용 목적이다.

02 기능성 화장품에 해당되지 않는 것은?
① 피부의 미백에 도움을 주는 제품
② 피부를 곱게 태워주거나 자외선으로부터 피부를 보호하는 데에 도움을 주는 제품
③ 모발의 색상 변화·제거 또는 영양공급에 도움을 주는 제품
④ 동식물 및 그 유래 원료 등을 함유한 화장품

02 ④는 천연화장품 설명에 해당한다.

화장품 제조

01 보습제의 조건이 아닌 것은?
① 휘발성이 있을 것
② 다른 성분과 혼용성이 좋을 것
③ 응고점이 낮을 것
④ 점도가 적정하고 사용감이 우수할 것

01 보습제는 휘발성이 없어야 한다.

02 수성원료 중 알코올에 대한 설명으로 옳지 않은 것은?
① 수렴, 청결 효과가 있다.
② 가용화제 등으로 사용된다.
③ 크림, 로션 등의 기초화장품에 사용된다.
④ 향료, 색소 등의 유기용매로 사용된다.

02 크림, 로션 등 기초화장품에 사용되는 수성원료는 정제수이다.

정답 01 ④ 02 ④ 01 ① 02 ③

03 천연보습인자(NMF)에 대한 설명으로 옳지 않은 것은?

① 아미노산, 젖산, 요소, 지방산 등으로 구성되어 있다.
② 피부의 수분량을 일정하게 유지하는 역할을 한다.
③ 콜라겐, 히알루론산염 등이 해당된다.
④ 피부의 거칠어짐을 방지한다.

04 무기안료에 대한 설명으로 옳지 않은 것은?

① 광물에서 얻은 안료로 색상 선명도가 떨어지나 내광성이 좋다.
② 색상이 선명하고 종류가 다양하다.
③ 커버력이 우수하고 열에 강하다.
④ 마스카라 등 색조화장품에 사용한다.

05 화장품에 사용되는 방부제에 해당되지 않는 것은?

① 파라벤 ② 헥산디올
③ 페녹시에탄올 ④ 벤조산

06 방부제가 갖춰야 할 조건에 해당되지 않는 것은?

① 다양한 균종에 효과가 있어야 한다
② 광범위한 온도와 pH에서 효과가 있어야 한다
③ 미생물에 빠르게 효과를 발휘해야 한다
④ 방부제 사용으로 다른 유효성분의 효과가 변화되어야 한다

07 양의 털에서 추출하였으며 친화성과 윤택성이 좋은 왁스 종류는?

① 밀납 ② 카르나우바왁스
③ 라놀린 ④ 칸데릴라왁스

08 여드름 피부에 적합한 화장품에 사용되는 성분이 아닌 것은?

① 아줄렌 ② 글리시리진산
③ 살리실산 ④ 알부틴

정답 03 ③ 04 ② 05 ④ 06 ④ 07 ③ 08 ④

03 ③은 고분자보습제에 대한 설명이다.

04 색상이 선명하고 종류가 다양하여 선명한 색조화장품에 사용되는 것은 유기안료이다.

06 방부제 사용으로 다른 유효성분의 효과가 저하되지 않아야 한다.

07 밀납은 벌집에서 추출하였으며 대부분의 화장품에 사용, 카르나우바왁스는 카르나우바 야자나무잎에서 추출하였으며 크림, 립스틱 등에 사용, 칸데릴라왁스는 칸데릴라 식물 줄기에서 추출하였으며 립스틱에 사용한다.

08 알부틴은 미백기능을 하는 성분이다.

09 각질제거 화장품에 주로 사용되며 글리콜릭산 등이 해당되는 성분은?

① 비타민C ② 알부틴
③ AHA ④ 솔비톨

10 가용화가 적용된 화장품에 해당되지 않는 것은?

① 스킨토너 ② 에센스
③ 헤어토닉 ④ 파운데이션

11 물에 오일이 분산되어 있는 상태는?

① O/W ② W/O
③ W/S ④ W/O/W

12 화장품 제조기술에 대한 설명으로 옳지 않은 것은?

① 가용화 – 유성 성분이 계면활성제에 의해 투명한 상태로 용해되어 있는 상태이다.
② 유화 – 물에 오일 성분이 계면활성제에 의해 백탁화되어 있는 상태이다.
③ 유중수형 유화 – 물에 오일이 분산되어 있는 형태이다.
④ 분사 – 물 또는 유성 성분에 미세한 고체 입자가 계면활성제에 의해 균일하게 분포된 상태이다.

13 화장품의 4대 요건에 해당되지 않는 것은?

① 안전성 ② 안정성
③ 사용성 ④ 보습성

14 사용 중 화학적, 물리적 변화가 없어야 하는 화장품 품질 요소는 무엇인가?

① 안전성 ② 안정성
③ 유효성 ④ 사용성

09 AHA(Alpha hydroxy–caproic acid)

10 파운데이션은 분산기술이 적용된 화장품이다.

11 W/O(water in oil) O/W(oil in water)

12 유중수형(W/O) 유화는 오일에 물이 입자 형태로 분산되어 있는 형태이다.

13 화장품 4대 요건 : 안전성, 안정성, 유효성, 사용성

14 화학적 변화(변색, 변취, 오염 등) 물리적 변화(분리, 침전, 휘발 등)

정답 09 ③ 10 ④ 11 ① 12 ③ 13 ④ 14 ②

화장품 종류와 기능

01 기초화장품의 사용 목적에 해당되지 않는 것은?

① 피부정돈 ② 피부보호
③ 피부결점 보안 ④ 세안

02 화장수의 주요 기능에 대한 설명으로 옳지 않은 것은?

① 피부의 각질층에 수분공급
② 피부 진정작용
③ 피부의 pH 밸런스 조절
④ 피부 각질제거 기능

03 팩의 제거방법에 따른 분류가 아닌 것은?

① 고무 마스크 ② 워시오프 타입
③ 시트 타입 ④ 필오프 타입

04 네일 에나멜의 조건에 해당되지 않는 것은?

① 도포하기 좋은 적당한 점도
② 손톱에 도포 시 우수한 지속성
③ 빠른 건조
④ 안료의 균일한 도포

05 부향률이 높은 순서로 나열한 것은?

① 오데코롱 > 오데퍼퓸 > 퍼퓸 > 샤워코롱 > 오데코롱
② 퍼퓸 > 오데퍼퓸 > 오데토일렛 > 오데코롱 > 샤워코롱
③ 퍼퓸 > 샤워코롱 > 오데토일렛 > 오데퍼퓸 > 샤워코롱
④ 샤워코롱 > 퍼퓸 > 오데퍼퓸 > 오데코롱 > 오데토일렛

01 피부결점 보안은 색조화장품의 사용 목적에 해당된다.

02 ①, ②, ③외에 메이크업 잔여물을 닦아주는 역할을 한다.

03 팩은 필오프, 워시오프, 시트, 티슈오프 타입이 있다.

05 퍼퓸(15~30%), 오데퍼퓸(9~12%), 오데토일렛(6~8%), 오데코롱(3~5%), 샤워코롱(1~3%)

정답 01 ③ 02 ④ 03 ① 04 ③ 05 ②

06 향수의 조건에 해당되지 않는 것은?

① 향의 특징이 있어야 한다.

② 확산성이 낮아야 한다.

③ 시대에 부합되는 조화로운 향이어야 한다.

④ 지속성이 있어야 한다.

06 향의 확산성이 높아야 한다.

07 에센셜 오일 사용 시 주의사항에 관한 설명으로 잘못된 것은?

① 희석한 오일을 사용한다.

② 직사광선을 피해 보관한다.

③ 투명한 용기에 보관한다.

④ 반드시 마개를 닫아 보관한다.

07 에센셜 오일은 갈색병에 담아 냉암소에 보관한다.

08 물에 5~10방울 떨어뜨려 수건을 적신 후 피부에 올리는 아로마 오일 사용방법은?

① 흡입법 ② 확산법

③ 습포법 ④ 입욕법

08

- 흡입법 : 손수건 등에 1~2방울 떨어뜨려 심호흡을 하는 방법
- 확산법 : 스프레이 등을 이용하여 향을 확산하는 방법
- 입욕법 : 전신욕, 반신욕 등 몸을 담그는 방법

09 티트리 에센셜 오일의 효능은 무엇인가?

① 스트레스, 두통완화 ② 보습효과, 재생

③ 우울증 완화 ④ 피부정화, 독소배출

10 캐리어 오일로 적합하지 않은 것은?

① 호호바 오일 ② 살구씨 오일

③ 라벤더 오일 ④ 아보카도 오일

10 라벤더는 에센셜 오일이다.

11 캐리어 오일에 대한 설명으로 옳지 않은 것은?

① 베이스 오일이라고 한다.

② 식물성 위주의 오일이다.

③ 흡수율이 좋아야 한다.

④ 단독으로 사용해야 더욱 효과적이다.

11 캐리어 오일은 에센셜 오일을 피부에 효과적으로 흡수시키기 위해 블랜딩하여 사용한다.

정답 06 ② 07 ③ 08 ③ 09 ④ 10 ③ 11 ④

12 **기능성 화장품 범위에 해당되지 않는 것은?**

① 미백 크림 ② 자외서 차단 크림
③ 바디 크림 ④ 주름 개선 크림

13 **미백 기능성 화장품 성분에 해당되지 않는 것은?**

① 알부틴 ② 코직산
③ 아데노신 ④ 알파-비사보롤

14 **자외선 차단지수에 대한 설명으로 옳지 않은 것은?**

① 제품이 UV-A를 차단하는 정도를 나타내는 지수이다.
② 수치가 높을수록 차단시간이 길어짐을 의미한다.
③ 피부로부터 자외선이 차단되는 정도를 알아보기 위한 목적으로 이용된다.
④ 제품을 바른 피부와 바르지 않은 피부의 홍반량의 비를 나타낸다.

12 바디 크림은 기초화장품에 해당한다.

13 아데노신은 주름 개선 성분이다.

14 UV-B를 차단하는 정도를 나타내는 지수이다.

정답 12 ③ 13 ③ 14 ①

네일 미용 기술

손톱, 발톱 관리

매니큐어 서비스는 가장 기본적인 네일 관리이다. 매니큐어는 라틴어에서 유래된 단어로 manus는 hand, cura는 care, 즉 hand care는 손톱의 길이를 줄이고 큐티클을 정리하는 손질법이라 할 수 있다.

SECTION 1 재료와 도구의 활용

1 준비물

(1) 도구

핑거볼, 파일, 샌딩블럭, 네일 브러시, 리무버, 니퍼, 클리퍼, 오렌지 우드스틱, 라운드 패드, 버퍼, 소독기 등

(2) 재료

큐티클 오일, 항균 소독제(알코올), 로션, 베이스코트, 폴리시, 탑코트, 에나멜 드라이어, 액체 소독제, 70% 알코올, 안티셉틱, 멸균거즈, 솜, 페이퍼 타월, 비닐팩 등

(3) 기타

타월, 고객용 팔받침 쿠션, 살균(항균)비누 등

2 사전 준비

❶ 준비물에 라벨링을 부착한 뒤 잘 정돈해둔다.

❷ 시술할 테이블 및 모든 시술 도구는 사전에 소독해 둔다.

❸ 위생처리 된 타월과 고객용 팔 받침 쿠션을 준비해 둔다.

❹ 테이블 모퉁이에 비닐 주머니를 달아둔다.

❺ 핑거볼에 미온수를 채우고 항균비누를 풀어 준비해 둔다.

❻ 알코올로 시술자의 손을 소독한다.

SECTION 2 매니큐어

(1) 습식매니큐어

❶ 손 소독 : 시술자의 손과 고객의 손에 알코올을 멸균거즈에 묻혀서 닦거나, 스프레이로 손에 직접 분사하여 멸균거즈로 닦아낸다.

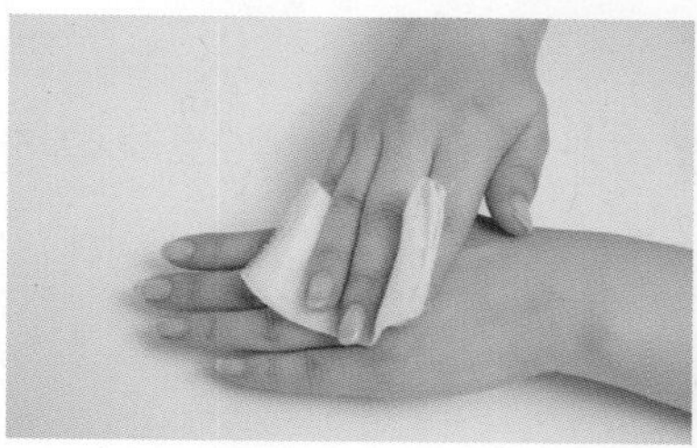
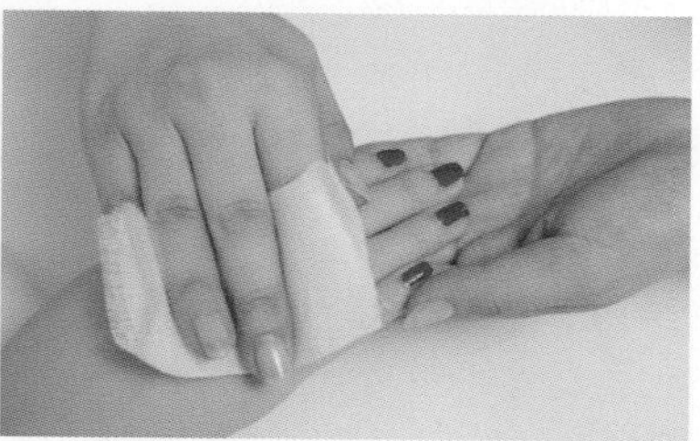

❷ 오래된 폴리시 제거하기 : 리무버를 묻혀 솜을 네일 표면 위에 올려놓은 뒤에 밖에서 안쪽으로 모으듯이 문질러서 제거한다. 오렌지 우드스틱으로 사이드에 남은 잔여물을 깨끗이 제거한다.

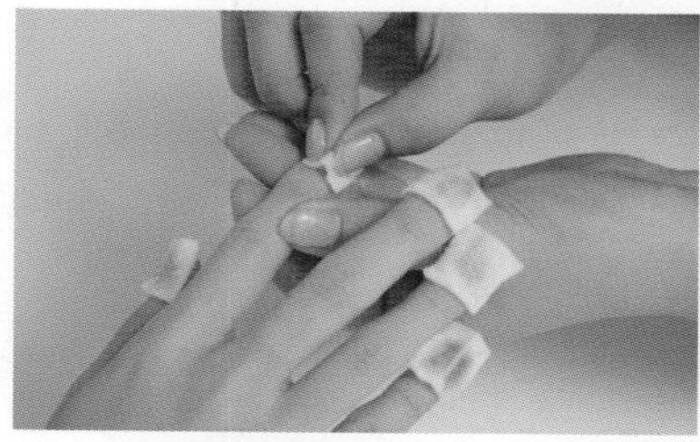
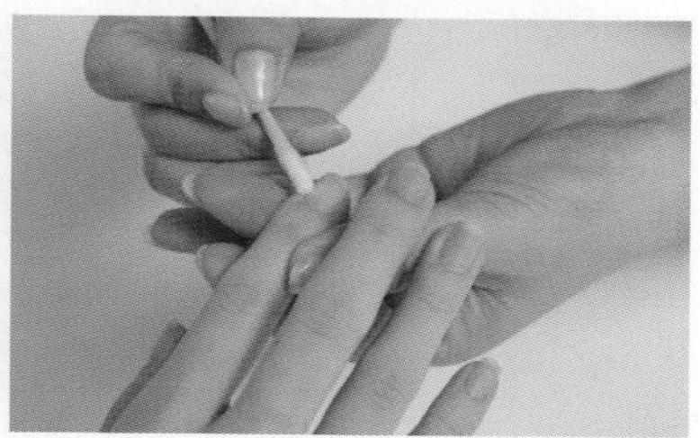

❸ 손톱 길이 줄이고 모양 만들기(filling/shape) : 시술 전 고객의 의견을 물어본 뒤 길이와 모양을 결정한다. 양쪽 코너에서 중앙으로 하고, 한 방향으로 해야 자연 네일이 손상되지 않으며, 소지부터 부드러운 면의 파일로 파일링한다.

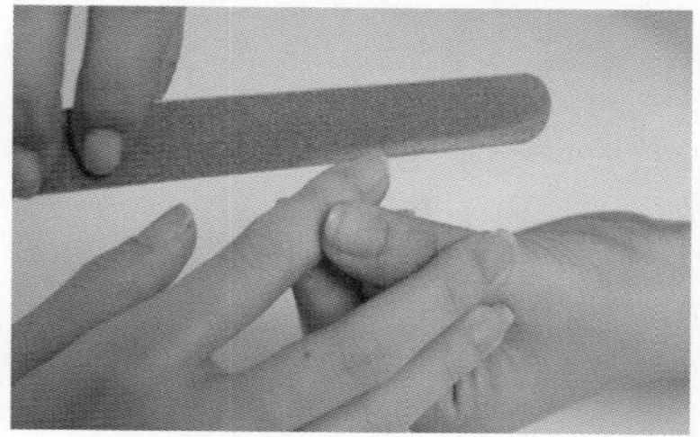

❹ 표면 정리 / 거스러미 제거 : 네일 표면이 매끄럽지 않을 경우 샌딩블럭으로 표면을 정리해 주고, 라운드 패드를 이용하여 손톱 밑의 거스러미를 제거해 준다.

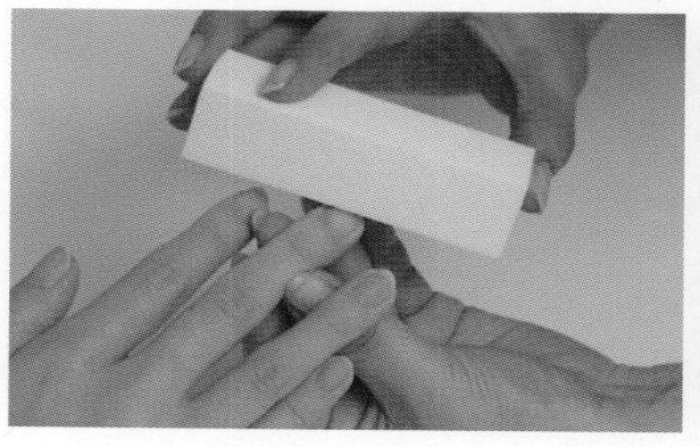
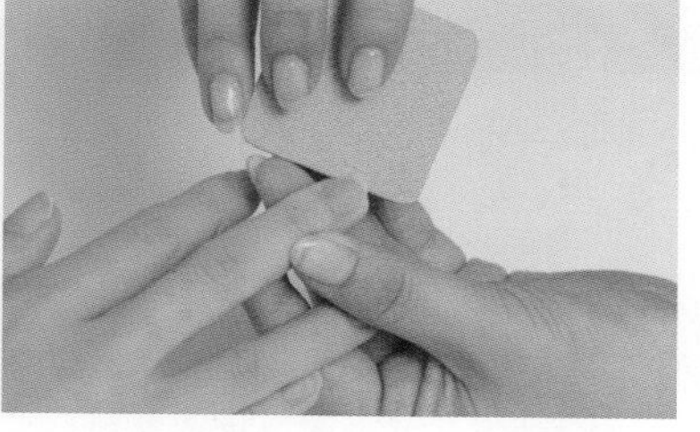

❺ 핑거볼에 손 불리기 : 핑거볼에 손을 담가 3~5분 정도 큐티클을 불린 후 물기를 닦아낸다.

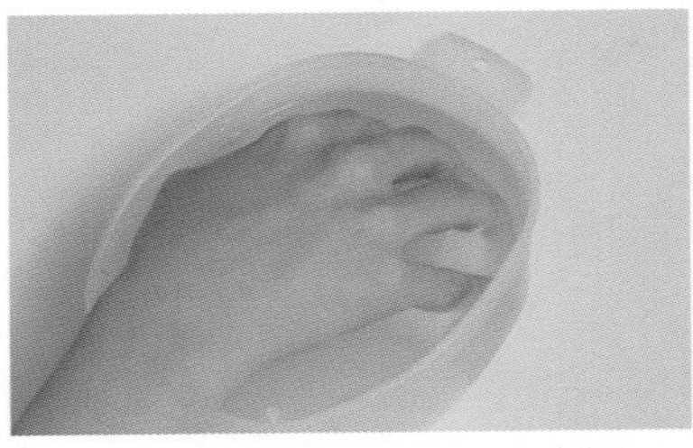
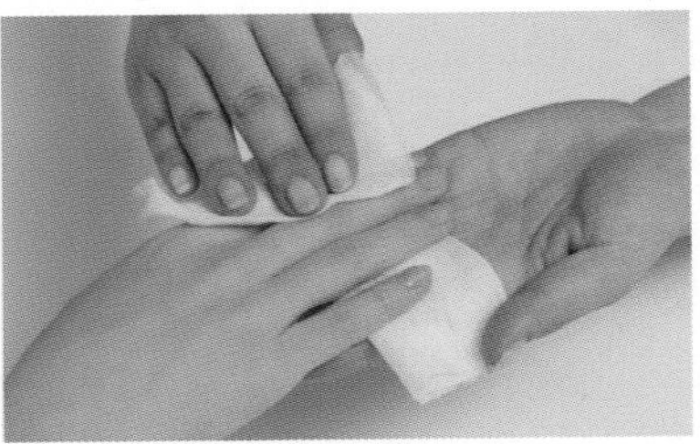

❻ 큐티클 오일 바르기 : 큐티클의 보습 및 유연성을 위해 오일을 바른 후 손으로 마사지하듯 문질러 준다.

❼ 큐티클 밀어 올리기 : 푸셔를 45도 각도로 조심스럽게 밀어 올린다. 네일 표면에 흠이 생기지 않도록 하며, 큐티클 안쪽으로 들어가지 않아야 한다. 루즈 스킨이 남지 않도록 손톱 표면을 매끄럽게 정리한다.

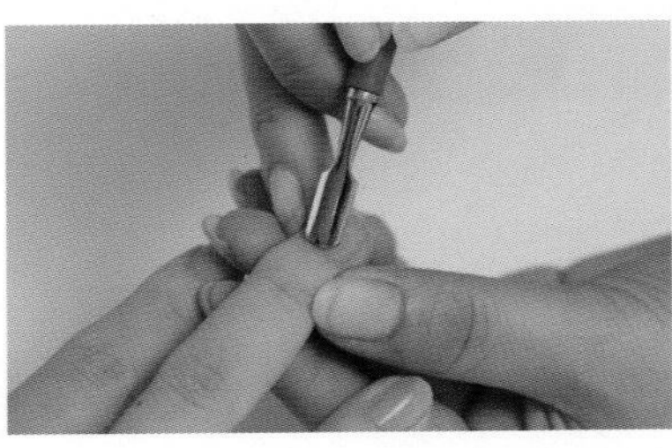
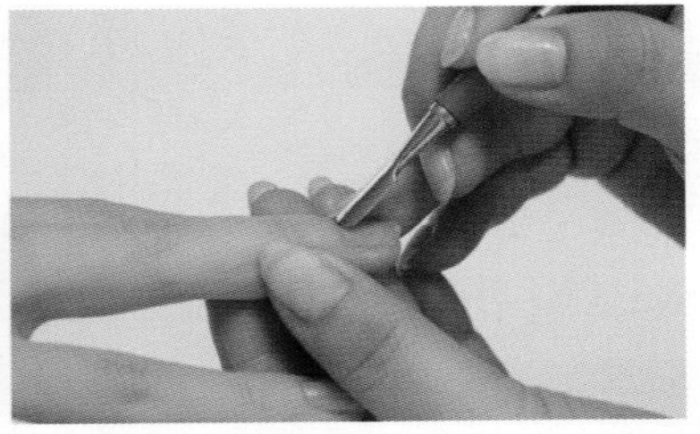

❽ 큐티클 정리하기 : 푸셔로 밀어 올린 큐티클을 니퍼로 잘라낸다. 상조피(에포니키움) 바로 밑부분까지 깨끗하게 정리하게 되면 출혈이 생길 수 있으므로 주의해야 한다.

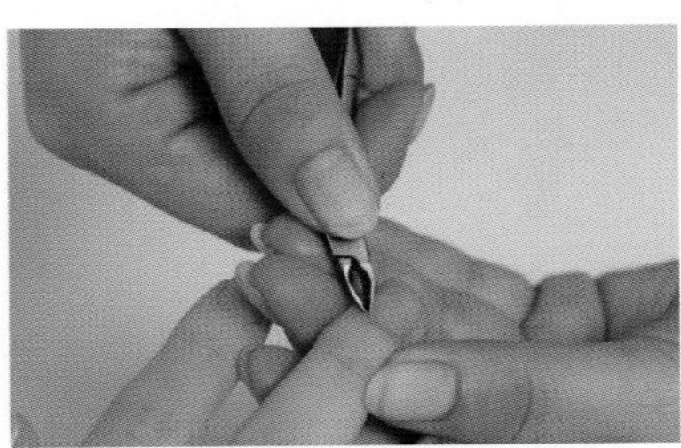

⑨ 큐티클 소독하기 : 예민해진 큐티클에 안티셉틱을 뿌려 소독하고 물기를 제거해 준다.

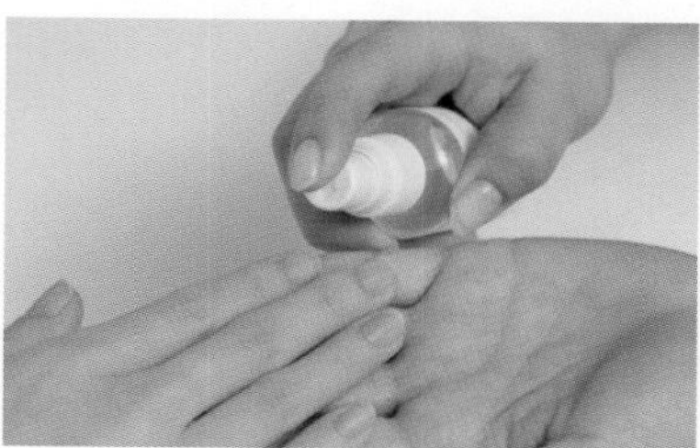

⑩ 유분기 제거하기 : 페이퍼타월에 리무버를 묻히고 큐티클 주위 네일 및 네일 밑부분까지 깨끗이 유분기를 제거한다.

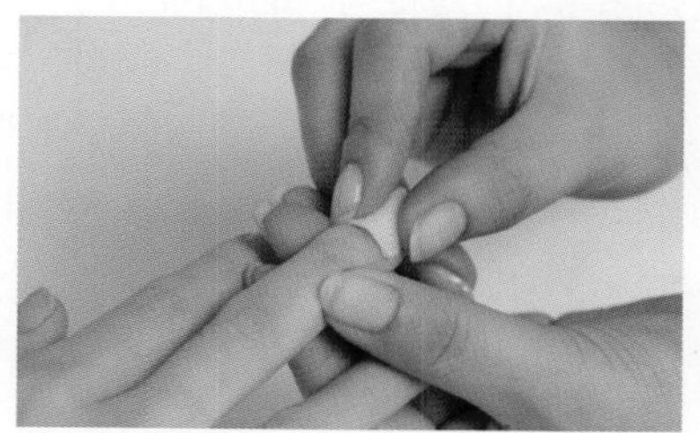

⑪ 컬러링하기

- 베이스코트 바르기 : 폴리시를 바르기 전에 손톱에 고르게 1회 얇게 펴 발라준다.

  ※ 베이스코트 기능 : 색소침착 방지, 폴리시 밀착력과 유지력 강화, 손톱 보호

- 폴리시 바르기 : 고객과 상의하여 테스트 후 얇게 2회 정도 도포해 준다. 때에 따라서는 2~3회 반복하여 덧바르기도 한다.
- 탑코트 바르기 : 탑코트는 베이스코트보다 도톰한 두께로 1회 도포해 준다.

  ※ 탑코트 기능 : 폴리시의 강도와 광택을 줌

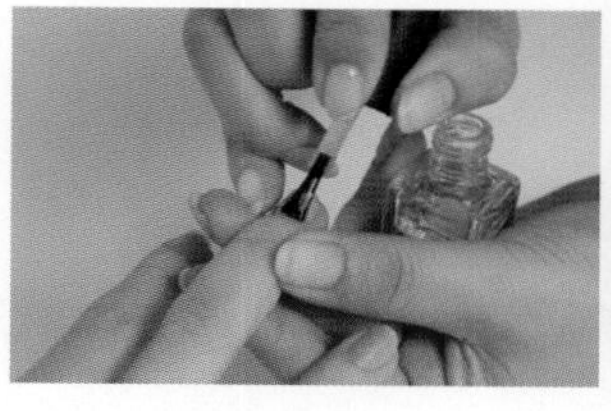

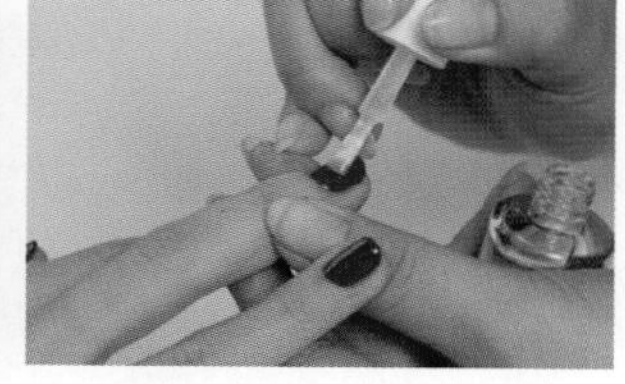

⑫ 폴리시 건조하기 : 에나멜 드라이어를 이용하여 건조시킨다.

※ 건조기가 없을 경우 찬물에 2~3분 정도 씻어준다.

⑬ 도구 정리하기 : 시술이 끝난 후 사용한 도구는 반드시 소독하고, 기구는 알코올로 깨끗이 닦고 정리해 둔다.

(2) 핫 오일 매니큐어

건성인 피부나 갈라진 네일, 행네일, 손상되거나 갈라진 손톱을 가진 고객의 손톱을 건강한 손톱 또는 정상적인 손톱으로 자라게 하는 데 도움을 준다. 겨울철에 효과적이며, 큐티클을 유연하고 부드럽게 해 주고, 피부에 보습효과가 있다.

준비물

습식매니큐어 준비물, 오일워머, 1회용 플라스틱 오일컵, 오일, 로션, 플라스틱 백, 손 전기용 장갑, 습식재료 동일

※ 오일이 없을 시 크림이나 로션도 가능

사전준비

습식매니큐어와 동일하며 오일워머에 적당량의 오일을 담아 데워두고, 비닐팩과 손 전기용 장갑을 테이블 위에 예열해 둔다.

시술 순서

❶ 시술자와 고객의 손 소독

❷ 폴리시 제거

❸ 손톱 길이 줄이고 모양 만들기

❹ 핫 오일 워머기 담그기 : 따뜻한 오일로 모공이 열리고 큐티클이 유연해진다. 손을 담그고 난 후 팩을 씌운 뒤 손 전기용 장갑을 껴둔다.

❺ 오일제거

❻ 표면 정리하기 / 거스러미 제거하기

❼ 큐티클 정리 및 소독하기

❽ 마사지

❾ 핫 타월로 닦기 : 따뜻한 타월로 마사지한 부분을 감싸준 뒤 손가락 사이와 네일을 오일 잔여물이 남지 않게 깨끗이 닦아준다.

❿ 유분기 제거하기

⓫ 컬러링하기

⓬ 폴리시 건조하기

(3) 프렌치 매니큐어

프리에지에 다른 색상의 폴리시를 칠해주는 시술 방법으로 색다른 느낌을 표현하는 방법이다. 프렌치 모양은 다양한 변형 모양이 있다.

그림 다양한 프렌치 모양 사진

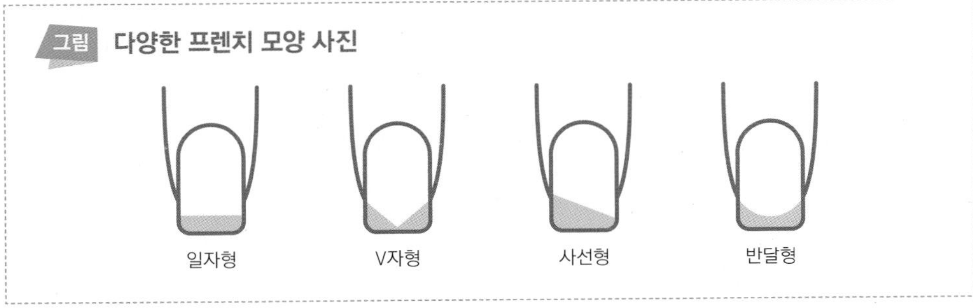

시술 순서

시술 순서는 습식매니큐어와 동일하나 폴리시를 바르는 부분에서 차이가 있다. 베이스코트는 얇게 전체적으로 도포하며, 컬러 폴리시를 바를 때 프리에지 부분에 라인을 정확하고 선명하게 뭉치지 않게 발라야 하고, 탑코트는 전체적으로 바른다.

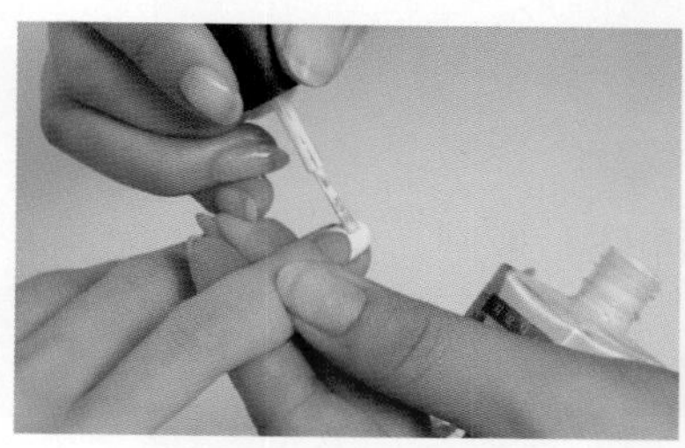

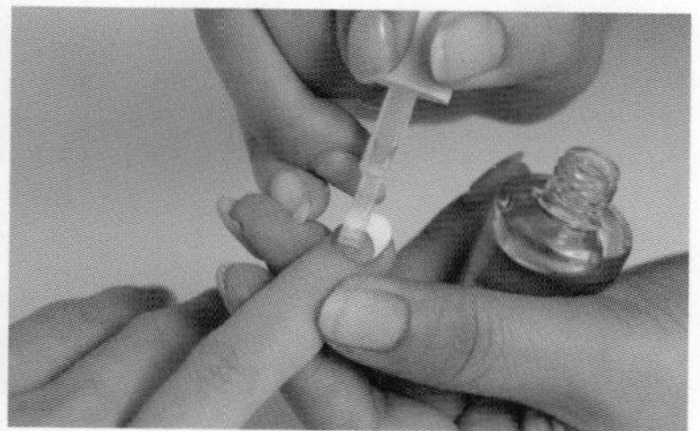

(4) 파라핀 매니큐어

초기에는 관절염 환자의 손과 발의 치료 목적으로 사용되었다. 피부를 유연하고 부드럽게 해 주며, 피부를 하얗게 해 주고, 민감하고 약한 손톱과 피부에 보습과 영양을 공급해 주는 데 효과적인 서비스다.

준비물

습식매니큐어 준비물, 파라핀 워머, 파라핀, 비닐랩, 손 전용장갑, 습식재료 동일

사전준비

습식매니큐어와 동일하며 파라핀이 녹는데 3~4시간 걸리므로 시술 전에 파라핀워머를 미리 켜두어 파라핀을 녹여둔다.

※ 파라핀의 온도(52°~55°C)

시술 순서

❶ 시술자 및 고객 손 소독

❷ 오래된 폴리시 제거하기

❸ 손톱 길이 줄이고 모양 만들기(filling/shape)

❹ 표면 정리 / 거스러미 제거

❺ 핑거볼에 손 불리기

❻ 큐티클 정리하기 및 소독하기

❼ 베이스코트 바르기 : 파라핀을 하기 전에 베이스코트를 발라 네일 표면에 오일이 스며드는 것을 막아 나중에 컬러를 바를 때 벗겨지는 것을 예방할 수 있다.

❽ 파라핀에 손 담그기 : 손에 보습 로션을 바르고 파라핀에 천천히 5초 정도씩 담갔다가 꺼내기를 3~5회 반복한다.

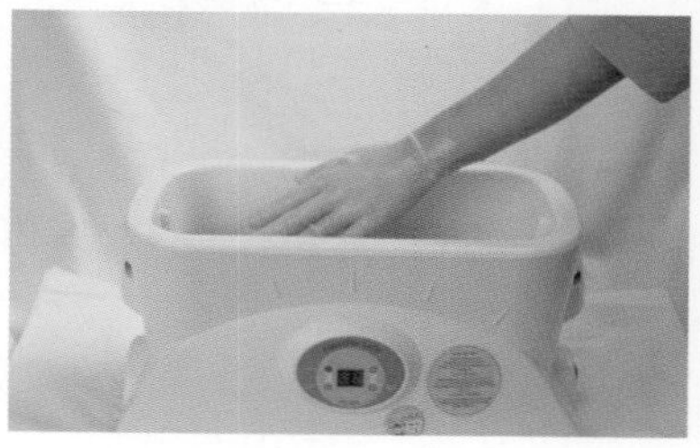

⑨ 장갑 씌우기

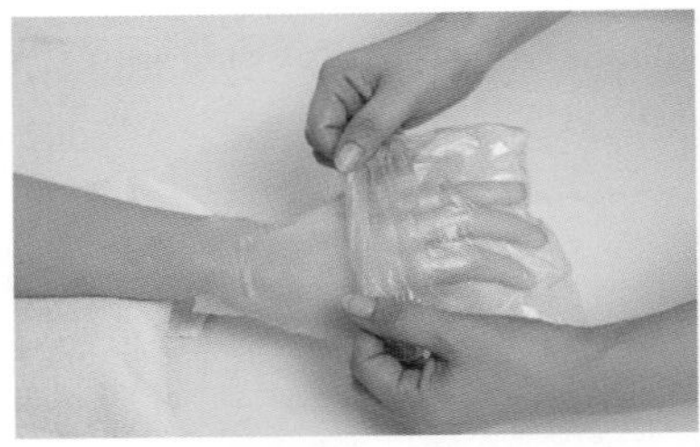
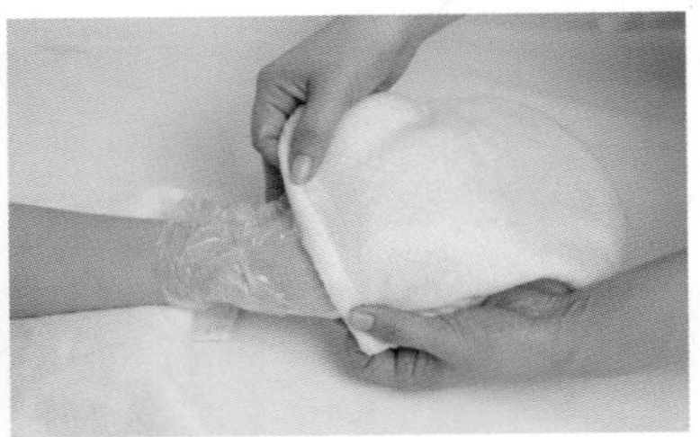

⑩ 파라핀 제거 및 마사지 / 베이스코트 지우기 : 파라핀을 벗겨내고 미리 발라두었던 베이스코트를 제거한다. 오일이 피부에 흡수될 때까지 마사지한 후 손톱 주변의 유분을 깨끗이 제거한다.

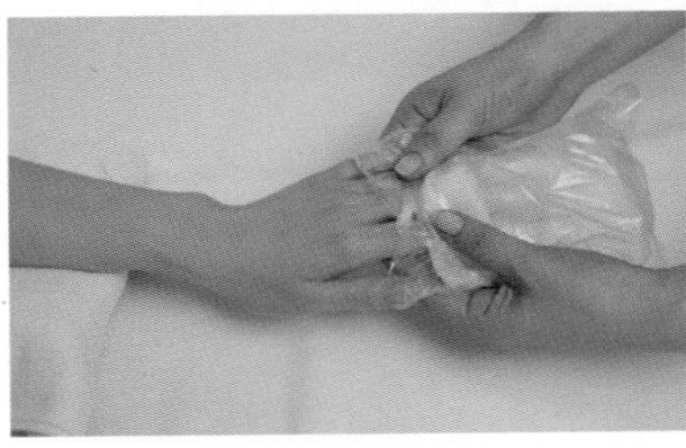
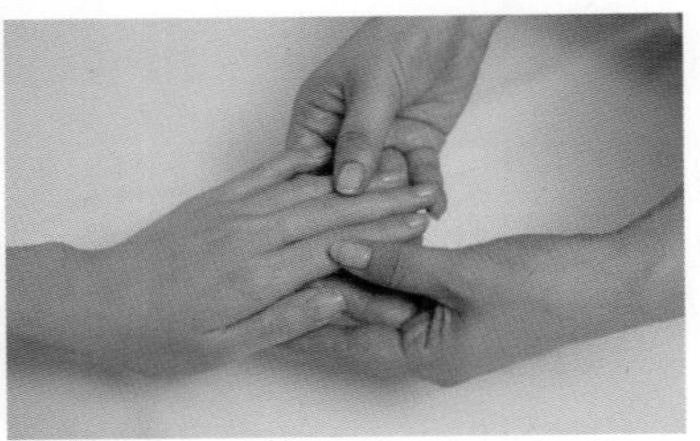

⑪ 유분 제거 / 베이스코트 바르기 : 네일에 남아있는 유분기를 꼼꼼히 제거하고 베이스코트를 다시 바른다.

⑫ 컬러링하기 / 폴리시 건조하기

⑬ 도구 정리하기

SECTION 3 매니큐어 컬러링

1 손톱의 모양

(1) 네모형(스퀘어 쉐입, Square shape)

손톱의 끝이 일자형으로 양쪽 모서리만 살짝 다듬어진 상태를 말하며 네일 대회 등에서 많이 사용된다. 파일을 90도 각도로 쥐고 시술한다.

(2) 둥근네모형(라운드 스퀘어 쉐입, Round square shape)

스퀘어 쉐입에서 모서리를 더 굴려서 다듬어진 상태이며 손을 많이 쓰거나 짧은 손톱일 때 적당하다. 네일샵에서 많이 시술한다.

(3) 둥근형(라운드 쉐입, Round shape)

손톱의 양쪽 모서리를 둥글게 다듬은 상태를 말하며 파일은 45도로 파일링한다. 남성들이 선호하며 짧은 손톱에 잘 어울린다.

(4) 타원형(오벌쉐입, Oval shape)

손톱의 양쪽 모서리를 라운드 쉐입보다 더 얇은 모양으로 다듬은 상태를 말하며, 프리에지에서부터 라운드를 이룬다. 여성스러운 쉐입으로 파일은 15도 각도로 파일링하고, 여자들이 선호한다. 손을 길게 보여주는 효과가 있어 손을 보여주는 직업을 가진 여성들에게 적합하다.

(5) 얇은 타원형/송곳형(포인트 쉐입, Pointed shape)

손톱의 오벌쉐입에서 더 뾰족한 모양으로 길게 다듬은 상태이며 파일은 180도 각도로 완전히 눕혀서 수평으로 파일링해 준다. 손가락이 가늘고 길어 보이지만 손톱이 잘 부러지는 단점이 있다. 대회 등에서 많이 사용된다.

2 파일링하기

파일의 1/3지점을 엄지와 검지로 가볍게 쥐고 나머지 손가락은 가볍게 받쳐 쥔다.

파일을 손톱에 수직으로 세워 한 방향으로, 바깥쪽에서 중앙으로 가볍게 긋듯이 파일링한다. 둥근 모양일수록 파일을 눕혀 부드럽게 파일링한다.

3 폴리시 바르는 방법

❶ 폴리시 바르는 순서는 편한 방법을 선택하여 시술한다.

❷ 베이스코트를 얇게 도포한 후, 네일의 중앙 부분부터 바른 후 왼쪽을 바르고 오른쪽으로 이동, 마무리고 프리에지를 도포해 주면 된다. 또는, 순차적으로 왼쪽부터 오른쪽 방향으로 바른 후 프리에지를 도포해 주면 된다.

❸ 어느 정도 건조 후 한 번 더 네일 표면을 꽉 채워서 꼼꼼하게 덧발라준 후 탑코트를 살짝 도톰하게 발라서 마무리해 준다.

4 컬러링의 종류

	전체바르기 (Full coat)	손톱 전체를 컬러링하는 방법
	프렌치 (French)	프리에지 부분만 컬러링하는 방법
	프리에지 (Free edge)	프리에지는 비워두고 컬러링 하는 방법

	헤어라인팁 (Hair line tip)	손톱 끝 1.5㎜ 정도를 지워주는 컬러링 방법
	슬림라인 (Slim line)	양쪽 옆면을 1.5㎜ 남기는 컬러링 방법
	반달형 (Lunula)	루눌라 부분만 남기는 컬러링 방법

SECTION 4 페디큐어

페디큐어는 페누스(발)와 큐라(관리)의 합성어로 발 관리라는 뜻이다. 발과 발톱을 청결하게 관리해 주고, 큐티클 정리, 네일아트, 그리고 발바닥의 굳은살 등의 각질 제거, 마사지 등 발의 피로를 풀어주어 혈액 순환을 도와주는 과정을 말한다.

1 준비물

습식매니큐어 준비물, 족욕기, 고객용 의자, 시술자 의자, 발 받침대, 토우세퍼레이터, 페디파일, 슬리퍼, 발 전용 파우더, 발 전용 스크럽, 습식재료 동일

2 사전준비

습식매니큐어와 동일하며, 고객용 의자, 발 받침대 등의 기구들을 소독해 둔다. 족욕기에 박테리아 등의 소독을 위해 미리 항균비누를 풀어 둔다.

3 시술 순서

❶ 고객용 페디 의자에 착석시킨다.

❷ 시술자 손 소독 및 고객 발 소독

❸ 오래된 폴리시 제거하기

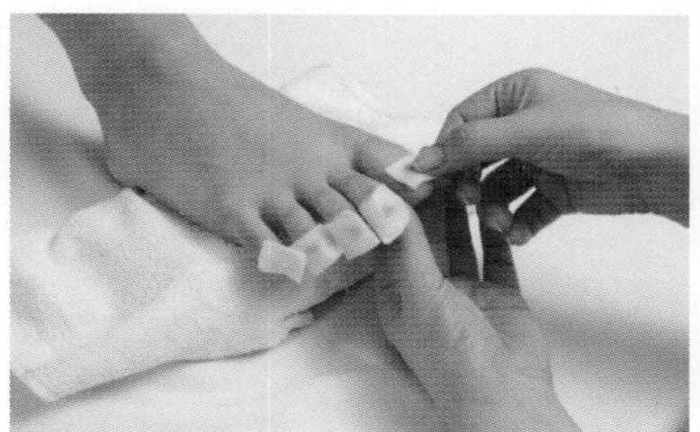

❹ 발톱 모양 만들기(filling/shape) / 표면 정리

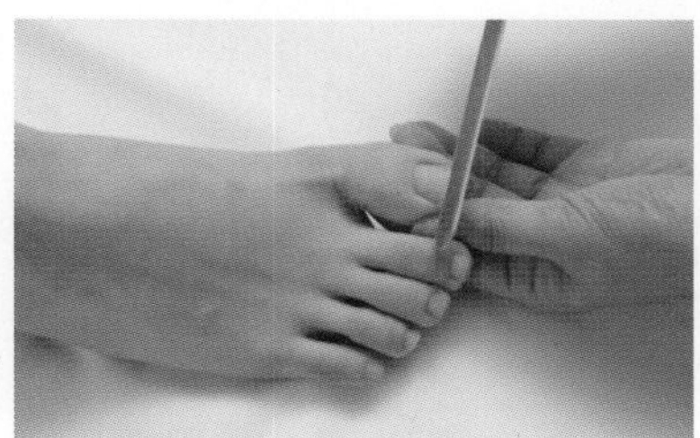

❺ 족욕기에 발 담그기 : 사전에 준비해놓은 미온수(40~43°C)에 20분간 담갔다 물기를 제거해준다.

※ 실기시험 시에는 분무기에 미온수를 담아 분사하는 것으로 대체한다.

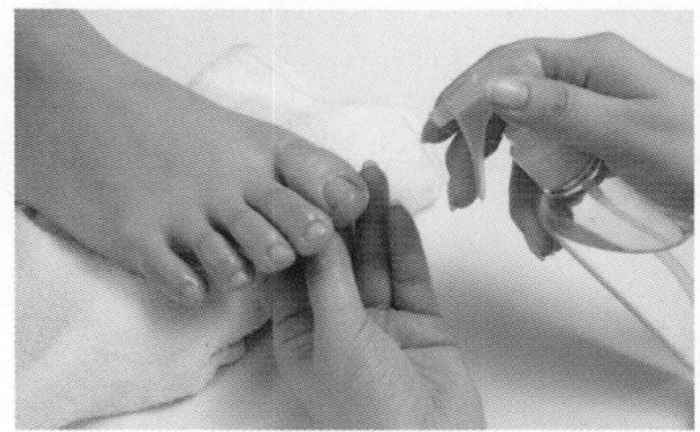

❻ 큐티클 오일 바르기 / 큐티클 밀어올리기 / 큐티클 정리하기

❼ 굳은살 제거하기(실기 시험시 생략)

- 콘커터 : 발바닥을 충분히 불린 후 족문 결 방향으로 굳은살을 조금씩 제거해 나간다.
- 페디 전용 스크럽 : 페디화일로 불려있는 각질을 제거 후 족문 결 방향대로 스크럽 크림을 문질러 부드럽게 잔여 각질을 제거해준다.

❽ 소독제 뿌리기 : 세균 침투를 방지하고 피부를 진정시키기 위해 큐티클과 발바닥에 뿌려준다.

❾ 발 마사지(실기 시험시 생략)

❿ 토우세퍼레이터 끼우기

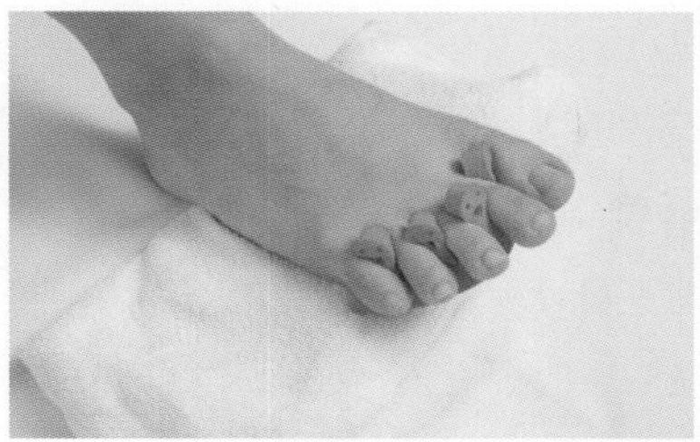

⑪ 유분 제거

⑫ 베이스코트 바르기 / 컬러링하기 / 탑코트 바르기

⑬ 폴리시 건조하기

SECTION 5 페디큐어 컬러링

1 그라데이션 페디큐어

프리에지에서부터 폴리시 컬러를 점점 옅어지게 표현 방법으로 그라데이션이라고 한다. 주로 붓이나 스폰지 등을 이용한 시술 방법으로 다양한 컬러를 이용하여 표현할 수 있다.

2 시술 순서

❶ 시술 순서는 습식페디큐어와 동일하나 폴리시를 바르는 부분에서 차이가 있다.

❷ 베이스코트는 얇게 전체적으로 도포하며, 컬러 폴리시를 바를 때 스펀지에 컬러를 묻혀서 잘 펴준 후에 프리에지에서부터 점점 옅어지게 두드리듯 펴 발라준다.

❸ 이 작업을 2번 정도 해준 뒤 마지막에 살에 묻어있는 폴리시는 우드스틱에 솜을 감싸서 리무버를 묻혀서 지워준 후, 탑코트는 전체적으로 바른다.

SECTION 6 마사지

1 손 마사지

❶ 적당량의 로션을 손등과 손바닥에 잘 펴 바르며 쓰다듬어 준다.

❷ 손목을 잡고 다른 한 손은 손가락 깍지를 낀 후 부드럽게 원을 그리며 관절을 풀어준다.

❸ 앞뒤로 풀어주고 당겨주며 스트레칭 해 준다.

❹ 손바닥을 아래로 향하게 하여 손목 안쪽의 골을 따라 엄지 관절을 이용해 상하로 문질러 준다.

❺ 손바닥 안쪽의 움푹 파인 곳을 문질러 준다.

❻ 손을 뒤집어서 고객의 손가락을 하나씩 튕겨주고 당겨준다.

❼ 손가락과 손가락 사이의 관절들을 지그시 눌러주며 마사지해 준다.

❽ 전체적으로 손을 가볍게 두들겨 튕겨주며 마무리해 준다.

2 발 마사지

❶ 적당량의 로션을 발과 발목 등에 잘 펴 바르며 쓰다듬어 준다.

❷ 한 손으로 발을 잡고 다른 한 손으로 고객의 발꿈치를 잡아 쓰다듬으면서 마사지한다.

❸ 발목을 잡고 다른 한 손으로 발을 잡고 천천히 원을 그리며 돌려준다.

❹ 스트레칭해 주듯이 위아래로도 천천히 당겨주고, 발바닥 안쪽은 상하로 문질러 준다.

❺ 발을 들어 올려서 발뒤꿈치 위 인대 부분을 세지 않게 마사지해 주듯이 문질러 준다.

❻ 두 손가락을 이용해 발가락을 하나하나 잡아서 튕겨준다.

❼ 손으로 발가락 사이사이의 관절을 눌러 주면서 마사지해 준다.

❽ 지압점을 눌러 주면서 튕겨 마무리해 준다.

인조 네일 관리

SECTION 1 재료와 도구의 활용

필러 파우더	라이트글루
랩 또는 네일 팁 연장시 꺼진 곳이나 볼륨감을 만들어야 할 때 사용한다.	랩 또는 팁을 부착시키거나 필러 파우더를 여러번 도포시 함께 사용한다.
브러시 클리너	**글루 드라이**
아크릴 브러시를 세척할 때 사용하지만 브러시 표면의 코팅을 상하게 할 수 있으므로 주의해서 사용한다.	글루를 빨리 건조시킬 때 사용한다. 너무 가까이에서 분사할 때 뜨거워 질 수 있으므로 20~30㎝ 간격을 두고 분사한다.
화이트 블록	**샤이닝 버퍼**
손톱 표면 정리 시 사용한다.	손톱 표면에 광택을 낼 때 사용한다.
샌딩 버퍼	**젤 글루**
화이브 블록 사용 후 조금 더 부드럽고 매끄러운 표면 작업시 사용한다.	라이트 글루보다는 점성이 높은 글루이며 실크연장시 광을 내줄 때 사용한다.
프라이머	**팁 커터**
아크릴 시술 전 사용하는 보조제로써 손톱의 pH 밸런스를 맞출 때 사용	인조 네일을 자를 때 사용하는 도구
아크릴 리퀴드(모노머)	**아크릴 파우더**
아크릴 시술 시 사용하며 아크릴 파우더와 혼합하여 사용한다.	아크릴 시술 시 사용하며 아크릴 리퀴드와 혼합하여 사용

아크릴 브러시		폴리시 리무버	
	아크릴 시술 전용 브러시		손톱에 있는 폴리시를 제거할 때 사용. 자연 네일에 저자극이며 건조현상 없이 폴리시를 빠르고 산뜻하게 제거해 주는 넌 아세톤 제품이다.
랩(실크)		**랩(실크)가위**	
	패브릭의 한 종류로써 가장 많이 사용하는 실크이다. 손톱의 보강 및 연장에 사용한다.		실크, 린넨, 파이버 글래스 등의 천으로 만들어진 랩을 재단하는데 사용한다.
아크릴 폼, 젤 폼		**디펜디쉬**	
	아크릴 스캅춰나 젤 스캅춰시 사용하며 아크릴이나 젤을 올리는 틀이 된다.		아크릴 리퀴드(모노머)를 담을 때 사용한다.
네일 팁		**탑 젤**	
	플라스틱, 아세테이트, 나일론 등의 소재로 된 인조 네일로 짧은 자연 네일 위에 접착해서 프리엣지를 길게 연장하거나 디자인을 할 때 사용한다. 다양한 컬러의 네일 팁이 있다.		폴리시 형태의 탑코트용 젤
베이스젤		**젤 클렌저**	
	폴리시 형태의 베이스코트용 젤		젤 전용 클렌저로 젤을 큐어링한 후 남은 미경화 젤을 닦을 때 사용한다.
젤 리무버		**젤 브러시**	
	젤 시술 및 연장시 제거용으로 사용하는 전용 리무버		젤 시술 시 사용하는 젤 전용 브러시
젤 램프			
	젤을 큐어링 할 수 있는 UV/LED 램프		

SECTION 2 네일 팁

네일 팁(nail tips)이란 인조 손톱을 말한다. 자연 손톱의 길이 연장 및 보호를 하며 보통 플라스틱, 나일론, 아세테이트 재질로 만들어진 것이 대부분이다. 네일 팁 자체만으로는 약하기 때문에 그 위에 실크, 아크릴, 젤 등을 사용하여 보강한다.

1 재료 및 도구

(1) 화이트 버퍼(White buffer)

마무리를 하거나 오일을 발라 네일 표면을 매끄럽게 할 때 사용한다.

(2) 네일 팁(Nail tips)

인조 손톱을 말하며 인조 손톱의 윗부분에 움푹 파여 있는 부분을 웰(well)이라 하며, 이 모양에 따라 풀 웰(full well), 하프 웰(half well)로 나눈다.

(3) 네일 글루(Nail glue)

인조 손톱을 자연 손톱에 붙일 때 사용하는 접착제이다. 글루의 점도가 묽을수록 빨리 마르고 진할수록 늦게 마른다.

(4) 글루 드라이

글루를 빠르게 굳게 할 때 사용한다.

(5) 파일

네일 쉐입을 잡아줄 때 사용하며 표면을 매끄럽게 갈아주거나 광택을 낼 때도 사용한다. 100~220그릿까지 사용하며 높은 그릿수의 파일부터 낮은 그릿수의 파일을 사용하여 표면을 매끄럽게 해주고 마지막엔 2-Way 파일로 광을 내준다.

(6) 네일 팁 커터

인조 손톱의 길이를 조절할 때 사용한다.

SECTION 3 네일 랩

네일 랩은 '손톱을 포장한다'는 뜻으로 오버레이(overlay)라고도 한다.

(1) 방법

천이나 종이를 네일 크기로 오려서 접착제를 사용하여 손톱에 붙이는 방법

(2) 용도

얇거나 겹겹이 일어나고 찢어지는 등 자연 손톱이 약한 경우 자연 손톱에 팁을 붙이고 그 위에 덧씌워 줌으로써 보수의 기능으로도 사용되며, 부러지거나 손상된 손톱에도 사용

1 랩의 종류

(1) 패브릭 랩(Fabric wrap, 광섬유, 유리섬유)

❶ 실크(Silk) : 명주 소재의 천으로 가볍고 얇으며 투명해서 보편적으로 가장 많이 사용한다. 부드럽고 가벼우며 조직이 섬세하게 짜인 천

❷ 린넨(linen) : 굵은 소재의 천으로 다른 랩에 비해 강하고 오래 유지되지만 두껍고 천의 조직이 그대로 보이기 때문에 시술 후 짙은 색의 컬러링이 필요하므로 잘 사용하지 않는다.

❸ 화이버 글라스(Fiberglass) : 매우 가느다란 유리섬유로 짜여 글루가 잘 스며들어 자연스러워 보이나 다른 랩에 비해 강도가 약하다.

(2) 페이퍼 랩(Paper wrap)

얇은 종이 소재의 랩으로 아세톤 및 넌 아세톤에 용해되기 쉬워 임시 랩으로만 사용한다.

보충 랩의 문제점

❶ **리프팅/들뜸**(Lifting) : 자연 네일에 시술했던 랩이 분리되어 떨어지는 것을 말한다. 들뜸의 원인은 다음과 같다.

- 큐티클 주위에 글루가 묻었을 때
- 손톱에 유분 또는 수분이 너무 많을 때
- 랩의 턱 부분을 제대로 정리하지 않은 경우
- 글루를 너무 많이 발랐을 때
- 광택 제거를 제대로 하지 않은 경우
- 마무리 작업 시 프리에지 부분에 글루나 실크가 잘 발라지지 않았을 때
- 손톱이 자라 나와 보수가 필요할 때
- 부착 시 글루가 말라 버린 상태에서 교정시키거나 랩이 구겨졌을 때
- 글루의 품질이 떨어지거나 오래되어 접착력이 약해진 글루를 사용했을 때
- 네일의 베이스는 짧은데 길이를 길게 했을 때
- 부주의한 관리(물에 오래 담그거나 강제로 뜯는 등)

❷ **깨짐/부러짐**(Breaking)

- 손톱이 너무 길어 무게중심이 바뀌었을 때
- 과다한 파일링이나 부적절한 파일링 시
- 글루의 양이 적을 때
- 보수가 필요할 때

❸ **벗겨짐**(Peeling) : 네일의 프리에지 부분에서 랩이 일어나는 현상으로 원인은 다음과 같다.

- 자생적으로 발생하는 손톱의 유·수분으로 인해
- 손톱을 자를 때 클리퍼를 너무 깊게 넣을 경우 랩과 자연 손톱에 틈이 생겨 발생
- 작업 시 프리에지 부분에 글루로 코팅하지 않은 경우

2 팁 위드 랩(실크) 시술 순서

(1) 시술자 및 고객의 손 소독

(2) 폴리시 제거하기

(3) 큐티클 정리하기

(4) 손톱 모양 만들기

(5) 표면 정리하기

(6) 거스러미 제거하기

(7) 먼지 제거하기

(8) 팁 부착

❶ 팁 선택 하기

㉠ 양쪽 측면이 움푹 들어갔거나, 각진 손톱의 경우 → 하프 웰의 얇은 팁

㉡ 손톱이 크고 납작한 경우 → 끝이 좁은 네로우 팁(Narrow Tip)

㉢ 손톱 끝이 위로 솟은 경우(Sky Jump Nail) → 커브 팁(Curve Tip)

㉣ 일반적인 자연 손톱의 경우 → 웰 부분이 너무 두껍지 않고 투명한 팁

> **TIP** **웰 부분이 너무 두꺼울 경우 부착하기 전에 파일로 웰 부분을 얇게 갈아 주기도 함**
> - 웰(well) : 자연 손톱과 접착되는 부분에 있는 턱
> - 풀 웰(full well, 스퀘어 웰) : 프리에지의 여유가 있는 경우 사용
> - 하프 웰(half well, 레귤러 웰) : 프리에지가 짧은 경우 사용

❷ 팁 부착 하기

㉠ 웰 부분에 접착제(젤 또는 글루)를 발라서 부착

㉡ 손톱에 직접 글루나 젤을 떨어뜨려 부착

㉢ 부착면에 라이트 글루를 한 방울 떨어뜨려 다시 한 번 빈틈을 메꿔 줌

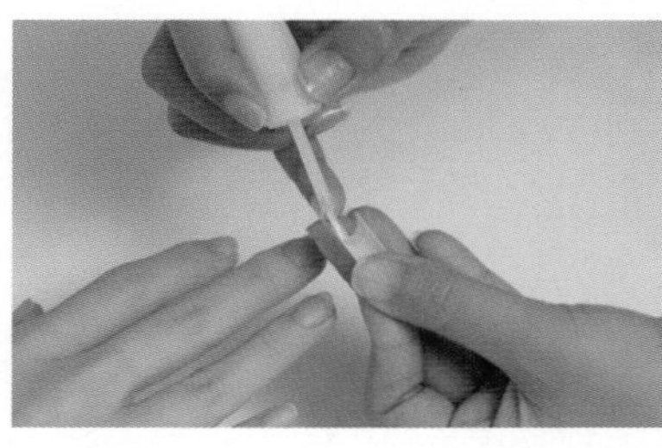

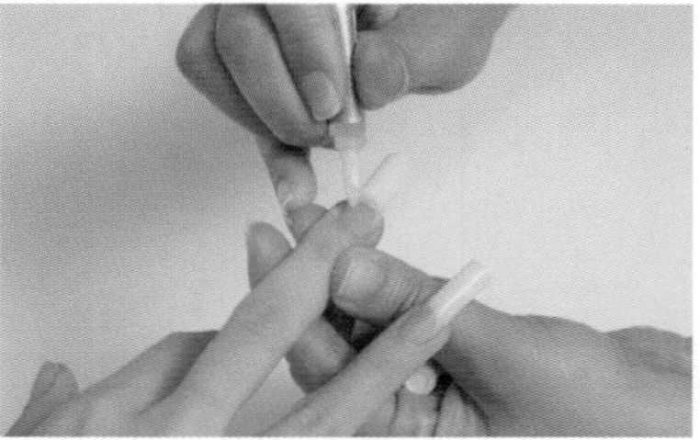

❸ 팁의 방향 및 각도

㉠ 손가락 끝 마디 선과 평행이 되게 할 것

㉡ 손가락과 손톱의 방향이 다른 경우 전체 손가락 방향에 맞출 것

㉢ 팁의 각도는 45°로 공기가 들어가지 않도록 부착할 것

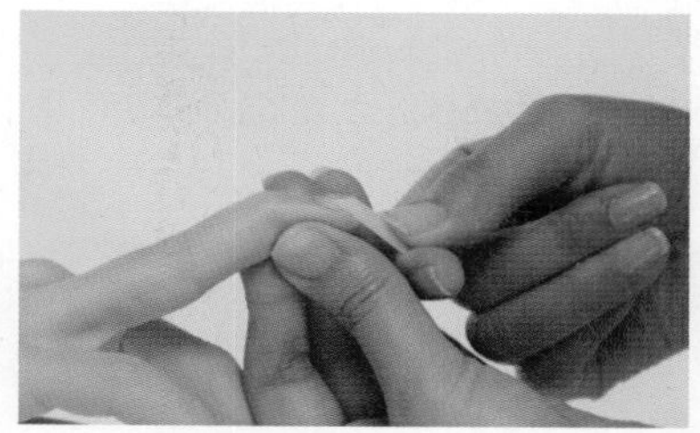

TIP 팁 부착 시 주의점

- 접착제의 양이 너무 적으면 공기가 들어가기 쉽고 너무 많으면 피부 속으로 들어가거나 마르는 시간이 너무 오래 걸릴 수 있다. 흰점이나 공기 방울이 보일 경우 재작업을 해야 한다.
- 팁을 밀착시킨 후 5~10초 정도 누르면서 기다린 후 살짝 핀칭을 준다.
- 팁 접착 시 자연 네일의 1/2 이상을 덮지 않는다.

❹ 팁의 크기

㉠ 손톱의 양 측면을 완전히 덮을 수 있는 크기로 선택

㉡ 맞는 팁이 없을 경우 자연 손톱보다 약간 큰 팁을 골라 파일로 갈아서 부착

㉢ 손톱보다 큰 치수의 팁을 붙일 경우 손톱 손상의 원인이 되며 양쪽 측면을 갈아야 함

㉣ 손톱보다 작은 사이즈의 팁을 붙일 경우 양쪽 측면이 변형되거나 부러지며 잘 떨어질 수 있음

⑼ 팁 길이 자르기와 모양 만들기

팁 커터로 고객이 원하는 만큼 길이를 조절한 후 모양을 만든다.

❶ 라운드 웰 : 양쪽 모서리를 사선으로 잘라 내고 다듬는다.

❷ 스퀘어 웰 : 클리퍼를 이용할 때는 한 번에 자르지 않고 여러 번에 걸쳐 가로 직선으로 잘라 맞춘다.

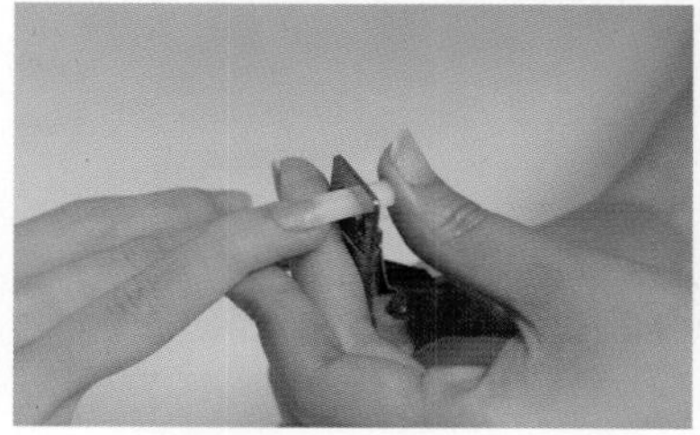

⑽ 팁 턱 제거하기

❶ 자연 손톱이 손상되지 않도록 보호하며 180그릿 파일로 팁 턱만 제거하여야 한다.

❷ 팁 턱 제거 후 자연 손톱과 인조 손톱의 경계가 생기지 않고 매끄럽게 이어지는지 확인한다.

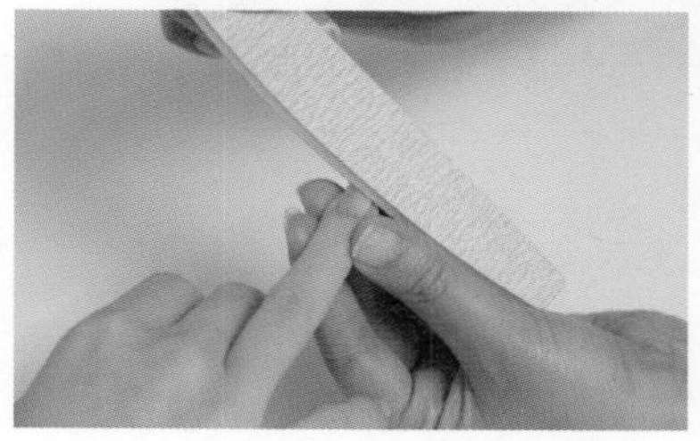

TIP 웰 부분이 얇고 투명한 팁의 장점

- 시간이 절약된다
- 손톱의 손상을 방지한다.
- 투명한 컬러를 발라도 자연스러워 보인다.

⑾ 팁 표면 정리 스퀘어로 쉐입 잡기 및 먼지제거

샌딩 파일로 팁 표면을 매끄럽게 정리하고 프리에지 부분은 스퀘어로 쉐입을 잡아준 후 더스트 브러시로 먼지를 털어낸다.

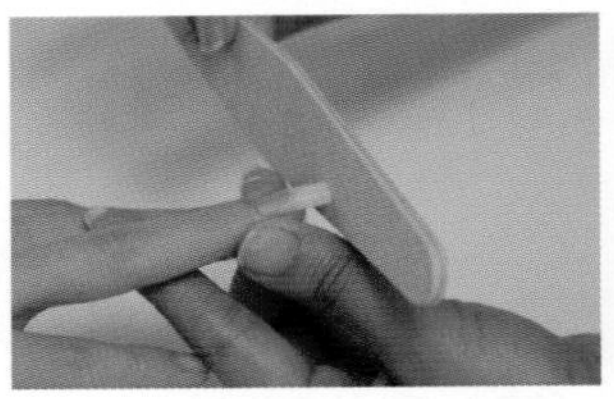

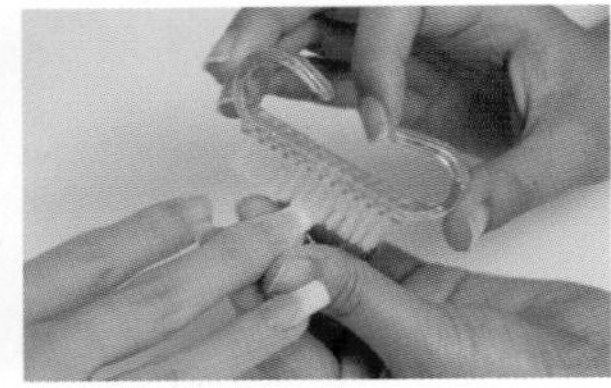

⑿ 글루 도포 및 필러 파우더 뿌리기

글루를 팁 턱 주위에 도포하고 필러 파우더를 뿌려 파인 곳을 채워준다.

※ 주의점 : 글루가 큐티클이나 주변 피부에 들어간 것을 그대로 방치하면 리프팅의 원인이 되고 습기가 스며들어 곰팡이가 생길 수 있다.

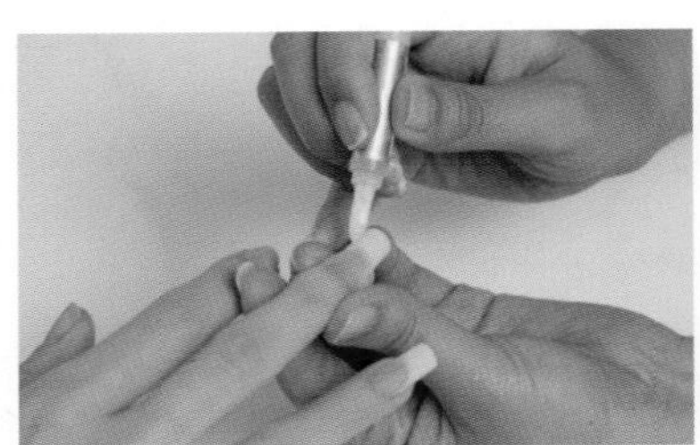
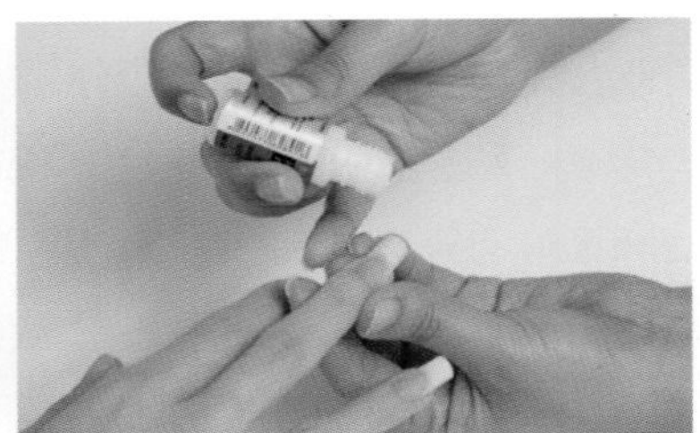

⒀ 글루 드라이 뿌리기

글루를 빠르게 굳게 하기 위해 글루 드라이를 20㎝ 정도 떨어진 곳에서 소량 분사하여 건조시킨다. 이때 글루가 완전히 마르기 전에 연장한 손톱에 C 커브를 잡아주기 위해 핀칭을 잡아준다.

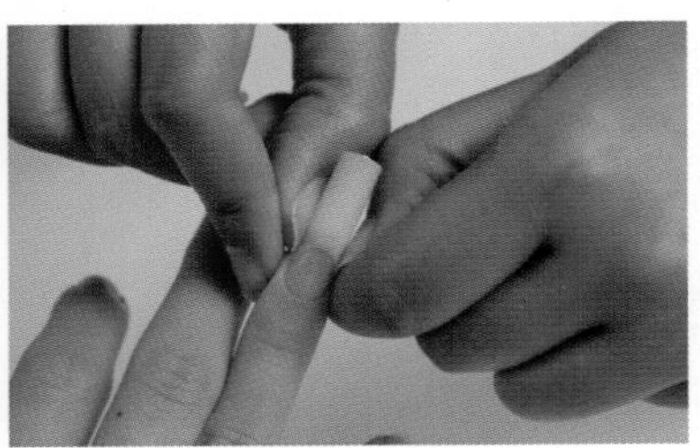

⒁ 표면 정리하기

180그릿 파일로 표면을 정리하고 샌딩 파일로 버핑해 준 뒤 더스트 브러시로 먼지를 털어낸다.

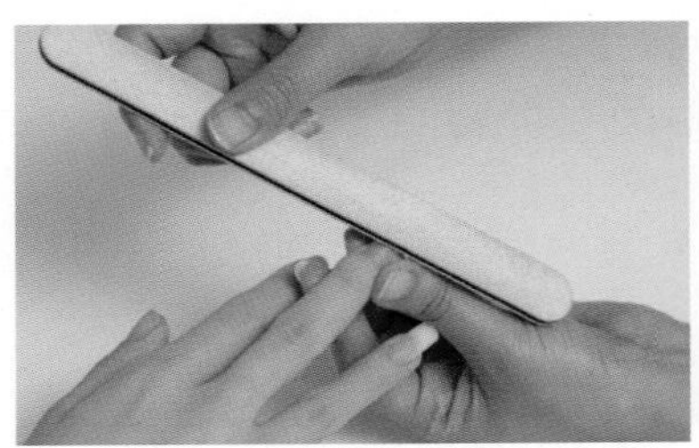
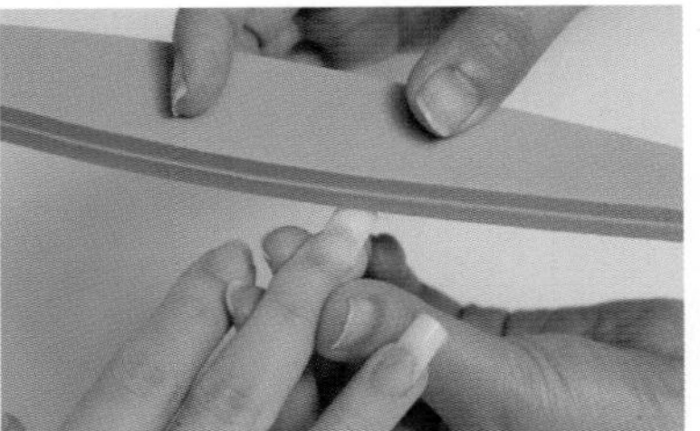

⒂ 실크 랩 붙이기

❶ 실크 재단하기 : 1.5㎝ 이상 길게 재단하고 웰 부분을 큐티클 라인에 맞춰 둥글게 오려준다.

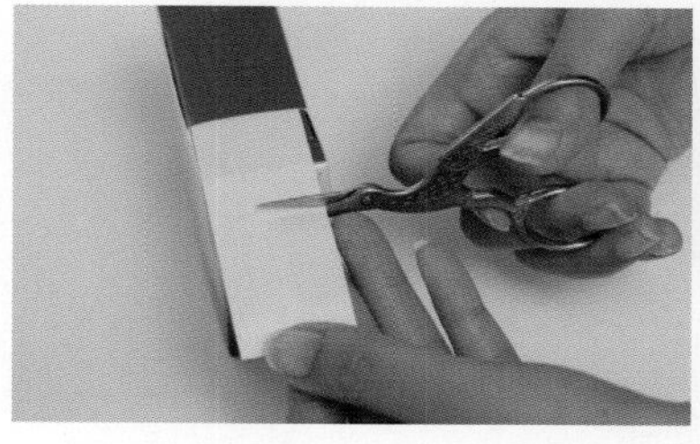
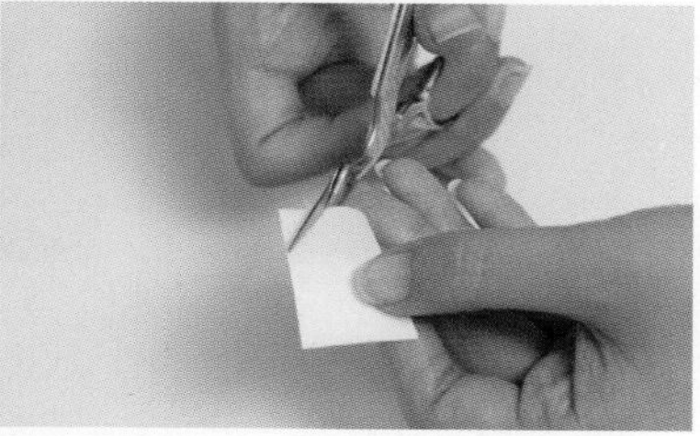

❷ 실크 접착하기 : 큐티클 라인에서 1㎜ 정도 띄워서 부착하며 양 사이드는 완벽하게 접착한다. 전체적으로 라이트 글루를 도포하고 글루 드라이를 분사한다.

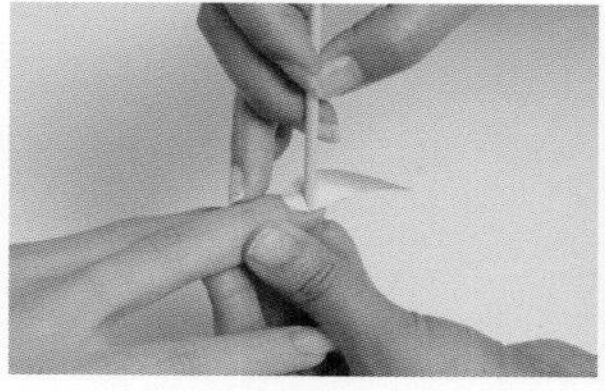
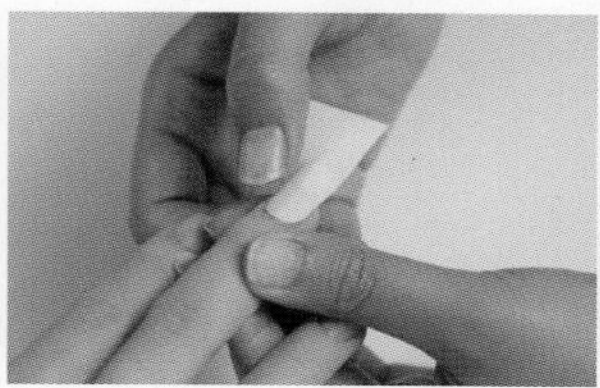
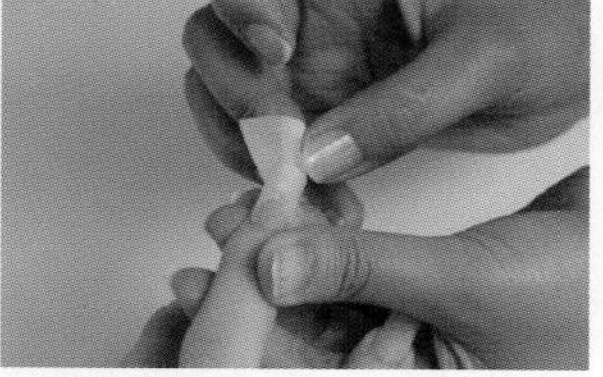

❸ 두께 만들기

㉠ 라이트 글루 & 필러파우더 도포 및 글루 드라이 뿌리기 : 적당한 두께를 만들기 위해 손톱 전체에 라이트 글루를 도포한 뒤 필러 파우더를 뿌려준다. 하이포인트를 만들기 위해 2~3회 정도 반복해 준다. 마지막 라이트 글루를 도포 후 글루 드라이를 분사한다.

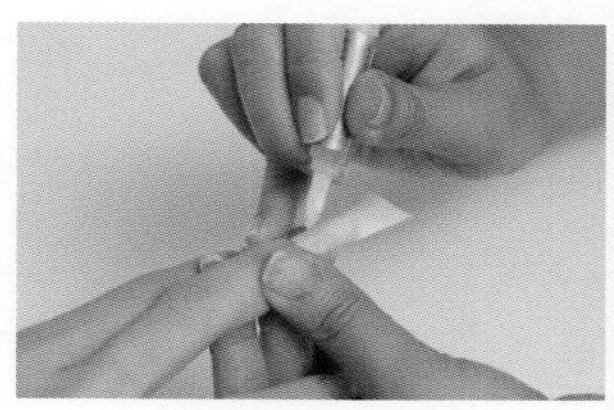
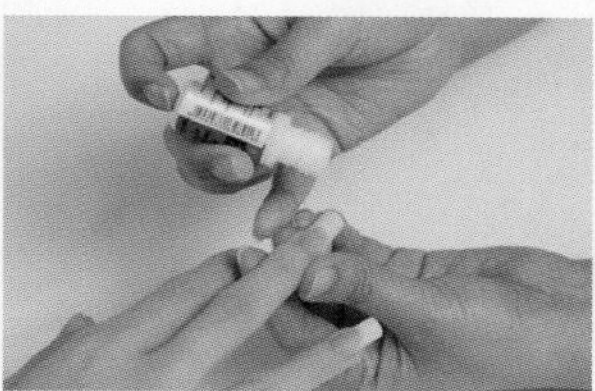
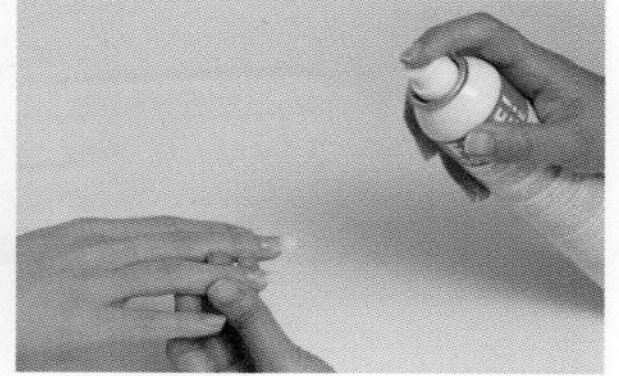

㉡ 실크 턱 제거 및 프리에지 정리 : 180그릿 파일로 실크 턱을 제거하고 프리에지 부분에 남은 실크를 정리한다.

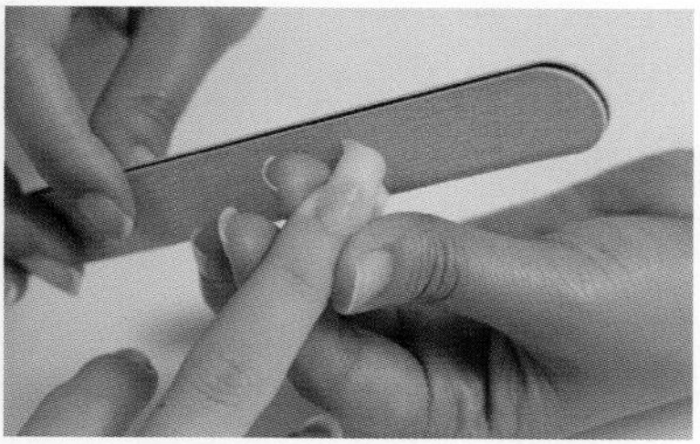

㉢ 젤 글루 도포 및 글루 드라이 뿌리기 : 손톱 전체에 얇게 젤 글루를 도포하여 필요한 두께를 만들고 단단하게 한 후 글루 드라이를 소량 분사하여 건조시킨다.

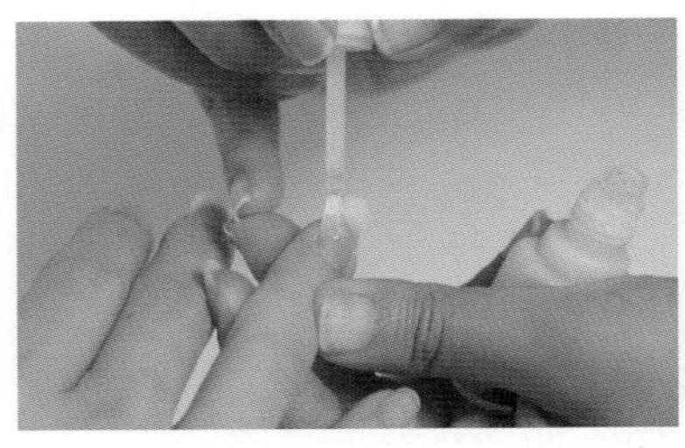

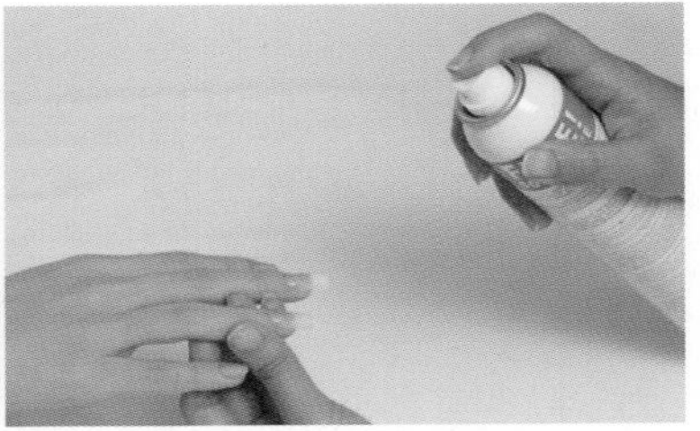

⒃ 표면 정리하기

❶ 샌딩 파일로 표면을 버핑한 후 광파일로 광을 낸다.

❷ 멸균거즈에 알코올을 묻혀 손가락, 손톱 표면 및 주변을 깨끗이 닦아준다.

⒄ 큐티클 오일 바르기 및 마무리

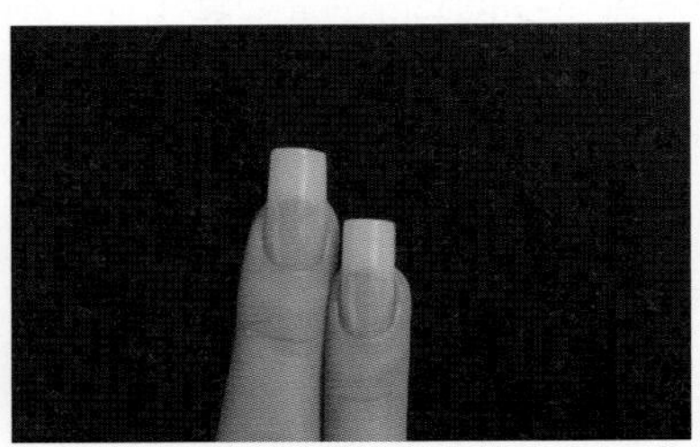

SECTION 4 아크릴 네일

아크릴 네일(acrylic nails) 또는 스캅춰(sculptured) 네일이라 하며 아크릴 파우더와 아크릴 리퀴드를 혼합하여 만드는 인조 네일이다. 두 물질을 혼합하여 네일 모양을 만들거나 두께 조절도 가능하다. 다른 인조 네일보다 내수성이 강하고 투명하며 지속성이 좋아 인조 네일 보강 및 연장에 사용한다.

1 아크릴 네일의 종류

(1) 아크릴 팁(아크릴 오버레이)

자연 손톱에 인조 네일을 부착하고 그 위에 아크릴을 올려 모양을 완성하는 방법이다. 보통 프렌치 팁에 내추럴 아크릴 파우더를 얹는다.

(2) 스캅춰 네일

자연 손톱에 폼을 꽂아 그 위에 아크릴을 올려 손톱을 연장해 주는 방법이다.

2 아크릴 네일의 화학적 성분

(1) 모노머(Monomer)

작은 구슬 형태의 액체로 아크릴 네일 시술 시 사용

(2) 폴리머(Polymer)

❶ 분자가 중합하여 생기는 화합물이다.

❷ 구슬들이 길게 체인 모양으로 연결된 형태로 구성

❸ 매우 단단한 물질로 변화한 상태를 말한다.

(3) 카탈리스트(Catalyst)

❶ 첨가 물질로 아크릴을 빨리 굳게 하는 작용

❷ 카탈리스트의 양을 조절하여 굳히는 시간 조절 가능

주의사항

- 아크릴 파우더와 아크릴 리퀴드는 같은 회사 제품이 안정적이다.
- 아크릴은 온도에 민감해 온도가 높으면 빠르게 굳고, 온도가 낮으면 천천히 굳는다.
- 사용하고 남은 아크릴 리퀴드는 재사용하지 않는다.

3 재료 및 도구

(1) 아크릴 브러시(Acrylic brush)

❶ 아크릴 파우더를 네일 위에 올릴 때 사용한다.

❷ 아크릴이 굳기 전 모양을 잡아줄 수 있다.

아크릴 브러시 명칭

- 팁(tip) : 브러시의 끝 부분으로 큐티클 라인 및 스마일 라인 등 세밀한 작업을 할 때 사용
- 벨리(belly) : 브러시의 중간 부분으로 아크릴 볼의 균형을 맞추는 작업, 아크릴의 부드러운 연결에 사용
- 백(back) : 브러시의 윗부분으로 아크릴이 어느 정도 건조되었을 때 힘을 주어 볼을 전체적으로 펴줄 때 사용

(2) 아크릴 리퀴드(Acrylic liquid)

아크릴 파우더와 혼합해서 사용하며 아크릴을 굳히는 작용을 한다. 아크릴 리퀴드의 양이 많으면 건조시간이 길어지고, 양이 적으면 빠르게 건조되며 흰점이 생길 수 있다.

(3) 아크릴 파우더(Acrylic powder)

길이를 연장하거나 모양을 만들어 줄 때 사용하는 아크릴 분말이다. 다양한 색상이 있고 네추럴, 핑크, 클리어는 자연 손톱이나 팁 위에 올려준다. 화이트는 프렌치를 표현할 때 사용한다.

(4) 프라이머(Primer)

손톱에 유·수분을 없애 주어 아크릴이 손톱에 잘 접착되도록 도와주는 용액이다. 단백질을 녹여주고 손톱 표면의 pH 밸런스를 맞춰준다. 프라이머 사용 시 보안경과 비닐장갑, 마스크를 착용하여야 하고 과다하게 사용 시 피부에 화상을 입을 수 있으므로 적당량을 사용하여야 한다.

> **TIP 프라이머 보관법**
> - 빛에 노출되면 변질이 될 수 있으므로 어두운색 유리 용기에 보관한다.
> - 이물질이 들어가면 아크릴 들뜸의 원인이 되므로 디펜디쉬에 덜어서 사용한다.

(5) 디펜디쉬(Dappen dish)

아크릴 용액을 담는 용기이다.

(6) 네일 폼(Nail foam)

아크릴 스캅춰나 젤 스캅춰 시 사용하며 아크릴이나 젤을 올리는 틀이 된다.

(7) 브러시 클리너(Brush cleaner)

아크릴 시술 후 브러시를 세척하는 용액이다.

(8) 기타

보안경, 비닐장갑, 마스크

4 아크릴 프렌치 스캅춰 시술 순서

(1) 손 소독 및 폴리시 제거하기

(2) 큐티클 정리 및 손톱 모양 만들기

(3) 표면 정리

(4) 프라이머 바르기

피부에 닿지 않게 자연 손톱에만 바른다.

(5) 네일 폼 끼우기

손톱 모양에 맞는 폼을 사용하고 필요하면 재단하여 사용한다.

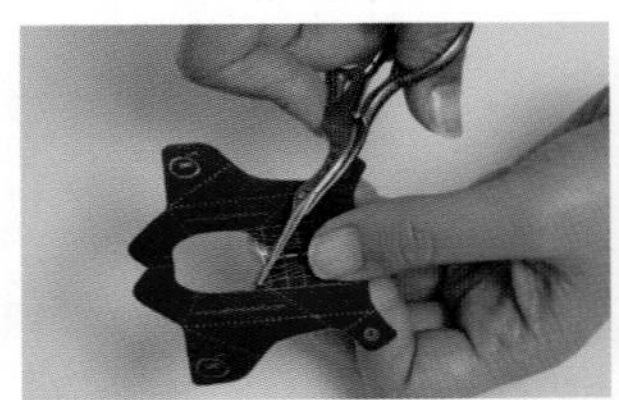
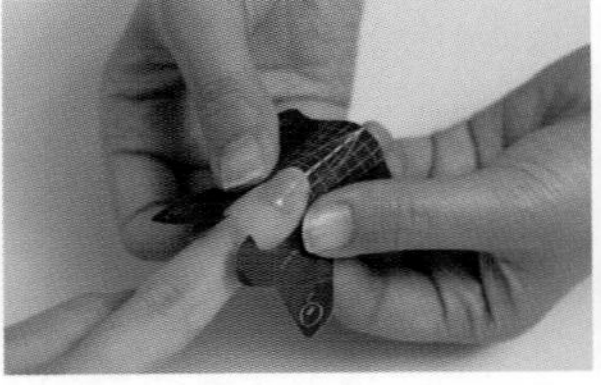
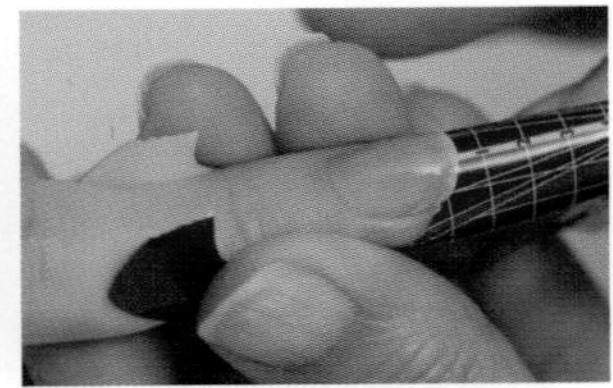

(6) 화이트 아크릴 볼 올리기

화이트 아크릴 볼을 프리에지부터 올려 연장할 부분의 모양을 잡아준다. 브러시의 중간 부분으로 고르게 펴서 스퀘어 모양을 잡아주고 브러시의 끝 부분으로 스마일 라인을 만들어준다.

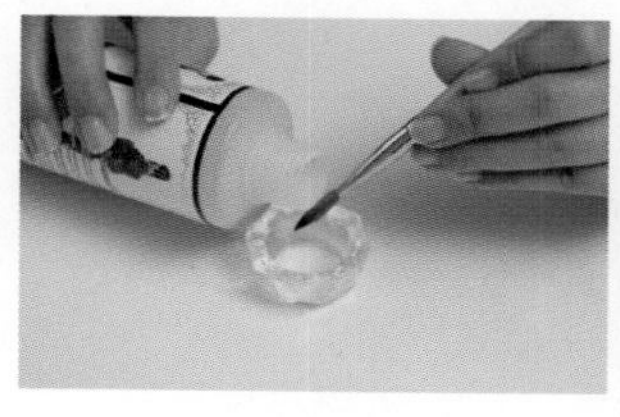

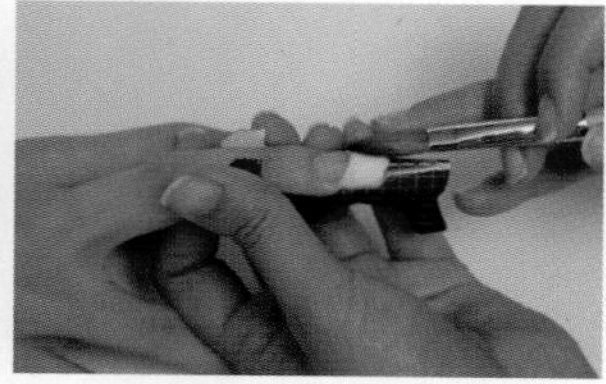

(7) 클리어 or 핑크 아크릴 볼 올리기

아크릴 볼을 만들어 중간지점에 하이포인트를 만들어 준다. 화이트 아크릴 연장 부분에 들뜸 없이 연결해 준다. 세 번째 아크릴 볼을 만들어 큐티클 가까이 얇게 도포하며 두 번째 아크릴과 자연스럽게 연결해 준다.

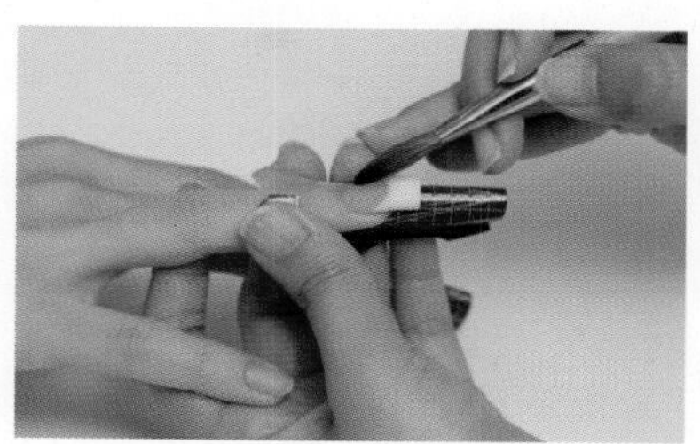

- 리퀴드양이 너무 많으면 볼의 점도가 묽어져 흘러내리기 때문에 모양 틀을 잡기가 어렵고 굳는 속도가 느려진다. 리퀴드양이 너무 적으면 빠르게 건조되어 모양을 만들기 어려워지며 흰 반점도 생길 수 있다. 브러시의 각도가 90°에 가까울수록 볼의 크기가 작아진다. 브러시와 아크릴 파우더의 각도는 45°가 적당하며 파우더에 머무는 시간이 길어질수록 볼이 크게 만들어진다. 리퀴드와 아크릴 파우더의 비율은 1:1이 적당하다.

(8) 핀칭 잡기

아크릴이 완전히 건조되기 전에 스트레스 포인트 부분을 C 커브가 나올 수 있도록 양손 엄지나 핀칭 도구를 사용해 눌러준다. 핀칭을 안 잡아주면 연장 부분이 퍼지게 되어 넓어 보인다.

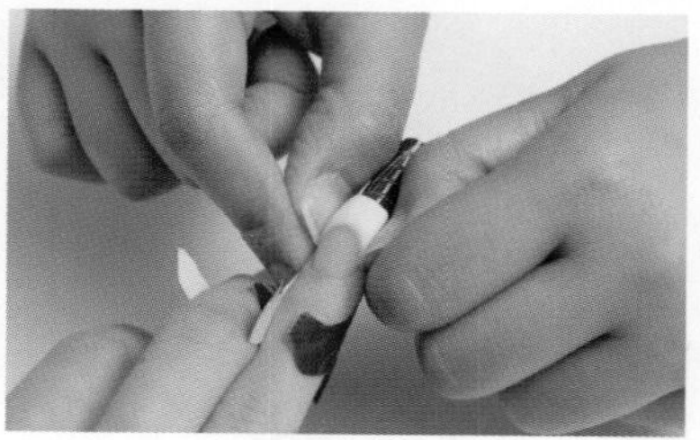

(9) 네일 폼 제거 및 파일링하기

아크릴이 완전히 건조된 것을 확인하고 네일 폼을 제거 후 네일 표면을 매끄럽게 파일링하면서 모양을 잡아준다. 하이포인트를 살려주고 프리에지 연장 부분을 스퀘어 모양으로 만들어 준다.

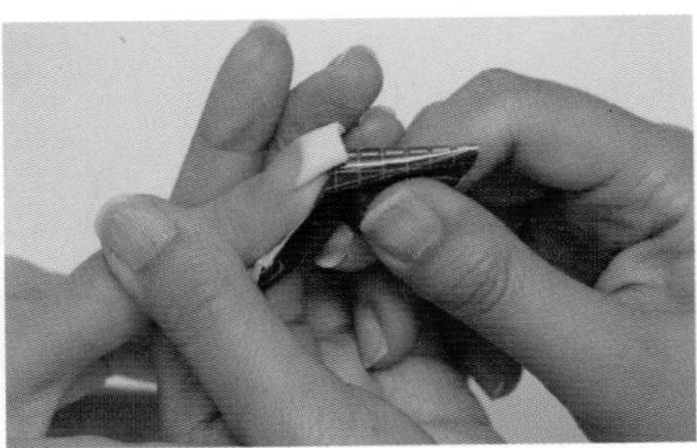

(10) 표면 정리

표면을 샌딩파일로 매끄럽게 한 뒤 더스트 브러시로 가루를 털어낸다.

(11) 광내기 및 잔여물 제거

2-Way 파일로 광을 내준 후 멸균거즈로 잔여물 제거한다. 오일로 마무리한다.

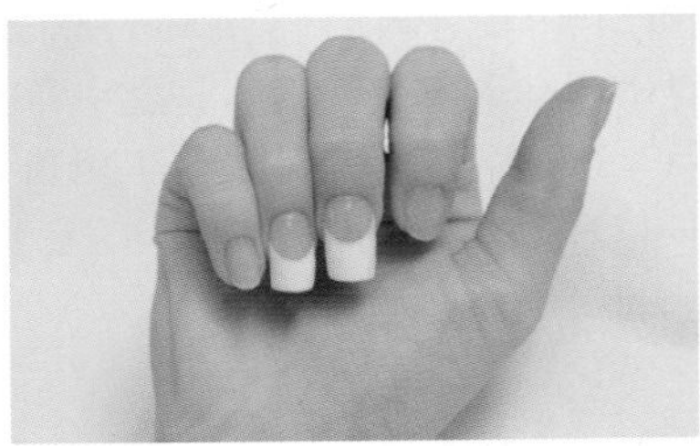

(12) 마무리 및 도구 정리

SECTION 5 젤 네일

젤 네일은 젤 컬러를 붓으로 펴 바르고 빛으로 굳게 하는 라이트 큐어드 젤과 빛을 이용하지 않는 노 라이트 큐어드 젤 방법이 있다.

1 젤 네일의 종류

(1) **라이트 큐어드 젤** : 특수 광선이나 할로겐 램프의 빛을 사용하여 굳게 한다.

(2) **노 라이트 큐어드 젤** : 응고제인 글루 드라이어를 스프레이 형태로 분사하거나 브러시로 바른 후 굳어지게 하는 방법이다.

2 젤 제거 방법

(1) **소프트 젤** : 시술이 쉬우며 아세톤에 잘 녹아 지우기 쉽다. 하드 젤 보다 유지력이 약하다.

(2) **하드 젤** : 아세톤에 녹지 않아 제거 시 파일이나 드릴로 갈아낸다. 시술 시간이 오래 걸리며 크랙이 생길 수 있다.

3 젤 네일의 특징

❶ 냄새가 거의 나지 않는다.

❷ 시술이 용이하여 작업 시간이 단축된다.

❸ 투명도가 높으며 광택이 오래 지속된다.

❹ 큐어하기 전에는 수정이 가능하다.

❺ 아세톤에 잘 녹지 않아 드릴이나 파일로 갈아야 한다.

❻ 젤 제거 시 손톱에 손상을 입힐 수 있다.

4 준비물

(1) **라이트 큐어드 젤**

(2) **젤 브러시**

(3) **젤 램프**

(4) **젤 브러시**

(5) **젤 클렌저**

(6) **젤 퍼프**

(7) **젤 폼**

5 젤 스캅춰 시술 순서

(1) 시술자 및 고객의 손 소독

(2) 폴리시 제거하기

(3) 큐티클 정리하기

(4) 파일링 및 표면 정리하기

(5) 베이스 젤 바르기 및 큐어링하기

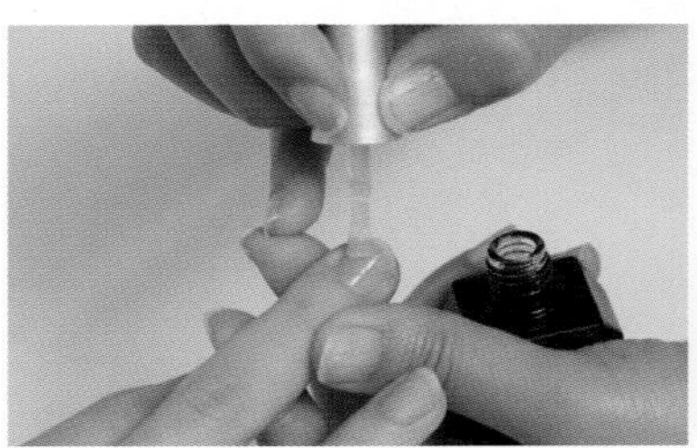
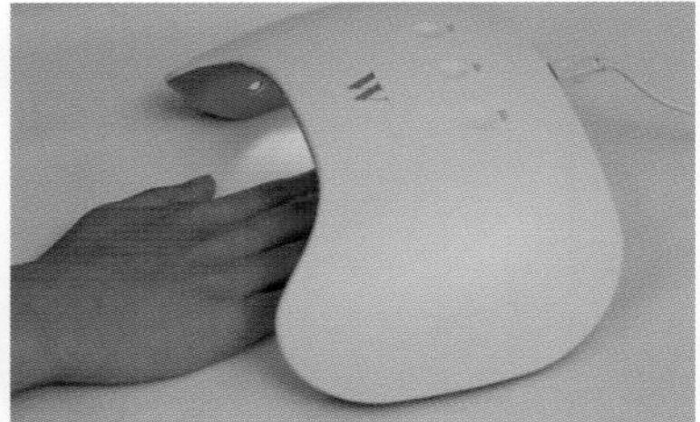

(6) 네일 폼 끼우기

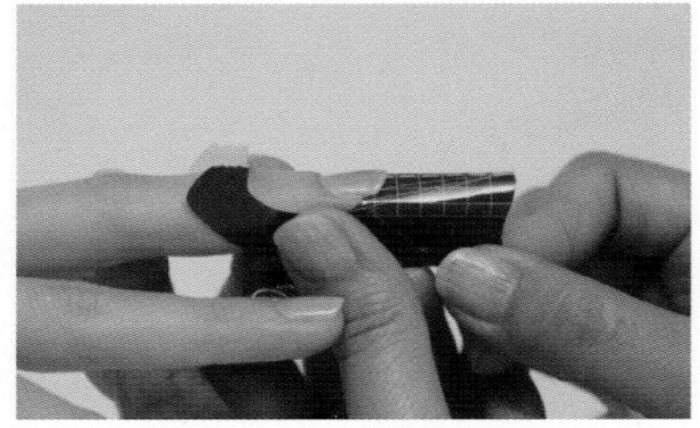

(7) 클리어 젤 올리기 및 큐어링

❶ 빌더 젤을 프리에지 부분부터 원하는 길이만큼 올려 큐어링해 주고 가 큐어링 10초 정도 후 핀칭을 잡고 다시 큐어링해 준다.

❷ 중간 부분에 하이포인트를 생각하며 빌더 젤을 올려 큐어링해 주고 큐티클 라인도 얇게 펴 발라 준다. 기포가 생기지 않도록 주의한다.

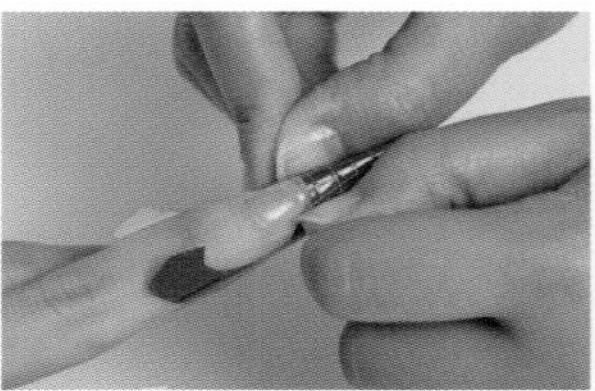

(8) 폼 제거 후 파일링하기

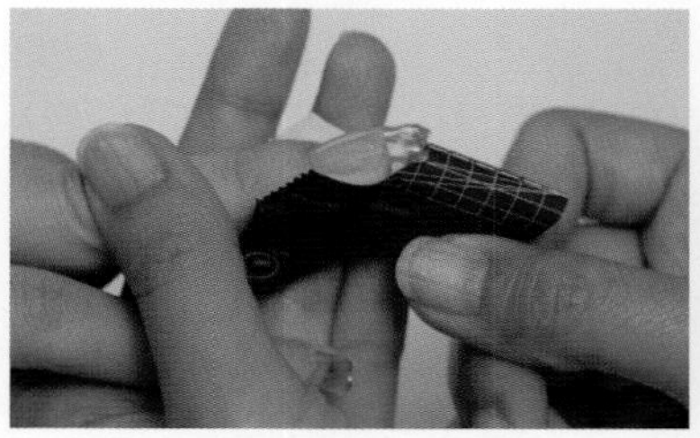

(9) 손톱 표면 정리

❶ 샌딩파일로 손톱 표면을 정리한다.

❷ 더스트 브러시로 먼지를 제거한 후 젤 클렌저로 손톱을 닦아준다.

(10) 탑젤 바르기 및 큐어링하기

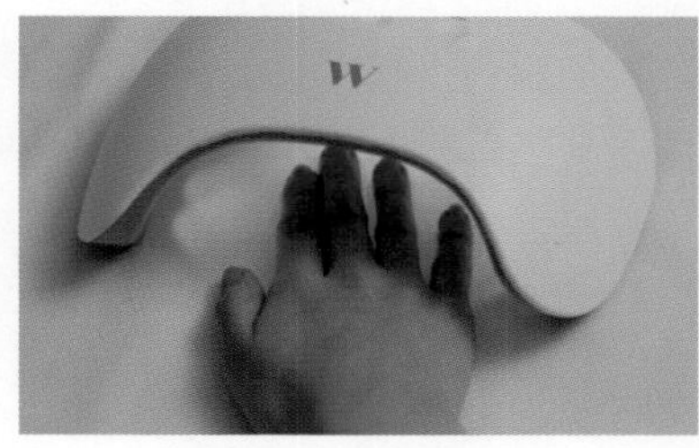

(11) 마무리 및 도구 정리

SECTION 6 인조 네일(손톱·발톱)의 보수와 제거

1 네일 팁 및 네일 랩의 보수

❶ 정기적인 보수로 깨지거나 부러지거나 떨어지는 것을 미연에 방지한다.

❷ 적절한 보수를 하지 않았을 시 습기 및 오염으로 인해 곰팡이균 같은 병균감염이 발생할 수 있으므로 보수를 함으로써 미연에 방지한다.

2 2주 후의 보수 순서

인조 손톱 시술 서비스를 받은 후 2주 정도 경과하면 손톱이 길어지므로 보수를 받아야 한다.

손톱이 많이 부러졌거나 들뜸의 원인

- 시술자 경험 부족으로 인한 잘못된 서비스
- 고객의 관리 부주의
- 고객의 자연 손톱에 유·수분이 많을 경우

(1) 시술자와 고객의 손 소독

(2) 폴리시 제거

랩이 손상되지 않도록 비아세톤계 폴리시 리무버를 사용하여 폴리시를 깨끗이 지운다.

(3) 손톱 상태에 따른 보수

❶ 랩이 너무 들떴거나 팁이 부러졌을 경우

㉠ 리무버에 담가 떼어 낸다.

㉡ 약하게 금이 갔을 경우 팁 전체를 떼어내는 것보다 랩을 한 번 더 씌운다.

㉢ 들뜬 부분은 자연 손톱이 상하지 않도록 주의하여 들뜬 부분만 니퍼로 제거한다.

㉣ 새로 자라나온 손톱은 전체 면을 고르게 파일 한다.

㉤ 거스러미나 먼지는 더스트 브러시나 라운드 패드로 깨끗이 제거한다.

㉥ 글루를 바를 때 큐티클에 닿지 않도록 주의한다.

❷ 들뜸 없이 깨끗하게 내려온 팁이나 젤의 경우

㉠ 젤을 전체에 얇게 펴 바르거나 새로 자라난 손톱 부위에 젤을 약간 두껍게 올려 주고 아래쪽으로 자연스럽게 연결시킨다.

㉡ 새로 자라난 손톱 부위에 필러 파우더를 뿌리고 글루를 올려준다.

(4) 글루 드라이 뿌리기

글루 드라이를 고르게 뿌려서 잘 말린다.

(5) 파일링 및 모양 정리

글루가 잘 말랐는지 확인하고 큐티클 부위의 턱을 파일로 매끄럽게 간 다음 전체 면을 고르게 파일링하고 모양을 정리한다.

(6) 글루 바르기

글루를 큐티클에 닿지 않도록 주의하면서 전체에 펴 바르고 손톱의 뒷면 가장자리에도 글루를 바른다.

(7) 버핑하기

① 글루가 마른 후 블랙 버퍼로 전체면과 손톱의 뒷면을 버핑한다.

② 버핑할 때 피부에 손상을 줄 수 있으므로 큐티클과 주변 피부에 닿지 않도록 한다.

(8) 오일을 큐티클에 바르기

(9) 손 세척·건조 및 소독하기

(10) 마사지 및 로션 제거하기

(11) 컬러링하기

3 4주 후의 보수 순서

❶ 4주 정도 지나면 손톱의 길이가 많이 자라 한 번의 보수 과정을 거쳤다고 해도 새로 자라난 부위에 랩이 없기 때문에 부러지기 쉽다.

❷ 손상되지 않은 인조 팁을 떼어내는 것보다 새로 자라난 부위에 랩을 덧붙여 준다.

(1) 시술자와 고객의 손 소독

(2) 폴리시 제거

(3) 턱 손질하기

자라난 부위의 턱을 매끄럽게 갈아내고, 나머지 부분도 가볍게 갈아낸다.

(4) 글루 바르기

불필요한 먼지를 잘 털어내고 글루를 바른다.

(5) 턱 손질 하기

글루를 말린 다음 다시 턱 전체를 매끄럽게 간다.

(6) 글루 바르기

남아있는 먼지를 잘 털어내고 글루를 바른다. 필요하면 젤을 얇게 발라 글루 드라이를 뿌려 말린다.

(7) 버퍼로 샌딩하기

(8) 오일 바른 후 버핑하기

(9) 손 세척·건조 및 소독하기

(10) 마사지 및 로션 제거하기

(11) 컬러링하기

4 아크릴 보수

❶ 인조 손톱을 시술받은 후 2주 정도 지나면 자연 손톱이 자라 나옴에 따라 아크릴이 들뜨거나 균열이 생길 수 있으므로 손톱의 손상을 방지하기 위해 보수가 필요하다. 아크릴이 심하게 들렸다면 제거하고 새로 하는 것이 좋다.

❷ 아크릴 시술 후 정기적인 보수는 네일이 깨지거나 떨어지는 것을 예방할 수 있다.

5 아크릴 보수 순서

(1) 시술자와 고객의 손 소독

(2) 폴리시 제거

(3) 큐티클 정리

(4) 길이 정리 및 손톱 상태에 따른 보수

자라나고 심하게 들뜬 아크릴은 아크릴용 니퍼로 잘라내고 가볍게 들뜬 부분은 파일로 매끄럽게 갈아준다.

(5) 거스러미 제거하기

보수 시 생기는 거스러미를 라운드 패드나 더스트 브러시로 털어낸다.

(6) 프라이머 바르기(자라나온 손톱 부분)

(7) 아크릴 볼 올리기

아크릴 파우더와 리퀴드를 준비하고 자라나온 손톱 위에 아크릴 볼을 올려 밑으로 자연스럽게 쓸어 연결해 준다.

(8) 턱 손질하기

아크릴이 말랐는지 확인하고 턱을 매끄럽게 갈아낸다.

(9) 샌딩하기

(10) 오일 바른 후 버핑하기

(11) 손 세척·건조 및 소독하기

(12) 마사지 및 유분(로션) 제거하기

(13) 컬러링하기

베이스코트 바르기, 폴리시 바르기, 탑코트 바르기

- 아크릴이 경화되는 시간은 평균 2분 정도이며 24시간이 지난 후에도 경화가 연속으로 진행되면서 수축한다.
- 시술 후 하루가 지나면 조이는 느낌을 받는다.

6 인조 네일 제거하기

접착되어 있는 팁을 적절하지 못한 방법으로 떼어내면 손상을 줄 수 있으므로 반드시 리무버나 아세톤을 이용해 제거한다.

❶ 시술자와 고객의 손을 소독한다.

❷ 폴리시를 제거한다.

❸ 인조 네일을 팁 커터로 잘라낸다.

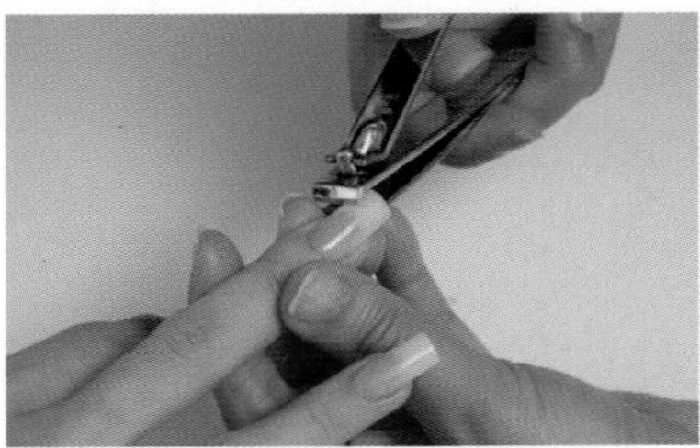

❹ 인조 네일의 표면의 100그릿의 파일로 갈아준다.

자연 손톱이 손상되지 않도록 조심하며 인조 네일을 최대한 얇게 갈아준다.

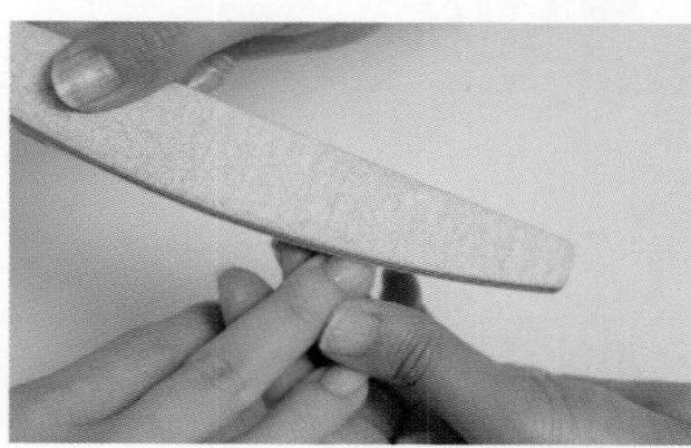

❺ 피부의 보호 및 보습을 위해 손톱 주변에 오일을 발라준다.

쏙 오프 전용 리무버를 적신 화장솜을 손톱 위에 올린 뒤 호일을 감싼다.

❻ 우드스틱으로 밀어주기

3~5분 정도 경과 후 호일을 벗겨 제거해 주고 잔여물은 파일로 팁을 갈아낸다. 모두 제거될 때까지 쏙 오프 과정을 2~3회 반복한다.

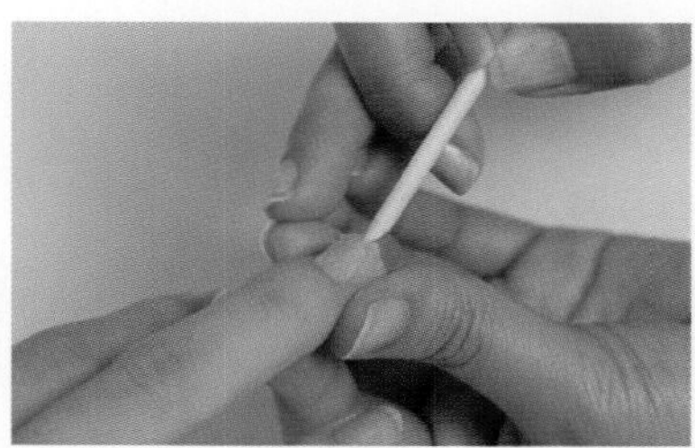

네일 제품의 이해

SECTION 1 용제의 종류와 특성

용제란 하나의 화학적 물질을 녹이는데 사용하는 성분이며 주로 액체로 되어 있다. 다른 물질을 용해, 세정, 추출시키는 기능을 한다.

1 용제의 특성

❶ 안정적인 물질이어야 한다.
❷ 값이 저렴하고 공급이 원활해야 한다.
❸ 색상이 맑고 깨끗해야 한다.
❹ 금속과 접촉 시 부식이 없어야 한다.
❺ 인화점이 높아야 한다.
❻ 불연성이어야 한다.
❼ 용해력이 높아야 한다.
❽ 유황성분이 포함되지 않아야 한다.
❾ 산성성분이 없어야 한다.

2 용제의 종류

(1) **알코올계** : 메탄올, 에탄올, 부틸알코올, 이소프로필알코올

주로 에나멜계의 도료, 아미노 알키드 도료, 주정 도료에 사용된다.

(2) **에테르계** : 에틸에테르, 부틸셀로솔브, 디옥산, 셀로솔브

에나멜 도료, 아크릴 도료, 아미노 알키드 도료에 주로 이용되며 휘발성이 크고, 용매제로 많이 이용된다.

(3) **탄화수소계(지방족)** : 휘발유, 등유, 노말핵산

시너나 합성수지조합페인트의 용제로 이용되며 가격이 저렴하여 유성도료로도 많이 이용된다.

(4) **탄화수소계(방향족)** : 벤젠, 톨루엔, 크실렌, 솔벤트나프타

합성수지도료, 에나멜, 아크릴수지, 유성 바니시에 주로 이용된다.

(5) **에스테르계** : 초산에텔, 초산메틸, 초산부틸, 초산아밀, 초산이소프로필

에나멜, 염화비닐에 주로 사용되며 도료의 용매제로 많이 이용된다.

(6) **케톤계** : 아세톤, 메틸에틸케톤, 메틸부틸케톤, 메틸이소부틸케톤

에나멜 도료, 염화비닐수지 도료, 아미노수지 도료에 주로 이용된다.

SECTION 2 네일 트리트먼트의 종류와 특성

1 네일 영양제 / 강화제

손톱이 약해지거나 잘 찢어지는 손톱을 예방하는 제품으로 손톱에 영양을 주고, 단단한 손톱을 만들어 준다. 자연 손톱 표면에 제일 처음 바르는 제품이다.

2 네일 컨디셔너

수분 함량이 높아 갈라지고 건조한 손톱에 수분과 영양공급을 해 주므로 매일 큐티클 라인에서부터 손톱에 문질러주듯이 흡수시킨다. 묽은 에센스 타입이나 크림 타입 등이 있다.

3 탑 / 실러

컬러 폴리시를 도포한 후에 컬러의 유지력 강화와 보호, 광택을 위해 마지막 단계에 도포해 준다.

SECTION 3 네일 폴리시의 종류와 특성

1 리퀴드 폴리시, 라커

컬러를 도포할 때 사용되며 휘발성이 있다. 성분으로는 니트로셀룰로오스를 휘발성 용해액으로 용해킨 것이다.

2 건성 폴리시

파우더나 크림 형태의 폴리시로 손톱에 광택을 내기 위해 버퍼로 사용하는 제품이다. 성분으로는 산화아연, 활석분, 규토분 등을 이용한다.

SECTION 4 인조 네일 재료의 종류와 특성

1 네일 글루

❶ 네일 팁을 접착하거나 랩핑 등을 고정할 때, 파츠 등을 고정시킬 때 사용되며 점성에 따라 용도에 맞게 이용한다.

❷ 라이트 글루는 점성이 가장 약하며 주로 랩핑 시, 필러 파우더를 고정할 때 많이 이용한다.

③ 젤 글루는 젤 정도의 점도이며 브러시 타입으로 되어 있고, 주로 팁 접착 시, 스톤 접착 시, 연장 마지막 단계에 이용한다.

④ 파츠 글루는 점성이 가장 강하며 푸딩 형태의 고체 같은 형태이고, 튜브에 담겨있어 짜내어 이용하고 스톤이나 큰 파츠 등을 붙일 때 많이 이용된다.

⑤ 글루는 시아노아크릴레이트가 주성분이다.

2 네일 팁

길이를 연장할 때 사용하는 인조 네일이며 크기별로 1~10으로 사이즈가 있다. 성분으로는 플라스틱, 아세테이트, 나일론 등으로 이루어져 있다. 컬러도 다양하게 있고 연장용 이외에도 요즘은 다양한 무늬의 네일 팁을 이용하여 네일아트에 사용되고 있다.

3 네일 랩

찢어진 손톱을 보수할 때나 길이를 연장할 때 이용되며 종류로는 파이버글라스, 실크, 린넨 등을 이용하여 가위로 재단한 후 라이트 글루를 이용하여 부착한다.

4 전처리제

네일 도포 전에 자연 네일의 표면의 유·수분을 제거하고 표면 흡착 효과를 높여주는 작업으로 네일 프라이머, 논애시드 등이 있다. 주성분은 메타크릴산, 아크릴레이트, 부틸아세테이트 등이며, 휘발성 제품이다.

5 아크릴 파우더(폴리머)

단단한 손톱을 연장할 때 이용되며 분말 타입으로 되어있어 이용 시에 리퀴드를 혼합하여 이용한다. 성분으로는 에틸메타크릴레이트, 메틸메타크릴레이트로 이루어져 있다.

6 아크릴 리퀴드(모노머)

아크릴 파우더로 연장할 때 함께 이용하는 재료로 모노머라고도 한다. 아크릴 브러시에 찍은 뒤에 아크릴 파우더를 떠서 이용한다. 특유의 강한 향이 있으므로 주위 환기에 신경 써야 하며 햇빛에 변질 우려가 있어 밀봉하고 쉽게 산화될 수 있다.

7 빌더 젤(연장용 젤)

아크릴과 같이 연장할 때 많이 사용되는 재료이며 연장용 젤은 점도가 높다. 젤 램프에 큐어를 반드시 해야 하며, 성분으로는 에틸아세테이트, 아크릴레이트로 이루어져 있다.

8 젤 클렌저

젤 연장 뒤 끈적이는 미경화 젤을 닦을 때 사용하며 주성분은 에탄올로 이루어져 있다.

SECTION 5 네일 기기의 종류와 특성

1 젤 램프

젤 네일을 할 때 필수적으로 이용되는 젤 경화(큐어)기기로 어떤 전구를 이용하느냐에 따라 UV 젤램프, LED 젤램프, CCFL 젤램프(UV와 LED 혼합램프) 등으로 구분되어 진다.

2 드릴

인조네일 제거, 큐티클 정리, 굳은살이나 각질 제거, 샤이닝을 할 때 이용되며, 핸드피스의 비트를 바꿔주면서 다양한 기능을 수행할 수 있다.

(1) 드릴 머신의 구성

드릴의 구성은 본체(전원버튼, 속도조절장치, 회전방향전환버튼 등), 핸드피스, 비트로 구성되어있다.

❶ 본체 : 머신의 가장 중요한 부분으로 전원버튼과 회전속도를 조절하는 장치, 회전방향(정방향/역방향) 조절장치, 핸드피스 연결장치로 구성되어있다.

❷ 핸드피스 : 파일 역할을 하며 여러 가지 비트를 바꿀 수 있는 팁이 있다. 핸드피스는 연필을 쥐듯이 잡고 인조 네일 제거 시엔 압력을 가하지 않고 네일의 곡률대로 수평을 유지하면서 핸드피스의 RPM(회전수)을 이용하여 부드럽게 표면에 대고 위에서 아래로 내려주듯이 제거한다.

❸ 네일 비트 : 비트는 소모품으로 다양한 기능을 수행하기 위해 비트를 기능에 맞게 바꿔주면 되는데 종류는 네일 케어 시에 사용하는 케어 비트, 젤 제거 비트, 각질 제거 비트, 굳은살 비트 등 다양한 종류의 비트가 계속 개발되고 있다.

(2) 기능

RPM(분당 회전수) : 핸드피스의 주요 기능인 회전수를 나타내는 단위이다.

(3) 회전방향

왼손/오른손잡이를 위해 회전 방향을 바꿔주는 조절 스위치이다.

(4) 주의사항

드릴 이용 시 비트를 잘 장착한 뒤에 젤 제거 시 손톱표면을 수평을 유지하며 이용하고, 시술 후 비트에 먼지가 들어가지 않도록 하며, 비트 청소도 솔을 이용하여 꼼꼼히 청소해야 오래 이용할 수 있다. 시술 전후로 비트는 소독을 해주는데 오래 소독액에 담가뒀을 시 부식될 수 있으므로 조심하여야 한다.

네일 미용 기술 예상적중문제

손톱, 발톱 관리

01 습식매니큐어의 순서로 옳은 것은?

① 손 소독 - 네일 폴리시 제거 - 프리에지 모양 잡기 - 큐티클 불리기 - 큐티클 정리 - 소독 - 컬러 도포
② 네일 폴리시 제거 - 손 소독 - 프리에지 모양 잡기 - 큐티클 불리기 - 큐티클 정리 - 소독 - 컬러 도포
③ 손 소독 - 네일 폴리시 제거 - 프리에지 모양 잡기 - 큐티클 불리기 - 큐티클 정리 - 컬러 도포 - 소독
④ 네일 폴리시 제거 - 손 소독 - 프리에지 모양 잡기 - 큐티클 불리기 - 큐티클 정리 - 컬러 도포 - 소독

02 매니큐어에 대한 설명으로 옳은 것은?

① 큐티클은 세게 밀어 올린다.
② 소량의 유분기가 네일에 남아 있어도 컬러링에는 별 무리가 없다.
③ 큐티클은 죽은 각질 세포이므로 완전히 잘라낸다.
④ 큐티클을 완전히 깊게는 제거하지 않아야 한다.

03 매니큐어에서 포함되지 않는 과정은?

① 손톱의 형태 조형　② 네일 폴리시 도포
③ 네일 프라이머 도포　④ 유분기 제거

04 파라핀 매니큐어 시 고객에게 사용하는 파라핀의 적정 온도는?

① 약 40~45℃　② 약 45~50℃
③ 약 52~55℃　④ 약 60~65℃

01 큐티클 정리 후 꼭 중간 소독이 필요함

03 네일 프라이머는 인조 네일 시술 시에 사용하는 재료이다.

정답 01 ① 02 ④ 03 ③ 04 ③

05 습식매니큐어 시술에서 손톱 모양을 만들고 난 후 손톱 밑의 거스러미를 제거하는데, 이때 사용하는 도구의 명칭은?

① 니퍼　　② 라운드 패드
③ 스톤푸셔　　④ 글루

06 습식매니큐어 시술에 대한 설명으로 옳지 않은 것은?

① 폴리시를 제거할 때는 리무버를 솜에 묻혀 네일 표면에 올려놓고 문질러서 제거한다.
② 자연 네일이 누렇게 변색된 경우 과산화수소를 솜에 묻혀 오렌지 우드 스틱에 말아서 자연 네일에 바른다.
③ 파일링 시 네일의 양쪽 코너 안쪽까지 깨끗하게 갈아낸다.
④ 큐티클을 밀어 올릴 때는 푸셔를 45° 각도로 해서 조심스럽게 밀어 올린다.

07 파라핀 매니큐어에 대한 설명으로 틀린 것은?

① 피부가 건조한 고객에게 보습 및 영양을 공급해주는 관리 방법이다.
② 약하고 아주 부드러운 네일에 효과적이다.
③ 파라핀이 녹는 데 시간이 걸리므로 미리 준비한다.
④ 혈액순환 촉진으로 손의 피로를 풀어주는 데 도움을 준다.

08 매니큐어에 대한 설명으로 옳은 것은?

① 큐티클 관리를 말한다.
② 손과 손톱의 총체적인 관리를 의미한다.
② Manus와 Cura가 합성된 말로 스페인에서 유래 되었다.
④ 매니큐어는 중세부터 행해졌다.

09 폴리시에 대한 설명으로 옳지 않은 것은?

① 폴리시는 색상을 주고 광택을 내게 하는 화장제이다.
② 보통 2~3회 정도 바른다.
③ 굳는 것을 방지하기 위해 병 입구를 닦아 보관해야 한다.
④ 폴리시는 비인화성 물질이다.

정답 05 ② 06 ③ 07 ② 08 ② 09 ④

05 손톤 밑의 거스러미를 제거할 때는 라운드 패드를 사용한다.

06 파일링 시 네일의 양쪽 코너 안쪽까지 갈게 되면 손톱이 손상될 수 있다.

07 네일이 얇고 약한 경우에는 뜨거워진 파라핀 용액의 온도로 더욱 약해질 수 있으므로 주의해야 함

09 폴리시 성분은 인화성 물질이므로 취급 시 주의해야 한다.

10 핫오일 매니큐어 시 히터에서 데우는 데 적당한 시간은?

① 5~10분 ② 10~15분
③ 7~12분 ④ 15~20분

11 핫오일 매니큐어로 가장 큰 효과를 볼 수 있는 것은?

① 몰드 ② 오니쿠리시스
③ 오니코파지 ④ 테리지움

12 파라핀 시술은 어떤 증상에 효과가 있는가?

① 습진 ② 무좀
③ 통증 ④ 건성

13 다음 중 잘 부러지는 손톱에 추천되는 것은?

② 손 마사지 ② 의사의 검진
③ 오일 매니큐어 ④ 로션

14 모든 네일 시술의 절차 중 가장 먼저 하는 것은?

① 큐티클 밀기 ② 폴리시 제거
③ 손 소독하기 ④ 모양 잡기

15 미지근한 물을 넣어 고객의 손끝을 담가 큐티클을 불려주는데 사용하는 제품의 명칭은?

① 핑거볼 ② 디스펜서
③ 솜용기 ④ 재료 정리함

16 큐티클 푸셔의 사용 방법으로 큐티클을 밀어 올리는 각도로 가장 적절한 것은?

① 15° 각도 ② 30° 각도
③ 45° 각도 ④ 90° 각도

10 핫오일 매니큐어 시 10~15분 정도 히터에서 데우는 것이 좋다.

11 큐티클의 과잉성장으로 네일판을 덮는 테리지움(표피조막증)에 핫오일 매니큐어로 교정이 가능하다.

12 파라핀 시술은 건조한 손톱을 위한 관리 방법으로 적당하다.

13 건조한 손톱은 잘 부러지므로 오일 매니큐어 시술이 보습력을 높여주므로 효과적이다.

14 모든 시술에 앞서 가장 먼저 해야 할 일은 시술자와 고객의 손을 소독하는 일이다.

정답 10 ② 11 ④ 12 ④ 13 ③ 14 ③ 15 ① 16 ③

17 **네일 도구에 대한 설명으로 가장 적절하지 않은 것은?**

① 네일 더스트 브러시는 네일의 분진을 제거하는 데 사용한다.
② 네일 클리퍼는 빠른 시간 내에 네일의 길이를 줄일 수 있으므로, 고객에게 적극 사용하도록 권한다.
③ 팁 커터는 네일 팁의 길이를 빠른 시간 내에 재단할 수 있는 도구이다.
④ 네일 도구는 사용 후 위생 소독한다.

17 네일의 길이는 가능하면 네일 파일로 조절하는 것이 적절함

18 **네일 도구에 대한 설명으로 바르게 연결되지 않은 것은?**

① 큐티클 푸셔 : 큐티클을 밀어 올릴 때 사용하는 도구이다.
② 토우세퍼레이터 : 네일 폴리시를 도포할 때 발가락 사이에 끼워 발가락을 분리해주는 제품이다.
③ 네일 클리퍼 : 네일 팁을 잘라 그 길이를 조절할 때 사용한다.
④ 네일 더스트 브러시 : 네일과 네일 주변의 먼지와 가루 이물질을 제거할 때 사용한다.

18 네일 클리퍼 : 네일 팁이 아닌 손·발톱을 잘라 길이를 조절할 때 사용하는 도구

19 **네일 도구 중 가장 감염이 되기 쉬운 도구로 다른 것보다 더 철저한 소독이 필요한 것은?**

① 오렌지 우드스틱 ② 큐티클 니퍼
③ 네일 파일 ④ 샌딩 파일

20 **네일 도구 중 일회용으로 사용하지 않아도 되는 것은?**

① 큐티클 니퍼 ② 오렌지 우드스틱
② 콘 커터의 면도날 ④ 토우세퍼레이터

21 **큐티클 니퍼에 대한 설명으로 틀린 것은?**

① 큐티클을 정리할 때 사용하는 도구이다.
② 큐티클 니퍼 날의 모든 부분이 닿지 않게 사용한다.
③ 큐티클 주위 피부가 손상되지 않도록 주의하며 정리한다.
④ 네일 아티스트는 1개의 큐티클 니퍼를 계속 사용한다.

정답 17 ② 18 ③ 19 ② 20 ① 21 ④

22 **오렌지 우드스틱의 사용 용도로 틀린 것은?**

① 큐티클을 밀어 올릴 때
② 네일 폴리시의 여분을 닦을 때
③ 네일 주위 굳은살을 정리할 때
④ 네일 주위 이물질을 제거할 때

23 **딱딱하고 매우 두꺼운 발뒤꿈치 각질을 정리하기 위해 사용되는 네일 도구의 명칭은?**

① 팁 커터 ② 콘 커터
③ 큐티클 푸셔 ④ 토우세퍼레이터

24 **다음은 매니큐어 시술에 관한 설명이다. 옳지 않은 것은?**

① 큐티클 주위와 손톱 각질을 자르면 자를수록 딱딱해질 수 있다.
② 탑코트를 발라 유색 폴리시가 더 오래가도록 한다.
③ 버핑 시 너무 세게 문지르지 않는다.
④ 큐티클은 죽은 각질 세포이므로 완전히 잘라내야 한다.

24 큐티클을 너무 무리하게 잘라내면 피가 나거나 부어오를 수 있으므로 적당히 잘라내야 한다.

25 **습식매니큐어 사용 후의 사후 조치로 옳지 않은 것은?**

① 사용한 서비스 소모품은 반드시 폐기 처리한다.
② 고객에게 필요한 재료가 아니더라도 권해준다.
③ 다음번 서비스의 예약을 접수한다.
④ 다음 고객의 시술을 위한 소독을 한다.

25 고객이 원하지 않는 재료나 서비스를 권해 고객을 언짢게 하거나 부담을 주지 않도록 한다.

26 **풀코트 후 프리에지 부분만 미리 얇게 지우는 컬러링 기법은?**

① 슬림라인 컬러링 ② 헤어라인 팁 컬러링
③ 하프문 컬러링 ④ 루눌라 컬러링

27 **컬러링에 대한 설명이 틀린 것은?**

① 네일 폴리시를 2회 도포한다.
② 착색 방지를 위해 베이스코트를 도포한다.
③ 네일 폴리시를 바르기 전 큐티클을 유연하게 하기 위해 큐티클 오일을 바른다.
④ 탑코트는 힘을 주지 않고 가볍게 도포한다.

정답 22 ③ 23 ② 24 ④ 25 ② 26 ② 27 ③

28 루눌라(조반월) 부분만 남겨놓고 도포하는 컬러링 기법은?

① 프리에지 컬러링 ② 헤어라인 컬러링
③ 슬림라인 컬러링 ④ 하프문 컬러링

29 족욕기에 첨가할 수 있는 재료는?

① 크림 ② 항균비누
③ 방부제 ④ 발 파우더

30 족욕기에 항균비누를 넣는 이유는?

① 상처를 치료하기 위해서
② 포자를 멸균하기 위해서
③ 큐티클을 제거하기 위해서
④ 박테리아 살균을 위해서

31 정체되어 있는 손발의 모세혈관 흐름을 촉진시켜 전신의 대사를 원활하게 해주며 피로회복에 적당한 족욕기 사용의 적절한 물 온도와 사용시간은?

① 40~43℃, 40분간 ② 36~40℃, 40분간
③ 40~43℃, 20분간 ④ 86~40℃, 20분간

32 페디큐어 시술 방법 중 옳은 것은?

① 발을 편하게 관리하도록 둥근형으로 파일링한다.
② 발 뒷꿈치 각질은 완전히 제거한다.
③ 발 냄새를 방지하고 시술하기 편하게 발가락에 토우세퍼레이터를 끼운다.
④ 당뇨병 환자에게 발마사지는 피로를 줄여준다.

33 페디큐어 시술 시 올바른 방법은?

① 양쪽 가장자리를 둥글게 자른다.
② 가벼운 각질이라도 크레도를 사용하도록 한다.
③ 페디큐어는 겨울철에는 하지 않는 것이 좋다.
④ 페디파일은 출혈이나 부작용을 줄 수도 있으므로 심하게 갈지 않는다.

정답 28 ④ 29 ② 30 ④ 31 ③ 32 ③ 33 ④

32
- 발톱은 일자형으로 파일링하는 것이 좋다.
- 뒷꿈치 각질은 너무 많이 제거하지 않는다
- 고혈압 환자나 당뇨병 환자에게는 발마사지를 하지 않는 것이 좋다.

33
- 일자로 모양을 잡아 살 속으로 파고들지 않게 한다.
- 가벼운 각질은 페디파일을 사용한다.
- 겨울철에는 건조하므로 페디큐어가 더 필요하다.

34 발 마사지 시 가볍게 두드리면서 하는 방법은?

① 경타법 ② 비벼주는 법
③ 주무르는 법 ④ 눌러줌

35 발 마사지의 효과로 옳은 것은?

① 혈액순환을 왕성하게 한다.
② 고혈압, 심장병 환자에게 시술하면 좋다.
③ 고객의 불편한 곳을 치유해 줄 수 있다.
④ 혹이나 사마귀 등은 손님의 요청으로 제거할 수 있다.

36 다음 중 설명이 잘못된 것은?

① 핫오일 매니큐어 시 일회용 컵을 교체하므로 히터 자체를 소독할 필요는 없다.
② 핫오일 매니큐어는 건조한 겨울에 효과적이다.
③ 핫오일 매니큐어 시 남은 로션은 다시 쓸 수 없다.
④ 손톱을 불린 후에는 절대로 파일링을 해서는 안 된다.

인조 네일 관리

01 네일 팁 시술에 필요하지 않은 재료는 무엇인가?

① 라이트글루 ② 팁 커터기
③ 폴리시 ④ 글루 드라이

02 자연 네일에 인조 팁을 붙일 때 적당한 각도는?

① 35° ② 40°
③ 45° ④ 50°

03 인조 네일 시술 시 네일과 팁의 턱을 효과적으로 메워 줄 수 있는 제품은?

① 아크릴 리퀴드 ② 필러 파우더
③ 랩 ④ 프라이머

34 마사지할 때 가볍게 두드려주는 방법을 경타법이라 한다

35
- 마사지는 고혈압이나 심장병 환자에게는 좋지 않다.
- 발 마사지는 병을 치유하는 목적으로 하는 것이 아니다.
- 혹이나 사마귀 등은 병원에서 치료를 받는다.

36 핫오일 매니큐어에 사용되는 히터는 항상 소독해야 한다.

02 자연 네일에 인조 팁을 붙일 때의 각도는 45° 가 가장 이상적이다.

03 팁 시술 시 필러 파우더로 네일과 팁의 턱을 효과적으로 메워 줄 수 있다.

정답 34 ① 35 ① 36 ① 01 ③ 02 ③ 03 ②

04 팁을 부착하는 방법으로 옳은 것은?

① 팁을 밀착시킨 후 5~10초 정도 지난 후 글루 드라이를 뿌린다.
② 접착제의 양을 많이 하여 공기가 들어가지 않게 밀착시킨다.
③ 측면이 너무 두꺼운 경우 파일로 살짝 갈아 준 후 시술한다.
④ 90° 각도를 유지해 공기가 들어가지 않게 밀착시킨다.

04
- 팁을 밀착시킨 후 5~10초 정도 지난 후 양쪽 측면을 살짝 눌러 준다.
- 접착제의 양이 많으면 공기가 들어가기 쉽다.
- 45° 각도로 해서 공기가 들어가지 않게 밀착시킨다.

05 인조 손톱 시술 시 고객의 손을 불리지 않는 이유는?

① 파일링이 쉬워지므로
② 인조 손톱의 리프팅이 잘 되므로
③ 습기를 먹은 자연 손톱에 곰팡이나 균이 잘 번식하므로
④ 인조 손톱이 잘 접착되지 않으므로

05 팁 연장을 하기 전에 손톱을 불리게 되면 습기로 인해 곰팡이나 균이 번식하는 환경을 만들어 주게 된다.

06 팁을 부착하는 방법으로 맞지 않는 것은?

① 접근 각도는 45°가 적당하다.
② 웰의 정지선 이하는 글루를 묻히지 말아야 한다.
③ 알맞은 크기의 팁을 붙여야 한다.
④ 손톱의 절반 이상을 가려야 한다

06 팁을 부착할 때는 손톱의 1/3 정도를 가리는 것이 적당하다.

07 다음은 인조 손톱 부착 순서이다. (　　)에 알맞은 것은?

> 소독 → 큐티클 밀기 → 팁 선택하기 → 팁 부착 → 자르기 및 모양 만들기 → 팁 턱 제거하기 → 필러 파우더 뿌리기 → (　　　) → 모양 만들기 → 블랙 버퍼로 샌딩하기

① 폴리시 제거
② 큐티클 밀기
③ 오일 바르기
④ 턱 정리하기

07 필러 파우더를 뿌리고 글루를 전체적으로 펴 바른 다음 드라이를 뿌린 후 매끄럽게 턱을 갈아 준다.

08 필러 파우더를 뿌릴 때의 주의 사항이 아닌 것은?

① 팁 턱 제거 시 손톱이 원만한 곡선인 경우 턱 제거만으로도 매끄러워질 수 있다.
② 필러 파우더 사용 후 글루를 바르고 글루 드라이를 뿌려 준다.
③ 굴곡이 있는 경우 필러 파우더로 채워 주어야 매끄럽다.
④ 필러 파우더를 뿌릴 때 손톱 주변에 묻은 것은 마지막에 한 번에 정리한다.

08 필러 파우더를 바로 정리하지 않으면 다음 글루 도포 시 주변까지 글루가 번지게 된다.

정답 04 ③ 05 ③ 06 ④ 07 ④ 08 ④

09 네일 팁 시술 과정 중 손톱의 광택을 제거해 주는 이유는?

① 손톱을 모양을 잘 잡기 위해
② 손톱의 유분기 제거를 위해
③ 글루가 잘 퍼지게 하려고
④ 팁 턱을 잘 제거하기 위해

10 팁이 자연 손톱과 접착되는 부분을 무엇이라 하나?

① 웰 ② 네일 베드
③ 익스텐션 ④ 글루

11 팁 길이를 자를 때 사용하는 도구는?

① 콘 커터 ② 니퍼
③ 팁 커터기 ④ 클리퍼

12 네일 팁 부착 시 주의 사항으로 옳지 않은 것은?

① 자연 손톱의 모양은 라운드가 적당하다.
② 자연 손톱의 길이는 일정하지 않아도 된다.
③ 푸셔나 오렌지 우드스틱으로 큐티클을 밀어준다.
④ 접근 각도는 45°이다.

13 네일 팁 시술 시 턱을 제거할 때 사용 하는 파일의 그릿수는?

① 80 ② 180
③ 280 ④ 380

14 네일 팁 접착 방법에 대한 설명으로 틀린 것은?

① 네일 팁 접착 시 자연 네일의 1/2 이상을 덮어 부착한다.
② 자연 네일의 광택을 제거해 준다.
③ 45° 각도로 팁을 접착하여 공기가 들어가지 않도록 유의한다.
④ 자연 네일에 맞는 팁이 없다면 조금 큰 팁을 갈아서 부착한다.

15 플라스틱, 나일론, 아세테이트 등의 소재로 만든 것은?

① 네일 랩 ② 젤 네일
③ 네일 팁 ④ 섬유 유리 네일

09 손톱에 유분기가 남아 있으면 리프팅의 원인이 된다.

12 자연 손톱의 길이가 일정하지 않으면 팁의 길이도 일정하지 않게 되므로 길이를 맞추어 준다.

정답 09 ② 10 ① 11 ③ 12 ② 13 ② 14 ① 15 ③

16 **네일 랩에 대한 설명으로 옳지 않은 것은?**

① 손톱을 포장한다는 뜻으로 오버레이(overlay)라고도 한다.
② 약한 자연 손톱이나 인조 손톱 위에 덧씌움으로써 튼튼하게 유지시켜 준다.
③ 자연 손톱을 보호하기 위해 사용하는 방법이다.
④ 부러진 손톱에는 시술할 수 없다.

16 네일 랩은 부러진 손톱이나 깨지고 찢어진 손톱에도 사용할 수 있는 방법이다.

17 **랩 소재 중 강하고 오래가지만 두껍고 투박한 것은?**

① 화이버 글라스 ② 린넨
③ 페이퍼 랩 ④ 실크

17 린넨은 굵은 소재로 짜여 있고 강하고 오래 유지되지만 두껍고 천의 조직이 그대로 보이기 때문에 시술 후 컬러링을 해야 하므로 잘 사용하지 않는다.

18 **래핑에 대한 설명으로 옳지 않은 것은?**

① 종이 랩에 사용되는 종이는 매우 얇은 종이로 비 아세톤에 용해된다.
② 랩을 손톱에 붙이면 원하는 만큼 길이를 만들 수 있다.
③ 랩은 손톱을 완전히 덮고 있으므로 유분과 수분이 자생적으로 발생하지 않는다.
④ 손톱이 얇은 경우 두껍고 튼튼하게 덧붙일 수 있다.

18 래핑하더라도 자연적인 유분과 수분은 발생한다.

19 **네일 래핑 시 사용하지 않는 재료는?**

① 젤 글루 ② 네일 글루
③ 아크릴 리퀴드 ④ 페이퍼 랩

19 아크릴 리퀴드는 아크릴 스캅춰 또는 오버레이 시술 시 사용된다.

20 **랩의 소재 중 가장 강한 것은?**

① 화이버 글라스 ② 린넨
③ 실크 ④ 페이퍼 랩

20 린넨은 굵은 소재의 천으로 짜여 있고 강하고 오래 유지된다.

21 **패브릭 랩의 종류에 속하지 않는 것은?**

① 무슬린 ② 화이버 글라스
③ 린넨 ④ 실크

21 무슬린천은 왁싱 시 스트리퍼로 쓰인다.

정답 16 ④ 17 ② 18 ③ 19 ③ 20 ② 21 ①

22 실크 랩의 특징이 아닌 것은?

① 투명하다. ② 일시적인 용도로 사용한다.

③ 부드럽다. ④ 자연스럽다.

23 패브릭랩의 종류 중 매우 가느다란 명주실로 촘촘히 짜여진 소재는 ?

① 린넨 ② 페이퍼 랩

③ 화이버 글라스 ④ 실크

24 실크의 문제점 중 리프팅의 원인이 아닌 것은?

① 글루의 품질이 떨어지거나 오래된 글루를 사용했을 때

② 손톱의 베이스는 너무 짧은데 길이를 길게 연장했을 때

③ 랩의 턱을 제대로 갈지 않았을 때

④ 광택을 깨끗이 제거했을 때

25 패브릭의 보관 방법으로 옳은 것은?

① 냉장고에 보관한다.

② 깨끗한 서랍 속에 넣어 둔다.

③ 옷걸이에 걸어 둔다.

④ 박테리아균의 오염을 막기 위해 플라스틱 봉지에 담아 밀폐해 둔다.

26 실크의 문제점 중 리프팅의 원인이 아닌 것은?

① 보수했을 때

② 큐티클 주위에 글루가 묻었을 때

③ 광택 제거를 제대로 하지 않았을 때

④ 글루를 많이 발랐을 때

27 래핑한 네일이 오래가지 못하고 부러지는 원인이 아닌 것은?

① 보수가 필요할 때

② 글루를 충분히 발랐을 때

③ 손톱이 너무 길 때

④ 파일링이 과다할 때

22 실크는 매우 가느다란 명주 소재의 천으로 가볍고 얇으며 투명해서 가장 많이 사용된다.

24 광택을 제대로 제거하지 않았을 때 리프팅의 원인이 된다.

26 리프팅은 랩이 자연 네일에서 분리되어 떨어지는 것을 말하는데, 리프팅을 방지하기 위해 보수를 해야 한다.

27 글루의 양이 적을 때 부러지는(breaking) 원인이 된다.

정답 22 ② 23 ④ 24 ④ 25 ④ 26 ① 27 ②

28 랩을 붙일 때 큐티클과 떨어지는 적당한 거리는?

① 상단의 큐티클로부터 1.5㎜ 정도 떨어져야 한다.
② 상단의 큐티클로부터 2㎜ 정도 떨어져야 한다.
③ 상단의 큐티클로부터 2.5㎜ 정도 떨어져야 한다.
④ 상단의 큐티클로부터 3㎜ 정도 떨어져야 한다.

29 다음은 실크 랩의 시술 과정을 순서대로 나열한 것이다. ( )에 들어갈 작업으로 적당한 것은?

큐티클 밀기 → (㉠) → 실크 붙이기 → 글루 바르기 → (㉡) → 모양 만들기 → 글루 바르기 → 표면 정리

① ㉠ 오일 바르기, ㉡ 큐티클 밀기
② ㉠ 오일 바르기, ㉡ 랩턱 갈아내기
③ ㉠ 광택 제거, ㉡ 랩턱 갈아내기
④ ㉠ 광택 제거, ㉡ 큐티클 밀기

30 네일 랩의 문제점 중 벗겨짐(Peeling)이란?

① 네일 랩이 부러지는 현상
② 손톱의 프리에지 부분의 색깔이 변하는 현상
③ 손톱의 프리에지 부분에서 랩이 분리되는 현상
④ 네일 랩이 분리되는 현상

31 다음 중 네일 랩 시술에서 사용되지 않는 것은?

① 접착제 ② 프라이머
③ 블랙 버퍼 ④ 패브릭

32 네일 랩의 주된 목적은?

① 얇고 깨지기 쉬운 손톱의 강화
② 큐티클 보호
③ 손톱의 길이 연장
④ 손톱을 물어뜯는 습관 극복

정답 28 ① 29 ③ 30 ③ 31 ② 32 ①

28 랩을 붙일 때는 큐티클로부터 1.5㎜ 정도 떨어지도록 한다.

30 네일 랩에서 필링은 손톱의 길이를 자를 때 클리퍼를 너무 깊게 넣어 자연 손톱에 틈이 생기거나 손톱의 유·수분으로 인해 가장 많이 쓰는 손톱 끝 부분이 벗겨지는 현상이다.

31 프라이머는 아크릴이 자연 손톱에 잘 접착될 수 있도록 발라주는 촉매제이다.

32 네일 랩은 기본적으로 얇고 깨지기 쉬운 손톱을 강화해 주는 것이 주된 목적이다.

33 래핑에 관한 설명으로 옳지 않은 것은?

① 자연 손톱을 보호하기 위해 사용한다.
② 글루 건조제를 사용 시 20㎝ 이상 거리를 둔다.
③ 실크 재단 시 네일의 크기보다 1~2㎜ 정도 작게 재단한다.
④ 실크턱을 살려 입체감을 준다.

34 다음은 실크익스텐션 과정이다. ( )에 들어갈 작업으로 옳은 것은?

> 소독 → 광택 제거 → 실크 오리기 → ( ) → 필러 파우더 뿌리기 → 실크턱 제거 → 표면정리 → 글루 바르기 → 턱 제거 → 마무리

① 글루 바르기　② 프라이머 바르기
③ 젤 바르기　④ 큐티클 정리

35 실크익스텐션 시술 시 주의 사항으로 맞는 것은?

① 글루 드라이는 가까이서 뿌려야 빨리 마른다.
② 실크는 큐티클까지 완벽하게 재단한다.
③ C 커브 모양이 만들어지지 않은 상태에서 필러 파우더를 많이 뿌리면 교정이 힘들다.
④ 필러는 한 번에 많이 뿌려 볼륨감을 준다.

36 실크익스텐션에 필요한 재료가 아닌 것은?

① 필러 파우더　② 글루
③ 팁　④ 가위

37 실크익스텐션에 대한 설명으로 잘못된 것은?

① 물어뜯는 손톱의 교정에 이용된다.
② 아크릴을 이용해 견고하게 할 수 있다.
③ 파우더를 한 번에 많이 뿌리면 C 커브가 잘 안 잡힌다.
④ 패브릭, 글루, 필러 파우더를 이용해 길이를 연장하는 것이다.

33 턱을 자연스럽게 자연 네일과 연결해야 들뜨지 않는다.

35
- 충전물을 한 번에 많이 뿌리면 뭉치거나 건조가 잘 안되므로 여러 번에 걸쳐 조금씩 뿌려 준다.
- 큐티클 아래 1.5㎜ 정도 띄우고 재단한다.
- 글루 드라이는 15~20㎝ 띄우고 뿌린다.

36 실크익스텐션은 실크로 연장하므로 팁이 필요 없다.

37 젤을 발라서 투명하고 단단하게 해준다.

정답 33 ④ 34 ① 35 ③ 36 ③ 37 ②

38 **실크익스텐션 과정에서 젤을 바르는 이유는?**

① 표면을 매끄럽게 하려고
② 손톱을 보호하기 위해
③ 투명하고 단단하게 하려고
④ 손톱의 변색을 막기 위해

38 실크익스텐션 시술 시 젤을 바르게 되면 네일이 투명하고 단단해진다.

39 **실크익스텐션 시술 시 투명도를 높이는 방법은?**

① 필러 파우더를 자주 뿌린다.
② 실크를 두 겹으로 올린다.
③ 글루드라이를 가까이서 뿌려 준다.
④ 연장된 네일 뒷부분에 글루를 발라 준다 .

39 글루는 연장된 네일의 뒷부분에 발라 주어야 투명도를 높일 수 있다.

40 **실크익스텐션 시술 시 실크의 올바른 접착 방법이 아닌 것은?**

① 큐티클과 양 사이드로부터 1.5㎜ 떨어져 재단한다.
② 글루가 다 마르기 전에 핀칭을 준다.
③ 실크가 밀리거나 구겨지지 않게 밀착한다.
④ 늘리고자 하는 길이만큼만 재단한다.

40 늘리고자 하는 길이만큼만 재단하게 되면 C 커브를 잡아 줄 수 없으므로 약간의 여유를 두고 재단한다.

41 **실크익스텐션 시술 시 필러 파우더를 조금씩 여러 번 뿌리는 이유는?**

① 광택이 잘 나기 위해
② 실크 접착이 잘되기 위해
③ 모양 교정이 쉽고 투명하기 위해
④ 파일링이 잘되기 위해

41 필러 파우더를 여러 번에 걸쳐 조금씩 뿌려야 모양 교정이 쉽고 투명도를 높일 수 있다.

42 **실크익스텐션에 대한 설명으로 옳지 않은 것은?**

① 인조 손톱보다 강하지 않다.
② 인조 손톱에 비해 가볍다.
③ 자연스러운 아름다움을 강조하는 것이다.
④ 패브릭을 이용해 길이를 연장하는 것이다.

42 실크는 얇지만 튼튼하고 잘 찢어지지 않으며, 인조 손톱보다 강하다.

정답 38 ③ 39 ④ 40 ④ 41 ③ 42 ①

43 실크익스텐션 시술에서 글루를 바르고 난 다음 젤을 바르기 전에 글루 드라이를 뿌리면 안 되는 이유로 적당한 것은?

① 기포 발생을 방지할 수 있으므로
② 젤이 잘 발라지지 않으므로
③ 필러 파우더가 깨지기 쉬우므로
④ 실크가 줄어들게 되므로

44 팁 위드 랩 시술 시 사용하지 않는 재료는?

① 글루 드라이 ② 실크
③ 젤 글루 ④ 아크릴 파우더

45 팁 위드 랩 시술 시 잘못 설명한 것은?

① 팁을 자연 손톱 길이의 1/2을 넘도록 밀착하여 붙인다.
② 팁 길이는 원하는 길이보다 약간 길게 자른다.
③ 큐티클 아래의 1.5㎜ 남기고 실크를 부착한다.
④ 고객이 원하는 손톱 모양으로 파일링한다.

46 아크릴 시술 시 길이를 늘려 주기 위해 사용되는 재료는?

① 팁 ② 실크
③ 폼 ④ 글루

47 아크릴 리퀴드와 파우더를 조금씩 덜어 사용할 수 있는 용기는?

① 디펜디쉬 ② 스포이드
③ 핑거볼 ④ 디스펜서

48 다음 중 아크릴로 제작 완료된 형태를 가리키는 용어는?

① 모노머 ② 프라이머
③ 폴리머 ④ 카탈리시스

49 아크릴이 자연 손톱에 잘 접착되도록 사용하는 재료는?

① 프라이머 ② 폴리머
③ 글루 ④ 젤

43 실크익스텐션 시술에서 글루를 바르고 난 다음 젤을 바르기 전에 글루 드라이를 뿌리게 되면 기포가 발생하고 자연스러움이 감소하게 되므로 글루를 바르고 나서 바로 젤을 바른다.

46 아크릴 시술에서 손톱의 길이를 연장해 주는 재료로 폼을 사용한다.

48 폴리머는 제작 완료된 아크릴 네일의 종합체를 말한다.

49 프라이머는 아크릴이 자연 손톱에 잘 접착될 수 있도록 발라주는 촉매제이며, 프라이머 작업 시에는 반드시 보안경, 비닐장갑 마스크를 착용하도록 한다.

정답 43 ① 45 ④ 45 ① 46 ③ 47 ① 48 ③ 49 ①

50 아크릴 리퀴드는 어떤 구조로 되어있는가?

① 폴리머　② 엑티메이터
③ 모노머　④ 카탈리스트

51 아크릴 네일이나 스캅춰 네일 시술 시 가장 얇아야 하는 부분은?

① 바디　② 스트레스 포인트
③ 프리에지　④ 큐티클 부분

51 큐티클 부분과 자연스럽게 연결되어야 리프팅을 방지할 수 있으므로 이 부분이 가장 얇아야 한다.

52 아크릴 시술에 사용되는 화학 성분 중 물질을 빨리 굳게 해주는 성분은?

① 프라이머　② 모노머
③ 폴리머　④ 카탈리스트

52 카탈리스트는 아크릴을 빨리 굳게 하는 작용을 하며, 양을 조절하면서 굳는 속도를 조절한다.

53 아크릴 네일을 시술하기에 적당한 온도는?

① 4~10℃　② 10~15℃
③ 15~20℃　④ 21~26℃

53 아크릴 네일은 낮은 온도에서 잘 깨지거나 들뜨는 단점이 있다. 리퀴드와 혼합된 파우더는 온도에 매우 민감하여 온도가 높을수록 빨리 굳으므로 주의해야 한다.

54 프라이머에 대한 설명으로 옳지 않은 것은?

① 피부에 묻지 않도록 주의하여 바른다.
② 프라이머는 산성이다.
③ 충분한 양으로 여러 번 도포해야 한다.
④ 인조 팁에는 바르지 않는다.

54 프라이머는 피부에 닿을 시 화상을 입을 수 있으므로 피부에 닿지 않게 조심하면서 한두 번만 바르도록 한다.

55 다음 중 아크릴 또는 스캅춰 네일에 대한 설명으로 옳지 않은 것은?

① 굳어 지면 약해진다.
② 물어뜯은 네일의 보정 시 사용한다.
③ 카탈리스트는 아크릴을 빨리 굳게 해주는 작용을 한다.
④ 완성된 네일은 액체 아크릴 및 분말 아크릴 제품의 혼합체이다.

55 아크릴은 굳어 지면 더 단단해진다.

56 다음 중 아크릴 네일 사용할 때 카탈리스트의 사용 목적은?

① 강화 과정을 느리게 하기 위해
② 냉각을 시키기 위해
③ 강화 과정을 촉진 시키기 위해
④ 접착이 잘되기 위해

56 카탈리스트는 빨리 굳게 하기 위해 작용하는데, 양에 따라서 빨리 굳을 수도 늦게 굳을 수도 있다.

정답　50 ③　51 ④　52 ④　53 ④　54 ③　55 ①　56 ③

57 다음 중 프라이머에 대한 설명으로 옳지 않은 것은?

① 피부나 눈에 닿으면 안 된다.
② 프라이머 작업 시 반드시 보안경과 비닐장갑, 마스크를 착용한다.
③ 프라이머는 투명한 유리병에 보관한다.
④ 프라이머에 이물질이 들어가는 것을 막기 위해 작은 용기에 보관한다.

57 프라이머는 빛에 노출되면 변질될 우려가 있으므로 어두운 색의 유리 용기에 넣어 둔다.

58 다음 중 아크릴 네일 시술에 대한 설명으로 옳지 않은 것은?

① 손톱을 최대한 짧게 잘라야 한다.
② 손톱과 폼 사이에 틈이 생기지 않도록 한다.
③ 하이포니키니움이 다치지 않도록 너무 깊이 끼우지 않는다.
④ 손톱이 너무 짧다면 손톱을 만들어 준 후 길이를 연장한다.

58 손톱의 길이가 너무 짧으면 폼을 끼우기 어려우므로 적당한 길이가 유지되어야 한다.

59 다음 중 아크릴 네일 시술 후 리프팅의 원인이 아닌 것은?

① 큐티클 부분에 너무 두껍게 올렸을 경우
② 스트레스 포인트를 감싸지 못했을 경우
③ 유·수분을 충분히 제거하지 못했을 경우
④ 바디가 짧은 손톱에 시술했을 경우

59 아크릴 네일은 바디가 짧은 손톱을 시술하여 손톱을 보정하는 장점이 있다.

60 프라이머를 오염으로부터 방지할 방법으로 옳은 것은?

① 고객이 손톱을 만지지 않게 한다.
② 손을 수건 위에 놓게 한다.
③ 프리에지에 글루를 바른다.
④ 인조 손톱을 사용한다.

60 시술 도중 손톱을 만지게 되면 손에 묻은 이물질을 통해 프라이머가 오염될 수 있다.

61 프라이머가 피부에 묻었을 때의 대처 방법으로 옳은 것은?

① 아세톤으로 닦는다.
② 흐르는 물로 씻어 준 후, 알칼리수로 중화시킨다.
③ 피부소독제를 뿌려준다.
④ 알코올로 닦아낸다.

61 프라이머는 강산성이므로 흐르는 물에 씻은 후 중화시켜야 한다.

정답 57 ③ 58 ① 59 ④ 60 ① 61 ②

62 물어뜯은 네일에 하는 아크릴 서비스가 다른 아크릴 서비스와 다른 점은?

① 폼을 사용하기 전에 연장한다.
② 프라이머를 3회 바른다.
③ 손톱을 짧게 자른다.
④ 아크릴 서비스를 할 수 없다.

63 아크릴 네일을 빠르게 굳게 하는 방법으로 옳은 것은?

① 손톱을 차가운 물에 담근다.
② 모노머의 양을 늘린다.
③ 온도를 높게 한다.
④ LED 램프에 큐어링 한다.

64 물어뜯은 네일에 아크릴 네일을 하기 전에 먼저 해야 하는 것은?

① 습식 메니큐어를 시술한다.
② 네일 팁을 아크릴 손톱에 붙인다.
③ 폼을 끼우기 전에 자연 손톱을 조금 연장한다.
④ 프라이머를 바른다.

65 아크릴 네일 시술 시 프라이머를 도포하는 이유는?

① 네일에 아크릴이 잘 접착되게 한다.
② 자연 손톱의 변색을 막는다.
③ 큐티클을 제거한다.
④ 폴리시가 잘 발리게 한다.

66 큐티클 부분의 아크릴이 두꺼우면 어떤 현상이 일어나는가?

① 원래 손톱이 상하게 된다.
② 폴리시의 색상이 변하게 된다.
③ 아크릴 네일이 들뜬다.
④ 손톱 끝이 손상된다.

62 손톱에 폼을 끼우기 위해 연장을 먼저 해야 한다.

63 아크릴 성분은 온도가 높을수록 잘 굳어지므로 온도를 높게 한다.

65 프라이머는 네일에 아크릴이 잘 접착되게 하는 촉매제의 역할을 한다.

66 큐티클 부분이 다른 부분보다 얇아야 자연 네일과 자연스럽게 연결되어 들뜨는 것을 방지할 수 있다.

정답 62 ① 63 ③ 64 ③ 65 ① 66 ③

67 아크릴 네일이나 스캅춰 네일 시 가장 얇아야 하는 곳은?

① 큐티클 부분 ② 스트레스 포인트 부분
③ 프리엣지 ④ 하이포인트 부분

68 아크릴 제품을 사용하기 전에 고객의 손톱을 청결하게 하는 것은 무엇을 위한 것인가?

① 손톱이 벗겨지는 것을 방지하기 위해
② 폴리시에 기포가 생기는 것을 방지하기 위해
③ 곰팡이균이 성장하는 것을 방지하기 위해
④ 흰 반점이 형성되는 것을 방지하기 위해

68 손톱이 청결하지 못하면 불순물이 들어가서 곰팡이의 원인이 된다.

69 다음 중 아크릴 제품 보관 장소로 가장 적당한 곳은?

① 온도가 낮은 냉장고
② 통풍이 잘되는 서늘한 곳
③ 따뜻하고 어두운 곳
④ 햇볕이 잘 드는 따뜻한 곳

70 아크릴 네일에 대한 설명으로 옳은 것은?

① 손톱의 길이를 연장하거나 모양을 교정할 수 있다.
② 인조 손톱에만 시술이 가능하다.
③ 자연 손톱에만 시술이 가능하다.
④ 필러 파우더와 같이 사용한다.

70 아크릴 네일 시술을 통해 물어뜯은 손톱, 들뜬 손톱 등의 교정이 가능하다.

71 프라이머를 사용할 때 필요 하지 않은 도구는?

① 보안경 ② 디펜디쉬
③ 장갑 ④ 마스크

71 디펜디쉬는 리퀴드를 덜어 쓸 때 사용하는 유리 용기로, 프라이머를 사용할 때는 필요하지 않다.

정답 67 ① 68 ③ 69 ② 70 ① 71 ②

72 **아크릴 프렌치 스캅춰 시술 시 스마일 라인에 대한 설명으로 옳지 않은 것은?**

① 깨끗하고 선명한 라인을 만들어야 한다.
② 스마일 라인이 선명하게 보이는 것보다는 자연스럽게 보이는 것이 좋다.
③ 빠른 시간 내에 시술하여 얼룩이 지지 않게 한다.
④ 손톱의 상태에 따라 라인을 조절할 수 있다.

72 아크릴 프렌치 스캅춰는 스마일 라인을 선명하게 하는 것이 중요 하다.

73 **아크릴 네일 시술 후 언제 보수가 필요한가?**

① 2~3주 후 ② 3~4주 후
③ 4~5주 후 ④ 5~6주 후

73 적절한 보수를 하지 않으면 습기 및 오염으로 인해 곰팡이나 병균에 감염될 수 있으므로 2~3주 후에는 보수를 받아야 한다.

74 **아크릴 리퀴드, 파우더, 프라이머, 브러시, 폼 등의 재료를 이용하는 시술 방법은?**

① 아크릴 스캅춰 ② 팁
③ 랩 오버레이 ④ 실크익스텐션

74 아크릴 스캅춰 시술에 필요한 재료 및 도구로는 아크릴 리퀴드, 파우더, 프라이머, 브러시, 폼, 보안경, 장갑, 마스크 등이 있다.

75 **아크릴 네일의 설명으로 맞는 것은?**

① 두꺼운 손톱 구조로만 완성되며 다양한 형태는 만들 수 없다.
② 투톤 스캅춰인 프렌치 스캅춰에 적용할 수 없다.
③ 네일 폼을 사용하여 다양한 형태로 조형이 가능하다.
④ 물어뜯는 손톱에 사용하여서는 안 된다.

75 아크릴 네일은 네일 폼을 사용하여 다양한 형태로 조형할 수 있으며 투톤 스캅춰 등에도 적용할 수 있다. 물어뜯는 손톱에 아크릴 연장을 하면 물어뜯는 습관을 고치는 데 도움이 된다.

76 **스캅춰 네일을 하기에 가장 적합한 경우는?**

① 손톱이 한두 개 부러졌을 경우
② 손톱이 한두 개 찢어졌을 경우
③ 2~3㎜ 연장할 경우
④ 손톱이 너무 짧아 하이포키니움을 덮지 못한 경우

정답 72 ② 73 ① 74 ① 75 ③ 76 ④

77 특수한 빛에 노출시켜 응고시키는 젤 네일을 무엇이라 하는가?

① 노 라이트 큐어드 젤 ② 라이트 큐어드 젤
③ 젤 코팅 ④ 엠보 젤

77 빛에 노출시켜 응고시키는 것을 라이트 큐어드 젤이라 하고, 응고제를 바르는 것을 노 라이트 큐어드 젤이라 한다.

78 젤을 경화시켜주는 재료로 자외선 또는 할로겐 전구가 들어 전기용품은?

① 젤 탑 코트 ② 큐어링 라이트
③ 글루 드라이 ④ 젤 폴리시

78 큐어링 라이트(Curing light)는 자외선 또는 할로겐 전구를 이용해 젤을 굳게 하는 기능을 말한다.

79 젤 네일과 아크릴 네일을 비교 설명한 것이다. 옳지 않은 것은?

① 젤 네일은 아크릴 네일보다 손톱에 주는 손상이 더 심하다.
② 젤 네일이 아크릴 네일보다 냄새가 심하다.
③ 젤 네일은 아크릴 네일보다 아트의 수정이 더 쉽다.
④ 젤 네일은 아크릴 네일보다 제거가 어렵다.

79 젤 네일은 냄새가 거의 없다.

80 UV 젤의 특성에 대한 설명으로 옳지 않은 것은?

① 젤은 농도에 따라 묽기가 약간 다르다.
② 농도가 진한 젤일수록 다루기가 쉽다.
③ 폴리시를 바르는 형태도 있다.
④ 젤은 별도의 카탈리스트 응고제가 필요하지 않다.

81 라이트 큐어드 젤(light cured gel)의 가장 큰 문제점은?

① 잘 뜬다 ② 광택이 없다
③ 잘 깨진다 ④ 아세톤에 잘 녹지 않는다

81 아세톤에 잘 녹지 않기 때문에 지우는 데 시간이 오래 걸리는 단점이 있다.

82 UV 광선이나 할로겐램프를 이용해 젤을 응고시키는 방법은?

① 노 라이트 큐어드 젤 ② 라이트 큐어드 젤
③ 스캅춰 네일 ④ 아크릴 오버레이

82 라이트 큐어드 젤은 응고제를 발라 응고시키는 노 라이트 큐어드 젤과 달리 UV 광선이나 할로겐 램프를 이용해 응고시킨다.

정답 77 ② 78 ② 79 ② 80 ② 81 ④ 82 ②

83 **젤 네일의 장점으로 옳지 않은 것은?**

① 냄새가 거의 나지 않는다.
② 시술이 쉬워 작업 시간 단축이 가능하다.
③ 폴리시보다 제거가 쉽다.
④ 광택이 오래 지속한다.

84 **젤 네일의 손상 원인이 아닌 것은?**

① 고객의 부주의한 관리
② 젤이 큐티클 부분까지 닿게 발랐을 경우
③ 큐어링한 시간이 부족한 경우
④ 손톱이 빨리 자라는 경우

85 **젤 네일의 특징에 대한 설명으로 옳지 않은 것은?**

① 네일아트 작업 시 수정이 쉽다.
② 아세톤에 잘 녹지 않는다.
③ 광택 유지 기간이 아크릴에 비해 짧게 유지된다.
④ 젤 제거 시 손톱에 손상을 줄 수 있다.

86 **다음은 라이트 큐어드 젤 네일의 시술 순서이다. (　)에 공통으로 들어갈 작업으로 옳은 것은?**

광택 제거 → 1차 젤 도포 하기 → (　　) → 2차 젤 도포 하기 → (　　) → 네일 세척 → 마무리

① 큐어링하기　　② 마사지하기
③ 버핑하기　　④ 파일링하기

87 **응고제를 사용하여 응고시키는 젤 네일은 무엇인가?**

① 노 라이트 큐어드 젤　　② 젤 큐어드
③ 젤 코팅　　④ 라이트 큐어드 젤

84 손톱이 빨리 자란다고 해서 젤 네일이 손상되는 것은 아니다.

정답 83 ③　84 ④　85 ③　86 ①　87 ①

88 노 라이트 큐어드 젤에 대한 설명으로 옳은 것은?

① 특수한 빛에 노출시켜 응고시키는 방법이다.
② 글루 드라이를 사용하여 젤을 응고시키는 방법이다.
③ 응고제를 사용하여 젤을 응고시키는 방법이다.
④ 적외선 빛에 노출시켜 응고시키는 방법이다.

88 라이트 큐어드 젤은 젤을 특수한 빛에 노출시켜 응고시키며, 노 라이트 큐어드 젤은 응고제를 사용하여 응고시킨다.

89 다음은 라이트 큐어드 젤 네일의 시술 순서이다. (   )에 들어갈 작업으로 옳은 것은?

광택 제거 → (   ) → 1차 젤 도포 하기 → 큐어링 → 2차 젤 도포 하기 → 큐어링 → 네일 세척 → 마무리

① 프라이머 바르기　　② 큐티클 밀기
③ 손톱 모양 잡기　　④ 파일링 하기

89 젤 스캅춰 시술 시 젤을 도포하기 전에 젤의 접착력을 높이기 위해 프라이머를 바른다.

90 젤 네일에서 리프팅(lifting)의 원인이 아닌 것은?

① 큐티클 주위에 젤이 묻었을 때
② 큐티클 정리가 잘 안 됐을 때
③ 손톱에 탑코트를 발랐을 때
④ 손톱의 유·수분 제거가 잘 안 됐을 때

90 손톱에 탑코트를 발랐다고 해서 반드시 손톱이 뜨지는 않는다.

91 젤 네일 시술 시에만 필요한 것으로 젤을 경화시키는 데 사용되는 도구는?

① 글루 드라이　　② 드릴 머신
③ 모노머　　④ 큐어링 라이트

92 다음 중 젤 스캅춰 시술 시 사용되는 도구로만 묶인 것은?

㉠ 브러시	㉡ 젤 램프	㉢ 클렌저
㉣ 아크릴 파우더	㉤ 네일 폼	

① ㉠ ㉡ ㉢　　② ㉠ ㉡ ㉣
③ ㉠ ㉡ ㉢ ㉣　　④ ㉠ ㉡ ㉢ ㉤

92 아크릴 파우더는 아크릴 네일 시술 시 사용된다.

정답 88 ③ 89 ① 90 ③ 91 ④ 92 ④

93 **젤 시술의 장점은?**

① 광택이 없다. ② 강도가 강하지 못하다.
③ 리무버에도 잘 제거된다. ④ 투명도가 높다.

94 **아크릴 보수 시 새로 자란 손톱에 꼭 발라주어야 하는 것은?**

① 젤본더 ② 프라이머
③ 베이스젤 ④ 탑젤

95 **패브릭 랩의 보수 기간으로 옳은 것은?**

① 보수는 1주 후, 접착제와 패브릭을 채우는 보수는 3주 후
② 보수는 2주 후, 접착제와 패브릭을 채우는 보수는 4주 후
③ 보수는 3주 후, 접착제와 패브릭을 채우는 보수는 4주 후
④ 보수는 1주 후, 접착제와 패브릭을 채우는 보수는 자주 할수록 좋다.

96 **다음은 인조 네일 보수에 대한 설명이다. 옳지 않은 것은?**

① 정기적인 보수로 깨지거나 부러지거나 떨어지는 것을 방지한다.
② 적절한 보수를 하지 않았을 시 습기 및 오염으로 인해 곰팡이나 병균 감염으로 각종 문제점이 발생할 수 있다.
③ 4주 정도 지나면 손톱의 길이가 많이 자라 한 번의 보수 과정을 거쳤다고 해도 새로 자라 난 부위에 랩이 없으므로 부러지기 쉽다.
④ 새로 자라난 손톱으로 인해 인조팁과 표면이 균일하지 않으므로 손상되지 않은 인조팁도 반드시 떼어내고 다시 시술해야 한다.

97 **인조 네일이 들뜬 원인으로 가장 거리가 먼 것은?**

① 시술자 경험 부족으로 잘못된 서비스를 한 경우
② 큐티클 라인의 두꺼운 완성
③ 글루를 두껍게 올린 경우
④ 고객이 자연 손톱에 유분과 수분을 많이 가지고 있을 경우

정답 93 ④ 94 ② 95 ② 96 ④ 97 ③

98 **팁 위드 실크의 랩이 너무 들떴거나 팁이 부러졌을 경우 보수방법으로 적당하지 않은 것은?**

① 리무버에 담가 떼어낸다.

② 들뜬 부분은 자연 손톱이 상하지 않도록 주의하여 들뜬 부분만 니퍼로 제거한다.

③ 새로 자라난 손톱 부위에 젤을 두껍게 올려 주고 아래쪽으로 자연스럽게 쓸어내린다.

④ 손톱 위의 거스러미나 먼지는 더스트 브러시나 라운드 패드로 깨끗이 제거한다.

99 **네일 연장 시술 후 관리방법으로 틀린 것은?**

① 반드시 보수 관리를 받아야 한다.

② 새로 자라난 네일에는 젤, 필러, 아크릴 등으로 채운다.

③ 접착면이 떨어진 아크릴 부위를 파일로 갈아서 모나는 부분을 없애야 한다.

④ 실크익스텐션 시술을 할 때 글루를 한번에 많은 양을 도포한다.

99 실크익스텐션 시술에는 글루를 여러 번에 걸쳐 조금씩 도포한다.

100 **아크릴 네일을 보수하는 이유 중 옳지 않은 것은?**

① 아크릴 스캅춰를 오래 유지하기 위해서

② 곰팡이 같은 균에 감염을 막기 위해서

③ 아크릴의 제거를 쉽게 하기 위해서

④ 깨끗해 보이는 손톱 모양을 유지하기 위해서

100
- 아크릴 네일의 보수는 2주 후부터 하는 것이 좋다.
- 아크릴 네일에는 필러 파우더를 사용하지 않고 아크릴 파우더를 사용한다.
- 새로 자라난 부분은 턱을 매끄럽게 갈아내고 나머지 부분도 가볍게 갈아낸다.

101 **아크릴 네일에 대한 설명으로 적당하지 않은 것은?**

① 들뜬 아크릴을 무리하게 자르면 네일이 상하기 쉬우며 심하게 들렸다면 제거하고 새로 하는 것이 좋다.

② 정기적인 보수 미용은 네일이 깨지거나 떨어지는 것을 예방할 수 있다.

③ 아크릴의 경화는 평균 2분 정도 내에 모두 완성되며, 더 이상 경화가 진행되지 않는다.

④ 시술 후 하루가 지나면 조이는 느낌을 받는다.

101 아크릴의 경화는 평균 2분 정도이지만, 24시간이 지난 후에도 경화가 연속으로 진행되면서 수축한다.

정답 98 ③ 99 ④ 100 ③ 101 ③

102 아크릴 네일의 보수 과정에 대한 설명으로 옳지 않은 것은?

① 새로 자라난 자연 손톱 부분에 프라이머를 발라 준다.
② 심하게 들뜬 부분은 아크릴 전용 니퍼로 잘라낸다.
③ 아크릴 볼을 최대한 큐티클 가까이에 올린다.
④ 들뜬 부분은 최대한 매끄럽게 갈아내고 전체면도 매끄럽게 갈아낸다.

102 큐티클 부분에는 약간의 공간이 있어야 자연스럽게 연결할 수 있다.

103 손상된 네일을 보수하기 위한 랩 서비스로 맞는 것은?

① 보수용 패치를 잘라서 손상된 부위를 보수한다.
② 글루만 이용해서 수리한다.
③ 필러만 이용해서 수리한다.
④ 젤을 이용해서 채운다.

103 손상된 네일의 보수에는 젤을 사용하지 않고 필러와 글루를 이용하여 래핑을 한다.

104 패브릭 랩의 추후 보수에 대한 설명으로 옳지 않은 것은?

① 자연스럽게 보일 수 있도록 보수 한다.
② 별다른 이상이 없으면 글루를 이용한다.
③ 자라난 부위의 턱을 매끄럽게 갈아내고 나머지 부분도 가볍게 갈아낸다.
④ 깨진 부위는 파일로 갈지 않고 글루만 이용한다.

104 깨진 부위를 파일링을 하지 않고 그냥 두면 곰팡이나 각종 병균이 생길 수 있다.

네일 제품의 이해

01 용제가 갖추어야 할 성상으로 잘못된 것은?

① 용해가 잘될 것
② 인화점이 낮고 가연성일 것
③ 안정성이 있을 것
④ 비중이 적당할 것

01 용제는 인화점이 높고 불연성이어야 한다.

02 전기 동력을 이용하여 네일 케어와 파일링을 대신할 수 있는 전동식 매니큐어 장치를 무엇이라 하는가?

① 파라핀　② 전동 드릴 머신
③ 워머기　④ 핸드 드라이어

02 전동 드릴 머신은 전기 동력을 이용해 파일링 등의 작업을 빠르고 매끈하게 해주는 기계이다.

정답 102 ③ 103 ① 104 ④ 01 ② 02 ②

03 전동 드릴 머신 사용 시 주의사항으로 틀린 것은?

① 항상 손톱 면에 수평으로 유지한다.
② 손톱이 뜨거워지면 작업을 중단하고 속도를 늦추어야 한다.
③ 손톱이 뜨거워지면 비트를 역방향으로 바꿔서 사용한다.
④ 드릴 머신이 지나치게 가열된 경우 RPM을 내려 줄인다.

03 손톱이 뜨거워지면 RPM을 내려 속도를 늦추어야 한다.

04 전동 드릴 머신의 비트가 1분당 회전하는 횟수를 뜻하는 용어는?

① HIV ② RPM
③ Vevus ④ RBM

04 RPM은 Revolution Per Minute의 약자로 비트가 1분간 회전하는 횟수를 의미한다.

05 전동 드릴 머신의 사용 방법에 대한 설명으로 옳지 않은 것은?

① 시술의 종류에 따라 다른 종류의 비트를 사용한다.
② 비트는 일회용이므로 한번 쓰고 버려야 한다.
③ 머신이 지나치게 가열된 경우 RPM을 내려 속도를 줄여야 한다.
④ 항상 손톱면에서 수평으로 유지해야 한다.

05 비트는 시술 후 소독해서 사용한다.

06 드릴 머신의 필요성에 대한 설명으로 옳지 않은 것은?

① 파일링 시간을 단축할 수 있다.
② 무리한 파일링으로 인한 손, 팔, 목 등의 피로감을 완화시킬 수 있다.
③ 용도에 따라 다양한 비트를 사용함으로써 세밀한 작업이 가능하다.
④ 미세한 부분의 작업에는 적당하지 않다.

06 드릴 머신은 미세한 부분까지 작업이 가능하므로 리프팅을 최소화할 수 있다.

07 드릴 머신 사용 시의 주의사항으로 옳지 않은 것은?

① 시술 후 비트를 청소하면 오래 사용 가능하다.
② 비트 소독 시 소독액에 너무 오랫동안 담가두어 녹이 스는 일이 없도록 한다.
③ 시술 시 비트를 손톱면과 45° 각도를 유지한다.
④ 충전식의 경우 시술 전에 미리 충전을 해두어 시간이 늦어지는 일이 없도록 한다.

07 도포 시술과 달리 드릴 머신 시술 시에는 비트를 손톱면과 수평을 유지해야 한다.

정답 03 ③ 04 ② 05 ② 06 ④ 07 ③

08 전동 드릴 머신 시술 시 RPM에 관한 설명이다. 옳지 않은 것은?

① 작업을 빨리하기 위해 RPM을 높인다.
② RPM은 비트가 1분간 회전하는 수를 뜻한다.
③ 보통 최저 0~100RPM에서 최고 35,000RPM까지 속도를 낼 수 있다.
④ 일반적으로 5,000~15,000RPM이 네일 시술에 적당하다.

09 전동 드릴 머신의 비트에 대한 설명으로 옳지 않은 것은?

① 네일 시술에는 5,000~15,000RPM이 적당하다.
② 일반적으로 비트는 정방향 회전일 때는 시계 반대 방향으로, 역방향일 때는 시계 방향으로 회전한다.
③ 비트 사용 후에는 브러시로 먼지를 털 후 아세톤에 담가둔다.
④ 깔끔한 마무리를 위해 거친 비트를 사용한다.

10 비트의 소독 방법에 대한 설명으로 옳지 않은 것은?

① 안티셉틱을 뿌린다.
② 브러시로 먼지를 털 후 아세톤에 담가둔다.
③ 비누와 물로 행군 후 소독액에 담가둔다.
④ 잘 말려 청결한 용기에 담가둔다.

11 전동 드릴 머신에 관한 설명으로 옳지 않은 것은?

① 드릴 머신의 스피드를 RPM이라 한다.
② 보통 전동 드릴 머신의 비트는 시계 반대 방향으로 회전한다.
③ 시술이 끝나면 다음 고객을 위해 반드시 비트를 소독해야 한다.
④ 마찰로 인해 손톱이 뜨거워지면 비트의 회전 방향을 역방향으로 바꿔 시술하면 된다.

08 무리하게 속도를 올리지 말고 적당한 속도를 유지하면서 작업한다.

09 마무리 작업 시에는 부드러운 비트를 사용한다.

10 비트의 소독은 안티셉틱을 뿌리는 것으로는 충분한 소독이 되지 않으므로 아세톤이나 소독액에 담가둔다.

11 마찰로 인해 손톱이 뜨거워지면 RPM 속도를 늦춰야 한다.

정답 08 ① 09 ④ 10 ① 11 ④

6

PART

기출문제

제1회 국가기술자격 필기시험 (2014년 1회)

제2회 국가기술자격 필기시험 (2015년 2회)

제3회 국가기술자격 필기시험 (2015년 4회)

제4회 국가기술자격 필기시험 (2015년 5회)

제5회 국가기술자격 필기시험 (2016년 1회)

제6회 국가기술자격 필기시험 (2016년 2회)

제7회 국가기술자격 필기시험 (2016년 4회)

제1회 국가기술자격 필기시험

2014년 1회 기출문제

자격종목	시험시간	문제수	문제형별
미용사(네일)	1시간	60	

01 세계보건기구에서 규정한 보건행정의 범위에 속하지 않는 것은?

① 보건관계 기록의 보전
② 환경위생과 감염병 관리
③ 보건통계와 만성병 관리
④ 모자보건과 보건간호

TIP 보건행정의 범위 : 보건 관련 기록 보존, 보건교육, 환경위생, 전염병 관리, 모자보건, 의료서비스, 보건간호

02 공기의 저장작용 현상이 아닌 것은?

① 산소, 오존, 과산화수소 등에 의한 산화작용 작용
② 태양 관성 중 자외선에 의한 살균
③ 식물의 탄소동화작용에 의한 CO_2의 생산 작용
④ 공기 자체의 희석작용

TIP 공기의 자정 작용 - 희석작용, 세정작용, 산화작용, 살균작용, 교환작용

03 법정 감염병 중 제4군 감염병에 속하는 것은?

① 콜레라　② 디프테리아
③ 황열　④ 말라리아

TIP 콜레라 - 제1군, 디프테리아 - 제2군, 말라리아 - 제3군

04 다음 중 감염병 관리상 가장 중요하게 취급해야 할 대상자는?

① 건강 보균자　② 잠복기 환자
③ 현성 환자　④ 회복기 보균자

TIP 건강 보균자는 병원체를 몸에 지니고 있으나 겉으로는 증상이 나타나지 않는 건강한 사람으로 증상이 없어 색출 및 격리가 어렵고 활동영역이 넓어 가장 중요한 감염병 관리 대상자이다.

05 절지동물에 의해 매개되는 감염병이 아닌 것은?

① 유행성 일본뇌염　② 발진티푸스
③ 탄저　④ 페스트

TIP 탄저병은 동물(소, 돼지, 말 등)로부터 사람의 인체의 피부, 소화기, 호흡기를 통하여 침입한다.

06 다음 기생충 중 송어, 연어 등의 생식으로 주로 감염될 수 있는 것은?

① 유구낭충증　② 유구조충증
③ 무구조충증　④ 긴촌충증

TIP 긴촌충은 제1중간 숙주인 물벼룩에서 제2중간 숙주 연어, 숭어, 농어에 생식한다.

07 영아 사망률의 계산공식으로 옳은 것은?

① 연간 출생아 수 / 인구 *1000
② 그 해의 1~4세 사망아 수 / 어느 해의 1~4세 인구 * 1000
③ 그 해 1세 미만 사망아 수 / 어느 해의 연간 출생아 수 * 1000
④ 그 해의 출생 28일 이내의 사망아 수 / 어느 해의 연간 출생아 수 * 1000

TIP 영아 사망률은 출생 후 1년 이내(365일 미만)에 사망한 영아 수를 해당 연도의 1년 동안의 총 출생아 수로 나눈 비율로서 보통 1,000분비로 나타낸다.

정답 01 ③　02 ③　03 ③　04 ①　05 ③　06 ④　07 ③

08 호기성 세균이 아닌 것은?

① 결핵균　　② 백일해균
③ 파상풍균　　④ 녹농균

TIP 파상풍균은 혐기성 세균에 속한다.

09 석탄산 10% 용액 200㎖ 2% 용액으로 만들고자 할 때 첨가해야 하는 물의 양은?

① 200㎖　　② 400㎖
③ 800㎖　　④ 1,000㎖

TIP 석탄산 10% 용액 200㎖는 물 180㎖ + 석탄산 20㎖이므로 200㎖의 석탄산이 2% 용액이 되기 위해서는 물의 양이 총 980㎖ 가 필요하다. 그러므로 180㎖에 800㎖의 물을 더 첨가하면 된다.

10 석탄산 소독에 대한 설명으로 틀린 것은?

① 단백질 응고작용이 있다.
② 저온에서는 살균 효과가 떨어진다.
③ 금속기구 소독에 부적합하다.
④ 포자 및 바이러스에 효과적이다.

TIP 석탄산 소독은 고무제품, 가구, 의류, 배설물 등 비금속 제품에 적합하다.

11 자비소독법 시 일반적으로 사용하는 물 온도와 시간은?

① 150도에서 15분간
② 135도에서 20분간
③ 100도에서 20분간
④ 80도에서 30분간

TIP 자비소독법은 100℃의 끓는 물에서 20~30분간 가열하는 방법으로 유리, 스테인리스 용기, 수건 등의 소독에 적합하다.

12 다음 중 이·미용실에서 사용하는 타월을 철저하게 소독하지 않았을 때 주로 발생할 수 있는 감염병은?

① 장티푸스　　② 트라코마
③ 페스트　　④ 일본

TIP 트라코마는 환자의 안분비물 접촉으로 전염된다. 환자가 사용하던 타월 등을 통해 전파되므로 철저하게 소독하여야 한다.

13 소독용 승홍수의 희석 농도로 적합한 것은?

① 10~20%　　② 5~7%
③ 2~5%　　④ 0.1~0.5%

TIP 승홍수의 희석 농도는 0.1%(1,000배)의 수용액을 사용한다.

14 세균 증식에 가장 적합한 최적 수소 이온 농도는?

① pH 3.5~5.5　　② pH 6.0~8.0
③ pH 8.5~10.5　　④ pH 10.5~11.5

TIP 세균의 증식은 pH 6~8의 농도에서 가장 잘 번식한다.

15 피부의 면역에 관한 설명으로 옳은 것은?

① 세포성 면역에는 보체, 항체 등이 있다.
② T 림프구는 항원전달세포에 해당한다.
③ B 림프구는 면역글로불린이라고 불리는 항체를 생성한다.
④ 표피에 존재하는 각질형성세포는 면역 조절에 작용하지 않는다.

TIP

- 세포성 면역은 체액성 면역이 항체를 생성한다.
- T림프구는 주로 세포성 면역에 관여하며 면역 기능이나 알레르기와 관련이 있다.
- 각질형성세포는 면역조절에 작용한다.

정답 08 ③　09 ③　10 ④　11 ③　12 ②　13 ④　14 ②　15 ③

16 멜라노사이트(melanocyte)가 주로 분포되어 있는 곳은?

① 투명층 ② 과립층
③ 각질층 ④ 기저층

TIP 멜라노사이트는 기저층을 따라 기저세포 사이의 여기저기에 흩어져 존재하며 멜라닌 색소를 생성한다.

17 다음 중 자외선 B(UV-B)의 파장 범위는?

① 100~190㎚ ② 200~280㎚
③ 290~320㎚ ④ 330~400㎚

TIP 자외선 파장 범위는 UV A(320~400㎚), UV B(290~320㎚), UV C(200~290㎚)이다.

18 다음 중 원발진에 해당하는 피부 질환은?

① 면포 ② 미란
③ 가피 ④ 반흥

TIP • 원발진 : 면포, 팽진, 구진, 결절, 수포, 농포, 낭종 등
• 속발진 : 인설, 가피, 표피박리, 미란, 균열, 궤양, 농양, 반흔, 위축 등

19 비타민에 대한 설명 중 틀린 것은?

① 비타민 A가 결핍되면 피부가 건조해지고 거칠어진다.
② 비타민 C는 교원질 형성에 중요한 역할을 한다.
③ 레티노이드는 비타민 A를 통칭하는 용어이다.
④ 비타민 A는 많은 양이 피부에서 합성된다.

TIP 피부에서 합성되는 것은 비타민 D이다.

20 바이러스성 피부 질환은?

① 모낭염 ② 절종
③ 용종 ④ 단순포진

TIP 단순포진은 바이러스에 의한 피부 및 점막의 감염으로 주로 물집이 발생하는 질환이다.

21 피부의 기능과 그 설명이 틀린 것은?

① 보호 기능 - 피부 면의 산성막은 박테리아의 감염과 미생의 침입으로부터 피부를 보호한다.
② 흡수 기능 - 피부는 외부의 온도를 흡수, 감지한다.
③ 영양분 교환 기능 - 프로비타민 D가 자외선을 받으면 비타민 D로 전환된다.
④ 저장 기능 - 진피조직은 신체 중 가장 큰 저장기관으로 각종 영양분과 수분을 보유하고 있다.

TIP 피부는 사용하고 남은 영양물질을 피하지방에 저장한다.

22 공중위생관리법상 이·미용업자의 변경신고사항에 해당되지 않는 것은?

① 업소의 소재지 변경
② 영업소의 명칭 또는 상호 변경
③ 대표자의 성명(법인의 경우)
④ 신고한 영업장 면적의 2분의 1이하의 변경

TIP 변경신고사항
• 영업소의 상호 또는 명칭 • 업소의 소재지
• 신고한 영업장의 면적의 3분의 1 이하의 증감
• 대표자의 성명(법인해당) • 미용업 업종 간 변경

23 과징금을 기한 내에 납부하지 아니한 경우에 이를 징수하는 방법은?

① 지방세 체납처분의 예에 의하여 징수
② 부가가치세 체납처분의 예에 의하여 징수
③ 법인세 체납처분의 예에 의하여 징수
④ 소득세 체납처분의 예의 의하여 징수

TIP 과징금 미납 시 시장·군수·구청장은 지방세 체납처분의 예에 의하여 징수한다. (기존에는 지방세 체납처분의 예에 의하여 징수하였지만, 법률이 변경되어 "지방행정제재·부과금의 징수 등에 관한 법률"로 한다.)

정답 16 ④ 17 ③ 18 ① 19 ④ 20 ④ 21 ② 22 모두 답 23 모두 답

24 공중위생 영업소의 위생서비스 평가 계획을 수립하는 자는?

① 시·도지사 ② 안전행정부 장관
③ 대통령 ④ 시장·군수·구청장

TIP 시·도지사는 공중위생영업소의 위생서비스 평가계획을 수립하여 시장·군수·구청장에게 통보하여야 한다.

25 이·미용업 영업과 관련하여 과태료 부과 대상이 아닌 사람은?

① 위생관리 의무를 위반한 자
② 위생교육을 받지 않은 자
③ 무신고 영업자
④ 관계 공무원 출입, 검사방해자

TIP 영업신고를 하지 않을 시 1년 이하의 징역 또는 1천만 원 이하의 벌금에 해당한다.

26 이·미용 업소 내에 게시하지 않아도 되는 것은?

① 이·미용업 신고증
② 개설자의 면허증 원본
③ 근무자의 면허증 원본
④ 이·미용 요금표

TIP 근무자의 면허증 원본은 게시하지 않아도 된다.

27 다음 중 이·미용사 면허를 받을 수 없는 자는?

① 교육부 장관이 인정하는 고등기술학교에서 6개월 이상, 이·미용에 관한 소정의 과정을 이수한 자
② 전문대학에서 이·미용에 관한 학과를 졸업한 자
③ 국가기술자격법에 의한 이·미용사의 자격을 취득한 자
④ 고등학교에서 이·미용에 관한 학과를 졸업한 자

TIP 교육부 장관이 인정하는 고등기술학교에서 1년 이상 미용에 관한 소정의 과정을 이수하여야 한다.

28 다음 중 공중위생 감시원을 두는 곳을 모두 고른 것은?

㉠ 특별시	㉡ 광역시
㉢ 도	㉣ 군

① ㉡, ㉢ ② ㉠, ㉢
③ ㉠, ㉡, ㉢ ④ ㉠, ㉡, ㉢, ㉣

TIP 특별시, 광역시, 도 및 시, 군, 구(자치구)에 공중위생 감시원을 둔다.

29 피부표면에 물리적인 장벽을 만들어 자외선을 반사하고 분산하는 자외선 차단 성분은?

① 옥틸메톡시신나메이트
② 파라아미노안식향산(PABA)
③ 이산화티탄
④ 벤조페논

TIP 자외선 차단제의 성분으로 이산화티탄, 티타늄디옥사이드, 산화아연, 징크옥사이드 등

30 다량의 유성 성분을 물에 일정 기간 동안 안정한 상태로 균일하게 혼합시키는 화장품 제조기술은?

① 유화 ② 가용화
③ 경화 ④ 분산

TIP 계면활성제에 의해 물과 오일 성분이 섞여 있는 상태를 유화 또는 에멀전이라고 한다.

정답 24 ① 25 ③ 26 ③ 27 ① 28 ④ 29 ③ 30 ①

31 화장품의 원료로써 알코올의 작용에 대한 설명으로 틀린 것은?

① 다른 물질과 혼합해서 그것을 녹이는 성질이 있다.
② 소독작용이 있어 화장수, 양모제 등에 사용한다.
③ 흡수작용이 강하기 때문에 건조의 목적으로 사용한다.
④ 피부에 자극을 줄 수도 있다.

TIP 알코올은 휘발성이 강하다.

32 기초 화장품을 사용하는 목적이 아닌 것은?

① 세안 ② 피부 정돈
③ 피부 보호 ④ 피부 결점 보안

TIP 기초 화장품의 사용 목적은 세안, 피부 정돈, 피부 보호이다.

33 네일 에나멜 대한 설명으로 틀린 것은?

① 손톱에 광택을 부여하고 아름답게 할 목적으로 사용하는 화장품이다.
② 피막 형성제로 톨루엔이 함유되어 있다.
③ 대부분 니트로셀룰로오스를 주성분으로 한다.
④ 안료가 배합되어 손톱에 아름다운 색채를 부여하기 때문에 네일 컬러라고도 한다.

TIP 피막 형성제로 니트로셀루로오스가 사용된다.

34 다음 중 화장품의 4대 요건이 아닌 것은?

① 안전성 ② 안정성
③ 유효성 ④ 기능성

TIP 화장품의 4대 요건 : 안전성, 안정성, 사용성, 유효성

35 다음 중 햇빛에 노출했을 때 색소 침착의 우려가 있어 사용 시 유의해야 하는 에센셜 오일은?

① 라벤더 ② 티트리
③ 제라늄 ④ 레몬

TIP 레몬같이 비타민C가 많이 함유된 제품은 햇빛을 받으면 산화로 인해 색소 침착의 우려가 있다.

36 신경조직과 관련된 설명으로 옳은 것은?

① 초신경은 외부나 체내에 가해진 자극에 의해 감각기에 발생한 신경흥분을 중추신경에 전달한다.
② 중추신경계의 체성신경은 12쌍의 뇌신경과 31쌍의 척수신경으로 이루어져 있다.
③ 중추신경계는 뇌신경, 척수신경 및 자율신경으로 구성된다.
④ 말초신경은 교감신경과 부교감신경으로 구성된다.

TIP
- 체성신경은 말초신경계에 해당한다.
- 중추신경계는 뇌와 척수로 구성된다.
- 말초신경은 체성신경계와 자율신경계로 구성된다.

37 하이포키니움(하조피)에 대한 설명으로 옳은 것은?

① 네일 매트릭스를 병원균으로부터 보호한다.
② 손톱 아래 살과 연결된 끝 부분으로 박테리아의 침입을 막아준다.
③ 손톱 측면의 피부를 네일 베드와 연결된다.
④ 매트릭스 윗부분으로 손톱으로 성장시킨다.

TIP
- 큐티클 : 네일 매트릭스 보호
- 조벽(네일 웰) : 손톱 측면의 피부
- 네일 루트 : 손톱의 성장이 시작되는 곳

정답 31 ③ 32 ④ 33 ② 34 ④ 35 ④ 36 ① 37 ②

38 손톱의 생리적인 특성에 대한 설명으로 틀린 것은?

① 일반적으로 1일 평균 0.1~0.15㎜ 정도 자란다.

② 손톱의 성장은 조소피의 조직이 경화되면서 오래된 세포를 밀어내는 현상이다.

③ 손톱의 본체는 각질층이 변형된 것으로 얇은 층이 겹으로 이루어져 단단한 층을 이루고 있다.

④ 주로 경단백질인 케라틴과 이를 조성하는 아미노산 등으로 구성되어 있다.

TIP 조소피는 큐티클이라고도 하며 병원균의 감염을 막아 주지만 조소피가 경화되어 손톱이 되진 않는다.

39 손톱의 구조에 대한 설명으로 옳은 것은?

① 매트릭스(조모) : 손톱의 성장이 진행되는 곳으로 이상이 생기면 손톱의 변형을 가져온다.

② 네일 베드(조상) : 손톱의 끝 부분에 해당되며 손톱의 모양으로 만들 수 있다.

③ 루눌라(반월) : 매트릭스와 네일 베드가 만나는 부분으로 미생물 침입을 막는다.

④ 네일 바디(조체) : 손톱 측면으로 손톱과 피부를 밀착시킨다.

TIP
- 네일 베드(조상) : 네일 바디를 받치고 있는 아랫부분
- 루눌라(반월) : 유백색 반달모양의 케라틴화가 덜 된 여린 부분
- 네일 바디(조체) : 육안으로 보이는 반투명한 손톱 부분

40 네일의 길이와 모양을 자유롭게 조절할 수 있는 것은?

① 프리에지(자유연)

② 네일그루브(조구)

③ 네일 폴드(조주름)

④ 에포키니움(조상피)

TIP 프리에지는 손톱의 끝 부분으로 네일 베드(조상)와 떨어져 하얗게 보이는 부분으로 길이 및 형태를 조절할 수 있다.

41 고객을 위한 네일 미용인의 자세가 아닌 것은?

① 고객의 경제 상태 파악

② 고객의 네일 상태 파악

③ 선택 가능한 시술 방법 설명

④ 선택 가능한 관리 방법 설명

42 큐티클이 과잉 성장하여 손톱 위로 자라는 질병은?

① 표피조막(테리지움)

② 교조증(오니코파지)

③ 조갑비대증(오니콕시스)

④ 고랑 파진 손톱(퍼로우 네일)

TIP 테리지움은 큐티클이 과잉 성장하여 네일 위로 자라나는 상태이다.

43 변색된 손톱의 특성이 아닌 것은?

① 네일 바디에 퍼런 멍이 반점처럼 나타난다.

② 혈액순환이나 심장이 좋지 못한 상태에서 나타날 수 있다.

③ 베이스코트를 바르지 않고 유색 네일 폴리시를 바를 경우 나타날 수 있다.

④ 손톱의 색상이 청색, 황색, 검푸른색, 자색 등으로 나타난다.

TIP 멍든 손톱(혈종)은 네일 바디에 피가 응결되어 퍼런 멍이 반점처럼 보이는 상태이다.

정답 38 ② 39 ① 40 ① 41 ① 42 ① 43 ①

44 건강한 손톱의 특성이 아닌 것은?

① 매끄럽고 광택이 나며 반투명한 핑크빛을 띤다.
② 약 8~12%의 수분을 함유하고 있다.
③ 모양이 고르고 표면이 균일하다.
④ 탄력이 있고 단단하다

TIP 건강한 손톱의 수분함유는 약 15~18%이다.

45 둘째~다섯째 손가락에 작용하며 손 허리뼈의 사이를 메워주는 손의 근육은?

① 벌레근(충양근)
② 튀침근(회외근)
③ 손가락폄근(지신근)
④ 엄지맞섬근(무지대립근)

TIP 벌레근(충양근)은 손가락을 펴거나 모으는데 작용을 하며 손 허리뼈의 사이를 메워준다.

46 젤 램프기기와 관련한 설명으로 틀린 것은?

① LED 램프는 400~700㎚ 정도의 파장을 사용한다.
② UV 램프는 UV-A 파장 정도를 사용한다.
③ 젤 네일에 사용되는 광선은 자외선과 적외선이다.
④ 젤 네일의 광택이 떨어지거나 경화 속도가 떨어지면 램프는 교체함이 바람직하다.

TIP 젤 네일 시술에 사용하는 UV 램프는 자외선, LED 램프는 가시광선을 사용한다.

47 매니큐어의 어원으로 손을 지칭하는 라틴어는?

① 패디스 ② 마누스
③ 큐라 ④ 매니스

TIP 라틴어로 manus(마누스)는 손이라는 뜻으로 cura(큐라) 관리라는 뜻을 합쳐 매니큐어라고 한다.

48 손톱의 특징에 대한 설명으로 틀린 것은?

① 네일 바디와 네일 루트는 산소를 필요로 한다.
② 지각 신경이 집중된 반투명의 각질판이다.
③ 손톱의 경도는 함유된 수분의 함량이나 각질의 조성에 따라 다르다.
④ 네일 베드의 모세혈관으로부터 산소를 공급받는다.

TIP 네일 루트는 산소를 필요로 하지만, 네일 바디는 산소가 필요하지 않다.

49 네일 관리의 유래와 역사에 대한 설명으로 틀린 것은?

① 중국에서는 네일에도 연지를 발라 '조홍'이라고 하였다.
② 기원전 시대에는 관목이나 음식물, 식물 등에서 색상을 추출하였다.
③ 고대 이집트에서 왕족은 짙은 색으로 낮은 계층의 사람들은 옅은 색만을 사용하게 하였다.
④ 중세시대에는 금색이나 은색 또는 검정이나 흑적색 등의 색상으로 특권층의 신분을 표시했다.

TIP 금색과 은색을 사용한 시대는 BC 600년이다.

50 몸쪽 손목뼈(근위 수근골)가 아닌 것은?

① 손배뼈(주상골) ② 알머리뼈(유두골)
③ 세모뼈(삼각골) ④ 콩알뼈(두상골)

TIP 알머리뼈(유두골)은 원위 수근골이다.

정답 44 ② 45 ① 46 ③ 47 ② 48 ① 49 ④ 50 ②

51 파고드는 발톱을 예방하기 위한 발톱 모양으로 적합한 것은?

① 라운드형 ② 스퀘어형
③ 포인트형 ④ 오발형

TIP 파고드는 발톱을 예방하기 위해서는 스퀘어형으로 관리하여야 한다.

52 매니큐어 시술에 관한 설명으로 옳은 것은?

① 손톱 모양을 만들 때 양쪽 방향으로 파일링한다.
② 큐티클은 상조피 바로 밑 부분까지 깨끗하게 제거한다.
③ 네일 폴리시를 바르기 전에 유분기를 깨끗하게 제거한다.
④ 자연 네일이 약한 고객은 네일 컬러링 후 탑코트를 2회 바른다.

TIP
- 손톱 모양을 만들 때는 한쪽 방향으로 파일링한다.
- 큐티클은 상초피 밑까지 제거하지 않도록 한다.
- 자연 네일이 약한 고객은 베이스코트를 바르기 전에 네일 강화제를 발라준다.

53 아크릴릭 네일의 시술과 보수에 관련한 내용으로 틀린 것은?

① 공기 방울이 생긴 인조 네일은 촉촉하게 젖은 브러시의 사용으로 인해 나타날 수 있는 현상이다.
② 노랗게 변색되는 인조 네일은 제품과 시술하는 과정에서 발생한 것으로 보수해야 한다.
③ 적절한 온도 이하에서 시술했을 경우 인조 네일에 금이 가거나 깨지는 현상이 나타날 수 있다.
④ 기존에 시술되어진 인조 네일과 새로 자라나온 자연 네일을 자연스럽게 연결해 주어야 한다.

TIP 아크릴릭 네일 시술 시 리퀴드의 양이 부족하거나 붓터치를 많이 할 경우 또는 이물질이 들어가게 되면 공기 방울이 생길 수 있다.

54 자연 네일의 형태 및 특성에 따른 네일 팁 적용 방법으로 옳은 것은?

① 넓적한 손톱에는 끝이 좁아지는 네로우 팁을 적용한다.
② 아래로 향한 손톱(claw nail)에는 커브 팁을 적용한다.
③ 위로 솟아오른 손톱(spoon nail)에는 옆선에 커브가 없는 팁을 적용한다.
④ 물어뜯는 손톱에는 팁을 적용할 수 없다.

TIP
- 아래로 향한 손톱에 커브 팁을 부착하면 더욱 아래로 구부러지므로 위로 솟아오른 손톱에 적합하다.
- 위로 솟아오른 손톱에는 커브 팁을 사용한다.
- 물어뜯는 손톱에는 팁으로 연장하여 물어뜯는 습관을 교정하는 데 도움이 된다.

55 그라데이션 기법의 컬러링에 대한 설명으로 틀린 것은?

① 색상 사용의 제한이 없다.
② 스펀지를 사용하여 시술할 수 있다.
③ UV 젤의 적용 시에도 활용할 수 있다.
④ 일반적으로 큐티클 부분으로 갈수록 컬러링 색상이 자연스럽게 진해지는 기법이다.

TIP 그라데이션은 일반적으로 프리에지에서 큐티클 부분으로 갈수록 연해지는 기법이다.

정답 51 ② 52 ③ 53 ① 54 ① 55 ④

56 아크릴릭 네일 재료인 프라이머에 대한 설명으로 틀린 것은?

① 손톱 표면의 유·수분을 제거해 주고 건조시켜 주어 아크릴의 접착력을 강하게 해준다.
② 산성 제품으로 피부에 화상을 입힐 수 있으므로 최소량만을 사용한다.
③ 인조 네일 전체에 사용하며 방부제 역할을 해준다.
④ 손톱 표면의 pH 밸런스를 맞춰준다.

TIP 프라이머는 방부제 역할을 하지 않는다.

57 손톱의 프리에지 부분을 유색 폴리시로 칠해주는 컬러링 테크닉은?

① 프렌치 매니큐어
② 핫오일 매니큐어
③ 레귤러 매니큐어
④ 파라핀 매니큐어

TIP 프렌치 매니큐어는 손톱의 프리에지 부분에만 컬러링 해주는 기법이다.

58 오렌지 우드스틱의 사용 용도로 적합하지 않은 것은?

① 큐티클을 밀어 올릴 때
② 폴리시의 여분을 닦아낼 때
③ 네일 주위의 굳은살을 정리할 때
④ 네일 주위의 이물질을 제거할 때

TIP 네일 주위의 굳은살은 니퍼나 파일로 정리한다.

59 투톤 아크릴 스컬프처의 시술을 대한 설명으로 틀린 것은?

① 프렌치 스컬프처라고도 한다.
② 화이트 파우더 특성상 프리에지가 퍼져 보일 수 있으므로 핀칭에 유의해야 한다.
③ 스트레스 포인트에 화이트 파우더가 얇게 시술되면 떨어지기 쉬우므로 주의한다.
④ 스퀘어 모양으로 잡기 위해 파일을 30° 정도 살짝 기울여 파일링한다.

TIP 스퀘어 모양을 잡기 위한 파일의 각도는 90°이다.

60 젤 네일에 관한 설명으로 틀린 것은?

① 아크릴릭에 비해 강한 냄새가 없다.
② 일반 네일 폴리시에 비해 광택이 오래 지속된다.
③ 소프트 젤은 아세톤에 녹지 않는다.
④ 젤 네일은 하드 젤과 소프트 젤로 구분한다.

TIP 하드젤은 아세톤에 녹지 않아 파일이나 드릴로 갈아야 하지만, 소프트 젤은 아세톤에 녹아 지우기 쉽다.

정답 56 ③ 57 ① 58 ③ 59 ④ 60 ③

제2회 국가기술자격 필기시험

2015년 2회 기출문제

자격종목	시험시간	문제수	문제형별
미용사(네일)	1시간	60	

01 다음 중 감염병 유행의 3대 요소는?

① 병원체, 숙주, 환경
② 환경, 유전, 병원체
③ 숙주, 유전, 환경
④ 감수성, 환경, 병원체

TIP 유행 감염병의 3대 요소에는 병인, 숙주, 환경이 있다.

02 일반적으로 이·미용업소의 실내 쾌적 습도 범위로 가장 알맞은 것은?

① 10~20%　② 20~40%
③ 40~70%　④ 70~90%

TIP 위생관리기준 이·미용업소의 쾌적 실내 습도로는 40~70%가 적당하다.

03 자력으로 의료문제를 해결할 수 없는 생활 무능력자 및 저소득층을 대상으로 공적으로 의료를 보장하는 제도는?

① 의료보험　② 의료보호
③ 실업보험　④ 연금보험

TIP 의료보호법–생활유지의 능력이 없거나 생활이 어려운 자에게 의료보호를 실시함

04 공중보건학의 범위 중 보건 관리 분야에 속하지 않는 사업은?

① 보건통계　② 사회보장제도
③ 보건행정　④ 산업보건

TIP 산업보건은 환경보건 분야이다.

05 다음 중 수인성 감염병에 속하는 것은?

① 유행성 출혈열　② 성홍열
③ 세균성 이질　④ 탄저병

TIP 수인성 감염병에서는 장티푸스, 파라티푸스, 콜레라, 세균성 이질, A형 감염 등이 속한다.

06 인공조명을 할 때 고려 사항 중 틀린 것은?

① 광색은 주광색에 가깝고, 유해 가스의 발생이 없어야 한다.
② 열의 발생이 적고, 폭발이나 발화의 위험이 없어야 한다.
③ 균등한 조도를 위해 직접조명이 되도록 해야 한다.
④ 충분한 조도를 위해 빛이 좌상방에서 비춰줘야 한다.

TIP 균등한 조도를 위해서는 직접조명보다는 간접조명을 사용하도록 한다.

07 솔라닌(solanin)이 원인이 되는 식중독과 관계 깊은 것은?

① 버섯　② 복어
③ 감자　④ 조개

TIP
- 버섯 : 팔린, 무스카린, 아마니타톡신
- 복어 : 테트로도톡신
- 모시조개 : 색시톡신

정답 01 ① 02 ③ 03 ② 04 ④ 05 ③ 06 ③ 07 ③

08 미생물의 발육과 그 작용을 제거하거나 정지시켜 음식물의 부패나 발효를 방지하는 것은?

① 방부　　② 소독
③ 살균　　④ 살충

TIP
- 소독 : 병원성 미생물의 생활력을 파괴해 죽이거나 제거하여 감염력을 없애는 것
- 살균 : 생활력을 가지고 있는 미생물을 여러 가지 화학·물리적 작용에 의해 급속히 죽이는 것
- 살충 : 벌레나 해충을 죽이는 것

09 물의 살균에 많이 이용되고 있으며 산화력이 강한 것은?

① 포름알데히드(Formaldehyde)
② 오존(O_3)
③ E.O(Ethylene Oxide) 가스
④ 에탄올(Ethanol)

TIP 물의 살균에는 산화작용이 강한 오존으로 살균한다.

10 소독제를 수돗물로 희석하여 사용할 경우 가장 주의해야 할 점은?

① 물의 경도　　② 물의 온도
③ 물의 취도　　④ 물의 탁도

TIP 소독제를 수돗물을 희석하여 사용하는 경우에는 수소이온농도와 물의 경도가 소독 효과에 영향을 주므로 주의해야 한다.

11 소독제를 사용할 때 주의 사항이 아닌 것은?

① 취급 방법
② 농도 표시
③ 소독제 병의 세균 오염
④ 알코올 사용

TIP ※ 소독제 사용 시 주의사항
- 소독제 병의 세균 오염에 주의
- 소독제의 취급 방법
- 농도 표시

12 다음 중 금속제품 기구소독에 가장 적합하지 않은 것은?

① 알코올　　② 역성비누
③ 승홍수　　④ 크레졸수

TIP 금속 부식성이 있는 승홍수는 금속류 소독에 적합하지 않다.

13 다음 중 하수도 주위에 흔히 사용되는 소독제는?

① 생석회　　② 포르말린
③ 역성비누　　④ 과망간산칼륨

TIP 생석회 : 산화된 칼슘을 98% 이상 함유하고 있어 하수도 주위, 화장실 분변 소독으로 사용한다.

14 개달전염(介達傳染)과 무관한 것은?

① 의복　　② 식품
③ 책상　　④ 장난감

TIP 개달전염: 병원체에 오염된 물체가 공간적 시간적으로 멀리 떨어진 곳에서 전염을 일으키는 것

15 피부구조에서 지방세포가 주로 위치하고 있는 곳은?

① 각질층　　② 진피
③ 피하조직　　④ 투명층

TIP 피하조직은 진피 아래에 있는 조직으로 지방세포가 발달되어 있다.

16 다음 중 기미의 생성 유발 요인이 아닌 것은?

① 유전적 요인　　② 임신
③ 갱년기 장애　　④ 갑상선 기능 저하

TIP 기미 유발 요인: 임신, 자외선 노출, 갱년기 장애, 내분비 이상, 유전적 요인 등

정답 08 ①　09 ②　10 ①　11 ④　12 ③　13 ①　14 ②　15 ③　16 ④

17 외인성 피부질환의 원인과 가장 거리가 먼 것은?

① 유전인자 ② 산화
③ 피부 건조 ④ 자외선

TIP 외인성 피부질환 : 외부 물질이나 환경에 의해 발생

18 다음 중 원발진에 해당하는 피부 변화는?

① 가피 ② 미란
③ 위축 ④ 구진

TIP 원발진에는 구진, 팽진, 결절, 수포, 낭종, 농포, 판면포, 종양, 반점 등

19 자외선으로부터 어느 정도 피부를 보호하며 진피조직에 투여하면 피부주름과 처짐 현상에 가장 효과적인 것은?

① 콜라겐 ② 엘라스틴
③ 무코다당류 ④ 멜라닌

TIP 콜라겐은 수분량을 높여주고 피부주름 쳐짐에 효과적이다.

20 정상 피부와 비교하여 점막으로 이루어진 피부의 특징으로 옳지 않은 것은?

① 혀와 경구개를 제외한 입안의 점막은 과립층을 가지고 있다.
② 당김 미세섬유사(tonofilament)의 발달이 미약하다.
③ 미세융기가 잘 발달되어 있다.
④ 세포에 다량의 글리코겐이 존재한다.

TIP 입안의 점막에는 과립층이 없다.

21 성장기 어린이의 대사성 질환으로 비타민 D 결핍 시 뼈 발육에 변형을 일으키는 것은?

① 석회결석 ② 골막파열증
③ 괴혈증 ④ 구루병

TIP 비타민D가 부족하면 뼈에 칼슘이 붙기 어려워 뼈의 변형(안짱다리 등)이나 성장 장애 등이 일어난다.

22 시·도지사 또는 시장·군수·구청장은 공중위생관리 상 필요하다고 인정하는 때에 공중위생영업자 등에 대하여 필요한 조치를 취할 수 있다. 이 조치에 해당하는 것은?

① 보고 ② 청문
③ 감독 ④ 협의

TIP 시·도지사 또는 시장·군수·구청장은 공중위생관리상 필요하다고 인정하는 때에는 공중위생영업자에 대하여 필요한 보고를 하게 한다.

23 법령상 위생교육에 대한 기준으로 ( )안에 적합한 것은?

> 공중위생관리법령상 위생교육을 받은자가 위생교육을 받은 날부터 ( ) 이내에 위생교육을 받은 업종과 같은 업종의 영업을 하려는 경우에는 해당 영업에 대한 위생교육을 받은 것으로 본다.

① 2년 ② 2년 6월
③ 3년 ④ 3년 6월

TIP 공중위생관리법령 상 위생교육을 받은 자가 위생교육을 받은 날부터 2년 이내에 위생 교육을 받은 업종과 같은 업종의 영업을 하려는 경우에는 해당 영업에 대한 위생 교육을 받은 것으로 본다.

정답 17 ① 18 ④ 19 ① 20 ① 21 ④ 22 ① 23 ①

24 미용사에게 금지되지 않는 업무는 무엇인가?

① 얼굴의 손질 및 화장을 행하는 업무
② 의료기기를 사용하는 피부관리 업무
③ 의약품을 사용하는 눈썹손질 업무
④ 의약품을 사용하는 제모

TIP 이·미용업에서는 의료행위나 의약품 또는 의료기기를 사용할 수 없다.

25 다음 중 이·미용업에 있어서 과태료 부과 대상이 아닌 사람은?

① 위생관리 의무를 지키지 아니한 자
② 영업소 외의 장소에서 이용 또는 미용 업무를 행한 자
③ 보건복지부령이 정하는 중요사항을 변경하고도 변경 신고를 하지 아니한 자
④ 관계 공무원의 출입·검사를 거부·기피 방해한 자

TIP 보건복지부령이 정하는 중요사항을 변경하고도 변경 신고를 하지 아니한 자는 6개월 이하의 징역 또는 500만원 이하의 벌금에 처한다.

26 손님에게 음란행위를 알선한 사람에 대한 관계 행정기관의 장의 요청이 있는 때, 1차 위반에 대하여 행할 수 있는 행정처분으로 영업소와 업주에 대한 행정 처분기준이 바르게 짝지어진 것은?

① 영업정지 1월 – 면허정지 1월
② 영업정지 1월 – 면허정지 2월
③ 영업정지 2월 – 면허정지 2월
④ 영업정지 3월 – 면허정지 3월

TIP 손님에게 음란행위를 알선한 사람에 대한 관계행정기관의 장의 요청이 있는 때는 1차 위반에 대하여 영업소는 영업정지 3개월, 업주는 면허정지 3개월의 행정 처분을 받게 된다.

27 이·미용업 영업장 안의 조명도 기준은?

① 50룩스 이상　② 75룩스 이상
③ 100룩스 이상　④ 125룩스 이상

TIP 이·미용업 영업장 안의 조명도는 75룩스 이상이 되도록 유지해야 한다.

28 이·미용업 영업신고를 하면서 신고인이 확인에 동의하지 아니하는 때에 첨부하여야 하는 서류가 아닌 것은?(단, 신고인이 전자정부법에 따른 행정정보의 공동이용을 통한 확인에 동의하지 아니하는 경우임)

① 영업시설 및 설비개요서
② 교육필증
③ 이·미용사 자격증
④ 면허증

TIP 이·미용업 영업신고를 하면서 신고인이 확인에 동의하지 아니하는 때에는 영업시설 및 설비개요서, 면허증, 교육필증(미리 교육을 받은 사람만 해당)을 첨부하여야 한다.

29 동물성 단백질의 일종으로 피부의 탄력유지에 매우 중요한 역할을 하며 피부의 파열을 방지하는 스프링 역할을 하는 것은?

① 아줄렌　② 엘라스틴
③ 콜라겐　④ DNA

TIP

- 아줄렌 : 아줄렌은 알러지, 염증, 상처치유 등의 효과가 있으며 모세혈관이 확장된 피부나 화끈거리는 피부, 건조하고 가려움이 있는 피부를 빠르게 정상화하는 효능
- 엘라스틴 : 고무탄력성과 같은 신축성이 있는 단백질이며 조직의 유연성, 신축성에 관여하고 있다.
- 콜라겐 : 콜라겐(collagen)은 대부분 동물, 특히 포유동물에서 많이 발견되는 섬유 단백질이다.
- DNA는 살아있는 모든 유기체 및 많은 바이러스의 유전적 정보를 담고 있는 실 모양의 핵산 사슬이다.

정답　24 ①　25 ③　26 ④　27 ②　28 ③　29 ②

30 식물의 꽃, 잎, 줄기, 뿌리, 씨, 과피, 수지 등에서 방향성이 높은 물질을 추출한 휘발성 오일은?

① 동물성 오일　② 에센셜 오일
③ 광물성 오일　④ 밍크 오일

TIP 에센셜 오일은 천연 에센스라고도 불리는 기름 성분으로 향이 매우 강하며 꽃, 과일, 잎사귀, 씨앗, 껍질, 수지 또는 뿌리에서 얻는다.

31 화장품의 피부흡수에 관한 설명으로 옳은 것은?

① 분자량이 적을수록 피부흡수율이 높다.
② 수분이 많을수록 피부흡수율이 높다.
③ 동물성 오일 < 식물성 오일 < 광물성 오일 순으로 피부흡수력이 높다.
④ 크림류 < 로션류 < 화장수류 순으로 피부흡수력이 높다.

TIP 화장품의 피부흡수율은 분자량이 적을수록 높다. 피부 흡수력이 높은 순서는 광물성 오일 〉 동물성 오일 〉 식물성 오일 순이다.

32 여드름 피부에 맞는 화장품 성분으로 가장 거리가 먼 것은?

① 캄퍼　② 로즈마리 추출물
③ 알부틴　④ 하마멜리스

TIP 알부틴은 미백 개선의 기능성 화장품에 사용된다.

33 보습제가 갖추어야 할 조건으로 틀린 것은?

① 다른 성분과 혼용성이 좋을 것
② 모공수축을 위해 휘발성이 있을 것
③ 적절한 보습능력이 있을 것
④ 응고점이 낮을 것

TIP ※ 보습제가 갖추어야 할 조건

- 다른 성분과의 혼용이 좋을 것
- 휘발성이 없을 것
- 적절한 보습 능력이 있을 것
- 응고점이 낮을 것

34 메이크업 화장품에 주로 사용되는 제조 방법은?

① 유화　② 가용화
③ 겔화　④ 분산

TIP 분산은 물 또는 오일에 미세한 고체 입자가 계면활성제에 의해 균일하게 혼합되어 있는 상태를 말하며 메이크업 화장품의 제조에 주로 사용된다.

35 화장품법상 기능성 화장품에 속하지 않는 것은?

① 미백에 도움을 주는 제품
② 여드름 완화에 도움을 주는 제품
③ 주름개선에 도움을 주는 제품
④ 자외선으로부터 피부를 보호하는 데 도움을 주는 제품

TIP ※ 기능성 화장품의 종류

- 미백에 도움을 주는 제품
- 피부의 주름을 완화 또는 개선하는 기능을 가진 화장품
- 피부를 곱게 태워주는 기능을 가진 화장품
- 자외선으로부터 피부를 보호하는 기능을 가진 화장품
- 모발의 색상을 변화시키는 기능을 가진 화장품
- 체모를 제거하는 기능을 가진 화장품

36 손톱이 나빠지는 후천적 요인이 아닌 것은?

① 잘못된 푸셔와 니퍼 사용에 의한 손상
② 손톱 강화제 사용 빈도수
③ 과도한 스트레스
④ 잘못된 파일링에 의한 손상

TIP 손톱 강화제는 손톱의 건강에 도움을 준다.

정답　30 ②　31 ①　32 ③　33 ②　34 ④　35 ②　36 ②

37 손톱의 특성이 아닌 것은?

① 손톱은 피부의 일종이며, 머리카락과 같은 케라틴과 칼슘으로 만들어져 있다.
② 손톱의 손상으로 조갑이 탈락되고 회복되는 데는 6개월 정도 걸린다.
③ 손톱의 성장은 겨울보다 여름이 잘 자란다.
④ 엄지손톱의 성장이 가장 느리며, 중지 손톱이 가장 빠르다.

TIP 손톱의 성장 중 소지의 성장이 가장 느리다.

38 고객을 응대할 때 네일 아티스트의 자세로 틀린 것은?

① 고객에게 알맞은 서비스를 하여야 한다.
② 모든 고객은 공평하게 하여야 한다.
③ 진상 고객은 단념하여야 한다.
④ 안전 규정을 준수하고 충실히 하여야 한다.

TIP 진상 고객이라도 친절하게 끝까지 서비스를 마치도록 해야 한다.

39 손톱에 색소가 침착되거나 변색되는 것을 방지하고 네일 표면을 고르게 하여 폴리시의 밀착성을 높이는 데 사용되는 네일 미용 화장품은?

① 탑코트 ② 베이스코트
③ 폴리시 리무버 ④ 큐티클 오일

TIP
- 탑코트 : 폴리시의 색감을 유지시키고 광을 내주는 역할
- 베이스코트 : 폴리시를 바르기 전에 손톱에 도포하여 손톱에 착색을 방지하고 폴리시의 밀착성을 높이는 역할
- 폴리시 리무버 : 폴리시를 지울 때 사용

40 에나멜을 바르는 방법으로 손톱을 가늘어 보이게 하는 것은?

① 프리에지 ② 루눌라
③ 프렌치 ④ 프리 월

TIP 프리 월은 슬림 라인이라고도 하고 사이드 월 부분을 1~1.5㎜ 정도 띄워서 컬러링하는 방법이다. 손톱이 가늘어 보이는 효과가 있다.

41 골격근에 대한 설명으로 틀린 것은?

① 인체의 약 60%를 차지한다.
② 횡문근이라고도 한다.
③ 수의근이라고도 한다.
④ 대부분이 골격에 부착되어 있다.

TIP 골격근은 뼈를 움직이는 수의근으로 체중의 약 40%를 차지한다.

42 매니큐어를 가장 잘 설명한 것은?

① 네일 에나멜을 바르는 것이다.
② 손톱 모양을 다듬고 색깔을 칠하는 것이다.
③ 손 매뉴얼 테크닉과 네일 에나멜을 바르는 것이다.
④ 손톱 양을 다듬고 큐티클 정리, 컬러링 등을 포함한 관리이다.

TIP 매니큐어란 큐티클 정리, 컬러링, 마사지, 인조네일 시술 등 손에 관한 모든 관리를 의미한다.

43 매니큐어의 유래에 관한 설명 중 틀린 것은?

① 중국은 특권층의 신분을 드러내기 위해 홍화를 손톱에 바르기 시작했다.
② 매니큐어는 고대 희랍어에서 유래된 말로 마누와 큐라의 합성어이다.
③ 17세기 경 인도의 상류층 여성들은 손톱의 뿌리 부분에 신분을 나타내는 목적으로 문신을 했다.
④ 건강을 기원하는 주술적 의미에서 손톱에 빨간색을 물들이게 되었다.

TIP 매니큐어란 라틴어 마누스(manus, 손)와 큐라(cura, 관리)라는 단어를 결합한 말로 손에 관한 전체적인 관리를 의미한다.

정답 37 ④ 38 ③ 39 ② 40 ④ 41 ① 42 ④ 43 ②

44 다음 중 하지의 신경에 속하지 않는 것은?

① 총비골 신경　② 액와 신경
③ 복재 신경　④ 배측 신경

TIP 액와 신경은 손의 신경으로 소원근과 삼각근의 운동 및 삼각근 상부에 있는 피부감각을 지배하는 신경이다.

45 표피성 진균증 중 네일 몰드는 습기, 열, 공기에 의해 균이 번식되어 발생한다. 이때 몰드가 발생한 수분 함유율이 옳게 표기된 것은?

① 2~5%　② 7~10%
③ 12~18%　④ 23~25%

TIP 네일몰드(조갑사상균증)는 23~25% 정도의 습도에서 균이 번식한다.

46 손톱의 역할 및 기능과 가장 거리가 먼 것은?

① 물건을 잡거나 성상을 구별하는 기능
② 작은 물건을 들어 올리는 기능
③ 방어와 공격의 기능
④ 몸을 지탱해 주는 기능

TIP 몸을 지탱해 주는 기능은 골격의 기능이다.

47 네일 재료에 대한 설명으로 적합하지 않은 것은?

① 네일 에나멜 시너 - 에나멜을 묽게 해 주기 위해 사용한다.
② 큐티클 오일 - 글리세린을 함유하고 있다.
③ 네일 블리치 - 20볼륨 과산화수소를 함유하고 있다.
④ 네일 보강제 - 자연 네일이 강한 고객에게 사용하면 효과적이다.

TIP 네일 보강제는 자연 네일이 약한 고객에게 사용하면 효과적이다.

48 뼈의 기능이 아닌 것은?

① 지렛대 역할　② 흡수기능
③ 보호작용　④ 무기질 저장

TIP 뼈의 기능 : 보호기능, 저장기능, 지지기능, 운동기능, 조혈기능

49 매니큐어 시술 시에 미관상 제거의 대상이 되는 손톱을 덮고 있는 각질 세포는?

① 네일 큐티클(Nail Cuticle)
② 네일 플레이트(Nail Plate)
③ 네일 프리에지(Nail Free edge)
④ 네일 그루브(Nail Groove)

TIP 큐티클(cuticle, 조소피)은 에포니키움과 네일 사이에 신경이 없는 얇은 피부막으로 병균의 침입으로부터 네일을 보호해주는 역할을 한다. 네일 관리 할 때 미용상 니퍼로 잘라내는 곳이다.

50 다음 ( )안의 a와 b에 알맞은 단어를 바르게 짝지은 것은?

> (a)는 폴리시 리무버나 아세톤을 담아 펌프식으로 편리하게 사용할 수 있다.
> (b)는 아크릴 리퀴드를 덜어 담아 사용할 수 있는 용기이다.

① a - 다크디쉬, b - 작은종지
② a - 디스펜서, b - 다크디쉬
③ a - 다크디쉬, b - 디스펜서
④ a - 디스펜서, b - 디펜디쉬

TIP 디스펜서는 액체를 담아 쓰는 펌프식 용기이며, 디펜디시는 아크릴 리퀴드를 덜어 사용하는 용기이다.

정답　44 ②　45 ④　46 ④　47 ④　48 ②　49 ①　50 ④

51 페디큐어 시술 과정에서 베이스코트를 바르기 전 발가락이 서로 닿지 않게 하려고 사용하는 도구는?

① 엑티베이터　② 콘커터
③ 클리퍼　④ 토우세퍼레이터

TIP 페디큐어 시술 시 베이스코트를 바르기 전 발가락이 서로 닿지 않게 하려고 토우세퍼레이터를 사용한다.

52 큐티클 정리 및 제거 시 필요한 도구로 알맞은 것은?

① 파일, 탑코트　② 라운드 패드, 니퍼
③ 샌딩블럭, 핑거볼　④ 푸셔, 니퍼

TIP 푸셔 – 큐티클을 밀어올릴 때 사용하는 도구, 니퍼 – 밀어올린 큐티클을 잘라내는 도구

53 네일 팁 접착 방법의 설명으로 틀린 것은?

① 네일 팁 접착 시 자연 네일의 1/2 이상 덮지 않는다.
② 올바른 각도의 팁 접착으로 공기가 들어가지 않도록 유의한다.
③ 손톱과 네일 팁 전체에 프라이머를 도포한 후 접착한다.
④ 네일 팁 접착할 때 5~10초 동안 누르면서 기다린 후 팁의 양쪽 꼬리 부분을 살짝 눌러준다.

TIP 프라이머는 자연 손톱에만 바르고 팁에는 바르지 않아도 된다.

54 UV 젤 네일 시술 시 리프팅이 일어나는 이유로 적절하지 않은 것은?

① 네일의 유·수분기를 제거하지 않고 시술했다.
② 젤을 프리에지까지 시술하지 않았다.
③ 젤을 큐티클 라인에 닿지 않게 시술했다.
④ 큐어링 시간을 잘 지키지 않았다.

TIP ※ 젤리프팅의 원인

- 네일의 유·수분기를 제거하지 않고 시술 시
- 젤을 프리에지까지 시술하지 않을 시
- 큐어 시간을 적절히 지키지 않을 시
- 먼지 및 이물질을 제거하지 않고 시술 시

55 습식매니큐어 시술에 관한 설명 중 틀린 것은?

① 베이스코트를 가능한 얇게 1회 전체에 바른다.
② 벗겨짐을 방지하기 위해 도포한 폴리시를 완전히 커버하여 탑코트를 바른다.
③ 프리에지 부분까지 깔끔하게 바른다.
④ 손톱의 길이 정리는 클리퍼를 사용할 수 없다.

TIP 클리퍼는 손톱의 길이를 정리할 때 사용하는 도구이다.

56 아크릴릭 네일의 설명으로 맞는 것은?

① 두꺼운 손톱 구조로만 완성되며 다양한 형태는 만들 수 없다.
② 투톤 스캅춰인 프렌치 스캅춰에 적용할 수 없다.
③ 물어 뜯는 손톱에 사용하여서는 안 된다.
④ 네일 폼을 사용하여 다양한 형태로 조형이 가능하다.

TIP 아크릴릭 네일은 폼을 사용하여 다양한 길이나 형태의 조형이 가능하다.

정답　51 ④　52 ④　53 ③　54 ③　55 ④　56 ④

57 **아크릴릭 스캅춰 시술 시 손톱에 부착해 길이를 연장하는데 받침대 역할을 하는 재료로 옳은 것은?**

① 네일 폼　② 리퀴드
③ 모노머　④ 아크릴파우더

TIP 아크릴릭 스캅춰는 네일 폼을 이용해 길이 연장을 한다.

58 **다른 쉐입보다 강한 느낌을 주며, 대회용으로 많이 사용되는 손톱 모양은?**

① 오벌 쉐입　② 라운드 쉐입
③ 스퀘어 쉐입　④ 아몬드형 쉐입

TIP 스퀘어 쉐입은 다른 쉐입에 비해 강한 느낌을 주며 인조네일, 발톱에 많이 사용하는 모양이다.

59 **발톱의 쉐입으로 가장 적절한 것은?**

① 라운드형　② 오발형
③ 스퀘어형　④ 아몬드형

TIP 파고드는 발톱의 예방을 위하여 발톱의 모양은 스퀘어형(일자형)으로 한다.

60 **아크릴릭 보수 과정 중 옳지 않은 것은?**

① 심하게 들뜬 부분은 파일과 니퍼를 적절히 사용하여 세심히 잘라내고 경계가 없도록 파일링 한다.
② 새로 자라난 손톱 부분에 에칭을 주고 프라이머를 바른다.
③ 적절한 양의 비드로 큐티클 부분에 자연스러운 라인을 만든다.
④ 새로 비드를 얹은 부위는 파일링이 필요하지 않다.

TIP 새로 비드를 얹을 부위에도 파일링을 해야 한다.

정답 57 ① 58 ③ 59 ③ 60 ④

제3회 국가기술자격 필기시험

2015년 4회 기출문제

자격종목	시험시간	문제수	문제형별
미용사(네일)	1시간	60	

01 세계보건기구에서 정의하는 보건행정의 범위에 속하지 않는 것은?

① 산업행정 ② 모자보건
③ 환경위생 ④ 감염병 관리

TIP 세계보건기구에서 정의하는 보건행정의 범위는 모자보건과 보건간호, 보건관계 기록의 보존, 환경위생과 감염병 관리다.

02 질병 발생의 3대 요소는?

① 숙주, 환경, 병명 ② 병인, 숙주, 환경
③ 숙주, 체력, 환경 ④ 감정, 체력, 숙주

TIP 질병 발생의 3대 요소는 병인, 숙주, 환경이다.

03 상수(上水)에서 대장균 검출의 주된 의의는?

① 소독 상태가 불량하다.
② 환경위생의 상태가 불량하다.
③ 오염의 지표가 된다.
④ 전염병 발생의 우려가 있다

TIP 대장균의 상수 수질오염을 판단하는 주된 의의는 오염 지표이다.

04 결핵 예방접종으로 사용하는 것은?

① DPT ② MMR
③ PPD ④ BCG

TIP BCG는 결핵 예방을 위해 생후 4주 이내에 예방접종한다.

05 폐흡충 감염이 발생할 수 있는 경우는?

① 가재를 생식했을 때
② 우렁이를 생식했을 때
③ 은어를 생식했을 때
④ 소고기를 생식했을 때

TIP 폐흡충은 민물 게 종류를 익히지 않거나 덜 익혀 먹었을 때 감염된다

06 한 나라의 건강수준을 다른 국가들과 비교할 수 있는 지표로 세계보건기구가 제시한 것은?

① 인구증가율, 평균수명, 비례사망지수
② 비례사망지수, 조사망율, 평균수명
③ 평균수명, 조사망율, 국민소득
④ 의료시설, 평균수명, 주거상태

TIP 세계보건기구가 제시한 건강지표는 비례사망지수, 조사망율, 평균수명이다.

07 장티푸스, 결핵, 파상풍 등의 예방접종으로 얻어지는 면역은?

① 인공능동면역 ② 인공수동면역
③ 자연능동면역 ④ 자동수동면역

TIP 인공능동면역은 장티푸스, 결핵, 파상풍 등의 예방접종으로 인위적으로 얻은 후천적인 면역이다.

08 계면활성제 중 가장 살균력이 강한 것은?

① 음이온성 ② 양이온성
③ 비이온성 ④ 양쪽이온성

TIP 양이온은 계면활성제 중 가장 강력한 살균작용을 하며, 살균과 소독작용, 정전기 발생 억제에 도움을 준다.

정답 01 ① 02 ② 03 ③ 04 ④ 05 ① 06 ② 07 ① 08 ②

09 미생물의 증식을 억제하는 영양의 고갈과 건조 등이 불리한 환경 속에서 생존하기 위하여 세균이 생성하는 것은?

① 아포 ② 협막
③ 세포벽 ④ 점질층

TIP 아포는 불리한 환경에서 외부작용에 대한 저항력을 높이고, 장기간 생존이 가능함

10 물리적 소독법에 속하지 않는 것은?

① 건열 멸균법 ② 고압증기 멸균법
③ 크레졸 소독법 ④ 자비소독법

TIP 크레졸 소독법은 화학적 소독법에 해당한다.

11 소독제인 석탄산의 단점이라 할 수 없는 것은?

① 유기물 접촉 시 소독력이 약화된다.
② 피부에 자극성이 있다.
③ 금속에 부식성이 있다.
④ 독성과 취기가 강하다.

TIP 석탄산은 유기물과 접촉하여도 소독력이 약화되지 않는다.

12 소독제의 구비조건에 해당하지 않는 것은?

① 높은 살균력을 가질 것
② 인체에 해가 없을 것
③ 저렴하고 구입과 사용이 간편할 것
④ 용해성이 낮을 것

TIP 소독제의 조건으로 용해성이 높아야 한다.

13 미생물의 종류에 해당하지 않는 것은?

① 벼룩 ② 효모
③ 곰팡이 ④ 세균

TIP 미생물의 종류 : 효모, 곰팡이, 세균, 바이러스, 진균 등이 있다.

14 재질에 관계없이 빗이나 브러시 등의 소독방법으로 가장 적합한 것은?

① 70% 알코올 솜으로 닦는다.
② 고압증기 멸균기에 넣어 소독한다.
③ 락스액에 담근 후 씻어낸다.
④ 세제를 풀어 세척한 후 자외선 소독기에 넣는다.

TIP 플라스틱 소독법으로는 알콜, 고압증기 멸균기를 이용해 세척한 후 자외선 소독이 적합하다.

15 표피와 진피의 경계선의 형태는?

① 직선 ② 사선
③ 물결상 ④ 점선

TIP 표피와 진피의 경계선은 물결모양을 이루고 있다.

16 건강한 피부를 유지하기 위한 방법이 아닌 것은?

① 적당한 수분을 항상 유지해 주어야 한다.
② 두꺼운 각질층은 제거해 주어야 한다.
③ 일광욕을 많이 해야 건강한 피부가 된다.
④ 충분한 수면과 영양을 공급해 주어야 한다.

TIP 건강을 피부를 유지하기 위해서 적당한 일광욕을 해야 광노화피부 현상을 피할 수 있다.

17 다음 중 영양소와 그 최종 분해로 연결이 옳은 것은?

① 탄수화물 – 지방산
② 단백질 – 아미노산
③ 지방 – 포도당
④ 비타민 – 미네랄

TIP 탄수화물 – 포도당, 지방 – 지방산, 글리세린

정답 09 ① 10 ③ 11 ① 12 ④ 13 ① 14 ④ 15 ③ 16 ③ 17 ②

18 자외선 차단지수의 설명으로 옳지 않은 것은?

① SPF라 한다.

② SPF 1이란 대략 1시간을 의미한다.

③ 자외선의 강약에 따라 차단제의 효과 시간이 변한다.

④ 색소침착 부위에는 가능하면 1년 내내 차단제를 사용하는 것이 좋다.

TIP SPF 뒤의 숫자는 자외선 차단지수를 말하며, 1이란 자외선 차단시간 약 15를 의미한다.

19 백반증에 관한 내용 중 틀린 것은?

① 멜라닌 세포의 과다한 증식으로 일어난다.

② 백색반점이 피부에 나타난다.

③ 후천적 탈색소 질환이다.

④ 원형, 타원형 또는 부정형의 흰색반점이 나타난다.

TIP 백반증은 멜라닌 세포의 부족으로 흰색 반점 등으로 나타난다.

20 기계적 손상에 의한 피부질환이 아닌 것은?

① 굳은살 ② 티눈

③ 종양 ④ 욕창

TIP 기계적 손상으로 굳은살, 티눈, 욕창, 마찰성 수포가 포함된다.

21 사람의 피부 표면은 주로 어떤 형태인가?

① 삼각 또는 마름모꼴의 다각형

② 삼각 또는 사각형

③ 삼각 또는 오각형

④ 사각 또는 오각형

TIP 사람의 피부 표면은 삼각 또는 마름모꼴의 다각형으로 이루어져 있다.

22 이·미용업 영업신고를 하지 않고 영업을 한 자에 해당하는 벌칙 기준은?

① 6월 이하의 징역 또는 100만 원 이하의 벌금

② 6월 이하의 징역 또는 300만 원 이하의 벌금

③ 1년 이하의 징역 또는 500만 원 이하의 벌금

④ 1년 이하의 징역 또는 1천만 원 이하의 벌금

TIP 이·미용업 영업신고를 하지 않고 영업을 한 자에 해당하는 벌칙기준은 1년 이하의 징역 또는 1천만 원 이하의 벌금이다.

23 공중위생관리법상 위생교육에 관한 설명으로 틀린 것은?

① 위생교육은 교육부장관이 허가한 단체가 실시할 수 있다.

② 공중위생영업의 신고를 하고자 하는 자는 원칙적으로 미리 위생교육을 받아야 한다.

③ 공중위생영업자는 매년 위생교육을 받아야 한다.

④ 위생교육을 받아야 하는 자 중 영업에 직접 종사하지 아니하거나 2개 이상의 장소에서 영업을 하는 자는 종업원 중 영업장별로 공중위생에 관한 책임자를 지정하고 그 책임자로 하여금 위생교육을 받게 하여야 한다.

TIP 위생교육은 보건복지부장관이 허가한 단체가 실시할 수 있다

24 과태료처분에 불복이 있는 자는 그 처분의 고지를 받은 날부터 얼마의 기간 이내에 처분권자에게 이의를 제기할 수 있는가?

① 10일 ② 20일

③ 30일 ④ 3개월

TIP 과태료 처분에 불복이 있는 자는 그 처분의 고지를 받은 날부터 30일 이내에 처분권자에게 이의를 제기할 수 있다.

정답 18 ② 19 ① 20 ③ 21 ① 22 ④ 23 ① 24 ③

25 이·미용 업자는 신고한 영업장 면적을 얼마이상 증감하였을 때 변경신고를 하여야 하는가?

① 5분의 1 ② 4분의 1
③ 3분의 1 ④ 2분의 1

TIP 이·미용업자는 신고한 영업장 면적에 3분의 1 이상 증감하였을 때 변경신고를 하여야 한다.

26 공중위생영업자가 영업소 폐쇄명령을 받고도 계속하여 영업을 하는 때에 대한 조치사항으로 옳은 것은?

① 당해 영업소가 위법한 영업소임을 알리는 게시물 등을 부착
② 당해 영업소의 출입자 통제
③ 당해 영업소의 출입금지구역 설정
④ 당해 영업소의 강제 폐쇄 집행

TIP 영업소 폐쇄명령을 받고도 계속하여 영업을 하는 때 영업소가 위법한 영업소임을 알리는 게시물 등을 부착할 수 있다.

27 공중위생관리법상 이·미용업 영업장 안의 조명도는 얼마 이상이어야 하는가?

① 50룩스 ② 75룩스
③ 100룩스 ④ 125룩스

TIP 이·미용업 영업장 안의 조명도는 75룩스 이상 유지되어야 한다.

28 다음 중 이·미용사면허를 발급할 수 있는 사람만으로 짝지어진 것은?

㉠ 특별·광역시장		㉡ 도지사
㉢ 시장	㉣ 구청장	㉤ 군수

① ㉠, ㉡ ② ㉠, ㉡, ㉢
③ ㉠, ㉡, ㉢, ㉣ ④ ㉢, ㉣, ㉤

TIP 보건복지부령이 정한 이·미용사면허를 발급할 수 있는 자로 시장, 군수, 구청장에게 면허를 발급받을 수 있다.

29 일반적으로 많이 사용하고 있는 화장수의 알코올 함유량은?

① 70% 전후 ② 10% 전후
③ 30% 전후 ④ 50% 전후

TIP 화장수의 알코올 함유량은 10% 전후로 사용된다.

30 화장품의 분류에 관한 설명 중 틀린 것은?

① 샴푸, 헤어린스는 모발용 화장품에 속한다.
② 팩, 마사지 크림은 스페셜 화장품에 속한다.
③ 퍼퓸(perfume), 오데코롱(eau de Cologne)은 방향 화장품에 속한다.
④ 자외선 차단제나 태닝 제품은 기능성 화장품에 속한다.

TIP 기초화장품으로는 팩, 마사지 크림 등이 포함된다.

31 AHA에 대한 설명으로 옳은 것은?

① 물리적으로 각질을 제거하는 기능을 한다.
② 글리콜산은 사탕수수에 함유된 것으로 침투력이 좋다.
③ pH 3.5 이상에서 15% 농도가 각질제거의 가장 효과적이다.
④ AHA보다 안전성은 떨어지나 효과가 좋은 BHA가 많이 사용된다.

TIP AHA는 화학적 각질제거 기능을 하고, pH 3.5 이상에서 10% 이하의 농도가 이용되며, BHA보다 안전성은 떨어지나 효과가 좋은 AHA가 많이 사용된다.

정답 25 ③ 26 ① 27 ② 28 ④ 29 ② 30 ② 31 ②

32 손을 대상으로 하는 제품 중 알코올을 주 베이스로 하며, 청결 및 소독을 주된 목적으로 하는 제품은?

① 핸드워서(hand wash)
② 새니타이저(sanitizer)
③ 비누(soap)
④ 핸드크림(hand cream)

TIP 새니타이저는 손 세정을 위한 제품으로 이용되며 알코올을 주 베이스로 하고, 청결 및 소독이 주된 목적으로 이용된다.

33 피부의 미백을 돕는데 사용되는 화장품 성분이 아닌 것은?

① 플라센타, 비타민C
② 레몬추출물, 감초추출물
③ 코직산, 구연산
④ 캄퍼, 카모마일

TIP 캄퍼, 카모마일은 민감성 피부와 여드름성 피부에 효과적인 성분으로 피부 보습 및 진정효과를 나타낸다.

34 라벤더 에센셜 오일의 효능에 대한 설명으로 가장 거리가 먼 것은?

① 재생작용 ② 화상치유작용
③ 이완작용 ④ 모유생성작용

TIP 라벤더 에센셜 오일은 심리적 안정과 근육이완, 상처와 화상치유 등의 재생작용기능에 효과적이다.

35 SPF에 대한 설명으로 틀린 것은?

① Sun Protection Factor의 약자로써 자외선 차단지수라 불리어진다.
② 엄밀히 말하면 UV-B 방어 효과를 나타내는 지수라고 볼 수 있다.
③ 오존층으로부터 자외선이 차단되는 정보를 알아보기 위한 목적으로 이용된다.
④ 자외선 차단제를 바른 피부에 최소한의 홍반을 일어나게 하는 데 필요한 자외선 양을 바르지 않는 피부에 최소한의 홍반을 일어나게 하는 데 필요한 자외선 양으로 나눈 값이다.

TIP SPF는 UV-B 방어 효과를 나타내는 목적으로 이용된다.

36 마누스(Manus)와 큐라(Cura)라는 말에서 유래된 용어는?

① 네일 팁 (Nail Tip)
② 매니큐어 (Manicure)
③ 페티큐어 (Pedicure)
④ 아크릴릭 (Acrylic)

TIP 메니큐어는 라틴어에서 유래된 말로 마누스는 손, 큐어는 케어를 의미한다.

37 손목을 굽히고 손가락을 구부리는데 작용하는 근육은?

① 회내근 ② 회외근
③ 장근 ④ 굴근

TIP 굴근은 손목 등의 관절을 구부리는 작용을 한다.

38 네일 역사에 대한 설명으로 잘못 연결된 것은?

① 1930년대 - 인조네일 개발
② 1950년대 - 페티큐어 등장
③ 1970년대 - 아몬드형 네일 유행
④ 1990년대 - 네일 시장의 급성장

TIP 1980년대 - 아몬드형 네일 유행

정답 32 ② 33 ④ 34 ④ 35 ③ 36 ② 37 ④ 38 ③

39 **에포니키움과 관련한 설명으로 틀린 것은?**

① 네일 매트릭스를 보호한다.
② 에포니키움 위에는 큐티클이 존재한다.
③ 에포니키움 아래편은 끈적한 형질로 되어 있다.
④ 에포니키움의 부상은 영구적인 손상을 초래한다.

TIP 큐티클 아래 에포니키움이 존재한다.

40 **자율 신경에 대한 설명으로 틀린 것은?**

① 복재신경 – 종아리 뒤 바깥쪽을 내려와 발뒤꿈치의 바깥쪽 뒤에 분포
② 배측신경 – 발등에 분포
③ 요골신경 – 손등에 외측과 요골에 분포
④ 수지골신경 – 손가락에 분포

TIP 복재신경 – 종아리 안쪽에서 발등 안쪽에 분포한다.

41 **네일샵에서 시술이 불가능한 손톱 병변에 해당하는 것은?**

① 조갑박리증(오니코리시스)
② 조갑위축증(오니케트로피아)
③ 조갑비대증(오니콕시스)
④ 조갑익상편(테리지움)

TIP 조갑박리증은 네일 베드와 네일 사이의 살이 벌어지는 증상으로 샵에서 시술이 불가능하다.

42 **다음 중 손톱 밑의 구조에 포함되지 않는 것은?**

① 반월(루눌라) ② 조모(매트릭스)
③ 조근(네일 루트) ④ 조상(네일 베드)

TIP 조근(네일 루트)은 손톱의 구조에 속한다.

43 **손톱의 구조에 대한 설명으로 가장 거리가 먼 것은?**

① 네일플레이트(조판)는 단단한 각질 구조물로 신경과 혈관이 없다.
② 네일 루트(조근)는 손톱이 자라나기 시작하는 곳이다.
③ 프리에지(자유연)는 손톱의 끝 부분으로 네일 베드와 분리되어 있다.
④ 네일 베드(조상)는 네일플레이트(조판) 위에 위치하며 손톱의 신진대사를 돕는다.

TIP 네일 베드는 네일플레이트 아래에 위치하며 손톱의 신진대사를 돕는다.

44 **다음 중 고객관리카드의 작성 시 기록해야 할 내용과 가장 거리가 먼 것은?**

① 손발의 질병 및 이상 증상
② 시술 시 주의사항
③ 고객이 원하는 서비스의 종류 및 시술내용
④ 고객의 학력 여부 및 가족사항

TIP 고객의 학력 여부 및 가족 사항 등의 사적인 내용은 기록하지 않는다.

45 **네일의 구조에서 모세혈관, 림프 및 신경조직이 있는 것은?**

① 매트릭스 ② 에포니키움
③ 큐티클 ④ 네일 바디

TIP 매트릭스는 손톱을 만드는 세포이며 모세혈관, 림프, 신경조직으로 이루어져 있다.

46 **네일 큐티클에 대한 설명으로 옳은 것은?**

① 살아있는 각질 세포이다.
② 완전히 제거가 가능하다.
③ 네일 베드에서 자라 나온다.
④ 손톱 주위를 덮고 있다.

TIP 큐티클은 에포니키움 아래에 있으며 손톱 주의를 덮고 있는 죽은 각질을 말한다.

정답 39 ② 40 ① 41 ① 42 ③ 43 ④ 44 ④ 45 ① 46 ④

47 손과 발의 뼈 구조에 대한 설명으로 틀린 것은?

① 한 손은 손목뼈 8개, 손바닥뼈 5개, 손가락뼈 14개로 총 27개의 뼈로 구성되어 있다.

② 한 발은 발목뼈 7개, 발바닥뼈 5개, 발가락뼈 14개로 총 26개의 뼈로 구성되어 있다.

③ 손목뼈는 손목을 구성하는 뼈로 8개의 작고 다른 뼈들이 두 줄로 손목에 위치하고 있다.

④ 발목뼈는 몸의 무게를 지탱하는 5개의 길고 가는 뼈로 체중을 지탱하기 위해 튼튼하고 길다.

TIP 발목뼈는 발목을 구성하는 뼈로 7개의 뼈로 구성되어 있다.

48 건강한 네일의 조건에 대한 설명으로 틀린 것은?

① 건강한 네일은 유연하고 탄력성이 좋아서 튼튼하다.

② 건강한 네일은 네일 베드에 단단히 잘 부착되어야 한다.

③ 건강한 네일은 연한 핑크빛을 띠며 내구력이 좋아야 한다.

④ 건강한 네일은 25~30%의 수분과 10%의 유분을 함유해야 한다.

TIP 건강한 네일은 12~18%의 수분과 0.15~0.75%의 유분을 함유해야 한다.

49 다음 중 네일 팁의 재질이 아닌 것은?

① 아세테이트　② 플라스틱
③ 아크릴　④ 나일론

TIP 네일 팁은 아세테이트, 플라스틱, 나일론, ABS 수지 등의 재질로 되어있다.

50 다음 중 조갑종렬증(오니코렉시스)에 관한 설명으로 옳은 것은?

① 손톱의 색이 푸르스름하게 변하는 증상이다.

② 멜라닌색소가 착색되어 일어나는 증상이다.

③ 손톱이 갈라지거나 부서지는 증상이다.

④ 큐티클이 과잉 성장하여 네일 플레이트 위로 자라는 증상이다.

TIP 조갑종렬증은 손톱이 세로로 갈라지거나 균열이 오는 증상을 말하며, 아세톤이나 강알칼리성 제품을 사용할 경우 나타난다.

51 아크릴릭 네일의 제거 방법으로 가장 적합한 것은?

① 드릴 머신으로 갈아준다.

② 솜에 아세톤을 적셔 호일로 감싸 30분 정도 불린 후 오렌지 우드스틱으로 밀어서 떼어 준다.

③ 100그릿 파일로 파일링하여 제거한다.

④ 솜에 알코올을 적셔 호일로 감싸 30분 정도 불린 후 오렌지 우드스틱으로 밀어서 떼어 준다.

TIP 아크릴릭 제거 시 아세톤을 적당량 솜에 묻혀 호일로 감싼 뒤 10~30분까지 불린 후 오렌지 우드스틱으로 밀어서 떼어준다.

52 프렌치 컬러링에 대한 설명으로 옳은 것은?

① 옐로우 라인에 맞추어 완만한 U자 형태로 컬러링 한다.

② 프리에지의 컬러링의 너비는 규격화되어 있다.

③ 프리에지의 컬러링 색상은 흰색으로 규정되어 있다.

④ 프리에지 부분만을 제외하고 컬러링한다.

TIP 프렌치 컬러링은 옐로우 라인에 맞추어 완만한 U자 형태로 컬러링하는 방법으로 프리에지에만 컬러링되어 있는 모양을 말한다.

정답 47 ④ 48 ④ 49 ③ 50 ③ 51 ② 52 ①

53 아크릴릭 시술에서 핀칭(Pinching)을 하는 주된 이유는?

① 리프팅(Lifting)방지에 도움이 된다.
② C 커브에 도움이 된다.
③ 하이 포인트 형성에 도움이 된다.
④ 에칭(Etching)에 도움이 된다.

TIP 아크릴릭 시술 시 핀칭을 주는 이유는 C 커브를 만들기 위함이다.

54 네일 종이 폼의 적용 설명으로 틀린 것은?

① 다양한 스컬프쳐 네일 시술 시에 사용한다.
② 자연스런 네일의 연장을 만들 수 있다.
③ 디자인 UV 젤 팁 오버레이 시에 사용한다.
④ 일회용이며 프렌치 스컬프처에 적용한다.

TIP 팁오버레이시에는 네일 폼지를 사용하지 않고 손톱에 네일팁을 부착시킨다.

55 페디큐어 시술 순서로 가장 적합한 것은?

① 소독하기 – 폴리시 지우기 – 발톱 모양 만들기 – 큐티클 오일 바르기 – 큐티클 정리하기
② 폴리시 지우기 – 소독하기 – 발톱 표면 정리하기 – 큐티클 오일 바르기 – 큐티클 정리하기
③ 소독하기 – 발톱 표면 정리하기 – 폴리시 지우기 – 발톱 모양 만들기 – 큐티클 정리하기
④ 폴리시 지우기 – 소독하기 – 발톱 모양 만들기 – 큐티클 오일 바르기 – 큐티클 정리하기

TIP 페디큐어 시술 순서는 소독하기 – 폴리시 지우기 – 발톱 모양 만들기 – 발톱 표면 정리하기 – 큐티클 오일 바르기 – 큐티클 정리하기

56 페디큐어 시술 시 굳은살을 제거하는 도구의 명칭은?

① 푸셔　② 토우세퍼레이터
③ 콘커터　④ 클리퍼

TIP 발바닥의 굳은살을 제거할 때 콘커터에 일회용 면도날을 끼워 사용한다.

57 푸셔로 큐티클을 밀어 올릴 때 가장 적합한 각도는?

① 15도　② 30도
③ 45도　④ 60도

TIP 퓨셔로 큐티클 이용 시 45도 각도로 부드럽게 밀어올리며 큐티클에 파고들지 않게 조심한다.

58 팁 위드 랩 시술 시 사용하지 않는 재료는?

① 글루 드라이　② 실크
③ 젤 글루　④ 아크릴 파우더

TIP 팁 위드 랩 시술 시 : 글루 드라이, 실크, 젤 글루, 네일 팁, 필러 파우더, 라이트 글루 등이 이용된다.

59 UV 젤의 특징이 아닌 것은?

① 올리고머 형태의 분자 구조를 가지고 있다.
② 탑 젤의 광택은 인조 네일 중 가장 좋다.
③ 젤은 농도에 따라 묽기가 약간씩 다르다.
④ UV 젤은 상온에서 경화가 가능하다.

TIP UV 젤은 젤 램프의 라이트를 통해 경화된다.

60 컬러링의 설명으로 틀린 것은?

① 베이스코트는 폴리시의 착색을 방지한다.
② 폴리시 브러시의 각도는 90도로 잡는 것이 가장 적합하다.
③ 폴리시는 얇게 바르는 것이 빨리 건조하고 색상이 오래 유지된다.
④ 탑코트는 폴리시의 광택을 더해주고 지속력을 높인다.

TIP 네일 컬러링 시 폴리시 브러시의 각도는 45도로 잡는 것이 가장 적합하다.

정답　53 ②　54 ③　55 ①　56 ③　57 ③　58 ④　59 ④　60 ②

제4회 국가기술자격 필기시험

2015년 5회 기출문제

자격종목	시험시간	문제수	문제형별
미용사(네일)	1시간	60	

01 일명 도시형, 유입형이라고도 하며 생산층 인구가 전체 인구의 50% 이상이 되는 인구 구성의 유형은?

① 별형 (star form)
② 항아리형 (pot form)
③ 농촌형 (guitar form)
④ 종형 (bell form)

TIP 별형 : 도시형, 유입형으로 인구 증가하는 형태이다.

02 다음 중 식물에게 가장 피해를 많이 줄 수 있는 기체는?

① 일산화탄소 ② 이산화탄소
③ 탄화수소 ④ 이산화황

TIP 이산화황은 유독가스로 인체에 자극을 남기며, 식물을 고사시킨다.

03 다음 감염병 중 호흡기계 전염병에 속하는 것은?

① 발진티푸스 ② 파라티푸스
③ 디프테리아 ④ 황열

TIP 디프테리아는 먼지와 섞여 공기를 통해 감염되는 호흡기계 전염병 중 하나이다.

04 사회보장의 종류에 따른 내용의 연결이 옳은 것은?

① 사회보험 - 기초생활보장, 의료보장
② 사회보험 - 소득보장, 의료보장
③ 공적부조 - 기초생활보장, 보건의료서비스
④ 공적부조 - 의료보장, 사회복지서비스

TIP 사회보험 : 소득보장, 의료보장 / 공적부조 : 최저생활보장, 의료급여

05 ( )안에 들어갈 알맞은 것은?

> ( ) (이)란 감염병 유행지역의 입국자에 대하여 감염병 감염이 의심되는 사람의 강제격리로 "건강격리"라고도 한다.

① 검역 ② 감금
③ 감시 ④ 전파예방

TIP 검역은 감염병 유행지역의 입국자에 대한 강제격리를 말한다.

06 감염병을 옮기는 질병과 그 매개곤충을 연결한 것으로 옳은 것은?

① 말라리아 - 진드기
② 발진티푸스 - 모기
③ 양충병(쯔쯔가무시) - 진드기
④ 일본뇌염 - 체체파리

TIP 말라리아, 일본뇌염 - 모기, 발진티푸스 - 이

07 영양소의 3대 작용으로 틀린 것은?

① 신체의 생리기능 조절
② 에너지 열량 감소
③ 신체의 조직 구성
④ 열량공급 작용

TIP 영양소의 3대 작용 : 신체의 생리기능 조절, 조직 구성 작용, 열량공급 작용이다.

정답 01 ① 02 ④ 03 ③ 04 ② 05 ① 06 ③ 07 ②

08 다음 소독 방법 중 완전 멸균으로 가장 빠르고 효과적인 방법은?

① 유통증기법
② 간헐살균법
③ 고압증기법
④ 건열소독

TIP 완전멸균은 미생물과 아포까지 전부 사멸시키는 소독법으로 고압증기법이 효과적으로 이용된다.

09 인체에 질병을 일으키는 병원체 중 대체로 살아 있는 세포에서만 증식하고 크기가 가장 작아 전자현미경으로만 관찰할 수 있는 것은?

① 구균 ② 간균
③ 바이러스 ④ 원생동물

TIP 바이러스는 살아있는 세포에서만 증식하고 크기가 가장 작아 전자현미경으로만 관찰할 수 있다.

10 이·미용업소 쓰레기통, 하수구 소독으로 효과적인 것은?

① 역성비누액, 승홍수
② 승홍수, 포르말린수
③ 생석회, 석회유
④ 역성비누액, 생석회

TIP 생석회·석회유는 저렴한 비용으로 넓은 장소 소독에 이용, 주로 쓰레기통, 하수구 소독에 적합하다.

11 이·미용업소에서 공기 중 비말전염으로 가장 쉽게 옮겨질 수 있는 감염병은?

① 인플루엔자 ② 대장균
③ 뇌염 ④ 장티푸스

TIP 인플루엔자는 닫힌 공간의 공기 중 비말전염으로 가장 쉽게 옮겨질 수 있는 감염병이다.

12 소독약의 살균력 지표로 가장 많이 이용되는 것은?

① 알코올
② 크레졸
③ 석탄산
④ 포름알데히드

TIP 석탄산은 소독약의 살균지표로 가장 많이 이용된다.

13 다음 중 아포(포자)까지도 사멸시킬 수 있는 멸균 방법은?

① 자외선조사법
② 고압증기멸균법
③ P.O. (Propylene Oxide) 가스 멸균법
④ 자비소독법

TIP 고압증기멸균법 : 완전멸균방법으로 미생물과 아포까지 전부 사멸시키는 소독법이다.

14 소독제의 구비조건과 가장 거리가 먼 것은?

① 높은 살균력을 가질 것
② 인체에 해가 없어야 할 것
③ 저렴하고 구입과 사용이 간편할 것
④ 냄새가 강할 것

TIP 소독제는 안정적이고 냄새가 약할수록 좋다.

15 여드름을 유발하는 호르몬은?

① 인슐린 (insulin)
② 안드로겐 (androgen)
③ 에스트로겐 (estrogen)
④ 티록신 (thyroxine)

TIP 테스토스테론, 안드로겐의 남성호르몬은 피지를 증가시키켜 여드름을 유발시킨다.

정답 08 ③ 09 ③ 10 ③ 11 ① 12 ③ 13 ② 14 ④ 15 ②

16 멜라닌 세포가 주로 위치하는 곳은?

① 각질층 ② 기저층
③ 유극층 ④ 망상층

TIP 멜라닌 세포는 피부의 색상을 나타내며 표피의 기저층에 주로 분포한다.

17 피지, 각질세포, 박테리아가 서로 엉겨서 모공이 막힌 상태를 무엇이라 하는가?

① 구진 ② 면포
③ 반점 ④ 결절

TIP 면포는 피지, 각질세포, 박테리아가 엉겨 배출되지 못하고 모공을 막는 하얗게 튀어나와 있는 상태이다.

18 사춘기 이후 성호르몬의 영향을 받아 분비되기 시작하는 땀샘으로 체취선이라고 하는 것은?

① 소한선 ② 대한선
③ 갑상선 ④ 피지선

TIP 대한선은 성호르몬의 영향으로 사춘기 이후에 주로 분비되는 땀샘으로 겨드랑이, 유두, 배꼽 등에서 나타난다.

19 일광 화상의 주된 원인이 되는 자외선은?

① UV-A ② UV-B
③ UV-C ④ 가시광선

TIP UV-B는 자외선 파장이 짧아 피부 깊이 침투되지 않고 과다노출 시 진피의 상부에 수포, 일광 화상, 색소침착, 홍반 등이 나타난다.

20 다음 중 뼈와 치아의 주성분이며, 결핍되면 혈액의 응고현상이 나타나는 영양소는?

① 인(P) ② 요오드(I)
③ 칼슘(Ca) ④ 철분(Fe)

TIP 칼슘은 뼈, 치아의 주성분이며 결핍 시 혈액 응고, 구루병, 골다공증 등이 나타난다.

21 노화 피부에 대한 전형적인 증세는?

① 피지가 과다 분비되어 번들거린다.
② 항상 촉촉하고 매끈하다.
③ 수분이 80% 이상이다.
④ 유분과 수분이 부족하다.

TIP 노화 피부는 유·수분이 부족하여 피부가 푸석해 지고 탄력이 떨어진다.

22 공중위생관리법상 이·미용 기구의 소독기준 및 방법으로 틀린 것은?

① 건열멸균소독 : 섭씨 100℃ 이상의 건조한 열에 10분 이상 쐬어준다.
② 증기소독 : 섭씨 100℃ 이상의 습한 열에 20분 이상 쐬어준다.
③ 열탕소독 : 섭씨 100℃ 이상의 물 속에 10분 이상 끓여준다.
④ 석탄산수소독 : 석탄산수(석탄산 3%, 물 97%의 수용액)에 10분 이상 담가둔다.

TIP 건열멸균소독은 섭씨 100℃ 이상의 건조한 열에 20분 이상 쐬어준다.

23 공중위생업자가 매년 받아야 하는 위생교육 시간은?

① 5시간 ② 4시간
③ 3시간 ④ 2시간

TIP 공중위생업자는 매년 위생교육을 3시간 교육받아야 한다.

정답 16 ② 17 ② 18 ② 19 ② 20 ③ 21 ④ 22 ① 23 ③

24 면허의 정지명령을 받은 자가 반납한 면허증은 정지 기간 동안 누가 보관하는가?

① 관할 시·도지사
② 관할 시장·군수·구청장
③ 보건복지부장관
④ 관할 경찰서장

TIP 관할 시장·군수·구청장은 면허의 정지명령을 받은 자가 반납한 면허증을 정지 기간 동안 보관한다.

25 과태료의 부과·징수 절차에 관한 설명으로 틀린 것은?

① 시장·군수·구청장이 부과·징수한다.
② 과태료 처분의 고지를 받은 날부터 30일 이내에 이의를 제기할 수 있다
③ 과태료 처분을 받은 자가 이의를 제기한 경우 처분권자는 보건복지부 장관에게 이를 통보한다.
④ 기간 내 이의가 없이 과태료를 납부하지 아니한 때에는 지방세 체납 처분의 예에 따른다.

TIP 과태료 처분을 받은 자가 이의를 제기한 경우 시장·군수·구청장은 관할법원에 그 사실을 통보한다.

26 다음 중 청문의 대상이 아닌 때는?

① 면허취소 처분을 하고자 하는 때
② 면허정지 처분을 하고자 하는 때
③ 영업소폐쇄명령의 처분을 하고자 하는 때
④ 벌금으로 처벌하고자 하는 때

TIP 청문의 대상은 면허취소, 정지, 공중위생영업의 정지, 영업소폐쇄명령 처분하고자 하는 때이다.

27 신고를 하지 아니하고 영업소의 소재지를 변경한 때에 대한 1차 위반 시 행정처분 기준은?

① 영업장 폐쇄명령
② 영업정지 6월
③ 영업정지 3월
④ 영업정지 2월

TIP 신고를 하지 아니하고 영업소의 소재지를 변경한 때에 대한 1차 위반 시 영업장을 폐쇄한다.

28 이·미용업 영업신고 신청 시 필요한 구비서류에 해당하는 것은?

① 이·미용사 자격증 원본
② 면허증 원본
③ 호적등본 및 주민등록등본
④ 건축물대장

TIP 이·미용업 영업신고 신청 시 필요한 구비서류는 면허증 원본, 영업시설 및 설비개요서, 위생교육 필증이 필요하다.

29 화장수에 대한 설명 중 올바르지 않은 것은?

① 수렴화장수는 아스트린젠트라고 불린다.
② 수렴화장수는 지성, 복합성 피부에 효과적으로 사용 된다.
③ 유연화장수는 건성 또는 노화 피부에 효과적으로 사용된다.
④ 유연화장수는 모공을 수축시켜 피부결을 섬세하게 정리해 준다.

TIP 수렴화장수는 모공을 수축시켜 피부결을 섬세하게 정리해 준다.

정답 24 ② 25 ③ 26 ④ 27 ① 28 ② 29 ④

30 아줄렌(Azulene)은 어디에서 얻어지는가?

① 카모마일(Camomile)

② 로얄젤리(Royal Jelly)

③ 아르니카(Armica)

④ 조류(Algae)

TIP 아줄렌은 카모마일에서 추출한 오일로 피부 진정, 살균, 소독작용에 효과가 있다.

31 향수에 대한 설명으로 옳은 것은?

① 퍼퓸(perfume extract) - 알코올 70%와 향수원액을 30% 포함하며, 향이 3일 정도 지속된다.

② 오드 퍼퓸(eau de perfume) - 알코올 95% 이상, 향수원액 2~3%로 30분 정도 향이 지속된다.

③ 샤워 코롱(shower cologne) - 알코올 80%와 물 및 향수원액 15%가 함유된 것으로 5시간 정도 향이 지속된다.

④ 헤어 토닉(hair tonic) - 알코올 85~95%와 향수원액 8%가량이 함유된 것으로 향이 2~3시간 정도 지속된다.

TIP 퍼퓸은 향수원액 15~30% 향료 함유로 가장 향이 오래 유지되며, 오드 퍼퓸은 알콜 80% 이상, 향수원액 15% 가량으로 5시간 정도 향이 지속, 그다음은 샤워코롱이며, 헤어토닉은 두피용이며 30~70%의 알코올 수용액에 살균제와 자극제 등을 용해시키고 향료를 넣어서 만든다.

32 린스의 기능으로 틀린 것은?

① 정전기를 방지한다.

② 모발 표면을 보호한다.

③ 자연스러운 광택을 준다.

④ 세정력이 강하다.

TIP 샴푸의 특징은 세정력이 강하다.

33 화장품 성분 중 기초화장품이나 메이크업 화장품에 널리 사용되는 고형의 유성 성분으로 화학적으로는 고급지방산에 고급알코올이 결합된 에스테르이며, 화장품의 굳기를 증가시켜 주는 원료에 속하는 것은?

① 왁스 (wax)

② 폴리에틸렌글리콜 (polyethylene glycol)

③ 피마자유 (caaster oil)

④ 바셀린 (vaseline)

TIP 왁스는 고급지방산에 고급알코올이 결합된 에스테르이며, 화장품의 굳기를 증가시켜 주는 원료이다.

34 화장품의 4대 요건에 속하지 않는 것은?

① 안전성	② 안정성
③ 치유성	④ 유효성

TIP 화장품의 4대 요건 - 안전성, 안정성, 유효성, 사용성

35 다음 중 미백 기능과 가장 거리가 먼 것은?

① 비타민C	② 코직산
③ 캠퍼	④ 감초

TIP 캠퍼는 피지분비가 증가된 여드름 피부에 효과적이다.

36 네일 미용의 역사에 대한 설명으로 틀린 것은?

① 최초의 미용 네일은 기원전 3000년경에 이집트에서 시작되었다.

② 고대 이집트에서는 헤나를 이용하여 붉은 오렌지색으로 손톱을 물들였다.

③ 그리스에서는 달걀흰자와 아라비아산 고무나무 수액을 섞어 손톱에 칠하였다.

④ 15세기 중국의 명 왕조에서는 흑색과 적색으로 손톱에 칠하여 장식하였다.

TIP 중국에서 달걀흰자와 아라비아산 고무나무 수액을 섞어 손톱에 칠하였다.

정답 30 ① 31 ① 32 ④ 33 ① 34 ③ 35 ③ 36 ③

37 손톱의 구조 중 조근에 대한 설명으로 가장 적합한 것은?

① 손톱 모양을 만든다.

② 연분홍의 반달모양이다.

③ 손톱이 자라기 시작하는 곳이다.

④ 손톱의 수분공급을 담당한다.

TIP 네일 루트(조근)는 손톱이 시작되는 뿌리 부분을 말한다.

38 네일 샵(shop)의 안전관리를 위한 대처방법으로 가장 적합하지 않은 것은?

① 화학물질을 사용할 때에는 반드시 뚜껑이 있는 용기를 이용한다.

② 작업 시 마스크를 착용하여 가루의 흡입을 막는다.

③ 작업공간에서는 음식물이나 음료, 흡연을 금한다.

④ 가능하면 스프레이 형태의 화학물질을 사용한다.

TIP 화학물질 사용 시 공중에 분사되지 않도록 스프레이는 가능한 사용하지 않도록 주의한다.

39 손톱의 구조에서 자유연(프리에지) 밑 부분의 피부를 무엇이라고 하는가?

① 하조피(하이포니키움)

② 조구(네일 그루브)

③ 큐티클

④ 조상연(페리오니키움)

TIP 하조피는 프리에지 밑부분으로 네일을 보호하는 역할을 한다.

40 다음 중 손톱의 역할과 가장 거리가 먼 것은?

① 손끝과 발끝을 외부 자극으로부터 보호한다.

② 미적·장식적 기능이 있다.

③ 방어와 공격의 기능이 있다.

④ 분비기능이 있다.

TIP 손톱은 분비기능을 하지 않는다.

41 다음 중 손가락의 수지골 뼈의 명칭이 아닌 것은?

① 기절골 ② 말절골

③ 중절골 ④ 요골

TIP 요골은 아래팔뼈 중 바깥 뼈를 말한다.

42 다음 중 네일 미용 시술이 가능한 경우는?

① 사상균증 ② 조갑구만증

③ 조갑탈락증 ④ 행네일

TIP 행네일은 거스러미가 있는 상태를 말하며 네일 시술 시 보습관리를 해주면 좋다.

43 네일 도구의 설명으로 틀린 것은?

① 큐티클 니퍼 : 손톱 위에 거스러미가 생긴 살을 제거할 때 사용한다.

② 아크릴릭 브러시 : 아크릴릭 파우더로 볼을 만들어 인조 손톱을 만들 때 사용한다.

③ 클리퍼 : 인조 팁을 잘라 길이를 조절할 때 사용한다.

④ 아클릴릭 폼지 : 팁 없이 아크릴릭 파우더만을 가지고 네일을 연장할 때 사용하는 일종의 받침대 역할을 한다.

TIP 인조팁을 잘라 길이를 조절할 때 팁커터를 사용한다.

정답 37 ③ 38 ④ 39 ① 40 ④ 41 ④ 42 ④ 43 ③

44 손가락과 손가락 사이가 붙지 않고 벌어지게 하는 외향에 작용하는 손등의 근육은?

① 외전근 ② 내전근
③ 대립근 ④ 회외근

TIP 외전근은 벌림근의 전 용어이며, 손가락 사이를 벌리는 손등의 근육이다.

45 네일 미용 관리 중 고객관리에 대한 응대로 지켜야 할 사항이 아닌 것은?

① 시술의 우선순위에 대한 논쟁을 막기 위해서 예약 고객을 우선으로 한다.
② 고객이 도착하기 전에 필요한 물건과 도구를 준비해야 한다.
③ 관리 중에는 고객과 대화를 나누지 않는다.
④ 고객에게 소지품과 옷 보관함을 제공하고 바뀌는 일이 없도록 한다.

TIP 고객관리 시 고객과 대화를 나누며 고객의 요구에 응대한다.

46 고객관리에 대한 설명으로 옳은 것은?

① 피부 습진이 있는 고객은 처치를 하면서 서비스한다.
② 진한 메이크업을 하고 고객을 응대한다.
③ 네일 제품으로 인한 알레르기 반응이 생길 수 있으므로 원인이 되는 제품의 사용을 멈추도록 한다.
④ 문제성 피부를 지닌 고객에게 주어진 업무수행을 자유롭게 한다.

TIP 고객 응대 방법으로 피부습진 등의 질병을 가진 고객은 관리할 수 없다. 단정한 용모로 고객을 응대, 문제성 피부를 지닌 고객은 주의하여 관리해야 한다.

47 다음 중 발의 근육에 해당하는 것은?

① 비복근 ② 대퇴근
③ 장골근 ④ 족배근

TIP 발의 근육 중 발등의 근육을 족배근이라 한다.

48 화학물질로부터 자신과 고객을 보호하는 방법으로 틀린 것은?

① 화학물질은 피부에 닿아도 되기 때문에 신경 쓰지 않아도 된다.
② 통풍이 잘되는 작업장에서 작업한다.
③ 공중 스프레이 제품보다 찍어 바르거나 솔로 바르는 제품을 선택한다.
④ 콘택트렌즈의 사용을 제한한다.

TIP 화학물질은 피부에 닿지 않게 주의하여 사용한다.

49 한국의 네일 미용의 역사에 관한 설명 중 틀린 것은?

① 우리나라 네일 장식의 시작은 봉선화 꽃물을 들이는 것이라 할 수 있다.
② 한국의 네일 산업이 본격화되기 시작한 것은 1960년대 중반으로 미국과 일본의 영향으로 네일 산업이 급성장하면서 대중화되기 시작했다.
③ 1990년대부터 대중화되어 왔고 1998년에는 민간자격증이 도입되었다.
④ 화장품 회사에서 다양한 색상의 폴리시를 판매하면서 일반인들이 네일에 대해 관심을 갖기 시작했다.

TIP 한국의 네일 산업이 본격화되기 시작한 것은 1990년대 중반으로 미국과 일본의 영향으로 네일 산업이 급성장하면서 대중화되기 시작했다.

정답 44 ① 45 ③ 46 ③ 47 ④ 48 ① 49 ②

50 네일 질환 중 교조증(오니코파지, Onychophagy)의 원인과 관리법 중 가장 적합한 것은?

① 유전에 의하여 손톱의 끝이 두껍게 자라는 것이 원인으로 매니큐어나 페디큐어가 증상을 완화시킨다.
② 멜라닌 색소가 착색되어 일어나는 증상이 원인이며 손톱이 자라면서 없어지기도 한다.
③ 손톱을 심하게 물어뜯을 경우 원인이 되며 인조 손톱을 붙여서 교정할 수 있다.
④ 식습관이나 질병에서 비롯된 증상이 원인이며 부드러운 파일을 사용하여 관리한다.

TIP 교조증은 손톱을 물어뜯는 게 원인이 되며, 아크릴이나 젤 등의 인조네일 시술로 교정이 가능하다.

51 습식매니큐어 시술에 관한 설명으로 틀린 것은?

① 고객의 취향과 기호에 맞게 손톱 모양을 잡는다.
② 자연 손톱 파일링 시 한 방향으로 시술한다.
③ 손톱 질환이 심각할 경우 의사의 진료를 권한다.
④ 큐티클은 죽은 각질 피부이므로 반드시 모두 제거하는 것이 좋다.

TIP 큐티클은 균으로부터 매트릭스를 보호하는 역할을 하며 손 케어 시 적당히 제거하는 것이 좋다.

52 폴리시를 바르는 방법 중 손톱이 길고 가늘게 보이도록 하기 위해 양쪽 사이드 부위를 남겨두는 컬러링 방법은?

① 프리에지 (free edge)
② 풀코트 (full coat)
③ 슬림 라인 (slim line)
④ 루눌라 (lunula)

TIP 슬림 라인은 손톱이 길고 가늘게 보이도록 하기 위해 양쪽 사이드 부위를 남겨두는 컬러링 기법이다.

53 UV-젤 네일의 설명으로 옳지 않은 것은?

① 젤은 끈끈한 점성을 가지고 있다.
② 파우더와 믹스되었을 때 단단해진다.
③ 네일 리무버로 제거되지 않는다.
④ 투명도와 광택이 뛰어나다.

TIP 파우더와 젤이 믹스되었을 때 단단해지지는 않으며 젤은 젤 램프기기의 라이트빛을 통해 단단해진다.

54 아크릴릭 시술 시 바르는 프라이머에 대한 설명으로 틀린 것은?

① 단백질을 화학작용으로 녹여준다.
② 아크릴릭 네일이 손톱에 잘 부착되도록 도와준다.
③ 피부에 닿으면 화상을 입힐 수 있다.
④ 충분한 양으로 여러 번 도포해야 한다.

TIP 프라이머는 피부에 닿으면 화상을 입을 수 있어 소량으로만 도포해야 한다.

55 네일 팁 오버레이의 시술 과정에 대한 설명으로 틀린 것은?

① 네일 팁 접착 시 자연 손톱 길이의 1/2 이상 덮지 않는다.
② 자연 손톱이 넓은 경우 좁게 보이게 하기 위하여 작은 사이즈의 네일 팁을 붙인다.
③ 네일 팁의 접착력을 높여주기 위해 자연 손톱의 에칭 작업을 한다.
④ 프리프라이머를 자연 손톱에만 도포한다.

TIP 네일 팁은 자연 손톱과 동일한 크기를 선택하여 붙인다.

정답 50 ③ 51 ④ 52 ③ 53 ② 54 ④ 55 ②

56 **아크릴릭 네일의 보수 과정에 대한 설명으로 가장 거리가 먼 것은?**

① 들뜬 부분의 경계를 파일링 한다.

② 아크릴릭 표면이 단단하게 굳은 후에 파일링 한다.

③ 새로 자라난 자연 손톱 부분에 프라이머를 바른다.

④ 들뜬 부분에 오일 도포 후 큐티클을 정리한다.

TIP 인조네일 보수 시 들뜬 부분에 오일을 도포하면 리프팅의 원인이 될 수 있다.

57 **페디파일의 사용 방향으로 가장 적합한 것은?**

① 바깥쪽에서 안쪽으로

② 왼쪽에서 오른쪽으로

③ 족문 방향으로

④ 사선 방향으로

TIP 페디파일링 시 족문 방향에서 바깥으로 사용한다.

58 **큐티클을 정리하는 도구의 명칭으로 가장 적합한 것은?**

① 핑거볼 ② 니퍼

③ 핀셋 ④ 클리퍼

TIP 큐티클을 정리할 때 필요한 도구는 푸셔와 니퍼다.

59 **페디큐어의 시술 방법으로 맞는 것은?**

① 파고드는 발톱의 예방을 위하여 발톱의 모양(shape)은 일자형으로 한다.

② 혈압이 높거나 심장병이 있는 고객은 마사지를 더 강하게 해 준다.

③ 모든 각질 제거에는 콘커터를 사용하여 완벽하게 제거한다.

④ 발톱의 모양은 무조건 고객이 원하는 형태로 잡아준다.

TIP 내성 발톱 예방을 위하여 발톱의 모양은 스퀘어쉐입으로 한다.

60 **네일 팁에 대한 설명으로 틀린 것은?**

① 네일 팁 접착 시 손톱의 1/2 이상 커버해서는 안 된다.

② 네일 팁은 손톱의 크기에 너무 크거나 작지 않은 가장 잘 맞는 사이즈의 팁을 사용한다.

③ 웰 부분의 형태에 따라 풀 웰(full well)과 하프 웰(half well)이 있다.

④ 자연 손톱이 크고 납작한 경우 커브타입의 팁이 좋다.

TIP 자연 손톱이 크고 납작한 경우 끝으로 갈수록 좁아지는 내로우팁이 적합하다.

정답 56 ④ 57 ③ 58 ② 59 ① 60 ④

제5회 국가기술자격 필기시험

2016년 1회 기출문제

자격종목	시험시간	문제수	문제형별
미용사(네일)	1시간	60	

01 야채를 고온에서 요리할 때 가장 파괴되기 쉬운 비타민은?

① 비타민 A　② 비타민 C
③ 비타민 D　④ 비타민 K

TIP 비타민 C는 열에 약하다.

02 다음 중 병원소에 해당하지 않는 것은?

① 흙　② 물
③ 가축　④ 보균자

TIP 병원소의 종류로 인간병원소, 동물병원소, 토양병원소가 있다. 물은 병원소와 거리가 멀다.

03 일반 폐기물 처리방법 중 가장 위생적인 방법은?

① 매립법　② 소각법
③ 투기법　④ 비료화법

TIP 소각법은 폐기물을 불에 태우는 방법으로 가장 일반적이고 위생적인 방법 중 하나다.

04 인구통계에서 5~9세 인구란?

① 만 4세 이상 ~ 만 8세 미만 인구
② 만 5세 이상 ~ 만 10세 미만 인구
③ 만 4세 이상 ~ 만 9세 미만 인구
④ 4세 이상 ~ 9세 이하 인구

TIP 만5~9세 인구는 인구통계에서 만5~10세 미만에 해당된다.

05 모유수유에 대한 설명으로 옳지 않은 것은?

① 수유 전 산모의 손을 씻어 감염을 예방하여야 한다.
② 모유수유를 하면 배란을 촉진시켜 임신을 예방하는 효과가 없다.
③ 모유에는 림프구, 대식세포 등의 백혈구가 들어 있어 각종 감염으로부터 장을 보호하고 설사를 예방하는데 큰 효과를 갖고 있다.
④ 초유는 영양가가 높고 면역체가 있으므로 아기에게 반드시 먹이도록 한다.

TIP 모유수유를 하면 배란이 억제되고 피임 효과가 있다.

06 감염병 감염 후 얻어지는 면역의 종류는?

① 인공능동면역
② 인공수동면역
③ 자연능동면역
④ 자연수동면역

TIP 자연능동면역은 감염병 감염 후 얻어지는 면역을 말한다.

07 다음 중 출생 후 아기에게 가장 먼저 실시하게 되는 예방 접종은?

① 파상풍　② B형 간염
③ 홍역　④ 폴리오

TIP 생후 1~2개월에 접종하는 예방접종은 B형 간염이다.

정답 01 ② 02 ② 03 ② 04 ② 05 ② 06 ③ 07 ②

08 바이러스(Virus)의 특성으로 가장 거리가 먼 것은?

① 생체 내에서만 증식이 가능하다.
② 일반적으로 병원체 중에서 가장 작다.
③ 황열 바이러스가 인간 질병 최초의 바이러스이다.
④ 항생제에 감수성이 있다.

TIP 바이러스는 항생제에 감수성이 없다.

09 소독제의 적정 농도로 틀린 것은?

① 석탄산 1~3%
② 승홍수 0.1%
③ 크레졸수 1~3%
④ 알코올 1~3%

TIP 소독제로 이용되는 알코올 농도는 약 70% 이상

10 병원성·비병원성 미생물 및 포자를 가진 미생물 모두를 사멸 또는 제거하는 것은?

① 소독　② 멸균
③ 방부　④ 정균

TIP 멸균은 미생물 및 아포까지 완전 사멸된 무균상태를 말한다.

11 다음 중 이·미용업소에서 가장 쉽게 옮겨질 수 있는 질병은?

① 소아마비　② 뇌염
③ 비활동성 결핵　④ 전염성 안질

TIP 이·미용업소에서 많이 사용되는 수건, 세면기 등 소독되지 않은 상태에서 쉽게 감염될 수 있는 질병으로는 전염성 안질이 있다.

12 다음 중 음용수 소독에 사용되는 소독제는?

① 석탄산　② 액체염소
③ 승홍수　④ 알코올

TIP 액체염소는 가장 대중적으로 사용되는 상하수도 소독제이다.

13 다음 중 미생물학의 대상에 속하지 않는 것은?

① 세균(bacteria)　② 바이러스(virus)
③ 원충(protoza)　④ 원시동물

TIP 원시동물은 동물에 해당한다.

14 소독제의 사용 및 보존상의 주의점으로 틀린 것은?

① 일반적으로 소독제는 밀폐시켜 일광이 직사되지 않는 곳에 보존해야 한다.
② 부식과 상관이 없으므로 보관 장소의 제한이 없다.
③ 승홍이나 석탄산 같은 것은 인체에 유해하므로 특별히 주의 취급하여야 한다.
④ 염소제는 일광과 열에 의해 분해되지 않도록 냉암소에 보존하는 것이 좋다.

TIP 소독제는 직사광선을 피해 밀폐시켜 보관한다.

15 리보플라빈이라고도 하며, 녹색 채소류, 밀의 배아, 효모, 달걀, 우유 등에 함유되어 있고 결핍되면 피부염을 일으키는 것은?

① 비타민 B_2　② 비타민 E
③ 비타민 K　④ 비타민 A

TIP 비타민 B_2 – 리보플라빈이라고도 하며, 결핍 시 피부염, 피로, 습진, 부스럼 등이 생기며, 녹색 채소류, 밀의 배아, 효모, 달걀, 우유 등에 함유되어있다.

정답 08 ④ 09 ④ 10 ② 11 ④ 12 ② 13 ④ 14 ② 15 ①

16 다음 태양광선 중 파장이 가장 짧은 것은?

① UV-A ② UV-B
③ UV-C ④ 가시광선

TIP UV-A(320~400㎚), UV-B(290~320㎚), UV-C(200~290㎚)

17 멜라닌 색소결핍의 선천적 질환으로 쉽게 열광 화상을 입는 피부 병변은?

① 주근깨 ② 기미
③ 백색증 ④ 노인성 반점(검버섯)

TIP 백색증은 멜라닌 색소 결핍으로 나타나며, 자외선에 대한 방어능력이 약해 쉽게 열광화상을 입을 수 있어 주의해야 한다.

18 진균에 의한 피부병변이 아닌 것은?

① 족부백선 ② 대상포진
③ 무좀 ④ 두부백선

TIP 대상포진은 바이러스성 질환이다.

19 피부에 대한 자외선의 영향으로 피부의 급성 반응과 가장 거리가 먼 것은?

① 홍반반응 ② 화상
③ 비타민 D 합성 ④ 광노화

TIP 광노화는 자외선 급성반응이 아닌 외부 환경으로 인한 노화현상으로 과도한 자외선 노출 등이 원인이 된다.

20 얼굴에서 피지선이 가장 발달된 곳은?

① 이마 부분 ② 코 옆 부분
③ 턱 부분 ④ 뺨 부분

TIP 피지선은 손바닥, 발바닥을 제외한 전신에 분포하며 얼굴 중 코 주위에 많이 분포한다.

21 에크린 땀샘(소한선)이 가장 많이 분포된 곳은?

① 발바닥 ② 입술
③ 음부 ④ 유두

TIP 에크린 땀샘은 입술, 생식기를 제외한 전신에 분포하며 손바닥, 발바닥, 겨드랑이에 많이 분포한다.

22 이·미용 업소 내에 반드시 게시하지 않아도 무방한 것은?

① 이·미용업 신고증
② 개설자의 면허증 원본
③ 최종지불요금표
④ 이·미용사 자격증

TIP 이·미용 업소 내에 반드시 게시할 내용은 이·미용업 신고증, 면허증 원본, 최종지불요금표 이다.

23 다음 중 이·미용업의 시설 및 설비기준으로 옳은 것은?

① 소독기, 자외선 살균기 등의 소독 장비를 갖추어야 한다.
② 영업소 안에는 별실, 기타 이와 유사한 시설을 설치할 수 있다.
③ 응접 장소와 작업 장소를 구획하는 경우에는 커튼, 칸막이 기타 이와 유사한 장애물의 설치가 가능하며 외부에서 내부를 확인할 수 없어야 한다.
④ 탈의실, 욕실, 욕조 및 샤워기를 설치하여야 한다.

TIP 이·미용업은 소독기, 자외선 살균기 등의 소독 장비를 갖추어야 한다.

정답 16 ③ 17 ③ 18 ② 19 ④ 20 ② 21 ① 22 ④ 23 ①

24 풍속관련법령 등 다른 법령에 의하여 관계행정기관장의 요청이 있을 때 공중위생영업자를 처벌할 수 있는 자는?

① 시·도지사 ② 시장·군수·구청장
③ 보건복지부장관 ④ 행정자치부장관

TIP 시장·군수·구청장은 풍속관련법령 등 다른 법령에 의하여 관계행정기관장의 요청이 있을 때 공중위생영업자를 6월 이내의 기간을 정하여 영업정지, 사용중지, 영업장폐쇄 등을 명할 수 있다.

25 1차 위반 시의 행정처분이 면허취소가 아닌 것은?

① 국가기술자격법에 따라 이·미용사 자격이 취소된 때
② 이중으로 면허를 취득한 때
③ 면허정지처분을 받고 그 정지 기간 중 업무를 행한 때
④ 국가기술자격법에 의하여 이·미용사 자격정지처분을 받을 때

TIP 국가기술자격법에 의하여 1차 위반 시의 행정처분은 이·미용사 면허정지이다.

26 다음 중 영업소 외에서 이용 또는 미용 업무를 할 수 있는 경우는?

㉠ 중병에 걸려 영업소에 나올 수 없는 자의 경우 ㉡ 혼례 기타 의식에 참여하는 자에 대한 경우 ㉢ 이용장의 감독을 받은 보조원이 업무를 하는 경우 ㉣ 미용사가 손님유지를 위하여 동향이 빈번한 장소에서 업무를 하는 경우

① ㉢ ② ㉠, ㉡
③ ㉠, ㉡, ㉢ ④ ㉠, ㉡, ㉢, ㉣

TIP 영업소 외에서 이용 또는 미용 업무를 할 수 있는 경우는 중병에 걸려 영업소에 나올 수 없는 자의 경우, 혼례 기타 의식에 참여하는 자에 대한 경우, 시장·군수·구청장이 특별한 사정이 있다고 인정한 경우이다.

27 공중위생영업의 승계에 대한 설명으로 틀린 것은?

① 공중위생영업자가 그 공중위생영업을 양도하거나 사망한 때, 또는 법인의 합병이 있는 때에는 그 양수인·상속인 또는 합병 후 존속하는 법인이나 합병에 의하여 설립되는 법인은 그 공중위생영업자의 지위를 승계한다.
② 이용업 또는 미용업의 경우에는 규정에 의한 면허를 소지한 자에 한하여 공중위생영업자의 지위를 승계할 수 있다.
③ 민사집행법에 의한 경매, 채무자 회생 및 파산에 관한 법률에 의한 환수나 국세징수법 관세법 또는 지방세기본법에 의한 압류재산의 매각 그 밖에 이에 준하는 절차에 따라 공중위생영업 관련시설 및 설비의 전부를 인수한 자는 이 법에 의한 그 공중위생영업자의 지위를 승계한다.
④ 공중위생영업자의 지위를 승계한 자는 1월 이내에 보건복지부령이 정하는 바에 따라 보건복지부장관에게 신고하여야 한다.

TIP 공중위생영업자의 지위를 승계한 자는 1월 이내에 보건복지부령이 정하는 바에 따라 시장·군수·구청장에게 신고하여야 한다.

28 처분기준이 2백만 원 이하의 과태료가 아닌 것은?

① 규정을 위반하여 영업소 외의 장소에서 이·미용 업무를 행한 자
② 위생교육을 받지 아니한 자
③ 위생 관리 의무를 지키지 아니한 자
④ 관계 공무원의 출입·검사·기타 조치를 거부·방해 또는 기피한 자

정답 24 ② 25 ④ 26 ② 27 ④ 28 ④

TIP 관계 공무원의 출입·검사·조치를 거부·방해 또는 기피한 자는 3백만 원 이하의 과태료가 부과된다.

29 향수의 부향률이 높은 순에서 낮은 순으로 바르게 정렬된 것은?

① 퍼퓸(Perfume) > 오데 퍼퓸(Eau de Perfume) > 오데 토일렛(Eau de Toilet) > 오데 코롱(Eau de Cologne)
② 퍼퓸(Perfume) > 오데 토일렛(Eau de Toilet) > 오데 퍼퓸(Eau de Perfume) > 오데 코롱(Eau de Cologne)
③ 오데 코롱(Eau de Cologne) > 오데 퍼퓸(Eau de Perfume) > 오데 토일렛(Eau de Toilet) > 퍼퓸(Perfume)
④ 오데 코롱(Eau de Cologne) > 오데 토일렛(Eau de Toilet) > 오데 퍼퓸(Eau de Perfume) > 퍼퓸(Perfume)

TIP 향수원액의 비율은 퍼퓸(15~30%), 오데퍼퓸(9~~12%), 오데토일렛(6~8%), 오데코롱(3~5%), 샤워코롱(1~3%) 순으로 낮아진다.

30 화장품의 요건 중 제품이 일정기간 동안 변질되거나 분리되지 않는 것을 의미하는 것은 무엇인가?

① 안전성　② 안정성
③ 사용성　④ 유효성

TIP 안정성은 성질의 변질, 분리, 변색, 변취, 미생물 오염 등이 없는 것을 말한다.

31 자외선 차단 성분의 기능이 아닌 것은?

① 노화를 막는다.
② 과색소를 막는다.
③ 일광 화상을 막는다.
④ 미백 작용을 한다.

TIP 미백 화장품의 기능은 피부를 하얗게 해주는 미백 작용을 말한다.

32 다음 중 화장수의 역할이 아닌 것은?

① 피부의 수렴작용을 한다.
② 피부 노폐물의 분비를 촉진시킨다.
③ 각질층에 수분을 공급한다.
④ 피부의 pH 균형을 유지시킨다.

TIP 화장수의 기능 중 피부 노폐물의 분비를 억제시켜 모공수축에 도움을 주는 기능이 있다.

33 양모에서 추출한 동물성 왁스는?

① 라놀린　② 스쿠알렌
③ 레시틴　④ 리바이탈

TIP 라놀린-양털에서 추출한 동물성 왁스, 스쿠알렌-상어에서 추출한 동물성오일, 레시틴-콩기름, 난황 등에서 추출한 복합지질이다.

34 세정제(cleanser)에 대한 설명으로 옳지 않은 것은?

① 가능한 피부의 생리적 균형에 영향을 미치지 않는 제품을 사용하는 것이 바람직하다.
② 대부분의 비누는 알칼리성의 성질을 가지고 있어서 피부의 산, 염기 균형에 영향을 미치게 된다.
③ 피부노화를 일으키는 활성산소로부터 피부를 보호하기 위해 비타민 C, 비타민 E를 사용한 기능성 세정제를 사용할 수도 있다.
④ 세정제는 피지선에서 분비되는 피지와 피부 장벽의 구성요소인 지질성분을 제거하기 위하여 사용된다.

TIP 세정제는 피지선에서 분비되는 피지와 피부 장벽의 구성요소인 지질성분을 보호하기 위하여 사용된다.

정답 29 ① 30 ② 31 ④ 32 ② 33 ① 34 ④

35 바디 샴푸(body shampoo)가 갖추어야 할 이상적인 성질과 가장 거리가 먼 것은?

① 각질의 제거능력
② 적절한 세정력
③ 풍부한 거품과 거품의 지속성
④ 피부에 대한 높은 안정성

TIP 바디 샴푸는 피부에 대한 안정성 및 세정력 필요하며, 딥클렌징은 각질 제거기능이 있다.

36 파일의 거칠기 정도를 구분하는 기준은?

① 파일의 두께
② 그리트(Grit) 숫자
③ 소프트(Soft) 숫자
④ 파일의 길이

TIP 파일의 거칠기는 그리트로 표현하며 숫자가 낮을수록 거칠어진다.

37 부드럽고 가늘며 하얗게 되어 네일 끝이 굴곡진 상태의 증상으로 질병, 다이어트, 신경성 등에서 기인되는 네일 병변으로 옳은 것은?

① 위축된 네일(onychatrophia)
② 파란 네일(onychocyanosis)
③ 달걀껍질 네일(onychomalacia)
④ 거스러미 네일(hang nail)

TIP 조갑연화증은 달걀껍질처럼 얇게 벗겨진다 하여 붙은 이름이며, 부드럽고 가늘며 하얗게 되어 네일 끝이 굴곡진 상태를 말한다.

38 인체를 구성하는 생태학적 단계로 바르게 나열한 것은?

① 세포 – 조직 – 기관 – 계통 – 인체
② 세포 – 기관 – 조직 – 계통 – 인체
③ 세포 – 계통 – 조직 – 기관 – 인체
④ 인체 – 계통 – 기관 – 세포 – 조직

TIP 인체를 구성하는 단계로는 세포, 조직, 기관, 계통, 인체이다.

39 네일의 역사에 대한 설명으로 틀린 것은?

① 최초의 네일 관리는 기원전 3000년경에 이집트와 중국의 상류층에서 시작되었다.
② 고대 이집트에서는 헤나(Henna)라는 관목에서 빨간색과 오렌지색을 추출하였다.
③ 고대 이집트에서는 남자들도 네일 관리를 하였다.
④ 네일 관리는 지금까지 5000년에 걸쳐 변화되어 왔다.

TIP 고대 이집트에서는 여자들이 사회적 신분을 나타내기 위해 네일 염색으로 네일 관리를 하였다.

40 고객의 홈 케어 용도로 큐티클 오일을 사용 시 주된 사용 목적으로 옳은 것은?

① 네일 표면에 광택을 주기 위해서
② 네일과 네일 주변의 피부에 트리트먼트 효과를 주기 위해서
③ 네일 표면에 변색과 오염을 방지하기 위해서
④ 찢어진 손톱을 보강하기 위해서

TIP 큐티클 오일은 네일과 네일 주변의 피부에 보습과 트리트먼트 효과를 주기 위해서 사용한다.

41 폴리시 바르는 방법 중 네일을 가늘어 보이게 하는 것은?

① 프리에지　　② 루눌라
③ 프렌치　　④ 프리 월

TIP 프리 월은 슬림 라인과 같이 네일이 가늘고 길어 보이는 효과가 있다.

정답 35 ① 36 ② 37 ③ 38 ① 39 ③ 40 ② 41 ④

42 다음 중 네일의 병변과 그 원인의 연결이 잘못된 것은?

① 모반점(니버스) - 네일의 멜라닌 색소 작용
② 과잉 성장으로 두꺼운 네일 - 유전, 질병, 감염
③ 고랑 파진 네일 - 아연 결핍, 과도한 푸셔링, 순환계 이상
④ 붉거나 검붉은 네일 - 비타민, 레시틴 부족, 만성질환 등

TIP 얇고 잘 찢어지는 네일 - 비타민, 레시틴 부족, 만성질환 등

43 네일 매트릭스에 대한 설명 중 틀린 것은?

① 손톱, 발톱의 세포가 생성되는 곳이다.
② 네일 매트릭스의 세로 길이는 네일 플레이트의 두께를 결정한다.
③ 네일 매트릭스의 가로 길이는 네일 베드의 길이를 결정한다.
④ 네일 매트릭스는 네일 세포를 생성시키는 데 필요한 산소를 모세혈관을 통해서 공급받는다.

TIP 네일 매트릭스의 가로 길이는 네일 플레이트의 가로 길이, 두께를 결정한다.

44 다음 중 손의 중간근(중수근)에 속하는 것은?

① 엄지맞섬근(무지대립근)
② 엄지모음근(무지대전근)
③ 벌레근(충양근)
④ 작은원근(소원근)

TIP 중간근(중수근)은 손의 근육으로 배측골간근, 장측골간근, 충양근이 포함된다.

45 다음 중 뼈의 구조가 아닌 것은?

① 골막 ② 골질
③ 골수 ④ 골조직

TIP 뼈의 구조로 골막, 골조직, 골수, 골단으로 구성된다.

46 건강한 손톱의 조건으로 틀린 것은?

① 12~18%의 수분을 함유하여야 한다.
② 네일 베드에 단단히 부착되어 있어야 한다.
③ 루눌라(반월)가 선명하고 커야 한다.
④ 유연성과 강도가 있어야 한다.

TIP 루눌라(반월)의 선명도와 크기는 건강한 손톱과 관련이 없다.

47 일반적인 손·발톱의 성장에 관한 설명 중 틀린 것은?

① 소지 손톱이 가장 빠르게 자란다.
② 여성보다 남성의 경우 성장 속도가 빠르다.
③ 여름철에 더 빨리 자란다.
④ 발톱의 성장 속도는 손톱의 성장 속도보다 1/2 정도 늦다.

TIP 중지 손톱이 가장 빠르게 자란다.

48 다음 중 소독방법에 대한 설명으로 틀린 것은?

① 과산화수소 3% 용액을 피부 상처의 소독에 사용한다.
② 포르말린 1~1.5% 수용액을 도구 소독에 사용한다.
③ 크레졸 3% 물 97% 수용액을 도구 소독에 사용한다.
④ 알코올 30%의 용액을 손, 피부 상처에 사용한다.

TIP 알코올 70%의 용액을 손, 피부 상처에 사용한다

정답 42 ④ 43 ③ 44 ③ 45 ② 46 ③ 47 ① 48 ④

49 **한국 네일 미용의 역사와 가장 거리가 먼 것은?**

① 고려시대부터 주술적 의미로 시작하였다.
② 1990년대부터 네일 산업이 점차 대중화되어갔다.
③ 1998년 민간자격시험 제도가 도입 및 시행되었다.
④ 상류층 여성들은 손톱 뿌리 부분에 문신 바늘로 색소를 주입하여 상류층임을 과시하였다.

TIP 인도의 상류층 여성들은 손톱 뿌리 부분에 문신 바늘로 색소를 주입하여 상류층임을 과시하였다.

50 **네일 도구를 제대로 위생처리하지 않고 사용했을 때 생기는 질병으로 시술할 수 없는 손톱의 병변은?**

① 오니코렉서스(조갑종렬증)
② 오니키아(조갑염)
③ 에크웰 네일(조감연화증)
④ 니버스(모반점)

TIP 조갑염은 염증이 생겨 고름이 형성된 증상으로 소독되지 않은 네일 도구를 사용하였을 때 감염될 수 있어 샵에서 관리할 수 없다.

51 **젤 큐어링 시 발생하는 히팅 현상과 관련한 내용으로 가장 거리가 먼 것은?**

① 손톱이 얇거나 상처가 있을 경우에 해당 현상이 나타날 수 있다.
② 젤 시술이 두껍게 되었을 경우에 히팅 현상이 나타날 수 있다.
③ 히팅 현상 발생 시 경화가 잘 되도록 잠시 참는다.
④ 젤 시술 시 얇게 여러 번 발라 큐어링하여 히팅 현상에 대처한다.

TIP 히팅 현상 발생 시 손을 잠시 빼 열이 감소하면 다시 큐어하고, 다시 히팅 현상을 방지하기 위해 얇게 여러 번 도포한다.

52 **스마일 라인에 대한 설명 중 틀린 것은?**

① 손톱의 상태에 따라 라인의 깊이를 조절할 수 있다.
② 깨끗하고 선명한 라인을 만들어야 한다.
③ 좌우대칭의 밸런스보다 자연스러움을 강조해야 한다.
④ 빠른 시간에 시술해서 얼룩지지 않도록 해야 한다.

TIP 스마일 라인은 좌우대칭의 밸런스가 중요하다.

53 **프라이머의 특징이 아닌 것은?**

① 아크릴릭 시술 시 자연 손톱에 잘 부착되도록 돕는다.
② 피부에 닿으면 화상을 입힐 수 있다.
③ 자연 손톱 표면의 단백질을 녹인다.
④ 알칼리 성분으로 자연 손톱을 강하게 한다.

TIP 프라이머는 일반적으로 강산성 성분으로 네일에 소량 도포하며 피부에 닿지 않도록 주의한다.

54 **가장 기본적인 네일 관리법으로 손톱 모양 만들기, 큐티클 정리, 마사지, 컬러링 등을 포함하는 네일 관리법은?**

① 습식매니큐어 ② 페디아트
③ UV 젤네일 ④ 아크릴 오버레이

TIP 습식매니큐어는 네일의 기본관리법으로 손톱 형태, 큐티클 정리, 마사지, 컬러링 등을 포함한다.

정답 49 ④ 50 ② 51 ③ 52 ③ 53 ④ 54 ①

55 **다음 중 원톤 스캅춰 제거에 대한 설명으로 틀린 것은?**

① 니퍼로 뜯는 행위는 자연 손톱에 손상을 주므로 피한다.

② 표면에 에칭을 주어 아크릴릭 제거가 수월하도록 한다.

③ 100% 아세톤을 사용하여 아크릴릭을 녹여준다.

④ 파일링만으로 제거하는 것이 원칙이다.

TIP 인조네일 제거 시 파일링을 통해 스크래치를 만든 뒤 퓨어 아세톤을 솜에 묻혀 손톱에 올려 호일로 감싸준 뒤에 10~20분 사이 녹여주고 우드스틱을 이용하여 밀어주며 제거한다.

56 **페디큐어 과정에서 필요한 재료로 가장 거리가 먼 것은?**

① 니퍼 ② 콘커터

③ 액티베이터 ④ 토우세퍼레이터

TIP 액티베이터는 경화 촉진제로 랩핑 등의 글루 접착 시 이용되는 재료이다.

57 **자연 손톱에 인조 팁을 붙일 때 유지하는 가장 적합한 각도는?**

① 35° ② 45°

③ 90° ④ 95°

TIP 네일 팁을 자연 손톱에 붙일 때 45° 각도로 팁을 붙인다.

58 **원톤 스컬프쳐의 완성 시 인조네일의 아름다운 구조 설명으로 틀린 것은?**

① 옆선이 네일의 사이드 월 부분과 자연스럽게 연결되어야 한다.

② 컨벡스와 컨케이브의 균형이 균일해야 한다.

③ 하이포인트의 위치가 스트레스 포인트 부근에 위치해야 한다.

④ 인조네일의 길이는 길어야 아름답다.

TIP 인조네일의 길이는 꼭 길다고 아름다운 것은 아니며, 적당한 길이를 유지하는 것이 좋다.

59 **네일 폼의 사용에 관한 설명으로 옳지 않은 것은?**

① 측면에서 볼 때 네일 폼은 항상 20° 하향하도록 장착한다.

② 자연 네일과 네일 폼 사이가 벌어지지 않도록 장착한다.

③ 하이포니키움이 손상되지 않도록 주의하며 장착한다.

④ 네일 폼이 틀어지지 않도록 균형을 잘 조절하여 장착한다.

TIP 측면에서 볼 때 네일 폼은 수평을 유지하며, 네일과 연결이 자연스럽게 연결되도록 한다.

60 **페디큐어의 정의로 옳은 것은?**

① 발톱을 관리하는 것을 말한다.

② 발과 발톱을 관리, 손질하는 것을 말한다.

③ 발을 관리하는 것을 말한다.

④ 손상된 발톱을 교정하는 것을 말한다.

TIP 페디큐어는 발톱의 모양, 큐티클 정리, 마사지, 각질 관리, 컬러링 등의 관리를 말한다.

정답 55 ④ 56 ③ 57 ② 58 ④ 59 ① 60 ②

제6회 국가기술자격 필기시험

2016년 2회 기출문제

자격종목	시험시간	문제수	문제형별
미용사(네일)	1시간	60	

01 자연적 환경요소에 속하지 않은 것은?

① 기온 ② 기습
③ 소음 ④ 위생시설

TIP 자연적 환경 : 기후, 기온, 기습, 공기, 소음 등

02 역학에 대한 내용으로 옳은 것은?

① 인간 개인을 대상으로 질병 발생 현상을 설명하는 학문 분야이다.
② 원인과 경과보다 결과중심으로 해석하여 질병 발생을 예방한다.
③ 질병 발생 현상을 생물학과 환경적으로 이분하여 설명한다.
④ 인간 집단을 대상으로 질병 발생과 그 원인을 탐구하는 학문이다.

TIP 역학이란 인간 집단 내에서 일어나는 유행병의 원인을 규명하는 학문이다.

03 파리가 매개할 수 있는 질병과 거리가 먼 것은?

① 아메바성 이질
② 장티푸스
③ 발진티푸스
④ 콜레라

TIP 발진티푸스는 이가 낸 상처를 통해 침입하거나 먼지를 통해 호흡기로 감염되는 질병이다.

04 인구구성 중 14세 이하가 65세 이상 인구의 2배 정도이며 출생률과 사망률이 모두 낮은 형은?

① 피라미드형 ② 종형
③ 항아리형 ④ 별형

TIP 종형은 출생률과 사망률이 모두 낮은 인구구성형태이다.

05 식생활이 탄수화물이 주가 되며, 단백질과 무기질이 부족한 음식물을 장기적으로 섭취함으로써 발생되는 단백질 결핍증은?

① 펠라그라(pellagra)
② 각기병
③ 콰시오르코르증(kwashiorkor)
④ 괴혈병

TIP 콰시오르코르증 : 식생활이 탄수화물이 주가 되며, 단백질과 무기질이 부족한 음식을 장기적으로 섭취함으로써 발생되는 단백질 결핍증

06 제1군 감염병에 해당하는 것은?

① 콜레라, 장티푸스
② 파라티푸스, 홍역
③ 세균성 이질, 폴리오
④ A형 간염, 결핵

TIP
- 1군 – 콜레라, 장티푸스, 파라티푸스, 세균성 이질, A형 간염 등
- 2군 – 홍역, 폴리오, 디프테리아 등
- 3군 – 결핵, 말라리아, 한센병 등

정답 01 ④ 02 ④ 03 ③ 04 ② 05 ③ 06 ①

07 흡연이 인체에 미치는 영향으로 가장 적합한 것은?

① 구상암, 식도암 등의 원인이 된다.
② 피부혈관을 이완시켜 피부 온도를 상승시킨다.
③ 소화 촉진, 식욕 증진 등에 영향을 미친다.
④ 폐기종에는 영향이 없다.

TIP 흡연은 폐기종, 구상암, 식도암의 원인이 된다.

08 대장균이 사멸되지 않는 경우는?

① 고압증기멸균 ② 저온소독
③ 방사선멸균 ④ 건열멸균

TIP 저온소독법은 우유 속의 결핵균의 사멸을 목적으로 사용되며 대장균을 사멸하진 못한다.

09 다음 중 자외선 소독기의 사용으로 소독 효과를 기대할 수 없는 경우는?

① 여러 개의 머리빗
② 날이 열린 가위
③ 염색용 볼
④ 여러 장의 겹쳐진 타월

TIP 자외선 소독기는 자외선을 이용하여 소독하는 기기로 자외선이 표면에 닿아야 멸균 효과를 얻을 수 있기 때문에 타월이 여러 장 겹쳐져 있다면 소독 효과를 기대할 수 없다.

10 다음 중 가위를 끓이거나 증기소독한 후 처리 방법으로 가장 적합하지 않은 것은?

① 소독 후 수분을 잘 닦아낸다.
② 수분 제거 후 엷게 기름칠을 한다.
③ 자외선 소독기에 넣어 보관한다.
④ 소독 후 탄산나트륨을 발라둔다.

TIP 탄산나트륨은 소독 시 물에 넣어 준다.

11 다음 중 미생물의 종류에 해당되지 않은 것은?

① 진균 ② 바이러스
③ 박테리아 ④ 편모

TIP 미생물은 진균, 세균, 고균, 그리고 바이러스 모두를 포함한다. 그러나 편모는 세균의 사상부속기관에 해당한다.

12 금속성 식기, 면 종류의 의류, 도자기의 소독에 적합한 소독 방법은?

① 화염멸균법 ② 건열멸균법
③ 소각소독법 ④ 자비소독법

TIP 자비소독법으로 알맞은 것은 금속성 식기, 도자기, 면 종류의 의류, 수건, 유리제품이다.

13 100℃에서 30분간 가열하는 처리를 24시간마다 3회 반복하는 멸균법은?

① 고압증기멸균법 ② 건열멸균법
③ 고온멸균법 ④ 간헐멸균법

TIP 간헐살균법은 100℃의 수증기 속에서 1회에 15~30분간씩 가열하는 것을 24시간마다 적어도 3회 반복하여 실시하여 아포를 형성하는 미생물의 멸균에 적합하다.

14 여러 가지 물리화학적 방법으로 병원성 미생물을 가능한 한 제거하여 사람에게 감염의 위험이 없도록 하는 것은?

① 멸균 ② 소독
③ 방부 ④ 살충

TIP

- 멸균 : 물체의 표면과 내부에 존재하는 모든 곰팡이, 세균, 바이러스 및 원생동물 등의 영양세포 및 포자를 사멸 또는 제거시켜 무균 상태로 만드는 것
- 방부 : 미생물의 발육과 그 작용을 제거하거나 정지시켜 음식물의 부패나 발효를 방지하는 것
- 살충 : 벌레나 해충을 죽이는 것

정답 07 ① 08 ② 09 ④ 10 ④ 11 ④ 12 ④ 13 ④ 14 ②

15 **피지선에 대한 설명으로 틀린 것은?**

① 피지를 분비하는 선으로 진피 중에 위치한다.
② 피지선은 손바닥에는 없다.
③ 피지의 1일 분비량은 10~20g 정도이다.
④ 피지선이 많은 부위는 코 주위이다.

TIP 일반적인 사람의 1일 피지 분비량은 1~2g이다.

16 **다음 중 입모근과 가장 관련 있는 것은?**

① 수분 조절 ② 체온 조절
③ 피지 조절 ④ 호르몬 조절

TIP 입모근은 교감신경의 지배를 받아 피부에 소름을 돋게 하는 근육을 말하며 체온 조절과 관련이 있다.

17 **적외선이 피부에 미치는 작용이 아닌 것은?**

① 온열 작용
② 비타민 D 형성 작용
③ 세포증식 작용
④ 모세혈관 확장 작용

TIP 자외선은 비타민 D 형성 작용을 한다.

18 **얼굴에 있어 T-존 부위는 번들거리고, 볼 부위는 당기는 피부 유형은?**

① 건성 피부 ② 정상(중성)피부
③ 지성 피부 ④ 복합성 피부

TIP 복합성 피부는 T존 부위는 지성 피부로 번들거리고, U존인 볼 부위는 건성 피부로 피부 당김이 있다.

19 **다음 중 기미의 유형이 아닌 것은?**

① 표피형 기미 ② 진피형 기미
③ 피하조직형 기미 ④ 혼합형 기미

TIP 기미에는 표피, 진피, 혼합 3가지 유형이 있으며, 서양인은 표피형, 동양인은 진피형 또는 혼합형이 많다.

20 **지용성 비타민이 아닌 것은?**

① Vitamin D ② Vitamin A
③ Vitamin E ④ Vitamin B

TIP
- 지용성 비타민 - 비타민 A, E, D, K
- 수용성 비타민 - 비타민 B, C

21 **단순포진이 나타나는 증상으로 가장 거리가 먼 것은?**

① 통증이 심하여 다른 부위로 통증이 퍼진다.
② 홍반이 나타나고 곧이어 수포가 생긴다.
③ 상체에 나타나는 경우 얼굴과 손가락에 잘 나타난다.
④ 하체에 나타나는 경우 성기와 둔부에 잘 나타난다.

TIP 단순포진은 바이러스에 의한 피부 및 점막의 감염으로 주로 물집이 발생하는 질환으로 통증이 퍼지진 않는다.

22 **공중위생관리법에서 사용하는 용어의 정의로 틀린 것은?**

① "공중위생영업"이라 함은 다수인을 대상으로 위생관리서비스를 제공하는 영업으로서 숙박업, 목욕장업, 이용업, 미용업, 세탁업, 위생관리용역업을 말한다.
② "숙박업"이라 함은 손님이 잠을 자고 머물 수 있도록 시설 및 설비 등의 서비스를 제공하는 영업을 말한다.
③ "위생관리용역업"이라 함은 공중이 이용하는 건축물·시설물 등의 청결유지와 실내공기 정화를 위한 청소 등을 대행하는 영업을 말한다.
④ "미용업"이라 함은 손님의 머리카락 또는 수염을 깎거나 다듬는 등의 방법으로 손님의 용모를 단정하게 하는 영업을 말한다.

TIP "미용업"이라 함은 손님의 얼굴·머리·피부 등을 손질하여 손님의 외모를 아름답게 꾸미는 영업을 말한다.

정답 15 ③ 16 ② 17 ② 18 ④ 19 ③ 20 ④ 21 ① 22 ④

23 공중위생관리법상의 규정에 위반하여 위생교육을 받지 아니한 때 부과되는 과태료의 기준은?

① 300만 원 이하　② 500만 원 이하
③ 400만 원 이하　④ 200만 원 이하

TIP 위생교육을 받지 아니한 때는 200만 원 이하의 과태료가 부과된다.

24 이·미용사의 면허가 취소되거나 면허의 정지명령을 받은 자는 누구에게 면허증을 반납해야 하는가?

① 보건복지부장관
② 시·도지사
③ 시장·군수·구청장
④ 보건소장

TIP 이·미용사의 면허가 취소되거나 면허의 정지명령을 받은 자는 면허증을 시장·군수·구청장에게 반납하여야 한다.

25 개선을 명할 수 있는 경우에 해당되지 않는 사람은?

① 공중위생영업의 종류별 시설 및 설비기준을 위반한 공중위생영업자
② 위생관리의무 등을 위반한 공중위생영업자
③ 공중위생영업자의 지위를 승계한 자로서 이에 관한 신고를 하지 아니한 자
④ 위생관리의무를 위반한 공중위생시설의 소유자 등

TIP ※ 시·도지사 또는 시장·군수·구청장은 다음에 해당하는 자에 대해 즉시 또는 일정한 기간 그 개선을 명할 수 있다.

- 공중위생영업의 종류별 시설 및 설비기준을 위반한 공중위생영업자
- 위생관리의무 등을 위반한 공중위생영업자
- 위생관리의무를 위반한 공중위생시설의 소유자 등

26 이·미용업자의 위생관리기준에 대한 내용 중 틀린 것은?

① 요금표 외의 요금을 받지 않을 것
② 의료행위를 하지 않을 것
③ 의료용구를 사용하지 않을 것
④ 1회용 면도날은 손님 1인에 한하여 사용할 것

TIP ※ 이·미용업자의 위생관리기준

- 영업소 내부에 최종지불요금표를 게시 또는 부착하여야 한다.
- 점 빼기, 귓불 뚫기, 쌍꺼풀 수술, 문신, 박피술 그 밖에 이와 유사한 의료행위를 해서는 안된다.
- 피부미용을 위하여 의약품 또는 의료기기를 사용해서는 안된다.
- 1회용 면도날은 손님 1인에 한하여 사용하여야 한다.

27 위생서비스 평가 결과 위생서비스의 수준이 우수하다고 인정되는 영업소에 대하여 포상을 실시할 수 있는 자에 해당하지 않은 것은?

① 구청장　② 시·도지사
③ 군수　④ 보건소장

TIP 시·도지사 또는 시장·군수·구청장은 위생서비스 평가 결과 위생서비스의 수준이 우수하다고 인정되는 영업소에 대하여 포상을 실시할 수 있다.

28 손님에게 도박 그 밖에 사행행위를 하게 한 때에 대한 1차 위반 시 행정처분기준은?

① 영업정지 1월
② 영업정지 2월
③ 영업정지 3월
④ 영업장 폐쇄명령

TIP ※ 손님에게 도박 그 밖에 사행행위를 하게 한 때에 대한 행정처분기준

- 1차 위반 : 영업정지 1개월
- 2차 위반 : 영업정지 2개월
- 3차 위반 : 영업장 패쇄명령

정답　23 ④　24 ③　25 ③　26 ①　27 ④　28 ①

29 에멀젼의 형태를 가장 잘 설명한 것은?

① 지방과 물이 불균일하게 섞인 것이다.
② 두 가지 액체가 같은 농도의 한 액체로 섞여 있다.
③ 고형의 물질이 아주 곱게 혼합되어 균일한 것처럼 보인다.
④ 두 가지 또는 그 이상의 액상 물질이 균일하게 혼합되어 있는 것이다.

TIP 에멀젼(유화)은 물과 기름처럼 혼합되지 않는 두 액체를 유화제를 사용하여 균일하게 혼합되어 있는 것을 말한다.

30 다음 중 피부 상재균의 증식을 억제하는 향균 기능을 가지고 있고 발생한 체취를 억제하는 기능을 가진 것은?

① 바디 샴푸 ② 데오도란트
③ 샤워코롱 ④ 오데토일렛

TIP 데오도란트는 신체 중 겨드랑이, 발 등의 땀 냄새를 제거하고 억제하는 제품을 말한다.

31 기능성 화장품에 사용되는 원료와 그 기능의 연결이 틀린 것은?

① 비타민 C – 미백 효과
② AHA(Alpha-hydoxy acid) – 각질 제거
③ DHA(dihydroxy acetone) – 자외선 차단
④ 레티노이드 – 콜라겐과 엘라스틴의 회복 촉진

TIP DHA(dihydroxy acetone)는 피부를 곱게 태워주는 역할을 한다.

32 방부제가 갖추어야 할 조건이 아닌 것은?

① 독특한 색상과 냄새를 지녀야 한다.
② 적용 농도에서 피부에 자극을 주어서는 안된다.
③ 방부제로 인하여 효과가 상실되거나 변해서는 안된다.
④ 일정 기간 동안 효과가 있어야 한다.

TIP 방부제는 무색, 무취 무향의 성질을 지녀야 한다.

33 화장품법상 화장품이 인체에 사용되는 목적 중 틀린 것은?

① 인체를 청결하게 한다.
② 인체를 미화한다.
③ 인체의 매력을 증진 시킨다.
④ 인체의 용모를 치료한다.

TIP "화장품"이란 인체를 청결·미화하여 매력을 더하고 용모를 밝게 변화시키거나 피부·모발의 건강을 유지 또는 증진하기 위하여 인체에 바르고 문지르거나 뿌리는 등 이와 유사한 방법으로 사용되는 물품으로서 인체에 대한 작용이 경미한 것을 말한다.

34 에센셜 오일의 보관 방법에 관한 내용으로 틀린 것은?

① 뚜껑을 닫아 보관해야 한다.
② 직사광선을 피하는 것이 좋다.
③ 통풍이 잘되는 곳에 보관해야 한다.
④ 투명하고 공기가 통할 수 있는 용기에 보관하여야 한다.

TIP 에센셜 오일은 햇빛이나 열, 금속 등의 영향을 받으면 향이나 색이 변할 수 있으므로 뚜껑이 꽉 잠기는 차광성 유리병에 담아 보관한다.

35 기초화장품의 기능이 아닌 것은?

① 피부 세정 ② 피부 정돈
③ 피부 보호 ④ 피부 결점 커버

TIP 기초화장품 기능 : 세정, 피부 정돈, 피부 보호

정답 29 ④ 30 ② 31 ③ 32 ① 33 ④ 34 ④ 35 ④

36 발허리뼈(중족골) 관절을 굴곡시키고 외측 4개 발가락의 지골간 관절을 신전시키는 발의 근육은?

① 벌레근(충양근)
② 새끼벌림군(소지외전근)
③ 짧은새끼굽힘근(단소지굴근)
④ 짧은엄지굽힘근(단무지굴근)

TIP 발의 근육 중 충양근은 발허리뼈 관절을 굴곡시키고 외측 4개 발가락의 지골간 관절을 신전시키는 기능을 한다.

37 한국 네일 미용에서 부녀자와 처녀들 사이에서 염지갑화라고 하는 봉선화 물들이기 풍습이 이루어졌던 시기로 옳은 것은?

① 신라시대 ② 고구려시대
③ 고려시대 ④ 조선시대

TIP 고려시대에는 봉선화 꽃으로 손톱을 붉게 물들이는 '염지갑화'라는 풍습이 있었다.

38 네일 매트릭스에 대한 설명으로 옳은 것은?

① 네일 베드를 보호하는 기능을 한다.
② 네일 바디를 받쳐주는 역할을 한다.
③ 모세혈관, 림프, 신경조직이 있다.
④ 손톱이 자라나기 시작하는 곳이다.

TIP 네일 루트 바로 아래에 위치해 있으며 혈관, 림프관, 신경이 있는 곳으로 손톱이 성장하는 중요한 부분이다.

39 손톱의 성장과 관련한 내용 중 틀린 것은?

① 겨울보다 여름이 빨리 자란다.
② 임신기간 동안에는 호르몬의 변화로 손톱이 빨리 자란다.
③ 피부 유형 중 지성피부의 손톱이 더 빨리 자란다.
④ 연령이 젊을수록 손톱이 더 빨리 자란다.

TIP 피부유형과 손톱의 성장과는 관계가 없다.

40 손톱의 특성에 대한 설명으로 가장 거리가 먼 것은?

① 조체(네일 바디)는 약 5% 수분을 함유되어 있다.
② 아미노산과 시스테인이 많이 함유되어 있다.
③ 조상(네일 베드)은 혈관에서 산소를 공급받는다.
④ 피부의 부속물로 신경, 혈관, 털이 없으며 반투명의 각질판이다.

TIP 조체(네일 바디)는 12~18%의 수분을 함유하고 있다.

41 손톱과 발톱을 너무 짧게 자를 경우 발생할 수 있는 것은?

① 오니코렉시스 ② 오니코아트로피
③ 오니코파이마 ④ 오니코크립토시스

TIP 오니코크립토시스(조내생증)는 파고드는 네일로 작은 신발 착용으로 인한 네일의 압박, 잘못된 파일 방법이 원인이다.

42 다음 중 손의 근육이 아닌 것은?

① 바깥쪽뼈사이근(장측골간근)
② 등쪽뼈사이근(배측골간근)
③ 새끼맞섬근(소지대립근)
④ 반힘줄근(반건양근)

TIP 반힘줄근(반건양근)은 허벅지 뒤쪽 근육이다.

43 자연네일이 매끄럽게 되도록 손톱 표면의 거칠음과 기복을 제거하는 데 사용하는 도구로 가장 적합한 것은?

① 100그릿 네일 파일 ② 에머리 보드
③ 네일 클리퍼 ④ 샌딩 파일

TIP 샌딩 파일은 자연네일이 매끄럽게 되도록 손톱 표면의 거칠음과 기복을 제거하는 데 사용하는 도구이다.

정답 36 ① 37 ③ 38 ③ 39 ③ 40 ① 41 ④ 42 ④ 43 ④

44 네일 미용관리 후 고객이 불만족할 경우 네일 미용인이 우선적으로 해야 할 대처 방법으로 가장 적합한 것은?

① 만족할 수 있는 주변의 네일 샵 소개
② 불만족 부분을 파악하고 해결방안 모색
③ 샵 입장에서의 불만족 해소
④ 할인이나 서비스 티켓으로 상황 마무리

45 손톱의 주요한 기능 및 역할과 가장 거리가 먼 것은?

① 물건을 잡거나 긁을 때 또는 성상을 구별하는 기능이 있다.
② 방어와 공격의 기능이 있다.
③ 노폐물의 분비기능이 있다.
④ 손끝을 보호한다.

TIP 손톱에는 노폐물의 분비기능은 없다.

46 외국의 네일 미용 변천과 관련하여 그 시기와 내용의 연결이 옳은 것은?

① 1885년 : 폴리시의 필름 형성제인 니트로셀룰로즈가 개발되었다.
② 1892년 : 손톱 끝이 뾰족한 아몬드형 네일이 유행하였다.
③ 1917년 : 도구를 이용한 케어가 시작되었으며 유럽에서 네일 관리가 본격적으로 시작되었다.
④ 1960년 : 인조 손톱 시술이 본격적으로 시작되었으며 네일 관리와 아트가 유행하기 시작하였다.

TIP
- 1800년 – 손톱 끝이 뾰족한 아몬드형 네일이 유행
- 1917년 – 도구를 이용하지 않는 홈케어 제품 소개
- 1960년 – 실크와 린넨을 이용한 래핑이 사용됨

47 손톱 밑의 구조가 아닌 것은?

① 조근(네일 루트)　② 반월(루눌라)
③ 조모(매트릭스)　④ 조상(네일 베드)

TIP 손톱 밑의 구조 : 매트릭스, 루눌라, 네일 베드

48 손톱의 이상 증상 중 손톱을 심하게 물어뜯어 생기는 증상으로 인조 손톱관리나 매니큐어를 통해 습관을 개선할 수 있는 것은?

① 고랑진 손톱　② 교조증
③ 조갑위축증　④ 조내성증

TIP 교조증은 오니코파지라고도 하며 물어뜯는 습관으로 생기는 증상이다.

49 손가락 마디에 있는 뼈로서 총 14개로 구성되어 있는 뼈는?

① 손가락뼈(수지골)
② 손목뼈(수근골)
③ 노뼈(요골)
④ 자뼈(척골)

TIP 손가락뼈인 수지골은 엄지 손가락만 2개의 첫마디뼈(기절골), 끝마디뼈(말절골)로만 이루어져 있고 나머지 손가락은 첫마디뼈(기절골), 중간마디뼈(중절골), 끝마디뼈(말절골)로 이루어져 총 14개의 손가락뼈로 구성된다.

50 손톱에 대한 설명 중 옳은 것은?

① 손톱에는 혈관이 있다.
② 손톱의 주성분은 인이다.
③ 손톱의 주성분은 단백질이며, 죽은 세포로 구성되어 있다.
④ 손톱에는 신경과 근육이 존재한다.

TIP 손톱은 경질 케라틴을 함유하는 각질화된 죽은 세포가 빽빽하게 모인 것으로 손가락의 보호 기능과 물건을 집는 등 손가락의 기능 수행에 도움을 준다.

정답　44 ②　45 ③　46 ①　47 ①　48 ②　49 ①　50 ③

51 인조네일을 보수하는 이유로 틀린 것은?

① 깨끗한 네일 미용의 유지
② 녹황색균 방지
③ 인조네일의 견고성 유지
④ 인조네일의 원활한 제거

TIP 정기적인 보수로 깨지거나 부러지거나 떨어지는 것을 미연에 방지한다. 적절한 보수를 하지 않았을 시 습기 및 오염으로 인해 곰팡이균 같은 병균감염이 발생할 수 있으므로 보수를 함으로써 미연에 방지한다.

52 페디큐어 컬러링 시 작업 공간 확보를 위해 발가락 사이에 끼워주는 도구는?

① 페디파일
② 푸셔
③ 토우세퍼레이터
④ 콘커터

TIP 페디큐어 시술 시 베이스 코트를 바르기 전 발가락이 서로 닿지 않게 하기 위해 토우세퍼레이터를 사용한다.

53 자연 네일을 오버레이 하여 보강할 때 사용할 수 없는 재료는?

① 실크 ② 아크릴
③ 젤 ④ 파일

TIP 파일은 손톱의 모양이나 길이 등을 조절하거나 정리할 때 사용하는 도구이다.

54 남성 매니큐어 시 자연 네일의 손톱 모양 중 가장 적합한 형태는?

① 오발형 ② 아몬드형
③ 둥근형 ④ 사각형

TIP 손톱의 길이가 짧은 고객이나 남성들에게 어울리는 네일 형태이며 누구에게나 어울린다.

55 페디큐어 작업과정 중 괄호에 해당하는 것은?

손·발소독 –폴리시 제거 – 길이 및 모양 잡기-( ) – 큐티클 정리– 각질 제거하기

① 매뉴얼테크닉 ② 족욕기에 발 담그기
③ 페디 파일링 ④ 탑코트 바르기

TIP 페디큐어 시술 시 큐티클 정리 전에 족욕기에 발을 담가 큐티클을 불리는 작업을 해야한다.

56 라이트 큐어드 젤(Light cured gel)에 대한 설명이 옳은 것은?

① 공기 중에 노출되면 자연스럽게 응고된다.
② 특수한 빛에 노출시켜 젤을 응고시키는 방법이다.
③ 경화 시 실내온도와 습도에 민감하게 반응한다.
④ 글루 사용 후 글루 드라이를 분사시켜 말리는 방법이다.

TIP

- 라이트 큐어드 젤 : 특수 광선이나 할로겐 램프의 빛을 사용하여 굳게 한다.
- 노라이트 큐어드 젤 : 응고제인 글루 드라이를 스프레이 형태로 분사하거나 브러시로 바른 후 굳어지게 하는 방법이다.

57 네일 팁 작업에서 팁을 접착하는 올바른 방법은?

① 자연 네일보다 한 사이즈 작은 팁을 접착한다.
② 큐티클에 최대한 가깝게 부착한다.
③ 45° 각도로 네일 팁을 접착한다.
④ 자연 네일의 절반 이상을 덮도록 한다.

TIP 팁을 고를 때는 자연 네일에 맞는 크기를 고르거나 조금 큰 팁을 골라 조절하여 사용하며, 자연 네일의 1/2 이상 덮으면 안 된다. 접착 시 공기가 들어가지 않도록 45° 각도로 네일 팁을 접착한다.

정답 51 ④ 52 ③ 53 ④ 54 ③ 55 ② 56 ② 57 ③

58 베이스코트와 탑코트의 주된 기능에 대한 설명으로 가장 거리가 먼 것은?

① 베이스코트는 손톱에 색소가 착색되는 것을 방지한다.

② 베이스코트는 폴리시가 곱게 발리는 것을 도와준다.

③ 탑코트는 폴리시에 광택을 더하여 컬러를 돋보이게 한다.

④ 탑코트는 손톱에 영양을 주어 손톱을 튼튼하게 해준다.

TIP 탑코트는 컬러링의 마지막 단계에 네일의 광택과 유지력을 높이기 위해 바른다.

59 습식매니큐어 작업과정에서 가장 먼저 해야 할 절차는?

① 컬러 지우기

② 손톱 모양 만들기

③ 손 소독하기

④ 핑거볼에 손 담그기

TIP 습식매니큐어 작업 시 가장 먼저 하는 것은 손 소독이며 시술자부터 소독한 후 고객 손을 소독한다.

60 아크릴 프렌치 스컬프처 시술 시 형성되는 스마일 라인의 설명으로 틀린 것은?

① 선명한 라인 형성

② 일자 라인 형성

③ 균일한 라인 형성

④ 좌우 라인 형성

TIP 아크릴 프렌치 스컬프처의 스마일 라인은 완만한 곡선으로 이루어진다.

정답 58 ④ 59 ③ 60 ②

제7회 국가기술자격 필기시험

2016년 4회 기출문제

자격종목	시험시간	문제수	문제형별
미용사(네일)	1시간	60	

01 다음 중 제2군 감염병이 아닌 것은?

① 홍역 ② 성홍열
③ 폴리오 ④ 디프테리아

TIP 제3군 감염병-성홍열

02 다음 5대 영양소 중 신체의 생리기능조절에 주로 작용하는 것은?

① 단백질, 지방
② 비타민, 무기질
③ 지방, 비타민
④ 탄수화물, 무기질

TIP 인체의 생리적 기능 조절 작용 - 비타민, 무기질

03 다음 중 감염병이 아닌 것은?

① 폴리오 ② 풍진
③ 성병 ④ 당뇨병

TIP 당뇨병은 감염되지 않는다.

04 다음 중 실내공기 오염의 지표로 널리 사용되는 것은?

① CO_2 ② CO
③ Ne ④ NO

TIP 실내공기 오염의 지표로 사용되는 것은 이산화탄소(CO_2)이다.

05 보건행정의 특성과 거리가 먼 것은?

① 공공성과 사회성
② 과학성과 기술성
③ 조장성과 교육
④ 독립성과 독창성

06 출생 시 모체로부터 받는 면역은?

① 인공능동면역 ② 인공수동면역
③ 자연능동면역 ④ 자연수동면역

TIP 모체로부터 받은 면역을 자연수동면역이라고 한다.

07 오늘날 인류의 생존을 위협하는 대표적인 3요소는?

① 인구 - 환경오염 - 교통문제
② 인구 - 환경오염 - 인간관계
③ 인구 - 환경오염 - 빈곤
④ 인구 - 환경오염 - 전쟁

TIP 인류의 생존을 위협하는 대표적인 3요소는 인구, 환경오염, 빈곤이다.

08 다음 중 이학적(물리적) 소독법에 속하는 것은?

① 크레졸 소독
② 생석회 소독
③ 열탕 소독
④ 포르말린 소독

TIP 물리적 소독법 - 열탕소독, 화학적 소독법 - 크레졸, 생석회, 포르말린 소독

정답 01 ② 02 ② 03 ④ 04 ① 05 ④ 06 ④ 07 ③ 08 ③

09 다음 중 살균 효과가 가장 높은 소독 방법은?

① 염소소독 ② 일광소독
③ 저온소독 ④ 고압증기멸균

TIP 고압증기멸균은 완전멸균이며, 미생물과 아포까지 전부 사멸시키는 소독법이다.

10 이·미용 작업 시 시술자의 손 소독 방법으로 가장 거리가 먼 것은?

① 흐르는 물에 비누로 깨끗이 씻는다.
② 락스액에 충분히 담갔다가 깨끗이 헹군다.
③ 시술 전 70% 농도의 알코올을 적신 솜으로 깨끗이 씻는다.
④ 세척액을 넣은 미온수와 솔을 이용하여 깨끗하게 닦는다.

TIP 손 소독 시 락스는 사용하지 않는다.

11 소독용 과산화수소(H_2O_2) 수용액의 적당한 농도는?

① 2.5 ~ 3.5% ② 3.5 ~ 5.0%
③ 5.0 ~ 6.0% ④ 6.5 ~ 7.5%

TIP 소독용 과산화수소(H_2O_2) 수용액의 적당한 농도는 3% 내외로 한다.

12 세균의 단백질 변성과 응고작용에 의한 기전을 이용하여 살균하고자 할 때 주로 이용하는 방법은?

① 가열 ② 희석
③ 냉각 ④ 여과

TIP 가열은 세균의 단백질 변성과 응고작용에 의한 기전을 이용하여 살균하고자 할 때 이용한다.

13 이·미용실의 기구(가위, 레이저) 소독으로 가장 적합한 소독제는?

① 70~80%의 알코올
② 100~200배 희석 역성비누
③ 5% 크레졸 비누액
④ 50%의 페놀액

TIP 알코올 70~80% 희석제는 이·미용실의 기구를 소독하기에 적합하다.

14 살균작용의 기전 중 산화에 의하지 않는 소독제는?

① 오존 ② 알코올
③ 과망간산칼륨 ③ 과산화수소

TIP 산화작용에 의한 소독제는 오존, 과망간산칼륨, 과산화수소, 염소 등이 있으며 알코올은 이에 해당하지 않는다

15 흡연이 인체에 미치는 영향에 대한 설명으로 적절하지 않은 것은?

① 간접흡연은 인체에 해롭지 않다.
② 흡연은 암을 유발할 수 있다.
③ 흡연은 피부의 표피를 얇아지게 해서 피부의 잔주름 생성을 증가시킨다.
④ 흡연은 비타민C를 파괴한다.

TIP 간접흡연 역시 인체에 영향을 받으므로 주의해야 한다.

16 피부 관리가 가능한 여드름의 단계로 가장 적절한 것은?

① 결정 ② 구진
③ 흰 면포 ④ 농포

TIP 흰 면포 – 여드름의 시작단계인 비염증성 여드름으로 피부 관리가 가능하다.

정답 09 ④ 10 ② 11 ① 12 ① 13 ① 14 ② 15 ① 16 ③

17 다음 중 체모의 색상을 좌우하는 멜라닌이 가장 많이 함유되어 있는 곳은?

① 모표피 ② 모피질
③ 모수질 ④ 모유두

TIP 모피질은 멜라닌이 가장 많이 함유되어서 체모의 색상을 결정짓는다.

18 다음에서 설명하는 피부 병변은?

> 신진대사의 저조가 원인으로 중년 여성 피부의 유핵층에 자리하며, 안면의 상반부에 위치한 기름샘과 땀구멍에 주로 생성하며 모래알 크기의 각질세포로서 특히 눈 아래부분에 생긴다,

① 매상 혈관종 ② 비립종
③ 섬망성 혈관종 ④ 섬유종

TIP 비립종은 직경 1~2㎜의 황백색의 작은 구진으로 모공이나 땀구멍에 주로 발생하며 눈 밑에 주로 분포한다.

19 피부 상피세포조직의 성장과 유지 및 점막 손상방지에 필수적인 비타민은?

① 비타민 A ② 비타민 B
③ 비타민 E ④ 비타민 K

TIP 비타민 A는 피부의 각화된 피부를 부드럽게 만들고 상피세포조직의 성장과 유지 및 점막 손상방지에 필요한 비타민이다.

20 다한증과 관련한 설명으로 가장 거리가 먼 것은?

① 더위에 견디기 어렵다.
② 땀이 지나치게 많이 분비된다.
③ 스트레스가 악화요인이 될 수 있다.
④ 손바닥의 다한증은 악수 등의 일상생활에서 불편함을 초래한다.

TIP 다한증은 땀이 과도하게 많이 분비되는 것이며 더위와는 관련이 없다.

21 인체에 있어 피지선이 존재하지 않는 곳은?

① 이마 ② 코
③ 귀 ④ 손바닥

TIP 피지선은 손바닥과 발바닥에 없다.

22 이·미용업 영업자가 시설 및 설비기준을 위반한 경우 1차 위반에 대한 행정처분 기준은?

① 경고 ② 개선명령
③ 영업정지 5일 ④ 영업정지 10일

TIP 이·미용업 영업자가 시설 및 설비기준을 위반한 경우 1차 위반 시 개선명령, 2차 위반 시 영업정지 15일, 3차 위반 시 영업정지 1월, 4차 위반 시 영업장 폐쇄

23 공중위생감시원의 업무에 해당하지 않는 것은?

① 공중위생영업 신고 시 시설 및 설비의 확인에 관한 사항
② 공중위생영업자 준수사항 이행 여부의 확인에 관한 사항
③ 위생지도 및 개선명령 이행 여부의 확인에 관한 사항
④ 세금납부 적정 여부의 확인에 관한 사항

TIP 공중위생감시원의 업무 중 세금납부 적정 여부는 해당사항이 없다.

24 법에 따라 이·미용업 영업소 안에 게시하여야 하는 게시물에 해당하지 않는 것은?

① 이·미용 영업신고증
② 개설자의 면허증 원본
③ 최종지불요금표
④ 이·미용사 국가기술자격증

TIP 이·미용업 영업소 안에 게시하여야 하는 게시물은 이·미용 영업신고증, 면허증 원본, 최종지불요금표이다.

정답 17 ② 18 ② 19 ① 20 ① 21 ④ 22 ② 23 ④ 24 ④

25 과태료 처분에 불복이 있는 자는 그 처분의 고지를 받은 날부터 며칠 이내에 처분권자에게 이의를 제기할 수 있는가?

① 7일 이내 ② 10일 이내
③ 15일 이내 ④ 30일 이내

TIP 과태료 처분에 불복이 있는 자는 그 처분의 고지를 받은 날부터 30일 이내 이의를 제기할 수 있다.

26 이·미용업 위생교육에 관한 내용이 맞는 것은?

① 위생교육 대상자는 이·미용업 영업자이다.
② 이·미용사의 면허를 받은 사람은 모두 위생교육을 받아야 한다.
③ 위생교육은 시·군·구청장이 실시한다.
④ 위생교육 시간은 매년 4시간으로 한다.

TIP 위생교육은 보건복지부장관이 허가한 단체 또는 공중위생영업자 단체가 실시한다. 위생교육 시간은 매년 3시간으로 한다. 위생교육 대상자는 면허를 받은 사람이 아니라 이·미용업 영업자이다.

27 이·미용사의 면허를 받을 수 없는 자는?

① 전문대학에서 이용 또는 미용에 관한 학과를 졸업한 자
② 교육부장관이 인정하는 이·미용 고등학교에서 이용 또는 미용에 관한 학과를 졸업한 자
③ 교육부장관이 인정하는 고등기술학교에서 6개월 과정의 이용 또는 미용에 관한 소정의 과정을 이수한 자
④ 국가기술자격법에 의한 이·미용사의 자격을 취득한 자

TIP 교육부장관이 인정하는 고등기술학교에서 1년 이상의 이용 또는 미용에 관한 소정의 과정을 이수한 자

28 영업정지처분을 받고 그 영업정지 기간 중 영업을 한 때, 1차 위반 시 행정처분 기준은?

① 경고 또는 개선명령
② 영업정지 1월
③ 영업장 폐쇄명령
④ 영업정지 2월

TIP 영업정지처분을 받고 그 영업정지 기간 중 영업을 한 때, 1차 위반 시 영업장 폐쇄명령을 받는다.

29 다음 중 립스틱의 성분으로 가장 거리가 먼 것은?

① 색소 ② 라놀린
③ 알란토인 ④ 알코올

TIP 립스틱의 성분으로 색소, 라놀린, 알란토인 등이 함유된다.

30 화장품 제조와 판매 시 품질의 특성으로 틀린 것은?

① 효과성 ② 유효성
③ 안전성 ④ 안정성

TIP 화장품 4대 요건은 유효성, 안전성, 안정성, 사용성이다.

31 다음에서 설명하는 것은?

> 비타민 A 유도체로 콜라겐 생성을 촉진, 케라티로사이트의 증식촉진, 표피의 두께증가, 히아루론산 생성을 촉진하여 피부 주름을 개선시키고 탄력을 증대시키는 성분이다.

① 코엔자임Q10 ② 레티놀
③ 알부틴 ④ 세라마이트

TIP 레티놀은 비타민 A의 한 종류로, 순수비타민이라고도 한다. 주름 제거나 피부 노화를 예방하는 기능을 가지고 있다.

정답 25 ④ 26 ① 27 ③ 28 ③ 29 ④ 30 ① 31 ②

32. 화장품의 사용 목적과 가장 거리가 먼 것은?

① 인체를 청결, 미화하기 위하여 사용한다.
② 용모를 변화시키기 위하여 사용한다.
③ 피부, 모발의 건강을 유지하기 위하여 사용한다.
④ 인체에 대한 약리적인 효과를 주기 위해 사용한다.

TIP 화장품은 약리적 효과를 볼 수 없다. 약리적 효과는 의약품에 해당한다.

33 향수의 구비 요건으로 가장 거리가 먼 것은?

① 향에 특징이 있어야 한다.
② 향은 적당히 강하고 지속성이 좋아야 한다.
③ 향은 확산성이 낮아야 한다.
④ 시대성에 부합되는 향이어야 한다.

TIP 향수는 확산성이 높아야 한다.

34 계면활성제에 대한 설명으로 옳은 것은?

① 계면활성제는 일반적으로 둥근 머리 모양의 소수성기와 막대 꼬리 모양의 친수성기를 가진다.
② 계면활성제의 피부에 대한 자극은 양쪽성 > 양이온성 > 음이온성 > 비이온성의 순으로 감소한다.
③ 비이온성 계면활성제는 피부에 대한 안전성이 높고 유화력이 우수하여 에멀전의 유화제로 사용된다.
④ 양이온성 계면활성제는 세정작용이 우수하여 비누, 샴푸 등에 사용된다.

TIP
- 계면활성제는 둥근 머리 모양의 친수성기와 막대 꼬리 모양의 소수성기를 가진다.
- 계면활성제의 피부에 대한 자극은 양이온 > 음이온성 > 양쪽성 > 비이온성의 순으로 감소한다.
- 음이온성 계면활성제는 세정작용이 우수하여 비누, 샴푸 등에 사용된다.

35 자외선 차단제의 올바른 사용법은?

① 자외선 차단제는 아침에 한 번만 바르는 것이 중요하다.
② 자외선 차단제는 도포 후 시간이 경과되면 덧바르는 것이 좋다.
③ 자외선 차단제는 피부에 자극이 됨으로 되도록 사용하지 않는다.
④ 자외선 차단제는 자외선이 강한 여름에만 사용하면 된다.

TIP 자외선 차단제는 도포 후 시간이 지나면 차단 효과가 떨어지므로 도포 후 시간이 경과되면 덧바르는 것이 좋다.

36 마누스(Manus) 와 큐라(Cura)라는 단어에서 유래된 용어는?

① 네일 팁(Nail Tip) ② 매니큐어(Manicure)
③ 페디큐어(Pedicure) ④ 아크릴(Arcylic)

TIP 매니큐어란 라틴어 마누스(manus, 손)와 큐라(cura, 관리)라는 단어를 결합한 말로 손에 관한 전체적인 관리를 의미한다.

37 각 나라 네일 미용 역사의 설명으로 틀리게 연결된 것은?

① 그리스, 로마 – 네일 관리로써 '마누스큐라'라는 단어가 시작되었다.
② 미국 – 노크 행위는 예의에 어긋난 행동으로 여겨 손톱을 길게 길러 문을 긁도록 하였다.
③ 인도 – 상류 여성들은 손톱의 뿌리 부분에 문신 바늘로 색소를 주입하여 상류층임을 과시하였다.
④ 중국 – 특권층의 신분을 드러내기 위해 '홍화'의 재배가 유행하였고, 손톱에도 바르며 이를 '홍조'라 하였다.

TIP 프랑스의 베르사유 궁전에서는 문을 두드리는 노크를 예의에 어긋난 행동이라 여겨 한쪽 손의 손톱을 길게 길러 문을 긁도록 하였다.

정답 32 ④ 33 ③ 34 ③ 35 ② 36 ② 37 ②

38 네일 미용 작업 시 실내 공기 환기 방법으로 틀린 것은?

① 작업장 내에 설치된 커튼은 장기적으로 관리한다.
② 자연환기와 신선한 공기의 유입을 고려하여 창문을 설치한다.
③ 공기보다 무거운 성분이 있으므로 환기구를 아래쪽에도 설치한다.
④ 겨울과 여름에는 냉, 난방을 고려하여 공기 청정기를 준비한다.

TIP 작업장 내에 설치된 커튼은 수시로 자주 관리해야 한다.

39 손톱, 발톱 함유량이 가장 높은 성분은?

① 칼슘 ② 철분
③ 케라틴 ④ 콜라겐

TIP 네일은 경케라틴(단단한 단백질 형태)으로 구성되어 있다.

40 네일 기본 관리 작업과정으로 옳은 것은?

① 손 소독 → 프리에지 모양 만들기 → 네일 폴리시 제거 → 큐티클 정리하기 → 컬러 도포하기 → 마무리하기
② 손 소독 → 네일 폴리시 제거 → 프리에지 모양 만들기→ 큐티클 정리하기→ 컬러 도포하기→ 마무리하기
③ 손 소독 → 프리에지 모양 만들기 → 큐티클 정리하기 → 네일 폴리시 제거 → 컬러 도포하기 → 마무리하기
④ 프리에지 모양 만들기 → 네일 폴리시 제거 → 마무리하기 → 손 소독

41 손의 근육과 가장 거리가 먼 것은?

① 벌림근(외전근) ② 모음근(내전근)
③ 맞섬근(대립근) ④ 엎침근(회내근)

TIP 엎침근은 손바닥을 뒤쪽으로 돌리는 데 작용을 하는 근육이다.

42 매니큐어 작업 시 알코올 소독 용기에 담가 소독하는 기구로 적절하지 못한 것은?

① 네일 파일 ② 네일 클리퍼
③ 오렌지 우드스틱 ④ 네일 더스트 브러시

TIP 네일 파일은 습기가 있으면 손톱 모양을 다듬기 어려워진다.

43 네일 샵에서의 감염 예방 방법으로 가장 거리가 먼 것은?

① 작업 장소에서 음식을 먹을 때는 환기에 유의해야 한다.
② 네일 서비스를 할 때는 상처를 내지 않도록 항상 조심해야 한다.
③ 감기 등 감염 가능성이 있거나 감염이 된 상태에서는 시술하지 않는다.
④ 작업 전, 후에는 70% 알코올이나 소독용액으로 작업자와 고객의 손을 닦는다.

TIP 감염병은 사람으로부터 사람으로 전파되는 질환으로 환기와는 거리가 멀다.

44 손 근육의 역할에 대한 설명으로 틀린 것은?

① 물건을 잡는 역할을 한다.
② 손으로 세밀하고 복잡한 작업을 한다.
③ 손가락을 벌리거나 모으는 역할을 한다.
④ 자세를 유지하기 위해 지지대 역할을 한다.

TIP 지지대 역할은 골격(뼈)의 기능이다.

정답 38 ① 39 ③ 40 ② 41 ④ 42 ① 43 ① 44 ④

45 잘못된 습관으로 손톱을 물어뜯어 손톱이 자라지 못하는 증상은?

① 교조증(Onychophagy)
② 조갑비대증(Onychauxis)
③ 조갑위축증(Onychatrophy)
④ 조내생증(Onyshocryptosis)

TIP 교조증은 오니코파지라고도 하며 물어뜯는 습관으로 생기는 증상이다.

46 건강한 손톱에 대한 조건으로 틀린 것은?

① 반투명하며 아치형을 이루고 있어야 한다.
② 반월(루눌라)이 크고 두께가 두꺼워야 한다.
③ 표면이 굴곡이 없고 매끈하며 윤기가 나야 한다.
④ 단단하고 탄력 있어야 하며 끝이 갈라지지 않아야 한다.

TIP 루눌라의 크기와 두께는 건강한 손톱과는 관련이 없다.

47 네일 기기 및 도구류의 위생관리로 틀린 것은?

① 타월은 1회 사용 후 세탁, 소독한다.
② 소독 및 세제용 화학제품은 서늘한 곳에 밀폐 보관한다.
③ 큐티클 니퍼 및 네일 푸셔는 자외선 소독기에 소독할 수 없다.
④ 모든 도구는 70% 알코올을 이용하며 20분 동안 담근 후 건조시켜 사용한다.

TIP 큐티클 니퍼 및 네일 푸셔는 자외선 소독기에 소독할 수 있다.

48 네일 샵 고객관리 방법으로 틀린 것은?

① 고객의 질문에 경청하며 성의 있게 대답한다.
② 고객의 잘못된 관리방법을 제품판매로 연결한다.
③ 고객의 대화를 바탕으로 고객 요구사항을 파악한다.
④ 고객의 직무와 취향 등을 파악하여 관리방법을 제시한다.

TIP 고객에게 제품판매를 위해 홍보를 하게 되면 고객이 불쾌함을 느낄 수 있으므로 주의하여야 한다.

49 손가락 뼈의 기능으로 틀린 것은?

① 지지기능 ② 흡수기능
③ 보호작용 ④ 운동기능

TIP 뼈는 흡수기능이 없다.

50 네일 서비스 고객관리카드에 기재하지 않아도 되는 것은?

① 예약 가능한 날짜와 시간
② 손톱의 상태와 선호하는 색상
③ 은행 계좌정보와 고객의 월수입
④ 고객의 기본 인적 사항

51 큐티클 정리 시 유의사항으로 가장 적합한 것은?

① 큐티클 푸셔는 90°의 각도를 유지해 준다.
② 에포니키움의 밑 부분까지 깨끗하게 정리한다.
③ 큐티클은 외관상 지저분한 부분만을 정리한다.
④ 에포니키움과 큐티클 부분은 힘을 주어 밀어준다.

TIP 에포니키움의 밑 부분까지 깨끗하게 정리하면 출혈 및 감염의 원인이 될 수 있으므로 가볍게 밀어주고 외관상 지저분한 부분만을 정리한다.

정답 45 ① 46 ② 47 ③ 48 ② 49 ② 50 ③ 51 ③

52 UV 젤 스컬프쳐 보수 방법으로 가장 적합하지 않은 것은?

① UV 젤과 자연 네일의 경계 부분을 파일링한다.
② 투웨이 젤을 이용하여 두께를 만들고 큐어링한다.
③ 파일링 시 너무 부드럽지 않은 파일을 사용한다.
④ 거친 네일 표면 위에 UV 젤 탑코트를 바른다.

TIP 투웨이 젤은 젤글루를 의미한다. UV 젤 스컬프쳐는 클리어젤과 탑젤을 이용하여 작업한다.

53 네일 팁의 사용과 관련하여 가장 적합한 것은?

① 팁 접착 부분에 공기가 들어갈수록 손톱의 손상을 줄일 수 있다.
② 팁을 부착할 시 유지력을 높이기 위해 모든 네일에 하프웰팁을 적용한다.
③ 팁을 부착할 시 네일팁이 자연손톱의 1/2 이상 덮어야 유지력을 높이는 기준이다.
④ 팁을 선택할 때에는 자연 손톱의 사이즈와 동일하거나 한 사이즈 큰 것을 선택한다.

TIP 팁을 고를때는 자연네일에 맞는 크기를 고르거나 조금 큰팁을 골라 조절하여 사용하며 자연네일의 1/2 이상 덮으면 안 된다. 접착 시 공기가 들어가지 않도록 45° 각도로 네일 팁을 접착한다.

54 내추럴 프렌치 스컬프처의 설명으로 틀린 것은?

① 자연스러운 스마일 라인을 형성한다.
② 네일 프리에지가 내추럴 파우더로 조형된다.
③ 네일 바디 전체가 내추럴 파우더로 오버레이 된다.
④ 네일 베드는 핑크 파우더 또는 클리어 파우더로 작업한다.

TIP 네추럴 프렌치 스컬프처는 화이트 화우더와 내추럴 파우더 두 종류의 파우더로 작업한다.

55 손톱에 네일 폴리시가 착색되었을 때 착색을 제거하는 제품은?

① 네일 화이트너 ② 네일 표백제
③ 네일 보강제 ④ 폴리시리무버

TIP 네일 표백제는 손톱에 네일 폴리시가 착색되었을 때 사용하는 제품이다.

56 자외선램프 기기에 조사해야만 경화되는 네일 재료는?

① 아크릴릭 모노머
② 아크릴릭 폴리머
③ 아크릴릭 올리고머
④ UV 젤

TIP UV 젤은 자외선램프에 조사해야지만 경화된다.

57 새로 성장한 손톱과 아크릴 네일 사이의 공간을 보수하는 방법으로 옳은 것은?

① 들뜬 부분은 니퍼나 다른 도구를 이용하여 강하게 뜯어낸다.
② 손톱과 아크릴 네일 사이의 턱을 거친 파일로 강하게 파일링 한다.
③ 아크릴 네일 보수 시 프라이머를 손톱과 인조 네일 전체에 바른다.
④ 들뜬 부분을 파일로 갈아내고 손톱 표면에 프라이머를 바른 후 아크릴 화장물을 올려준다.

TIP 아크릴 보수 시 들뜬 부분을 강하게 뜯어내면 네일이 상할 수 있어 심하게 들떴다면 새로하는 것이 좋다. 들뜬 부분을 파일로 갈아내고 손톱 표면에 프라이머를 바른 후 아크릴 화장물을 올려준다.

정답 52 ② 53 ④ 54 ③ 55 ② 56 ④ 57 ④

58 매니큐어 과정으로 ( )안에 들어갈 가장 적합한 작업 과정은?

> 소독하기 - 네일 폴리시 지우기 - ( ) - 샌딩 파일 사용하기 - 핑거볼 담그기 - 큐티클 정리하기

① 손톱 모양 만들기
② 큐티클 오일 바르기
③ 거스러미 제거하기
④ 네일 표백하기

59 네일 폴리시 작업 방법으로 가장 적합한 것은?

① 네일 폴리시는 1회 도포가 이상적이다.
② 네일 폴리시를 섞을 때는 위, 아래로 흔들어준다.
③ 네일 폴리시가 굳었을 때는 네일 리무버를 혼합한다.
④ 네일 폴리시는 손톱 가장자리 피부에 최대한 가깝게 도포한다.

TIP

- 네일 폴리시는 2회 도포가 적당하다.
- 네일 폴리시는 위, 아래로 흔들면 기포가 생길 수 있으므로 흔들지 않는다.
- 네일 폴리시가 굳었을 때는 시너를 1~2방울 섞어준다.

60 매니큐어와 관련한 설명으로 틀린 것은?

① 일반 매니큐어와 파라핀 매니큐어는 함께 병행할 수 없다.
② 큐티클 니퍼와 네일 푸셔는 하루에 한 번 오전에 소독해서 사용한다.
③ 손톱의 파일링은 한 방향으로 해야 자연 네일의 손상을 줄일 수 있다.
④ 과도한 큐티클 정리는 고객에게 통증을 유발하거나 출혈이 발생함으로 주의한다.

TIP 니퍼와 푸셔는 사용 전, 후 소독하여야 한다.

정답 58 ① 59 ④ 60 ②

CBT 기출복원문제

제1회 CBT 기출복원문제

자격종목	시험시간	문제수	문제형별
미용사(네일)	1시간	60	

01 네일 루트에 대한 설명으로 옳은 것은?

① 손톱이 자라기 시작하는 곳이다.
② 연분홍색의 반달 모양이다.
③ 손톱의 수분 공급을 담당한다.
④ 손톱을 보호하는 역할을 한다.

TIP 네일 루트는 손톱이 자라기 시작하는 곳으로 손등 아랫부분에 묻혀있는 얇고 부드러운 부분을 말한다.

02 손톱에 관한 설명으로 잘못된 것을 고르시오.

① 손톱의 손상으로 손톱이 탈락하고 회복되는 데는 약 6개월 정도 걸린다.
② 손톱의 성장은 겨울보다 여름이 잘 자란다.
③ 엄지손톱의 성장이 가장 느리며, 소지손톱이 가장 빠르다.
④ 손톱은 피부의 부속기관으로 케라틴이 주요 구성성분이다.

TIP 중지 손톱의 성장이 가장 빠르며, 소지손톱이 가장 느리다.

03 고대 이집트에서 네일을 염색하기 위해 사용한 것은?

① 연지 ② 장미
③ 난초 ④ 헤나

TIP 고대 이집트에서는 헤나라는 붉은 오렌지색 염료로 손톱을 염색해 신분의 차이를 표현한다.

04 일회용품을 여러 명에게 재사용 했을 때 1차 위반 시 행정처분 기준은?

① 영업정지 5일 ② 시정명령
③ 경고 ④ 영업정지 10일

TIP 1차 위반 : 경고 / 2차 위반 : 영업정지 5일 / 3차 위반 : 영업정지 10일 / 4차 위반 : 영업장 폐쇄 명령

05 손상된 손톱이 완전하게 복구되는 데에 걸리는 기간으로 옳은 것은?

① 1~2개월 ② 2~3개월
③ 5~6개월 ④ 8~9개월

TIP 일반적으로 손톱이 완전히 자라는데 5~6개월 소요된다.

06 사회보장의 종류에 따른 내용이 알맞게 연결된 것을 고르시오.

① 공적 부조 - 의료보장, 사회복지서비스
② 사회보험 - 기초생활보장, 의료보장
③ 공적 부조 - 기초생활보장, 보건의료서비스
④ 사회보험 - 소득보장, 의료보장

TIP 공적 부조 : 최저 생활보장, 의료급여

07 감염병 유행의 요인 중 전파경로와 가장 관계가 깊은 것은?

① 개인의 감수성 ② 환경요인
③ 인종 ④ 영양 상태

TIP 전파경로는 환경요인과 가장 관계가 깊다.

정답 01 ① 02 ③ 03 ④ 04 ③ 05 ③ 06 ④ 07 ②

08 피부가 건조, 갈라짐과 허물 벗겨짐의 증상을 보이는 것은?

① 습진 ② 무좀
③ 지루성 피부염 ④ 사마귀

TIP 습진은 피부가 건조해지거나 갈라지고 허물이 벗겨지는 증상이 나타난다.

09 다음 중 하체 비만에 대한 설명으로 올바르지 않은 것은?

① 정맥류의 증상이 올 수 있다.
② 전신에 피로감이 쉽게 오고 손발이 자주 저린다.
③ 주로 남성에게 많고 성인병 발병률이 높다.
④ 체중 조절이 매우 어렵다.

TIP 하반신 비만은 주로 여성에게 많이 나타난다.

10 E.O 가스의 폭발 위험성을 감소시키기 위하여 흔히 혼합하여 사용하는 것은?

① 산소 ② 질소
③ 이산화탄소 ④ 일산화탄소

TIP E.O 가스는 폭발 위험성을 감소시키기 위해 이산화탄소 또는 프레온을 혼합하여 사용한다.

11 다음 소독방법 중 아포를 포함한 모든 균을 멸균시킬 수 있는 가장 좋은 방법은?

① 유통증기멸균법
② 자외선멸균법
③ 고압증기멸균법
④ 자비멸균법

TIP 고압증기멸균법은 고압증기 멸균기를 이용하여 소독하는 완전멸균 방법으로 비용이 저렴하고 기본 20분으로 비교적 시간이 적게 걸린다.

12 원톤 스컬프처 완성 시 인조네일의 이상적인 구조에 대한 설명으로 틀린 것은?

① 옆선이 네일의 사이드 월 부분과 자연스럽게 연결되어야 한다.
② 하이포인트의 위치는 스트레스 포인트 부근에 위치해야 한다.
③ 인조 네일의 길이는 길수록 아름답다.
④ 컨벡스와 컨케이브 형태의 균형이 균일해야 한다.

TIP 인조 네일은 적당한 길이를 유지해야 아름답다.

13 이·미용업의 영업신고 및 폐업신고에 대한 설명 중 잘못 설명한 것은?

① 폐업신고의 방법 및 절차 등에 관하여 필요한 사항은 보건복지부령으로 정한다.
② 폐업한 날부터 20일 이내에 시장·군수·구청장에게 신고하여야 한다.
③ 변경신고의 절차 등에 관하여 필요한 사항은 행정자치부에서 정한다.
④ 보건복지부령이 정하는 시설 및 설비를 갖추고 시장·군수·구청장에게 신고하여야 한다.

TIP 변경신고의 절차 등에 관하여 필요한 사항은 보건복지부령으로 정한다.

14 젤이 경화하는 데 미치는 요인 중 틀린 것은?

① 손톱의 케어 상태
② 젤의 두께
③ 젤 컬러의 종류(투명, 불투명)
④ 램프 기기 안에서 손톱의 위치

TIP 손톱의 위치, 젤 두께, 젤 컬러의 종류는 큐어링에 영향을 미친다.

정답 08 ① 09 ③ 10 ③ 11 ③ 12 ③ 13 ③ 14 ①

15 **기능성 화장품이 아닌 것은?**

① 미백에 도움을 주는 제품
② 여드름 치료에 도움을 주는 제품
③ 자외선 차단에 도움을 주는 제품
④ 주름 개선에 도움을 주는 제품

TIP 기능성 화장품 : 미백에 도움을 주는 화장품, 피부의 탄력, 주름을 완화시켜 주는 화장품, 썬탠, 자외선 차단에 도움을 주는 화장품

16 **페디큐어 작업 시 올바른 방법은?**

① 발톱의 양쪽 가장자리를 파고드는 현상을 방지하기 위해 둥글게 조형한다.
② 가벼운 각질이라도 크레도를 사용하도록 한다.
③ 발 냄새를 방지하기 위해 토우세퍼레이터를 사용한다.
④ 페디 파일의 작업 시 족문의 방향은 중요하다.

17 **공중위생 관리법상의 규정에 위반하여 위생교육을 받지 아니할 때 부과되는 과태료의 기준은?**

① 200만 원 이하 ② 300만 원 이하
③ 400만 원 이하 ④ 500만 원 이하

18 **인조 네일 작업 시 손톱을 연장할 때 필요한 재료와 도구가 아닌 것은?**

① 레귤러 팁 ② 아크릴 판넬
③ 아크릴 파우더 ④ 네일 랩

TIP 아크릴 판넬은 인조네일 연장 시 필요 없다.

19 **습식매니큐어 관리에 대한 설명으로 잘못된 설명한 것은?**

① 큐티클은 죽은 각질 피부이므로 반드시 모두 제거하는 것이 좋다.
② 자연 손톱 파일링 시 한 방향으로 작업한다.
③ 손톱 질환이 심각할 경우 의사의 진료를 권한다.
④ 고객의 취향과 기호에 맞게 네일 프리에지 모양을 조절한다.

TIP 큐티클을 완전히 제거하게 되면 출혈이 생길 수 있으므로 모두 제거하는 것은 좋지 않다.

20 **손에 있는 뼈로서 총 14개로 구성되어 있는 뼈는?**

① 손가락뼈 ② 손목뼈
③ 자뼈 ④ 노뼈

TIP 수지골은 엄지 손가락이 기절골과 말절골 2개, 나머지 손가락이 거질골, 중절골, 말절골 3개씩 총 14개로 구성된다.

21 **알코올 소독 용기에 담가 소독하는 도구로 적절하지 못한 것은?**

① 네일 더스트 브러시
② 오렌지 우드스틱
③ 스펀지 네일 파일
④ 네일 클리퍼

TIP 스펀지 네일 파일은 소독 용기에 담글 필요 없이 일회용으로 사용한다.

22 **아크릴 프렌치 스캅춰 시술 시 스마일 라인에 대한 설명으로 옳지 않은 것은?**

① 깨끗하고 선명한 라인을 만들어야 한다.
② 스마일 라인이 선명하게 보이는 것보다는 자연스럽게 보이는 것이 좋다.
③ 빠른 시간 내에 시술하여 얼룩이 지지 않게 한다.
④ 손톱의 상태에 따라 라인을 조절할 수 있다.

TIP 스마일 라인을 좌우대칭의 균형을 잘 맞추어야 한다.

정답 15 ② 16 ④ 17 ① 18 ② 19 ① 20 ① 21 ③ 22 ②

23 이·미용 영업자가 일정한 법률을 위반한 경우 관계행정기관의 장의 요청으로 시장·군수·구청장은 영업소 폐쇄 등을 명할 수 있다. 이에 해당하는 법률이 아닌 것은?

① 공중위생관리법
② 청소년보호법
③ 근로기준법
④ 의료법

TIP 공중위생관리법에 따라 성매매 알선 등 행위의 처벌에 관한 법률, 의료법, 청소년보호법, 풍속영업규제에 관한 법률을 위반 시 행정기관장의 장으로부터 영업소 폐쇄 등을 명할 수 있다.

24 손가락이 움직일 때 필요한 신경은?

① 요골신경 ② 수지골 신경
③ 경골신경 ④ 정중신경

TIP 손가락에 분포되어 있는 신경은 손가락뼈 신경이다.

25 발가락과 발목을 굽힐 때 사용되는 신경으로 옳은 것은?

① 척골신경 ② 요골신경
③ 액와신경 ④ 경골신경

TIP 경골신경은 장딴지 근육에 분포하면서 발목과 발가락의 굽힘을 지배한다.

26 노화 피부의 특징이 아닌 것은?

① 노화 피부는 탄력이 떨어진다
② 주름이 형성되어 있다.
③ 피지 분비가 왕성해 번들거린다.
④ 색소 침착 불균형이 나타난다.

TIP 노화 피부는 피지의 분비가 원활하지 못하다.

27 인조 네일 작업에 대한 설명으로 틀린 것은?

① 인조 네일의 표면을 옆에서 볼 때 옆의 평행선을 사이드 스트레이트라고 한다.
② 인조 네일 정면에서 본 곡선의 모양을 C-커브라고 한다.
③ 핀칭은 컨벡스 조형과 관계하지 않는다.
④ 인조네일 표면을 옆에서 볼 때 가장 높은 위치를 하이 포인트라고 한다.

28 이·미용 업소 내에 게시하지 않아도 되는 것은?

① 개설자의 면허증 원본
② 최종지불요금표
③ 이·미용업 신고증
④ 근무자(개설자 제외)의 면허증 원본

29 세계보건기구에서 보건수준 평가방법으로 종합건강지표로 제시한 내용으로 잘못된 것은?

① 의료봉사자 수 ② 보통사망률
③ 비례사망지수 ④ 평균수명

TIP 세계보건기구에서 보건수준 평가방법으로 종합건강지표로 제시한 내용은 비례사망지수, 보통사망률, 평균수명이다.

30 식품의 부패란 주로 어떤 성분이 변질한 것을 말하는가?

① 지방 ② 비타민
③ 탄수화물 ④ 단백질

TIP 식품의 부패란 단백질이 분해되어 아미노산, 아민, 암모니아가 생기는 것을 말한다.

31 네일 랩 시술에 속하지 않는 것은?

① 필러 ② 프리 프라이머
③ 필러 파우더 ④ 네일 랩

TIP 필러는 네일 시술에 무관한 용품이다.

정답 23 ③ 24 ② 25 ④ 26 ③ 27 ③ 28 ④ 29 ① 30 ④ 31 ①

32 고객 상담 서비스를 위해 작성해야 하는 고객 관리 내용으로 옳은 것은?

① 동료들과의 업무 자세
② 직원의 업무수행 능력 자세
③ 직원의 면접에 대한 자세
④ 고객 응대 및 상담

33 건강한 손톱의 특징을 잘못 나타낸 것은?

① 약 5~10%의 수분을 함유하고 있다.
② 반투명한 연한 핑크빛을 띤다.
③ 둥근 아치 형태로 단단하게 형성되어 있다.
④ 손톱 표면이 매끄럽고 광택이 난다.

TIP 건강한 손톱은 수분을 약 12~18%의 함유 하고 있다.

34 다음은 매니큐어 시술에 관한 설명이다. 옳지 않은 것은?

① 큐티클 주위와 손톱 각질을 자르면 자를수록 딱딱해질 수 있다.
② 탑코트를 발라 유색 폴리시가 더 오래가도록 한다.
③ 버핑 시 너무 세게 문지르지 않는다.
④ 큐티클은 죽은 각질 세포이므로 완전히 잘라내야 한다.

TIP 큐티클을 너무 무리하게 잘라내면 피가 나거나 부을 수 있으므로 적당히 잘라내야 한다.

35 다음 중 원발진에 해당하는 것은?

① 수포, 반점, 인설
② 수포, 균열, 반점
③ 반점, 구진, 면포
④ 반점, 가피, 구진

TIP 원발진에는 반점, 구진, 결절, 수포, 농포, 면포 등이 있다.

36 다음 중 호흡기계 감염병에 해당하지 않는 것은?

① 홍역 ② 백일해
③ 풍진 ④ 세균성 이질

TIP 세균성 이질은 소화기계 감염병에 해당한다.

37 피부의 표피 중 가장 바깥 있는 층으로 각질이 되어 탈락하게 되는 피부층은?

① 기저층 ② 투명층
③ 각질층 ④ 과립층

TIP 각질층은 표피를 구성하는 세포층 중 가장 바깥층이다.

38 소독제의 보존 방법에 관한 설명으로 잘못된 것은?

① 냉암소에 둔다.
② 식품과 혼돈하기 쉬운 용기나 장소에 보관하지 않도록 한다.
③ 소독약은 재사용을 위해 밀폐시켜 보관한다.
④ 직사 일광을 받지 않도록 한다.

TIP 사용하다 남은 소독약은 재사용하지 않는다.

39 네일 폴리시에 대한 설명으로 거리가 먼 것은?

① 대부분 니트로셀룰로오스를 주성분으로 한다.
② 안료가 배합되어 손톱에 아름다운 색채를 부여하기 때문에 네일 컬러라고도 한다.
③ 손톱에 광택을 부여하고 아름답게 할 목적으로 사용하는 화장품이다.
④ 피막 형성제로 톨루엔이 함유되어 있다.

TIP 피막 형성제는 니트로셀룰로오스, 토실라미드, 디부틸프탈레이트가 사용된다.

정답 32 ④ 33 ① 34 ④ 35 ③ 36 ④ 37 ③ 38 ③ 39 ④

40 영업장 내의 고객관리에 대한 설명으로 알맞은 것은?

① 피부 습진이 있는 고객은 처치를 하면서 서비스한다.
② 알레르기 원인이 되는 제품의 사용을 멈추도록 한다.
③ 주어진 업무수행을 자유롭게 한다.
④ 진한 메이크업을 하고 고객을 응대한다.

TIP 피부 습진 치료는 의료행위이다. 고객 응대 시 자연스러운 메이크업이 좋다.

41 수인성 감염병으로 틀린 것은?

① 장티푸스 ② 이질
③ 결핵 ④ 콜레라

TIP 수인성 감염병 : A형 간염, 소아마비, 파라티푸스, 이질, 콜레라, 장티푸스 등이 있다.

42 다음 중 기초화장품의 기능이 아닌 것은?

① 피부 보호 ② 피부 결 정돈
③ 세안 ④ 미백

TIP 기초화장품 기능 : 세정, 피부 정돈, 피부 보호

43 일산화탄소의 환경기준은 8시간 기준으로 얼마인가?

① 4ppm ② 9ppm
③ 0.2ppm ④ 25ppm

TIP 일산화탄소의 8시간 평균치는 9ppm, 1시간 평균치는 25ppm 이하이다.

44 같은 환경조건에서 살균이 가장 어려운 것은?

① 연쇄상구균 ② 대장균
③ 아포형성균 ④ 포도상구균

TIP 아포형성균은 저항성이 높은 균으로 살균이 가장 어렵다.

45 자외선 B는 자외선 A보다 홍반 발생 능력이 약 몇 배 정도인가?

① 10,000배 ② 10배
③ 100배 ④ 1,000배

46 화장품 품질 특성의 4대 조건은?

① 안전성, 안정성, 사용성, 유효성
② 발림성, 안정성, 방부성, 사용성
③ 안전성, 방부성, 방향성, 유용성
④ 방향성, 안전성, 발림성, 사용성

TIP 화장품 4대 특성 : 유용성(유효성), 안전성, 안정성, 사용성

47 산성도가 파괴된 피부가 본래의 pH로 변화되는 표피의 능력을 의미하는 것은?

① 아미노산 중화 능력
② 산 중화 능력
③ 알칼리 중화 능력
④ 카르복실 중화 능력

TIP 피부의 산성도는 화장품, 햇빛 등에 영향을 받는데, 파괴된 산성도는 2시간 후에 회복된다. 원상태의 pH로 환원시키는 능력을 알칼리 중화 능력이라 한다.

48 다음 중 피부 노화를 억제하는 성분으로 가장 거리가 먼 것은?

① 비타민 C ② 비타민 E
③ 베타-카로틴 ④ 왁스

TIP 왁스는 기초화장품, 색조화장품의 원료로 사용된다.

정답 40 ② 41 ③ 42 ④ 43 ② 44 ③ 45 ④ 46 ① 47 ③ 48 ④

49 시술 전 작업자와 고객의 손 소독용 알코올의 희석농도로 알맞은 것은?

① 100%　② 70%
③ 30%　④ 50%

TIP 소독용 알콜은 70%의 농도가 가장 적당하다.

50 공동위생관리법에 규정된 사항으로 옳은 것은? (단, 예외 사항은 제외한다)

① 수련 과정을 거친 자는 면허가 없어도 이용 또는 미용 업무에 종사할 수 있다.
② 이·미용사의 면허를 가진 자가 아니어도 이 미용업을 개설할 수 있다.
③ 이·미용사의 업무 범위에 관하여 필요한 사항은 보건복지부령으로 정한다.
④ 미용사(일반)의 업무 범위에는 파마, 아이론, 면도, 머리 손질, 피부미용 등이 포함된다.

TIP 아이론, 파마, 면도, 머리 손질 등은 이·미용사의 업무 범위에 해당한다.

51 헤어 정전기 방지나 부드러움을 주기 위해 헤어린스에 이용되는 계면성 활성제는?

① 양쪽성 계면활성제
② 음이온성 계면활성제
③ 비이온성 계면활성제
④ 양이온성 계면활성제

TIP 양이온성 계면활성제는 헤어린스, 헤어트리트먼트 등에 사용된다.

52 인조 네일 작업 시 자연 네일과 네일 팁의 턱을 메꾸어 줄 수 있는 네일 제품은?

① 랩　② 필러 파우더
③ 아크릴 리퀴드　④ 글루

53 향수의 부향률이 15~30%이며 지속시간이 6~7시간인 향수의 유형은?

① 오데 코롱　② 오데 퍼퓸
③ 퍼퓸　④ 오데 토일렛

TIP 퍼퓸은 15~30% 부향률과 6~7시간 지속시간을 유지한다.

54 다음의 유화 제품 중 O/W형(수중유형) 에멀전은?

① 클렌징크림　② 모이스처라이징 로션
③ 나이트 크림　④ 헤어크림

55 나라별 네일 미용의 역사에 대한 설명으로 틀린 것은?

① 인도 – 상류 여성들은 매트릭스에 바늘로 색소를 주입하여 상류층임을 과시하였다.
② 그리스·로마 – 네일 관리로써 '마누스 큐라'라는 단어가 시작되었다.
③ 미국 – 상류층은 장밋빛 손톱 파우더를 사용하였다.
④ 중국 – 특권층의 신분을 드러내기 위해 홍화의 재배가 유행하였고, 손톱에도 바르며 이를 '조홍'이라 하였다.

56 소독에 대한 설명으로 가장 알맞은 것은?

① 병원 미생물의 발육과 그 작용을 제지 또는 정지시키는 것
② 미생물이나 병원균이 없는 상태
③ 병원 미생물의 생활력을 파괴하여 감염력을 없애는 것
④ 모든 미생물의 생활력은 물론 미생물 자체를 없애는 것

TIP 병원성 또는 비병원성 미생물을 사멸하는 것은 멸균에 해당하며, 소독은 병원성 미생물을 죽이거나 제거하여 감염력을 없애는 것을 말한다.

정답 49 ② 50 ③ 51 ④ 52 ② 53 ③ 54 ② 55 ③ 56 ③

57 위생교육의 내용 중 잘못된 것은?

① 시사·상식 교육
② 친절 및 청결에 관한 교육
③ 기술교육
④ 공중위생관리법 및 관련 법규

TIP 위생교육 : 공중위생관리법 및 관련 법규, 소양교육, 기술교육, 기타 공중위생에 관한 내용

58 다음 중 아크릴 시술에 대한 설명으로 옳지 않은 것은?

① 손톱을 최대한 짧게 잘라야 한다.
② 손톱과 폼 사이에 틈이 생기지 않도록 한다.
③ 하이포니키니움이 다치지 않도록 너무 깊이 끼우지 않는다.
④ 손톱이 너무 짧다면 손톱을 만들어 준 후 길이를 연장한다.

TIP 손톱의 길이가 너무 짧으면 폼을 끼우기 어려우므로 적당한 길이가 유지되어야 한다.

59 건열멸균법에 적용되는 온도로 가장 알맞은 것은?

① 80~90℃ ② 90~100℃
③ 100~110℃ ④ 160~180℃

TIP 건열멸균법은 160~180℃의 건열멸균기에 1~2시간 멸균한다.

60 이·미용업소에서 사용한 헤어 브러시를 소독하여 사용하는 방법으로 틀린 것은?

① 헤어 브러시는 오염도가 높고 소독하기 어려우므로 액상 비누 세제를 미온수에 풀어 담근 후 물로 잘 행군 다음 자외선소독기에 넣어 소독한다.
② 플라스틱제 브러시는 열소독을 하는 경우 녹아버릴 수 있기에 주의를 필요로 한다.
③ 엉겨 붙어 있는 머리털은 미생물의 온상이 되므로 완전히 제거해야 하며 사용 도중 바닥에 떨어뜨린 경우 잘 털어서 사용한다.
④ 동물섬유제 브러시는 염소계의 소독제를 사용하면 털 부분이 손상되기 쉬우므로 주의를 필요로 한다.

TIP 헤어 브러시 사용 도중 바닥에 떨어진 경우에는 소독을 한 후 사용한다.

정답 57 ① 58 ① 59 ④ 60 ③

제2회 CBT 기출복원문제

자격종목	시험시간	문제수	문제형별
미용사(네일)	1시간	60	

01 매니큐어를 가장 올바르게 설명한 것은?

① 손 매뉴얼테크닉과 네일 폴리시를 바르는 것이다.

② 손톱 모양을 다듬고 색깔을 칠하는 것이다.

③ 고대 이집트 어원에서 마누스(manus)와 큐라(cura)가 합성된 말이다.

④ 손톱 모양을 다듬고 큐티클 정리, 컬러링 등을 포함한 손톱의 총체적인 관리이다.

TIP 매니큐어는 손과 손톱을 건강하고 아름답게 가꾸는 미용기술을 말하며, 큐티클 정리, 컬러링 등을 포함한다.

02 네일샵의 안전 사항으로 잘못된 것은?

① 소독제품은 항상 사용할 수 있도록 잘 보이는 밝은 곳에 둔다.

② 직접조명이 좋으며 환하고 밝아야 한다.

③ 화학제품의 사용 시 개인 보호구를 착용한다.

④ 실내는 청결하고 통풍이 잘되어야 한다.

TIP 소독제품은 직사광선에 노출되지 않는 곳에 보관하여야 한다.

03 페디큐어 관리 시 가장 적당한 모양의 형태로 옳은 것은?

① 라운드형 ③ 오발형

③ 스퀘어형 ④ 포인트형

TIP 스퀘어형은 내성 발톱 예방에 효과적이다.

04 바이러스에 대한 일반적인 설명으로 맞는 것은?

① 핵산 DNA와 RNA 둘 다 가지고 있다.

② 바이러스는 살아있는 세포 내에서만 증식할 수 있다.

③ 광학 현미경으로 관찰이 가능하다

④ 항생제에 감수성이 있다.

TIP 바이러스는 DNA와 RNA 둘 중 하나만 가지며, 광학 현미경 관찰이 불가능하며, 항생제에 감수성이 없다.

05 네일 폴리시를 도포할 때 주의점으로 가장 거리가 먼 것은?

① 네일 폴리시 브러시의 각도는 90° 정도로 세워서 바른다.

② 네일 폴리시를 섞을 때는 좌우로 흔들어 섞어준다.

③ 네일 폴리시는 프리에지를 포함한 네일 바디에 최대한 채워 바른다.

④ 네일 폴리시는 얇고 균일하게 펴 바른다.

TIP 폴리시 브러쉬 각도는 45°이다.

06 다음 중 자비소독법으로 적합하지 않은 것은?

① 금속성 식기

② 도자기

③ 면 종류의 의류

④ 면도기류

TIP 자비소독법으로 알맞은 것은 금속성 식기, 도자기, 면 종류의 의류, 수건, 유리제품이다.

정답 01 ④ 02 ① 03 ③ 04 ② 05 ① 06 ④

07 네일 니퍼의 사용 방법으로 잘못된 것은?

① 니퍼를 잡지 않은 반대 손으로 지지대를 형성하여 사용한다.
② 멸균 거즈와 함께 사용한다.
③ 니퍼의 날을 최대한 손톱에 밀착시켜 사용한다.
④ 큐티클 제거에 사용한다.

TIP 큐티클 제거 시 니퍼는 45°를 유지한다.

08 하수 처리법 중 호기성 처리법이 아닌 것은?

① 부패조법 ② 산화지법
③ 활성 오니법 ④ 살수 여과법

TIP 부패조법은 혐기성 처리법에 해당한다.

09 위생관리등급별로 영업소에 대한 위생감시를 실시하여야 하는 자는?

① 시·도지사 또는 시장·군수·구청장
② 행정자치부 장관
③ 고용노동부 장관
④ 보건복지부 장관

10 건전한 영업질서를 위하여 공중위생영업자가 준수하여야 할 사항을 위반한 자에 대한 벌칙 기준은?

① 1년 이하의 징역 또는 1천만 원 이하의 벌금
② 200만 원 이하의 벌금
③ 3월 이하의 징역 또는 300만 원 이하의 벌금
④ 6월 이하의 징역 또는 500만 원 이하의 벌금

11. 뼈의 기능으로 틀린 것은?

① 조혈기능 ② 보호기능
③ 운동기능 ④ 흡수기능

TIP 뼈 기능 : 보호, 지렛대, 운동, 저장, 조혈 기능이 있다.

12 적외선의 설명으로 틀린 것은?

① 혈액순환을 촉진시킨다.
② 식균작용에 영향을 미친다.
③ 신진대사에 영향을 미친다.
④ 전신의 체온저하에 영향을 미친다.

TIP 적외선의 영향으로 혈액순환 촉진, 근육 이완, 신진대사 촉진, 식균작용, 피부에 영양분 침투가 있다.

13 다음 중 수인성 감염병이 아닌 것은?

① 장티푸스 ② A형 간염
③ 일본뇌염 ④ 소아마비

TIP 수인성 감염병 : 콜레라, 장티푸스, 이질, 라파티푸스, 소아마비, A형 간염 등이 있다.

14 다음 중 손가락뼈에 해당하지 않는 것은?

① 첫마디뼈(기절골)
② 중간마디뼈(중절골)
③ 끝마디뼈 (말절골)
④ 노뼈(요골)

TIP 노뼈는 아래팔뼈의 바깥에 위치한 뼈이다.

15 영아사망률의 계산공식으로 옳은 것은?

① $\frac{\text{연간 출생아 수}}{\text{인구}} \times 1,000$

② $\frac{\text{그 해의 1~4세 사망아 수}}{\text{그 해의 1~4세}} \times 1,000$

③ $\frac{\text{그 해의 1세 미만 사망아 수}}{\text{그 해의 연간 출생아 수}} \times 1,000$

④ $\frac{\text{그 해의 생후 28일 이내의 사망아 수}}{\text{그 해의 연간 출생아 수}} \times 1,000$

정답 07 ③ 08 ① 09 ① 10 ④ 11 ④ 12 ④ 13 ③ 14 ④ 15 ③

16 화장품의 4대 요건에 대한 설명이 알맞게 짝지어진 것은?

① 유효성 - 보습, 자외선 차단, 세정, 노화 억제, 색채효과를 부여할 것
② 안정성 - 피부에 대한 자극·알레르기·독성이 없을 것
③ 사용성 - 질병 치료 및 진단에 사용할 수 있을 것
④ 안전성 - 변색 변취· 미생물의 오염이 없을 것

TIP
- 안정성 : 변색, 변취, 미생물 오염이 없을 것
- 안전성 : 피부 자극, 알레르기, 독성이 없을 것
- 사용성 : 사용감이 좋고 잘 스며들 것

17 프라이머에 대한 설명으로 잘못된 것은?

① 손톱 pH에 영향을 준다.
② 광택과 영양을 주기 위해서 바른다.
③ 피부에 닿지 않도록 조심해야 한다.
④ 아크릴이 잘 접착되도록 한다.

TIP 프라이머는 유·수분을 없애고, 인조 네일이 잘 접착될 수 있도록 발라주는 촉매제이다.

18 다음의 유화 제품 중 O/W형(수중유형) 에멀젼은?

① 헤어크림
② 모이스처라이징 로션
② 클렌징크림
④ 나이트 크림

TIP
- W/O : 헤어크림, 클렌징크림, 영양크림, 선크림
- O/W : 보습로션, 클렌징로션, 모이스쳐라이징 로션 등

19 시술이 불가능한 네일 병변에 해당하는 것은 무엇인가?

① 오니코크립토시스
② 오니코마이코시스
③ 오니코렉시스
④ 오니코파지

TIP 오니코마이코시스(조갑진균증)은 네일이 두꺼워지고 울퉁불퉁해지는 증상으로 시술이 불가능하다.

20 마누스(Manus)와 큐라(Cura)라는 단어의 합성어로 맞는 것은?

① 매니큐어(Manicure)
② 페디큐어(Pedicure)
③ 네일 팁(Nail Tip)
④ 아크릴(Acrylic)

TIP 마누스는 손, 큐라는 관리를 의미한다.

21 네일 재료에 대한 설명으로 틀린 것은?

① 베이스코트 - 니트로셀룰로오스 함유
② 큐티클 오일 - 토코페롤, 글리세린 함유
③ 네일 에센스 - 포름알데히드 함유
④ 네일 폴리시리무버 - 에틸 아세톤 함유

TIP 포름알데히드는 인체에 대한 독성이 매우 강한 물질이다.

22 기생충과 감염 원인 식품과의 연결이 잘못된 것은?

① 폐흡충 - 가재
② 광절열두조충 - 송어
③ 유구조충 - 쇠고기
④ 간흡충 - 민물고기

TIP 유구조충은 돼지고기가 원인 식품이다.

정답 16 ① 17 ② 18 ② 19 ② 20 ① 21 ③ 22 ③

23 **건강한 손톱의 특성으로 틀린 것은?**

① 모양이 고르고 표면이 균일하다.
② 약 5~10%의 수분을 함유하고 있다.
③ 탄력이 있고 내구성이 있다.
④ 매끄럽고 광택이 나며 반투명하다.

TIP 건강한 손톱은 수분을 12~18% 함유하고 있다.

24 **컬러 도포 방법의 종류가 아닌 것은?**

① 헤어라인 팁(hairline tip)
② 프리에지(free edge)
③ 아몬드 네일(Almond nail)
④ 풀코트(full coat)

TIP 아몬드 네일은 1800년대 유행한 손톱 모양이다.

25 **다음 중 두드러기의 특징을 잘못 설명한 것은?**

① 국부적 혹은 전신적으로 나타난다.
② 급성과 만성이 있다.
③ 크기가 다양하며 소양증을 동반하기도 한다.
④ 주로 여자보다는 남자에게 많이 나타난다.

TIP 두드러기는 남녀 구분 없이 나타난다.

26 **자신경의 지배를 받지 않는 근육 신경은?**

① 엄지맞섬근(무지대립근)
② 새끼벌림근(소지외전근)
③ 새끼맞섬근(소지대립근)
① 엄지모음근(무지내전근)

TIP 정중신경의 지배를 받는 근육 신경은 짧은엄지벌림근, 엄지맞섬근, 짧은엄지굽힘근이다.

27 **다음 중 여성에게 안드로겐의 영향으로 피부, 가슴, 사지 등에 남성형 털 과다증을 나타내는 질환은?**

① 백모증 ② 탈모증
③ 조모증 ④ 다모증

TIP 조모증은 남성 호르몬의 일종인 안드로겐에 노출된 여성에게 나타나는 남성형 털 과다증을 말한다.

28 **아로마 오일에 대한 설명으로 올바른 것은?**

① 아로마 오일은 산소나 빛에 안정적이기 때문에 주로 투명용기에 보관하여 사용한다.
② 아로마 오일은 주로 향기식물의 뿌리 부위에서만 추출된다.
③ 아로마 오일은 증류법에 의해 얻어진 아로마 오일이 주로 사용되고 있다.
④ 아로마 오일은 주로 베이스 노트이다.

TIP 아로마 오일은 갈색 용기에 보관, 허브의 꽃, 잎, 줄기, 열매 등에서 추출, 주로 탑 노트로 사용된다.

29 **탄수화물의 최종 가수분해 물질은 무엇인가?**

① 지방산 ② 포도당
③ 글리세롤 ④ 아미노산

TIP 탄수화물 – 포도당, 단백질 – 아미노산, 지방 – 지방산과 글리세롤

30 **피부의 면역에 관한 설명으로 맞는 것은?**

① 세포성 면역에는 보체, 항체 등이 있다.
② T 림프구는 항원전달세포에 해당한다.
③ 표피에 존재하는 각질형성세포는 면역조절에 작용하지 않는다.
④ B 림프구는 면역글로불린이라고 불리는 항체를 생성한다.

정답 23 ② 24 ③ 25 ④ 26 ① 27 ③ 28 ③ 29 ② 30 ④

31 다음의 소독제 중에서 계면활성제로 사용되는 것은?

① 승홍수 ② 역성비누
③ 과산화수소 ④ 크레졸

TIP 역성비누는 양이온 계면활성제의 일종이며 살균작용이 강하다.

32 작업 전 테이블 세팅 시 소독 용기에 직접 소독하는 재료로 작업하는 동안 소독액에 담가 둘 필요가 없는 도구는?

① 큐티클 니퍼 ② 클리퍼
③ 오렌지 우드스틱 ④ 팁 커터

TIP 팁 커터는 직접 손에 닿는 도구가 아니므로 소독 용기에 담가둘 필요가 없다.

33 구강, 피부 상처에 이용되며 발생기 산소로 강력한 산화력을 갖는 소독액은?

① 석탄산 ② 과산화수소
③ 크레졸 ④ 알코올

TIP 표백 효과가 있으며, 산화작용으로 살균한다.

34 이·미용 기구의 소독기준으로 거리가 먼 것은?

① 크레졸소독 : 크레졸수(크레졸 3%, 물 97%의 수용액)에 10분 이상 담가둔다.
② 열탕소독 : 100℃ 이상의 물속에 10분 이상 끓여준다
③ 증기소독 : 100℃ 이상의 습한 열에 10분 이상 쐬어준다
④ 석탄산수소독 : 석탄산 수(석탄산 3%, 물 97%의 수용액)에 10분 이상 담가둔다.

TIP 증기소독은 100℃ 이상의 습한 열에 20분 이상 쐬어 준다.

35 페디큐어 작업 순서를 바르게 나열한 것은?

① 슬리퍼 착용 → 토우세퍼레이터 → 유분기 제거 → 베이스코트 → 네일 폴리시
② 슬리퍼 착용 → 네일 폴리시 → 유분기 제거 → 베이스코트 → 토우세퍼레이터
③ 유분기 제거 → 베이스코트 → 슬리퍼 착용 → 토우세퍼레이터 → 네일 폴리시
④ 유분기 제거 → 슬리퍼 착용 → 베이스코트 → 네일 폴리시 → 토우세퍼레이터

36 인조네일 작업 시 글루와 액티베이터의 과도한 사용으로 열로 인한 통증을 느끼는 부위는?

① 네일 그루브 ② 프리에지
③ 네일 베드 ④ 큐티클

TIP 네일 베드는 네일 바디 밑부분으로 네일 팁 작업 시 열이 발생되어 통증을 느낄 수 있다.

37 이·미용사 면허를 취소하거나 정지를 명할 수 있는 자는?

① 행정자치부 장관
② 시·도지사
③ 시장·군수·구청장
④ 경찰서장

38 청문을 실시하여야 하는 처분이 아닌 것은?

① 위반 사실 공표
② 면허 취소
③ 영업정지
④ 영업소 폐쇄

TIP 청문을 실시해야 하는 처분으로는 면허취소 및 면허정지, 공중위생영업의 정지, 일부 시설의 사용중지, 영업소 폐쇄명령, 공중위생영업신고사항의 직권 말소

정답 31 ② 32 ④ 33 ② 34 ③ 35 ① 36 ③ 37 ③ 38 ①

39 아크릴 프렌치 스컬프처 작업 시 스마일 라인의 설명으로 틀린 것은?

① 좌우 라인 대칭
② 균일한 라인 형성
③ 일자 라인 형성
④ 선명한 라인 형성

40 족욕기의 이용 시 설명으로 잘못된 것은?

① 피로를 풀어주며 각질을 부드럽게 한다.
② 족욕기의 온수의 온도는 40~43℃가 적당하다.
③ 피로 회복 시에는 10분, 각질 연화 시에는 30분 정도 사용한다.
④ 족욕기에 소독 비누, 아로마 오일 등을 첨가할 수 있다.

TIP 족욕기 이용 시간은 20분 정도가 적당하며 30분 이상은 사용하지 않는다.

41 영업소 폐쇄 명령을 받고도 계속하여 영업을 한 자에게 적용되는 벌칙 기준은?

① 6월 이하의 징역 또는 1천만 원 이하의 벌금
② 3월 이하의 징역 또는 500만 원 이하의 벌금
③ 3월 이하의 징역 또는 200만 원 이하의 벌금
④ 1년 이하의 징역 또는 1천만 원 이하의 벌금

42 필-오프(peel-off) 타입의 팩에 대한 설명으로 잘못된 것은?

① 주성분인 피막 형성제로 폴리비닐알코올이 14% 정도 배합되어 있다.
② 건조와 피부의 청량감을 부여하기 위해 에탄올이 8% 정도 배합되어 있다.
③ 물을 사용하여 씻어 내므로 상쾌한 사용감을 느낄 수 있다.
④ 적절한 보습성을 위해 글리세린 등이 첨가되어 있다.

TIP 물을 사용하여 씻어 내는 형태는 워시오프 타입이다.

43 네일 폴리시를 도포하는 방법으로 손톱이 가늘고 길어 보이도록 하는 컬러링은?

① 루놀라 ② 프리에지
③ 프렌치 ④ 프리 월

TIP 슬림 라인이라고 하며 손톱 양쪽 사이드를 1.5mm 정도 남기고 컬러링 한다.

44 생명표의 작성에 사용되는 요소들로 옳게 짝지어진 것은?

① 생존 수, 사망자 수
② 사망자 수, 평균여명
③ 생존 수, 생존율, 사망자 수, 평균여명
④ 생존 수, 생존율, 사망자 수

TIP 생명표 작성 시 생존 수, 생존율, 사망자 수, 평균여명 모두 사용된다.

45 건강한 손톱에 대한 조건으로 틀린 것은?

① 표면이 매끈하고 윤기가 나며 핑크빛을 띤다.
② 반월(루놀라)이 크고 두께가 두꺼워야 한다.
③ 반투명하며 아치형을 이루고 있어야 한다.
④ 단단하고 탄력 있어야 하며 끝이 갈라지지 않아야 한다.

TIP 루눌라의 크기, 두께는 손톱 건강과 무관하다.

정답 39 ③ 40 ③ 41 ④ 42 ③ 43 ④ 44 ③ 45 ②

46 누룩의 발효를 통해 얻은 물질로 티로시나아제 효소의 작용을 억제하는 미백 화장품의 성분은?

① AHA ② 감마 - 오리자놀
③ 비타민 C ④ 코직산

TIP 코직산은 티로시나아제 효소의 작용을 억제하는 미백화장품 성분 중 하나이다.

47 다음 중 열을 이용하지 않는 살균방법은?

① 간헐멸균법 ② 고압증기멸균법
③ 초음파멸균법 ④ 유통증기멸균법

TIP 초음파멸균법은 음파의 강력한 교반작용을 이용한 멸균방법이다.

48 인조 네일 제거 방법으로 잘못 설명한 것은?

① 알루미늄 포일을 사용할 수 있다.
② 마무리 작업 시 큐티클 오일을 사용할 수 없다.
③ 두께를 파일링으로 제거할 때는 손톱 주변 피부에 상처가 나지 않도록 한다.
④ 자연 네일 파일링 시 한 방향으로 파일링 한다.

TIP 네일 제거 후에 마무리로 오일을 사용한다.

49 헤어린스에 대한 설명으로 가장 거리가 먼 것은?

① 모발을 부드럽게 한다.
② 치료한다는 의미의 트리트먼트제로 두피에 영양을 준다.
③ 두발을 윤기 있게 한다.
④ 두발이 엉키는 것을 막아준다.

TIP 헤어린스는 머리카락표면을 코팅해서 모발을 부드럽고 윤기 있게 해주며 엉킴을 방지해 준다. 모발에 영양을 주는 트리트먼트와는 구분해야 한다.

50 피부질환의 상태를 나타낸 용어 중 원발진(primary-lesions)에 해당하는 것은?

① 반흔 ② 미란
③ 가피 ④ 면포

TIP 원발진에는 반점, 구진, 결절, 수포, 농포, 면포 등이 있다.

51 손·발톱과 주변 피부가 건조해졌을 때 생길 수 있는 증세로 잘못된 것은?

① 손·발톱의 프리에지 부분이 가로로 겹겹이 갈라지거나 부서진다.
② 백색 반점이 생성된다.
③ 손·발톱에 세로 방향의 주름이 생성된다.
④ 손 거스러미가 생긴다.

TIP 백색 반점은 조상과 조모 사이의 기포에 의해 생긴다.

52 네일 매니큐어 제품의 설명으로 잘못 연결된 것은?

① 탑코트 - 손톱착색 방지 및 미적 완성
② 네일 트리트먼트 - 손톱 및 손가락 끝의 손질, 유·수분 보급
③ 네일 보강제 - 손톱 보강과 손톱이 갈라지는 것을 방지
④ 베이스코트 - 손톱의 굴곡을 메워 접착성 향상

TIP 베이스코트 : 손톱의 착색 방지와 컬러와 손톱의 접착을 향상해준다.

53 바이러스(Virus)의 특성으로 잘못된 것은?

① 생체 내에서만 증식이 가능하다.
② 일반적으로 병원체 중에서 가장 작다.
③ 항생제에 감수성이 있다.
④ 황열 바이러스가 인간 질병 최초의 바이러스이다.

TIP 바이러스는 항생제에 감수성이 없다.

정답 46 ④ 47 ③ 48 ② 49 ② 50 ④ 51 ② 52 ① 53 ③

54 이·미용업의 시설 및 설비기준 중 틀린 것은?

① 미용업(종합)의 경우, 피부미용업무에 필요한 베드(온열장치 포함), 미용기구, 화장품, 수건, 온장고, 사물함 등을 갖추어야 한다.
② 소독을 한 기구와 소독을 하지 아니한 기구는 구분하여 보관할 수 있는 용기를 비치하여야 한다.
③ 이용업의 경우, 응접 장소와 작업장소를 구획하는 커튼, 칸막이를 설치할 수 있다.
④ 소독기, 자외선 살균기 등 기구를 소독하는 장비를 갖추어야 한다.

TIP 이용업의 경우, 응접 장소와 작업장소를 구획하는 커튼, 칸막이를 설치할 수 없다.

55 겨드랑이 냄새는 어떤 분비물의 증가가 이상이 있기 때문인가?

① 콜레스테롤 ② 에크린선
③ 아포크린선 ④ 스테로이드

TIP 아포크린한선에서 분비되는 땀은 분비량은 소량이나 나쁜 냄새의 요인이 된다.

56 미용실에서 사용할 실내소독법으로 가장 적합한 소독방법은?

① 석탄산소독 ② 크레졸소독
③ 승홍수소독 ④ 역성비누소독

57 페스트, 살모넬라증 등을 전염시킬 가능성이 가장 큰 동물은?

① 개 ② 말
③ 소 ④ 쥐

TIP 페스트, 살모넬라증, 발진열, 재귀열 등은 쥐에 의해 감염된다.

58 네일샵 고객관리 방법으로 틀린 것은?

① 고객의 잘못된 관리방법을 교정해 주며 제품 판매로 연결한다.
② 고객의 질문에 경청하며 성의 있게 대답한다.
③ 고객의 직무와 취향 등을 파악하여 관리방법을 제시한다.
④ 고객의 대화를 바탕으로 고객 요구사항을 파악한다.

TIP 고객의 잘못된 관리방법을 교정해준다.

59 물을 첨가해 보았더니 물에 잘 섞이지 않고 분리되어 W/O형 판별에 적합한 유화 형태의 판별법은?

① 질량분석법 ② 색소첨가법
③ 전기전도도법 ④ 희석법

TIP 유화 형태 판별법으로 희석법, 전기전도도법, 색소첨가법이 있다. 희석법은 액체를 혼합하여 판별한다.

60 미생물의 발육과 그 작용을 제거하거나 정지시켜 음식물의 부패나 발효를 방지하는 것은?

① 소독 ② 방부
③ 살충 ④ 살균

정답 54 ③ 55 ③ 56 ② 57 ④ 58 ① 59 ④ 60 ②

제3회 CBT 기출복원문제

자격종목	시험시간	문제수	문제형별
미용사(네일)	1시간	60	

01 손톱 밑의 구조를 나타내는 용어 중 잘못된 것은?

① 조근(네일 루트)
② 반달(루놀라)
③ 조모(매트릭스)
④ 조상(네일 베드)

TIP 조근은 손톱의 아랫부분에 묻혀있으며 얇고 부드러운 부분으로 손톱의 구조에 해당한다.

02 기초화장품의 기능 중 가장 적합하지 않은 것은?

① 세정 ② 피부 정돈
③ 미백 ④ 피부 보호

TIP 미백은 기능성화장품에 속한다.

03 피부에 영향을 주는 일광파장에 대한 설명으로 적합한 것은?

① UV-A는 피부 홍반현상을 주로 유발한다.
② 자외선은 피부질환의 치료에 이용된다.
③ 주로 적외선에 의해 피부암이 발생한다.
④ UV-B는 UV-A보다 파장이 길어 차유리를 투과한다.

TIP 자외선은 건선, 백반증 등 피부 질환 치료에 도움이 된다.

04 소독의 정의로 옳은 것은?

① 모든 균을 사멸시키는 것을 말한다.
② 병원균을 파괴하여 감염성을 없게 하는 것을 말한다.
③ 병원균의 감염을 예방하는 것을 말한다.
④ 병원균의 발육 성장을 억제시키는 것을 말한다.

TIP 소독이란 병원성 미생물의 생활력을 파괴하여 죽이거나 제거하여 감염력을 없애는 것이다.

05 다음 중 손톱에 대한 설명으로 알맞은 것은?

① 손톱은 2층의 층상구조이다.
② 손톱은 5~10%의 수분을 함유한다.
③ 손톱의 주성분은 경단백질이다.
④ 손톱의 주성분은 인이다.

TIP 손톱의 주성분은 케라틴이며, 12~18% 수분을 함유, 얇은 편상의 각층 세포가 밀착되어있는 층상 구조이다.

06 컬러 도포 방법의 종류가 아닌 것은?

① 아몬드 네일(Almond nail)
② 프리에지(free edge)
③ 풀코트(full ooat)
④ 헤어라인 팁 (hairline tip)

TIP 아몬드 네일은 네일의 쉐입을 말한다.

07 네일 몰드는 습기, 열, 공기에 의해 균이 번식되어 발생하는데, 몰드가 발생한 수분 함유율로 옳은 것은?

① 7~10% ② 12~18%
③ 2~5% ④ 23~25%

TIP 습기, 열, 공기에 의해 균이 번식되어 발생하는 네일 몰드의 수분 함유율은 23~25%이다

정답 01 ① 02 ③ 03 ② 04 ③ 05 ③ 06 ① 07 ④

08 우리나라 미용사(네일) 자격증이 처음 국가기술자격 종목으로 시행된 연도는?

① 2010년 ② 2012년
③ 2014년 ④ 2016년

TIP 네일 국가자격증 시험은 2014년 처음 시행되었다.

09 손을 구성하는 골격으로 틀린 것은?

① 기절골 ② 중수골
③ 말절골 ④ 치골

TIP 수지골은 기절골, 중수골, 말절골로 구성되어 있다.

10 손톱의 구조에 대한 설명으로 맞게 연결된 것은?

① 네일 베드(조상) - 손톱의 끝 부분에 해당되며 손톱의 모양을 만들 수 있다.
② 네일 플레이트(조체) - 가장 예민한 곳으로 손상을 입으면 네일이 비정상적으로 자랄 수 있다.
③ 루눌라(반월) - 육안으로 보이는 네일 매트릭스이다.
④ 네일 바디(조제) - 손음 측면으로 손톱과 피부를 밀착시킨다.

TIP
- 네일 베드 : 네일 바디를 받치는 밑부분
- 네일 플레이트 : 육안으로 보이는 반투명한 손톱 부분으로 네일 베드(조상)를 덮어 보호하는 역할을 한다.

11 손목뼈(수근골)가 아닌 것은?

① 삼각골(세모뼈)
② 대능형골(큰마름뼈)
③ 유두골(알머리뼈)
④ 입방골(입방뼈)

TIP 원위수근골 : 대능형골, 소능형골, 유두골, 유구골

12 감염병의 예방 및 관리에 관한 법률상 보건소를 통하여 정기 예방접종을 실시하여야 하는 자는?

① 의료원장 ② 보건복지부장관
③ 시·도지사 ④ 시장·군수·구청장

TIP 특별자치도지사 또는 시장 군수 구청장은 디프테리아, 폴리오, 백일해 등의 질병에 대하여 관할 보건소를 통하여 정기 예방접종을 실시하여야 한다.

13 대상포진에 대한 설명으로 바른 것은?

① 바이러스를 포함하고 있지 않다.
② 목과 눈꺼풀에 나타나는 감염성 비대 증식현상이다.
③ 수포성 발진이 생기며 통증이 동반된다.
④ 비감염성 피부질환이다.

TIP 대상포진은 대상포진바이러스에 의해 생기는 감염성 피부질환으로 지각신경 분포를 따라 군집 수포성 발진이 생기며 통증이 동반된다.

14 마누스(Manus)와 큐라(Cura)라는 말에서 유래된 용어는?

① 페디큐어(Pedicure)
② 네일 팁(Nail Tip)
③ 아크릴(Acrylic)
④ 매니큐어(Manicure)

TIP 매니큐어는 라틴어에서 유래된 용어로 마누스는 손을, 큐라는 관리를 의미한다.

15 에센셜 오일이 가지고 있는 기본적인 효능으로 잘못된 것은?

① 항균작용 ② 방향작용
③ 박리작용 ④ 약리작용

TIP 에센셜 오일의 효능에는 면역강화, 항염작용, 항균작용, 방향작용, 피부미용, 피부진정작용, 여드름 및 염증 치유 등이 있다.

정답 08 ③ 09 ④ 10 ③ 11 ④ 12 ④ 13 ③ 14 ④ 15 ③

16 식중독 발생에 대한 설명으로 부적절한 것은?

① 과거와는 달리 식중독은 근절되었고, 희귀 사건의 식중독 발생 사례만 나타나고 있다.
② 식중독을 예방하기 위해 위생관리행정을 철저히 한다.
③ 세균성 식중독은 대부분 5~9월에 가장 많이 발생하는 경향이다.
④ 냉장, 냉동기구의 보급으로도 세균성 식중독은 근절되지 않고 있다.

TIP 최근에도 세균성 식중독은 많이 발생되고 있다.

17 다음 중 금속 부식성이 있는 기구소독에 적합하지 않은 것은?

① 크레졸 ② 역성비누액
③ 승홍수 ④ 알코올

TIP 승홍수는 금속 부식성이 있어 금속제품의 소독에는 적합하지 않다.

18 자연소독법 중 의류와 침구류 등의 소독에 가장 효과적인 소독법은 무엇인가?

① 석탄산 ② 알코올
③ 일광소독 ④ 표백

TIP 의류, 침구류, 가구 등의 소독에는 석탄산, 일광소독이 효과적, 자연소독법은 일광소독이다.

19 손가락 사이가 붙지 않고 벌어지게 하는 손등의 근육은 무엇인가?

① 뒤침근(회외근) ② 맞섬근(대립근)
③ 벌림근(외전근) ④ 모음근(내전근)

TIP 손가락과 손가락 사이를 벌어지게 하는 근육을 외전근이라 한다.

20 인조 네일을 제거하는 방법으로 가장 타당한 것은?

① 아세톤을 적셔가며 제거한다.
② 알코올에 담가서 녹인다.
③ 니퍼로 뜯어낸 다음 샌딩 파일로 처리한다.
④ 자연적으로 떨어질 때까지 기다린다.

TIP 인조 네일 제거 시 솜에 아세톤을 묻혀 은박지에 싸서 잠시 놓아둔 후에 제거하면 가장 빠르고 효과적으로 제거가 가능하다.

21 손톱의 구성성분 중 맞는 것은?

① 헤모글로빈 ② 멜라닌
③ 케라틴 ④ 콜라겐

TIP 손톱은 케라틴이라는 섬유단백질로 구성되어 있다.

22 세계보건기구의 기준으로 저체중아는 체중이 몇 kg 이하를 말하는가?

① 3.0kg 이하 ② 3.2kg 이하
③ 2.5kg 이하 ④ 2kg 이하

TIP 저체중아 : 2.5kg 이하, 과체중아 : 4kg 이상

23 작업자가 페디큐어를 하기 위한 준비로 거리가 먼 것은?

① 미사용된 샌딩 파일을 준비하여야 한다.
② 족욕기를 준비한다.
③ 페디큐어 시 작업자의 손 소독은 불필요하다.
① 페디큐어용 큐티클 니퍼를 준비한다.

TIP 페디큐어하기 전 작업자의 손 소독은 필수이다.

정답 16 ① 17 ③ 18 ③ 19 ③ 20 ① 21 ③ 22 ③ 23 ③

24 습열멸균과 건열멸균을 비교한 설명으로 옳은 것은?

① 습열멸균은 초고온 시에만 소독 효과가 나타난다.
② 건열멸균은 아포 소독에 효과적이다.
③ 건열멸균은 저온에서 능률적이고 효과적이다.
④ 습열멸균이 건열멸균보다 능률적이고 효과적이다.

TIP 건열멸균은 고온에서 효과적, 아포 소독에는 효과가 없다.

25 다음 화장품의 원료 중 동물성 추출물이 아닌 것은?

① 플라센타(placenta extract)
② 실크 추출물(silk extract)
③ 로얄젤리 추출물(royal jelly extract)
④ 스테비아 추출물(stevia extract)

TIP 스테비아 추출물은 식물성 추출물이다.

26 노화방지 효능을 지닌 지용성 비타민은 무엇인가?

① 비타민 E ② 비타민 B6
③ 비타민 C ④ 비타민 B1

TIP 비타민 E는 노화방지 효능이 있다.

27 장기간에 걸쳐서 반복하여 긁거나 비벼서 표피가 건조하고 가죽처럼 두꺼워진 상태는?

① 반흔 ② 낭종
③ 가피 ④ 태선화

TIP 태선화는 반복하여 긁거나 비벼서 표피가 건조하고 가죽처럼 두꺼워진 상태를 말한다.

28 인조 네일 시술 과정에 대한 설명으로 잘못된 것은?

① 프리프라이머를 자연 손톱에만 도포한다.
② 네일 팁의 접착력을 높여주기 위해 자연 손톱의 에칭 작업을 한다.
③ 네일 팁 접착 시 자연 손톱 길이의 1/2 이상 덮지 않는다.
④ 자연 손톱이 넓은 경우, 좁게 보이게 하기 위하여 작은 사이즈의 네일 팁을 붙인다.

TIP 네일 팁은 자연 손톱보다 살짝 큰 사이즈가 적당하다.

29 인조 네일 중 아크릴 작업 시 네일 폼 사용에 대한 설명으로 잘못된 것은?

① 물어뜯은 손톱의 경우 네일 폼을 끼우기 위해 먼저 연장한다.
② 하이포니키움이 다치지 않도록 네일 폼을 깊게 끼우지 않는다.
③ 손톱과 네일 폼 사이 약간의 공간이 생기는 경우 시술해도 무방하다.
④ 손톱 상태에 맞게 네일 폼을 재단하여 사용한다.

TIP 폼을 끼울 때 틈이 생기지 않도록 주의해야 한다.

30 자외선 차단지수(Sun Protection Factor, SPF)란 자외선 차단제품을 사용했을 때와 사용하지 않았을 때의 ( ) 비율을 말한다. 괄호 안에 알맞은 것은?

① 최대 흑화량 ② 최소 흑화량
③ 최소 홍반량 ④ 최대 홍반량

TIP SPF란 자외선 차단제품을 사용했을 때와 사용하지 않았을 때의 최소 홍반량을 말한다.

정답 24 ④ 25 ④ 26 ① 27 ④ 28 ④ 29 ③ 30 ③

31 아크릴 네일에 필요한 화학물질이 아닌 것은?

① 모노머 ② 카탈리스트
③ 폴리머 ④ 올리고머

TIP 아크릴 네일의 화학물질은 모노머, 폴리머, 카탈리스트이다.

32 화장품의 4대 요건 중 틀린 것은?

① 유효성 ② 안정성
③ 패션성 ④ 안전성

TIP 화장품이 갖추어야 할 기본 요건은 안전성, 안정성, 사용성, 유효성이다.

33 네일 폴리시를 손톱 전체에 도포한 후, 프리에지의 일부를 지워주어 네일 끝의 손상을 사전에 방지하는 컬러 도포 방법은?

① 헤어라인 팁(Hairline tip)
② 프리에지(Free edge)
③ 하프 문(Half moon)
④ 프리 웰(Free well)

TIP 헤어라인 팁 : 손톱 전체를 도포 후 1~1.5㎜ 정도 지워주는 컬러링 방법이다

34 여러 명이 밀집해 있는 실내의 공기 변화를 알맞게 나타낸 것은?

① 기온 하강 - 습도 증가 이산화탄소 감소
② 기온 상승 - 습도 증가 이산화탄소 증가
③ 기온 상승 - 습도 감소 이산화탄소 증가
④ 기온 상승 - 습도 증가 이산화탄소 감소

TIP 밀폐된 실내공간에서의 변화는 기온이 오르고, 습도가 증가, 이산화탄소 증가로 변화한다.

35 다음 중 청문을 실시하여야 하는 경우에 해당되는 것은?

① 과태료를 부과하려 할 때
② 공중위생영업의 일부 시설의 사용중지 처분을 하고자 할 때
③ 영업장 폐쇄명령을 받은 자가 재개업을 하려 할 때
④ 영업소의 간판 기타 영업표지물을 제거하려 할 때

TIP 청문을 실시해야 하는 처분으로는 면허취소 및 면허정지, 공중위생영업의 정지, 일부 시설의 사용중지, 영업소 폐쇄명령, 공중위생영업신고사항의 직권 말소

36 영업장 실내 냉·난방에 대한 설명으로 잘못된 것은?

① 실내온도 26℃ 이상에서는 냉방을 하는 것이 좋다.
② 국소 난방 시에는 특별히 유해가스 발생에 대한 환기 대책이 필요하다.
③ 실내온도 10℃ 이하에서는 난방을 하는 것이 좋다.
④ 냉·난방기에 의한 실내외의 온도 차는 3~4℃ 범위가 가장 적당하다.

TIP 적정 실내외 온도 차는 5~7℃이다.

37 일반적으로 손톱이 완전하게 재생되는 데에 소요되는 기간으로 옳은 것은?

① 1~2개월 ② 2~3개월
③ 5~6개월 ④ 8~9개월

TIP 손톱은 하루 0.1~0.15㎜ 정도 자라며 완전히 자라나는데 5~6개월 정도 소요된다.

정답 31 ④ 32 ③ 33 ① 34 ② 35 ② 36 ④ 37 ③

38 그라데이션 네일 기법 설명으로 틀린 것은?

① 젤 브러시를 이용하여 그라데이션 할 수 있다.
② 다양한 젤(통젤. 젤 네일 폴리시)을 이용하여 그라데이션 할 수 있다.
③ 젤 네일은 글리터 젤을 사용하여 그라데이션을 할 수 없다.
④ 네일 폴리시를 이용한 그라데이션 기법과 동일한 방법으로 스폰지를 이용할 수 있다.

TIP 글리터를 이용해 그라데이션을 할 수 있다.

39 네일샵 내 안전관리를 위한 방법으로 가장 적합하지 않은 것은?

① 작업 시 마스크를 착용하여 가루의 흡입을 막는다.
② 가능하면 스프레이 형태의 화학물질을 사용한다.
③ 작업공간에서는 음식물이나 음료, 흡연을 금한다.
④ 화학물질을 사용할 때는 반드시 덮개가 있는 용기를 이용한다.

TIP 스프레이 형태의 화학물질은 오히려 코나 입으로 들어가기 더 쉽다.

40 프렌치 네일에 대하여 맞게 설명한 것은?

① 프리에지의 손톱의 너비는 규격화되어 있다.
② 프리에지의 컬러 색상은 흰색으로 규정되어 있다.
③ 옐로우 라인에 맞추어 완만한 스마일 라인으로 컬러를 도포한다.
④ 프리에지 부분만을 제외하고 컬러를 도포한다.

41 푸른곰팡이에서 추출한 항생물질인 페니실린을 발견한 사람은 누구인가?

① 리스터 ② 파스퇴르
③ 플레밍 ④ 제너

TIP 페니실린을 발견한 사람은 영국의 플레밍이다.

42 이·미용업소의 일부 시설의 사용중지 명령을 받고도 계속하여 그 시설을 사용한 자에 대한 벌칙사항은?

① 6월 이하의 징역 또는 5백만 원 이하의 벌금
② 1년 이하의 징역 또는 5백만 원 이하의 벌금
③ 3백만 원 이하의 벌금
④ 1년 이하의 징역 또는 1천만 원 이하의 벌금

43 네일샵 고객관리 방법으로 잘못된 것은?

① 고객의 대화를 바탕으로 고객 요구사항을 파악한다.
② 고객의 잘못된 관리방법을 교정하고 제품 판매로 연결한다.
③ 고객의 직무와 취향 등을 파악하여 관리방법을 제시한다.
① 고객의 질문에 경청하며 성의있게 대답한다.

44 세정작용과 기포형성 작용이 우수하여 비누, 샴푸, 클렌징 폼에 주로 사용되는 계면활성제는?

① 양이온성 계면활성제
② 음이온성 계면활성제
③ 비이온성 계면활성제
④ 양쪽성 계면활성제

TIP 음이온 계면활성제는 세정작용이 우수, 비누, 샴푸, 클렌징 폼 등에 주로 사용된다.

정답 38 ③ 39 ② 40 ③ 41 ③ 42 ④ 43 ② 44 ②

45 이·미용업자의 지위승계신고에 관한 사항으로 틀린 것은?

① 이·미용사 면허를 소지하지 아니하여도 영업자의 지위는 승계할 수 있다.
② 지위를 승계한 자는 1월 이내에 신고하여야 한다.
③ 영업자가 영업을 양도한 때 양수인은 영업자의 지위를 승계한다.
④ 영업자가 사망한 때 상속인은 영업자의 지위를 승계한다.

TIP 이·미용업자의 경우 면허를 소지한 자에 한하여 공중위생영업자의 지위를 승계할 수 있다.

46 고객을 대하는 네일 아티스트의 자세로 잘못 설명한 것은?

① 모든 고객서비스를 해야 한다.
② 고객에게 적합한 서비스를 해야 한다.
③ 안전 규정을 준수하고 청결한 환경을 유지한다.
④ 접객 매뉴얼로 고객관리 카드를 활용하지 않는다.

47 손톱의 병변에 대한 설명으로 잘못된 것은?

① 펑거스(Fungus) - 자연 네일 자체에서 생기는 진균으로 '백선'이라고도 불린다.
② 조갑박리증(Onycholysis) - 조체(네일 바디)와 조상(네일 베드) 사이에 틈이 생기며, 손톱이 떨어져 나가지는 않는다.
③ 사상균증(Mold) - 인조 네일과 자연 네일 사이 틈으로 습기가 스며들어 생겨난다.
④ 화농성 육아종(Pyogenic granuloma) - 조체(네일 바디)가 불균형적으로 얇아진다.

TIP 진균에 의한 감염으로 네일 바디가 불균형적으로 얇아지며 떨어져 나가는 병변은 백선이다.

48 공중보건학의 목적으로 틀린 것은?

① 질병 예방
② 정신적 건강 및 효율의 증진
③ 수명연장
④ 물질적 풍요

TIP 공중보건학의 목적은 질병 예방, 수명연장, 신체적 정신적 건강 증진이다

49 위생서비스의 수준이 우수하다고 인정되는 영업소에 대하여 포상을 실시할 수 있는 자에 해당하지 않는 것은?

① 구청장 ② 시·도지사
③ 보건소장 ④ 군수

TIP 시·도지사 또는 시장·군수·구청장은 포상을 시행할 수 있다.

50 면허증을 시장·군수·구청장에게 반납하여야 하는 사항에 해당하지 않는 것은?

① 면허정지 명령을 받은 때
② 면허증을 잃어버려 재교부받은 후 그 잃었던 면허증을 찾은 때
③ 면허가 취소된 때
④ 기재사항에 변경이 있는 때

TIP 기재사항에 변경이 있을 시 면허증 재교부를 받는다.

51 이·미용 업소 내에 게시하지 않아도 되는 것은?

① 개설자의 면허증 원본
② 이·미용업 신고증
③ 최종지불요금표
④ 영업시간표

TIP 영업시간은 필수 게시사항이 아니다.

정답 45 ① 46 ④ 47 ④ 48 ④ 49 ③ 50 ④ 51 ④

52 **기저층에 관한 설명으로 가장 적합한 것은?**

① 세포분열이 가장 왕성한 층이다.
② 표피의 가장 바깥층이다.
③ 12~20개의 층으로 되어 있으며 두께는 부위에 따라 다양하다.
④ 케라틴(Keratin)으로 채워져 있다.

TIP 기저층은 표피의 가장 아래층으로 새로운 세포가 형성되는 층이며, 세포분열이 가장 왕성하다.

53 **이·미용사 자격정지처분을 받은 때에 대한 1차 위반 행정처분 기준은?**

① 업무정지 ② 면허취소
③ 면허정지 ④ 영업장폐쇄

54 **우리나라의 암 발생자 중 사망비율이 가장 높은 질병은?**

① 폐암 ② 자궁암
③ 유방암 ④ 췌장암

TIP 통계에 따르면 암 발생자 중 사망자 수가 가장 많은 것은 폐암이다.

55 **메이크업 기초단계에서 사용하는 수분함량이 가장 높은 파운데이션은?**

① 리퀴드 파운데이션 ② 크림 파운데이션
③ 스틱 파운데이션 ④ 스킨 커버

56 **네일 쉐입을 만들 때 프리에지 형태의 특징을 잘못 설명한 것은?**

① 라운드형 네일 - 남성의 손톱에 적용된다.
② 오발형 네일 - 우아하고 여성스럽다.
③ 아몬드형 네일 - 손가락이 두꺼워 보이는 단점이 있다.
④ 스퀘어 오프형 네일 - 생활 마찰에 견고하여 내구성이 높다.

TIP 손가락이 두꺼워 보이는 형은 스퀘어형이다.

57 **면역의 종류에 대한 설명으로 잘못 연결된 것은?**

① 자연수동면역 - 태반을 통해서 항체가 태아에 전달되는 경우나 모유를 통해 항체를 얻어서 획득하게 되는 면역
② 인공능동면역 - 백신을 통해 획득하게 되는 면역
③ 인공수동면역 - 인위적으로 항원을 인체에 넣어서 항체가 생성되게 하는 방법의 면역
④ 자연능동면역 - 감염병 등 질병에 감염된 후 획득하게 되는 면역

TIP 인위적으로 항원을 인체에 넣어서 항체가 생성되게 하는 방법의 면역은 인공능동면역이다.

58 **가정용 락스를 사용한 소독법의 적용에 적절하지 않은 것은?**

① 유리 용기 ② 플라스틱 브러쉬
③ 타월 ④ 금속 푸셔

TIP 락스는 부식력이 강해 금속 소독법에 적합하지 않다.

59 **화학적 소독방법 중 화장실, 하수도, 쓰레기 등의 소독에 가장 적합한 것은?**

① 알코올 ② 염소
③ 승홍수 ④ 생석회

TIP 생석회 소독법은 가수분해 작용, 저렴한 비용으로 넓은 장소에 주로 사용한다.

60 **손톱을 구성하는 주요 성분은 무엇인가?**

① 엘라스틴 ② 콜라겐
③ 케라틴 ④ 칼슘

TIP 손톱은 케라틴이라는 섬유담백질로 구성되어 있다.

정답 52 ① 53 ③ 54 ① 55 ① 56 ③ 57 ③ 58 ④ 59 ④ 60 ③

제4회 CBT 기출복원문제

자격종목	시험시간	문제수	문제형별
미용사(네일)	1시간	60	

01 미국 식약청(FDA)이 메틸메타아크릴릭레이트(NMA)의 아크릴릭 화학제품 사용을 금지한 시기는?

① 1970 ② 1975
③ 1981 ④ 1994

02 네일 미용의 역사 중 1998년 한국 네일에 대한 설명으로 옳은 것은?

① 이태원에 한국 최초의 네일샵인 그리피스가 오픈하였다.
② 네일 민간자격시험제도가 시행되고 대학에서 네일 관리학 수업이 신설되었다.
③ 미용사(네일) 국가 자격시험이 시행되었다.
④ 국내 백화점에 네일 제품이 입점되었다.

03 임신 기간별 손톱의 형성 과정에 대한 설명 중 잘못된 것은?

① 임신 8~9주경 - 손톱의 태동
② 임신 10주 - 손가락 끝에 손톱이 형성되어 자라기 시작
③ 임신 14주 - 손톱이 자라는 모습 확인 가능
④ 임신 15주 - 손톱이 완전히 자라는 시기

TIP 임신 17~20주에는 손톱이 완전히 자란다.

04 네일의 구조 중 네일 바디를 지탱하고 있으며 네일의 신진대사와 영양분을 공급하는 부위는?

① 조상(nail bed) ② 조모(nail matrix)
③ 반월(lunula) ④ 조체(nail body)

TIP 조상은 네일바디 아래 피부 부위를 말하며 신진대사와 영양공급을 하는 부위이다.

05 조갑연화증의 관리 방법으로 틀린 것은?

① 충분한 영양소를 섭취한다.
② 네일 강화제를 사용한다.
③ 항상 연고를 바른다.
④ 부드러운 파일로 파일링 한다.

TIP 조갑연화증은 네일 전체가 희고 얇은 상태로 겹겹이 벗겨지고 휘어진다. 관리법으로는 충분한 영양소 섭취, 네일 강화제 도포, 부드러운 파일링 등이 있다.

06 네일의 형태 중 스퀘어의 양쪽 모서리만 둥글린 세련된 형태의 네일 모양은?

① 라운드 ② 스퀘어
③ 오벌 ④ 라운드 스퀘어

TIP 라운드 스퀘어는 스퀘어형의 양쪽 모서리만 둥글게 다듬어 모양을 만든다.

07 네일 리무버나 아세톤, 알코올 등을 담아 사용할 수 있는 기구는?

① 디스펜서 ② 핑거볼
③ 디펜디쉬 ④ 유리소독저

TIP 알코올이나 리무버 등 용액을 담는 용기를 디스펜서라고 한다.

정답 01 ② 02 ② 03 ④ 04 ① 05 ③ 06 ④ 07 ①

08 다음 ( )에 들어갈 내용으로 맞는 것은?

> 식품 위생이란 식품, 식품 첨가물, ( ) 또는 ( ), ( )을(를) 대상으로 하는 음식에 관한 위생이다.

① 기구, 용기, 기계
② 재료, 용기, 기계
③ 저장, 유통, 가공
④ 기구, 포장, 용기

TIP 식품 위생이란 식품, 식품 첨가물, 기구 또는 용기/포장을 대상으로 하는 음식에 관한 위생을 말한다.

09 손가락을 나란히 붙이거나 모을 수 있게 하는 근육은?

① 내전근 ② 외전근
③ 대립근 ④ 굴근

TIP
- 외전근 : 손가락 사이가 벌어지게 하는 근육
- 대립근 : 물건을 잡을 수 있게 하는 근육
- 굴근 : 손가락을 구부리게 하는 근육

10 뼈의 표면을 덮고 있는 골막(뼈막)에 대한 설명 중 틀린 것은?

① 뼈의 보호 ② 뼈의 성장
③ 뼈의 운동 ④ 뼈의 영양

TIP 골막(뼈막)은 모든 뼈의 표면을 덮고 있으며 뼈의 보호, 뼈의 영양, 성장과 재생에 관여한다.

11 피부의 부위 중 피지선이 없는 곳은?

① 손·발바닥 ② 머리
③ 가슴 ④ 코

TIP 피지선은 손바닥과 발바닥에는 존재하지 않는다.

12 표피의 기저층에 위치하고 촉감을 감지하는 세포는?

① 각질형성세포
② 멜라닌형성세포
③ 랑게르한스세포
④ 머캘세포

TIP 머캘세포는 기저층에 위치하고 신경세포와 연결되어 촉감을 감지하는 역할을 한다.

13 표피에 각질이 생성되거나 피부의 각화를 정상화시키며, 피지 분비를 억제하여 각질 연화제로 많이 사용되는 비타민은?

① 비타민 A ② 비타민 E
③ 비타민 D ④ 비타민 C

TIP 비타민 A는 피부의 각화 작용을 정상화시키고 피지의 분비를 억제하는 역할을 하며, 결핍 시에는 피부각화, 안구건조증, 면역력 저하 등 피부표면이 거칠어진다.

14 다음 중 피부의 손톱, 발톱의 구성성분인 케라틴을 가장 많이 함유한 것은?

① 식물성 지방질 ② 동물성 단백질
③ 동물성 지방질 ④ 탄수화물

TIP 케라틴은 동물성 단백질로 각질, 손톱, 발톱의 구성성분이다.

15 세안 후 당김이 심하게 느껴지고 잔주름이 많고 화장이 잘 들뜨는 피부 유형은?

① 민감성 피부 ② 복합성 피부
③ 건성 피부 ④ 정상 피부

TIP 건성 피부는 피지선의 기능이 정상 피부보다 저하되어 유·수분량이 적어 세안 후 피부 당김이 심하고 잔주름이 많이 생긴다.

정답 08 ④ 09 ① 10 ③ 11 ① 12 ④ 13 ① 14 ② 15 ③

16 화장품의 사용 목적으로 틀린 것은?

① 피부 트러블의 치료목적을 위해
② 자외선으로부터 피부를 보호하기 위해
③ 유·수분 밸런스를 맞춰 건강한 피부로 유지하기 위해
④ 피부를 청결하게 관리하기 위해

TIP 피부 트러블의 치료는 의사의 지시에 따라야 한다.

17 UV-B는 UV-A의 홍반 발생 능력이 몇 배 높은가?

① 10배 ② 100배
③ 1,000배 ④ 10,000배

TIP UV-B는 중파장으로서 진피 상부까지 침투한다. 홍반 발생 능력은 장파장인 UV-A보다 1,000배 높다.

18 다음 중 기초화장품이 아닌 것은?

① 스킨로션 ② 에센스
③ 파운데이션 ④ 화장수

TIP 기초화장품이 종류로는 스킨로션, 에센스, 크림, 화장수 등이 있다.

19 다음 중 화학적 안정성 및 사용성이 우수한 오일의 종류는?

① 바세린 ② 실리콘오일
③ 올리브유 ④ 코코넛오일

TIP 실리콘오일 같은 합성오일이 천연 오일보다 안정성 및 사용성이 우수하다.

20 식욕에 관계가 깊으므로 부족하면 피로감을 느끼며 노동력의 저하 등을 일으키는 것은?

① 식염(NaCI) ② 구리(Cu)
③ 인(P) ④ 요오드(I)

TIP 식염은 삼투압 조절 등의 작용을 하며 식욕에 영향을 미치고 결핍 시 피로감을 느끼며 노동력이 저하된다.

21 살균작용에 의하여 땀 냄새의 원인이 되는 세균의 번식을 억제한다든지 체취를 억제하는 기능을 가진 것은?

① 린스 ② 샤워코롱
③ 오드퍼퓸 ④ 데오도란트

TIP 데오도란트는 신체 중 겨드랑이, 발 등의 땀 냄새를 제거하고 억제하는 제품을 말한다.

22 천연보습인자(NMF)의 구성성분 중 가장 많은 비중을 차지하는 중요 성분은?

① 젖산 ② 아미노산
③ 요소 ④ 핵산

23 다음 중 메이크업 베이스의 적용 피부 유형별 설명으로 틀린 것은?

① 모세혈관 확장 피부 - 녹색
② 창백한 피부 - 분홍색
③ 생기 없고 어두운 피부 - 연보라색
④ 칙칙하고 어두운 피부 - 흰색

TIP 연보라색의 베이스는 노란 피부에 사용한다.

24 인구구성의 특징을 보여주는 피라미드형 구조에서 도시형, 유입형이라고도 하며 생산층 인구가 전체인구의 50% 이상 되는 인구구성의 유형은?

① 항아리형 ② 농촌형
③ 별형 ④ 종형

TIP 별형은 생산층 인구가 전체인구의 50% 이상을 차지한다.

25 공중보건의 3대 요소가 아닌 것은?

① 질병 치료 ② 감염병 예방
③ 보건교육 ④ 건강과 삶의 질 향상

TIP 질병 치료는 의료 행위이다.

정답 16 ① 17 ③ 18 ③ 19 ② 20 ① 21 ④ 22 ② 23 ③ 24 ③ 25 ①

26 송어, 연어 등 어류를 날로 먹었을 때 감염될 수 있는 병은?

① 갈고리촌충　② 긴촌충
③ 선모충　④ 폐디스토마

TIP 긴촌충은 송어나 연어 같은 어류에서 감염된다.

27 다음 법정감염 중 제1군 감염병이 아닌 것은?

① 콜레라　② 세균성 이질
③ 장티푸스　④ 폴리오

TIP 폴리오는 제2군 감염병이다.

28 예방접종으로 얻을 수 있는 면역의 종류는?

① 인공능동면역　② 자연능동면역
③ 자연수동면역　④ 인공수동면역

TIP
- 인공능동면역 : 예방접종으로 면역력 생성
- 인공수동면역 : 인공제제를 접종하여 면역 생성
- 자연능동면역 : 감염병에 감염된 후 형성되는 면역
- 자연수동면역 : 수유 등 모체로부터 받는 면역

29 다음 중 활동하기 가장 적합한 실내온도는?

① 15 ± 2℃　② 18 ± 2℃
③ 21 ± 2℃　④ 24 ± 2℃

TIP 활동하기 좋은 온도는 18 ± 2℃이다.

30 미생물을 죽이거나 활성을 억제하도록 하는 약한 살균력을 가진 것은?

① 소독　② 멸균
③ 냉각처리　④ 방부처리

TIP 소독은 미생물을 죽이거나 활성을 억제하도록 하는 것이며 모든 미생물을 죽이는 것은 멸균이다.

31 다음 중 직업병이 아닌 것은?

① 소음성 난청　② 하지정맥류
③ 식중독　④ 진폐증

TIP 식중독은 음식물에 의해 발생하므로 직업병과 관련이 없다.

32 다음 중 화학적 소독제의 구비조건으로 올바른 것은?

① 살균하려는 대상에 손상을 입히면 안 된다.
② 취급 방법이 어려워야 한다.
③ 침투력이 강해야 한다.
④ 냄새가 좋아야 한다.

TIP 소독제의 조건 : 용해성, 살균력이 있어야 한다. 표백성이 없어야 한다. 침투력이 약하고 안전해야 한다.

33 알코올 소독의 미생물 세포에 대한 주된 작용은?

① 효소의 완전파괴
② 할로겐 복합물 형성
③ 단백질 변성
④ 균체의 완전 융해

TIP 알코올 소독의 작용기전은 균체의 효소 불활성화 작용, 균체의 단백질 응고작용이다.

34 3%의 크레졸 비누액 900㎖를 만드는 방법으로 옳은 것은?

① 크레졸 원액 270㎖에 물 630㎖
② 크레졸 원액 27㎖에 물 873㎖
③ 크레졸 원액 300㎖에 물 600㎖
④ 크레졸 원액 100㎖에 물 800㎖

TIP 900 tip 0.03 = 27이므로 크레졸 원액 27㎖에 물 873㎖를 섞어야 한다.

정답 26 ② 27 ④ 28 ① 29 ② 30 ① 31 ③ 32 ① 33 ③ 34 ②

35 석탄산의 가장 적당한 희석 농도는?

① 1% ② 0.3%
③ 3% ④ 97%

TIP 방역용 석탄산 : 석탄산 3% 물 97%

36 플라스틱과 고무제품들을 소독하는데 가장 적합한 방법은?

① E.O 가스멸균법 ② 건열소독
③ 자비소독법 ④ 고압증기멸균법

TIP E.O(Ethylene oxide) 가스를 이용한 멸균법은 낮은 온도에서 시행할 수 있으므로 열에 취약한 플라스틱이나 고무제품 소독에 적합하다.

37 완전멸균소독으로 가장 효과적인 방법은?

① 고압증기법 ② 건열소독법
③ 유통증기법 ④ 간헐살균법

TIP 고압증기멸균은 닫힌 용기 내의 물을 가열하여 100℃ 이상 포화수증기화 됨으로써 형성되는 고압 상태의 높은 멸균력을 이용하는 방법을 말한다. 가장 빠르고 효과적인 소독 방법으로 아포를 형성하는 세균을 멸균하는 데 적합하다.

38. 공중위생감시원의 업무로 맞는 것은?

① 위생서비스 수준의 평가에 따른 포상 실시
② 공중위생 영업소의 위생관리상태 확인
③ 공중위생 영업자와 소비자 간의 분쟁 조정
④ 위생서비스 수준의 평가계획 수립

TIP ※ 공중위생감시원의 업무 범위

- 규정에 따른 시설 및 설비의 확인
- 공중위생영업 관련 시설 및 설비의 위생상태 확인, 검사

※ 공중위생영업자의 위생관리 의무 및 영업자준수사항 이행 여부의 확인

- 공중이용시설의 위생관리상태 확인, 검사
- 위생지도 및 개선 명령 이행 여부의 확인
- 영업정지, 일부 시설의 사용중지 또는 영업소 폐쇄 명령 이행 여부의 확인
- 위생교육 이행 여부의 확인

39 다음 중 법률상 정의되는 용어로 바르게 서술된 것은?

① 미용업이란 손님의 얼굴과 피부를 관리하여 외모를 단정하게 꾸미는 영업을 말한다.
② 위생관리용역업이란 공중이 이용하는 시설물의 청결유지와 실내공기 정화를 위한 청소 등을 대행하는 영업을 말한다.
③ 이용업이란 손님의 머리, 수염, 피부 등을 손질하여 외모를 가꾸는 영업을 말한다.
④ 공중위생영업이란 미용업, 숙박업, 목욕장업, 수영장업, 유기영업 등을 말한다.

TIP
- "미용업"이란 손님의 얼굴, 머리, 피부 및 손톱·발톱 등을 손질하여 손님의 외모를 아름답게 꾸미는 영업을 말한다.
- "이용업"이란 손님의 머리카락 또는 수염을 깎거나 다듬는 등의 방법으로 손님의 용모를 단정하게 하는 영업
- "공중위생영업"이란 다수인을 대상으로 위생관리서비스를 제공하는 영업으로 숙박업·목욕장업·이용업·미용업·세탁업·건물위생관리업을 말한다.

40 영업장 출입이나 검사를 위해 공무원이 방문 시 영업자에게 제시해야 하는 것은?

① 위생검사 기록부 ② 위생검사 통지서
③ 위생감시 공무원증 ④ 주민등록증

TIP 영업장 출입·검사 하는 공무원은 영업자에게 권한이 표시된 증표를 보여야 한다.

41 이·미용기구의 소독기준 중 잘못된 것은?

① 자외선소독은 1㎠당 85㎼ 이상의 자외선을 20분 이상 소독해 준다.
② 건열멸균소독은 100℃ 이상의 건조한 열에 20분 이상 소독한다.
③ 열탕소독은 100℃ 이상의 물에 10분 이상 끓여준다.
④ 증기소독은 100℃ 이상의 습한 열에 10분 이상 소독해야 한다.

TIP 증기소독은 100℃ 이상의 습한 열에 20분 이상 소독해야 한다.

정답 35 ③ 36 ① 37 ① 38 ② 39 ② 40 ③ 41 ④

42 공중이용시설의 위생관리 기준이 아닌 것은?

① 업소 내에 요금표를 게시해야 한다.
② 소독한 기구와 소독을 하지 아니한 기구를 각각 다른 용기에 보관해야 한다.
③ 1회용 면도날은 1인에 한해 사용하여야 한다.
④ 업소 내에 화장실이 있어야 한다.

TIP 업소 내 화장실은 공중이용시설의 위생관리 기준이 아니다.

43 시·도지사 또는 시장·군수·구청장이 공중위생 관리상 필요하다고 인정하는 때에 공중위생영업자 등에 대하여 할 수 있는 조치는 무엇인가?

① 보고 ② 감독
③ 청문 ④ 협의

TIP 시·도지사 또는 시장·군수·구청장은 공중위생 관리상 필요하다고 인정하는 때에는 공중이용시설의 소유자 등에 대하여 보고를 하게 할 수 있다.

44 이·미용 영업장을 대상으로 관계기관에서 청문하고자 하는 경우 그 대상이 아닌 것은?

① 면허정지
② 면허취소
③ 1천만 원 이하의 벌금
④ 일부 시설의 사용중지

TIP
※ 보건복지부 장관 또는 시장·군수·구청장은 다음 각호의 어느 하나에 해당하는 처분을 하려면 청문을 하여야 한다.

- 직권말소
- 미용사의 면허취소 또는 면허정지
- 영업정지 명령, 일부 시설의 사용중지 명령
- 영업소 폐쇄 명령

45 면허정지 처분을 받은 이·미용사가 업무 정지 기간 중 업무를 행한 때 1차 위반 시 행정 처분 기준은?

① 영업장 폐쇄 ② 면허취소
③ 면허정지 6개월 ④ 면허정지 3개월

TIP ※ 1차 위반 시 면허취소가 되는 경우

- 국가기술자격법에 따라 자격이 취소된 때
- 이중으로 면허를 취득한 때(나중에 발급받은 면허)
- 면허정지 처분을 받고도 그 정지 기간 중에 업무를 한 때

46 다음 중 매니큐어에 대한 설명으로 옳은 것은?

① 손톱에 바르는 에나멜을 말한다.
② 발 관리를 말한다.
③ 손과 손톱의 전체적인 관리를 말한다.
④ 마사지는 매니큐어에 포함되지 않는다.

TIP 매니큐어(manicure)는 라틴어 '마누스(manus)'의 손이라는 단어와 '큐라(cure)'의 관리라는 단어가 결합하여 손과 손톱의 전체적인 관리를 뜻하고 있다.

47 핫오일 매니큐어 시술 시 데우는 데 적당한 시간은?

① 5~10분 ② 10~15분
③ 20~25분 ④ 25~30분

TIP 핫오일 매니큐어는 워머기에서 10~15분 데우는 것이 적당하다.

48 컬러링의 방법 중 루눌라 부분은 남기고 컬러를 바르는 방법은?

① 풀코트 ② 슬림라인
③ 프렌치 ④ 하프문

TIP 하프문은 루눌라 부분을 남기고 컬러링 하는 방법을 말한다.

정답 42 ④ 43 ① 44 ③ 45 ② 46 ③ 47 ② 48 ④

49 프렌치 매니큐어에 대한 설명으로 틀린 것은?

① 프렌치를 이용해 다양한 아트를 만들 수 있다.

② 오른손잡이일 경우 왼쪽에서 오른쪽 방향으로 바른다.

③ 화이트프렌치는 손이 두꺼워 보이므로 시술하면 안된다.

④ 개인 취향에 따라 다양한 컬러를 바를 수 있다.

TIP 좁은 손톱에는 화이트를 발라 두꺼워 보이게 하는 것이 좋다.

50 건강한 발의 조건이 아닌 것은?

① 발의 온도는 차가운 게 좋다.

② 발바닥은 아치 형태이어야 한다.

③ 발뒤꿈치가 일직선이 되어야 한다.

④ 발바닥 색이 밝고 깨끗하여야 한다.

TIP 발은 따뜻한 발이 건강한 발이다.

51 손의 피부색에 따라 어울리는 네일 컬러로 어울리지 않는 것은?

① 노란색 손 - 화이트 펄, 브라운 계열

② 하얀색 손 - 컬러와 상관없이 어울린다.

③ 어두운 손 - 초콜릿색, 딥퍼플 등 강한 컬러

④ 붉은색 손 - 노란 계열

TIP 붉은색 손에는 노란 계열은 피하는 것이 좋다. 블랙이나, 블루 같은 차가운 색이 어울린다.

52 네일 랩핑 시술 시 필요하지 않은 재료는?

① 네일 글루 ② 젤 글루

③ 실크 ④ 아크릴파우더

TIP 아크릴파우더는 아크릴스컬프쳐에 사용하는 재료이다.

53 네일 랩의 문제점 중 벗겨짐이란?

① 네일 랩이 부러지는 현상

② 네일 랩이 분리되는 현상

③ 손톱의 프리에지 부분에서 랩이 일어나는 현상

④ 손톱의 프리에지 부분이 변색되는 현상

TIP 네일 랩이 손끝 부분부터 벗겨지는 현상이다.

54 아크릴릭 시술 시 자연 손톱에 잘 접착되도록 사용하는 재료는?

① 프라이머 ② 글루

③ 베이스젤 ④ 폴리머

TIP 프라이머는 아크릴릭이 자연 손톱에 잘 접착될 수 있도록 발라주는 촉매제이다.

55 습기로 불어난 네일에 팁 연장을 하면 안 되는 이유는?

① 연장한 인조네일이 리프팅이 잘 되므로

② 파일링이 어려워지므로

③ 습기로 인해 자연 네일에 곰팡이 같은 균이 잘 번식하므로

④ 글루의 접착력이 약해지므로

TIP 습기가 있는 네일은 균이 잘 번식하는 환경이 된다.

56 네일의 병변 중 물어뜯는 네일에 아크릴릭 네일을 하기 전 해야 하는 것은?

① 프라이머를 바른다.

② 짧은 손톱에 팁으로 먼저 연장한다.

③ 랩핑을 한다.

④ 자연 네일에 아크릴을 올린다.

TIP 물어뜯어서 짧아진 자연 네일에 팁으로 길이를 연장한 뒤 아크릴릭 네일을 시술한다.

정답 49 ③ 50 ① 51 ④ 52 ④ 53 ③ 54 ① 55 ③ 56 ②

57. 프라이머에 대한 설명으로 옳지 않은 것은?

① 프라이머의 보관은 투명한 유리병에 해야 한다.
② 피부나 눈에 닿으면 안된다.
③ 프라이머 작업 시 반드시 보안경과 비닐장갑, 마스크를 착용한다.
④ 사용하다 남은 프라이머는 재사용하지 않는다.

TIP 프라이머는 빛에 노출되면 변질될 수 있으므로 어두운 용기에 보관해야 한다.

58 아크릴릭 네일에 대한 설명으로 옳은 것은?

① 필러파우더와 같이 사용한다.
② 자연 손톱에만 시술이 가능하다.
③ 인조 손톱에만 시술이 가능하다.
④ 손톱의 모양을 교정할 수 있다.

TIP 아크릴릭 네일로 물어뜯는 손톱이나 부러진 손톱 등을 교정할 수 있다.

59 손상된 네일의 보수를 위한 랩 서비스로 맞는 것은?

① 보수용 패치를 잘라 손상된 부위를 보수한다.
② 글루만 이용해서 수리한다.
③ 젤을 이용해서 채운다.
④ 필러만 이용해서 보수 한다.

TIP 랩핑은 필러와 글루를 이용하여 보수한다.

60 젤 시술 시 젤을 굳게 하는 UV 또는 LED 전구가 들어 있는 전기용품은?

① 글루 드라이
② 핸드 드라이
③ 큐어링 라이트
④ 탑코트 젤

TIP 큐어링 라이트는 자외선 또는 할로겐 전구를 이용해 젤을 굳게 한다.

정답 57 ① 58 ④ 59 ① 60 ③

제5회 CBT 기출복원문제

자격종목	시험시간	문제수	문제형별
미용사(네일)	1시간	60	

01 조선 시대의 의료기관에 대한 내용 중 잘못된 것은?

① 내의원 - 왕실치료
② 혜민서 - 서민치료
③ 활인서 - 감염병 관리
④ 전의감 - 의약품 제조

TIP 전의감 – 의료행정과 의학교육을 관장하던 관청

02 네일아트가 세계적으로 대중화되기 시작했으며 아몬드 모양의 네일이 유행한 시기는?

① 1600년대 ② 1700년대
③ 1800년대 ④ 1900년대

TIP ※ 1800년대 네일아트의 특징

- 네일아트의 대중화 시작
- 아몬드 모양의 네일이 유행
- 향이 있는 기름을 바른 후 샤미스를 이용해 색깔이나 광을 냄

03 에포니키움과 네일 사이에 신경이 없는 얇은 피부막으로 병균의 침입으로부터 네일을 보호해주는 역할을 하는 곳은?

① 네일 월 ② 네일 폴드
③ 네일 그루브 ④ 큐티클

TIP

- 네일 월 : 네일 그루브 위에 있는 네일의 양쪽 피부
- 네일 폴드 : 조근(Nail root)이 묻혀 있는 손톱의 베이스에 주름처럼 깊게 접혀 있는 곳
- 네일 그루브 : 네일 바디와 네일 월 사이의 파인 홈

04 프리에지 모서리 부분이 직각인 사각형의 스퀘어형 네일 형태를 만들기 위한 파일의 각도는?

① 30° ② 50°
③ 70° ④ 90°

TIP 스퀘어형 파일링 각도는 90°이다.

05 손톱이 완전히 자라나오는 기간은 얼마인가?

① 3~4개월 ② 5~6개월
③ 7~8개월 ④ 9~10개월

TIP 손톱은 하루에 0.1㎜ 자라며 한 달에 3㎜ 정도 자라며 손톱이 완전히 성장하는 기간은 5~6개월 정도 걸린다.

06 습식매니큐어를 하기 위해 미온수에 손을 담가 손의 큐티클을 불리기 위해 사용되는 용기는?

① 족탕기 ② 워머기
③ 핑거볼 ④ 디스펜서

TIP 습식매니큐어 서비스 과정에서 손의 큐티클을 불리기 위해 핑거볼을 사용한다.

07 다음 〈보기〉에서 근위족근골로 짝지어진 것은?

㉠ 거골	㉡ 입방골
㉢ 설상골	㉣ 중골

① ㉠, ㉡ ② ㉠, ㉣
③ ㉡, ㉢ ④ ㉡, ㉣

TIP

- 근위족근골 : 거골, 중골, 주상골
- 원위족근골 : 제1 설상골, 제2 설상골, 제3 설상골, 입방골

정답 01 ④ 02 ③ 03 ④ 04 ④ 05 ② 06 ③ 07 ②

08 다음 중 일광과민(일광화상을 잘 입는)과 가장 거리가 먼 것은?

① 간이 나쁜 사람
② 점이나 주근깨가 많은 사람
③ 비타민 B군이 부족한 사람
④ 일반적으로 마른 사람

TIP ※ 일광 과민이 잘 발생되는 경우
- 피부에 점이나 주근깨가 많은 사람
- 비타민 B군이 부족한 사람
- 간이 나쁜 사람
- 폐경기 여성 또는 생리 주기가 불규칙한 사람
- 신경안정제, 항생제 등의 약을 자주 섭취하는 사람

09 엄지 손가락을 벌리거나 굽히는 근육은 무엇인가?

① 회내근 ② 회외근
③ 굴근 ④ 신근

TIP
- 회내근 : 손바닥을 아래로 향하게 하는 근육
- 회외근 : 손바닥을 위를 향하게 하는 근육
- 굴근 : 엄지 손가락 아랫부분에 있는 근육으로 엄지 손가락을 벌리거나 굽히는 근육
- 신근 : 손가락을 뻗거나 펴는 근육

10 뼈의 형태에 따른 분류로 옳게 연결된 것은?

① 단골 - 요골 ② 장골 - 비골
③ 편평골 - 척추골 ④ 규칙골 - 족근골

TIP 요골 : 장골, 척추골 : 불규칙골, 족근골 : 단골

11 피부표면에 비늘 모양의 죽은 피부세포가 엷은 회백색 조각으로 되어 떨어져 나가는 피부층은?

① 각질층 ② 유극층
③ 투명층 ④ 기저층

TIP 피부의 맨 윗부분은 각질층로 되어 있으며, 죽은 세포는 떨어져 나가며 새로운 세포로 대체된다. 피부를 보호하는 역할을 한다.

12 피부 감각기관 중 피부에 가장 많이 분포되어 있는 것은?

① 촉각점 ② 통각점
③ 냉각점 ④ 온각점

TIP
- 온각점 - 0~3개
- 냉각점 - 6~23개
- 촉각점 - 25개
- 압각점 - 100개
- 통각점 - 100~200개

13 지성피부에 여드름이 많이 나타나는 원인에 대한 것 중 가장 옳은 것은?

① 한선의 기능이 왕성할 때
② 림프의 역할이 왕성할 때
③ 피지가 분비가 과다하여 모낭구가 막혔을 때
④ 피지선의 기능이 왕성할 때

TIP 여드름은 피지가 많이 분비되어 표피의 각화 이상으로 모낭구가 막혔을 때 많이 나타난다.

14 지성피부에 대한 설명 중 틀린 것은?

① 피부결이 섬세하지만 피부가 얇고 붉은색이 많다.
② 지성피부는 정상피부보다 피지분비량이 많다.
③ 지성피부의 원인은 남성호르몬인 안드로겐(androgen)이나 여성호르몬인 프로게스테론(progesterone)의 기능이 활발하기 때문이다.
④ 지성피부의 관리는 피지제거 및 세정을 주목적으로 한다.

TIP 피부결이 섬세하고 피부가 얇은 것은 건성피부의 특징이다.

정답 08 ④ 09 ③ 10 ② 11 ① 12 ② 13 ③ 14 ①

15 피부에 적외선을 쬘 때의 영향으로 틀린 것은?

① 혈관을 확장시켜 순환에 영향을 미친다.
② 신진대사에 영향을 미친다.
③ 식균 작용에 영향을 미친다.
④ 근육을 수축시킨다.

TIP 적외선을 피부에 조사시키면 근육이 이완된다.

16 피부의 면역에 관한 설명으로 맞는 것은?

① 세포성 면역에는 보체, 항체 등이 있다.
② T 림프구는 항원전달세포에 해당한다.
③ 표피에 존재하는 각질형성세포는 면역조절에 작용하지 않는다.
④ B 림프구는 면역글로불린이라고 불리는 항체를 생성한다.

TIP
- 세포성 면역은 세포 대 세포의 접촉을 통해 직접 항원을 공격하며, 체액성 면역이 항체를 생성한다.
- T 림프구는 항원전달세포에 해당하지 않는다.
- 각질형성세포는 면역조절 작용을 한다.

17 다음 중 광노화와 가장 거리가 먼 것은?

① 거칠어짐 ② 탄력저하
③ 모세혈관 수축 ④ 과색소침착증

TIP 광노화는 많은 양의 자외선을 자주 오랜 기간 쪼여서 피부에 주름이 생기는 현상이다. 처음에는 피부가 거칠어지고 탄력이 떨어지며 건조해져 두꺼운 가죽과 같이 된다. 또한, 주근깨, 기미, 잡티와 같은 색소 침착이 일어나기도 하며, 피부의 모세혈관이 늘어나 피부가 붉어지기도 한다.

18 피부의 발진 중 편편한 융기모양으로, 대부분 가려움을 동반하는 불규칙적인 모양의 피부 현상은?

① 농포 ② 팽진
③ 구진 ④ 결절

TIP 팽진은 부종성 발진으로 크기가 다양하며 편편한 융기모양으로, 대부분 가려움을 동반한다. 모양은 불규칙적이며, 대표적으로 두드러기, 곤충에 물린 자리 등이 있고, 한두 시간 급속한 증상을 보인 후 없어진다.

19 화장품의 제형에 따른 특징으로 틀린 것은?

① 유화제품 - 물에 오일 성분을 안정적으로 혼합시키기 위해 계면활성제를 사용하여 우윳빛으로 백탁화된 상태의 제품
② 유용화제품 - 물에 다량의 오일 성분이 계면활성제에 의해 현탁하게 혼합된 상태의 제품
③ 분산제품 - 물 또는 오일 성분에 미세한 고체 입자가 계면활성제에 의해 균일하게 혼합된 상태의 제품
④ 가용화제품 - 물에 소량의 오일 성분이 계면활성제에 의해 투명하게 용해된 상태의 제품

TIP 화장품을 제형에 따라 분류하면 가용화제품, 유화제품, 분산제품으로 나뉘어진다.

20 화장품의 분류에서 사용 목적과 제품이 일치하지 않는 것은?

① 모발 화장품 - 정발 - 헤어스프레이
② 기초화장품 - 피부정돈 - 클렌징 폼
③ 메이크업 화장품 - 색채 부여 - 네일 에나멜
④ 방향 화장품 - 향취 부여 - 오데 코오롱

TIP 클렌징 폼은 세안용으로 기초화장품은 피부를 정돈해주는 화장수, 팩, 마사지 크림 등이 있다.

21 다음 중 보습제의 조건으로 옳은 것은?

① 응고점이 높아 피부 친화성이 좋을 것
② 다른 성분과 혼용성이 좋을 것
③ 휘발성이 있을 것
④ 흡습력이 온도·습도·바람의 영향을 쉽게 받을 것

정답 15 ④ 16 ④ 17 ③ 18 ② 19 ② 20 ② 21 ②

TIP
- 응고점이 낮아 피부 친화성이 좋을 것
- 휘발성이 없을 것
- 환경의 변화에 따라 쉽게 영향을 받지 않을 것

22 계면활성제에 대한 설명 중 잘못된 것은?

① 계면활성제는 계면을 활성화하는 물질이다.
② 계면활성제는 친수성기와 친유성기를 공존한 물질이다.
③ 계면활성제는 표면장력을 높이는 물질이며 기름을 유화시키는 등의 특징을 가지고 있다.
④ 계면활성제는 표면활성제라고도 한다.

TIP 계면활성제는 표면장력을 감소시키는 역할을 한다.

23 미백 화장품의 메커니즘이 아닌 것은?

① 자외선 차단
② 도파(DOPA) 산화 억제
③ 멜라닌 합성 저해
④ 티로시나제 활성화

TIP 미백 기능은 티로시나아제 효소의 활성을 억제함으로써 나타난다.

24 다음 중 파우더의 일반적인 기능에 대한 설명으로 틀린 것은?

① 피부색 정돈
② 피부의 번들거림 방지
③ 화사한 피부 표현
④ 주근깨, 기미 등 피부의 결점 커버

TIP 주근깨, 기미 등 피부의 결점을 커버해 주는 것은 파운데이션의 기능이다.

25 세계보건기구(WHO)에서 규정된 건강의 정의를 가장 잘 표현한 것은?

① 정신적으로 완전히 양호한 상태
② 육체적으로 온전히 양호한 상태
③ 질병이 없고 허약하지 않은 상태
④ 육체적, 정신적, 사회적 안녕이 완전한 상태

TIP 건강이란 '질병이 없거나 허약하지 않은 것만 말하는 것이 아니라 신체적·정신적·사회적으로 완전히 안녕한 상태에 놓여 있는 것'이라고 정의하고 있다.

26 공중보건학의 개념에 대해 옳지 않은 것은?

① 지역 주민의 수명 연장에 관한 연구
② 성인병 치료기술에 관한 연구
③ 감염병 예방에 관한 연구
④ 육체적, 정신적 효율 증진에 관한 연구

TIP 대중을 질병으로부터 예방하며, 육체적, 정신적 그리고 사회적인 건강을 유지 증진하여 수명을 연장하는 것을 목적으로 하는 기술이며 과학이다.

27 다음의 영아사망률 계산식에서 (A)에 알맞은 것은?

$$\frac{(A)}{\text{영아 출생아 수}} \times 1,000$$

① 연간 생후 28일까지의 사망자 수
② 연간 생후 1년 미만 사망자 수
③ 연간 1~4세 사망자 수
④ 연감 임신 28주 이후 사산 + 출생 1주 이내 사망자 수

정답 22 ③ 23 ④ 24 ④ 25 ④ 26 ③ 27 ②

28 다음 중 감염에 대한 예방법으로 생균백신을 사용하는 질병은?

① 디프테리아 ② 콜레라
③ 홍역 ④ 파상풍

TIP
- 생균백신 : 결핵, 홍역, 폴리오(경구)
- 사균백신 : 장티푸스, 콜레라, 백일해, 폴리오(경피)
- 순화독소 : 파상풍, 디프테리아

29 이상저온의 환경에서 작업했을 때 생길 수 있는 질병은?

① 참호족 ② 열경련
③ 열사병 ④ 열쇠약증

TIP 발을 오랜 시간에 걸쳐 축축하고, 비위생적이며 차가운 상태에 노출함으로써 일어나는 질병이다.

30 네일 미용업에서의 안전관리에 대한 설명으로 잘못된 것은?

① 시술 전후 알코올로 손과 도구를 철저히 소독하여 청결을 유지할 것
② 시술 도중 화학물질이 피부에 노출되지 않도록 주의할 것
③ 접촉성 감염 질환 및 호흡기 감염 질환에 유의할 것
④ 작업 중에 대화를 위해 절대 마스크를 착용하지 말 것

TIP 호흡기 감염성 질환의 감염을 방지하기 위해 마스크를 착용해서 작업하도록 한다.

31 다음 중 화학적 소독방법이 아닌 것은?

① 고압증기 ② 포르말린
③ 승홍수 ④ 석탄산

TIP 고압증기를 이용한 소독방법은 물리적 소독방법이다.

32 소독에 대한 설명으로 가장 잘 설명한 것은?

① 소독은 무균상태를 말한다.
② 병원 미생물의 성장을 억제하거나 파괴하여 감염의 위험성을 없애는 것이다.
③ 소독은 동식물성 유기물이 미생물의 작용에 의해 부패하는 것을 막는 것이다.
④ 소독은 포자를 가진 것 전부를 사멸하는 것을 말한다.

TIP ①, ④는 멸균 ③은 방부에 대한 설명이다

33 다음 중 크레졸의 설명으로 옳지 않은 것은?

① 크레졸 3%의 소독 효과가 가장 높다.
② 석탄산보다 2배의 소독력이 있다.
③ 손, 오물 등의 소독에 사용된다.
④ 크레졸은 물에 잘 녹는다.

TIP 크레졸은 물에 잘 녹지 않는다.

34 이·미용실의 기구(가위, 레이저) 소독으로 가장 적당한 소독액은?

① 100%의 알코올
② 약 70%의 알코올
③ 약 5% 크레졸 비누액
④ 약 50%의 페놀액

TIP 약 70%의 에탄올이 살균력이 가장 강력하며 에탄올은 칼, 가위, 유리제품 등의 소독에 사용하기 적합하다.

35 다음 중 아포를 형성하는 세균에 대한 가장 좋은 소독법은?

① 자외선소독 ② 적외선소독
③ 알코올소독 ④ 고압증기멸균소독

TIP 고압증기멸균은 닫힌 용기 내의 물을 가열하여 100℃ 이상 포화수증기화 됨으로써 형성되는 고압 상태의 높은 멸균력을 이용하는 방법을 말한다. 가장 빠르고 효과적인 소독방법으로 아포를 형성하는 세균을 멸균하는 데 적합하다.

정답 28 ③ 29 ① 30 ④ 31 ① 32 ② 33 ④ 34 ② 35 ④

36 생석회 분말소독 방법으로 소독하기 가장 적합한 대상은?

① 감염병 환자실 ② 화장실 분변
③ 채소류 ④ 손, 발 소독

TIP 생석회는 산화칼슘을 98% 이상 함유한 백색의 분말로 화장실 분변, 하수도 소독에 주로 사용된다.

37 이·미용업소에서 공기 중 비말감염으로 가장 쉽게 옮겨질 수 있는 감염병은?

① 인플루엔자 ② 대장균
③ 뇌염 ④ 장염

TIP "독감"으로 알려진 A형 또는 B형 인플루엔자 바이러스는 공기 중 비말감염이 되는 급성 호흡기질환이다.

38 일반적인 미생물의 번식에 가장 중요한 3가지 요소로 바르게 나열된 것은?

① 온도 - 적외선 - pH
② 온도 - 습도 - 자외선
③ 온도 - 습도 - 통풍
④ 온도 - 습도 - 영양분

TIP 미생물의 번식에 가장 큰 영향을 미치는 요인은 온도이며, 수분, 영양, 산소, 수소이온농도 등도 중요한 요인이다.

39 이·미용사의 면허를 발급하는 기관으로 틀린 것은?

① 서울시 강남구청장
② 제주도 제주시장
③ 인천시 부평구청장
④ 경기도지사

TIP 면허발급은 시장·군수·구청장이 한다.

40 이·미용업의 상속을 위해 영업자 지위승계 신고 시 구비서류가 아닌 것은?

① 영업자 지위승계 신고서
② 양도계약서 사본
③ 가족관계증명서
④ 상속자임을 증명할 수 있는 서류

TIP 양도계약서 사본은 영업양도인 경우 필요한 서류이다.

41 다음 중 공중위생영업에 해당하지 않는 것은?

① 위생관리업 ② 세탁업
③ 미용업 ④ 목욕장업

TIP 공중위생영업이란 다수인을 대상으로 위생관리서비스를 제공하는 영업으로써 숙박업·목욕장업·이용업·미용업·세탁업·건물위생관리업을 말한다.

42 다음 중 공중이용시설의 위생관리 항목으로 적절한 것은?

① 영업소 외부 조경상태
② 영업소 실내 청소상태
③ 영업소 실내공기
④ 영업소에서 사용하는 수돗물

TIP 공중이용시설의 위생관리 항목에는 실내공기 기준과 오염물질 허용기준이 있다.

43 영업소에 대한 위생감시를 할 때의 위생관리등급별 기준이 아닌 것은?

① 영업소에 대한 출입·감사
② 위생교육 시행 횟수
③ 위생감시의 시행 주기
④ 위생감시의 시행 횟수

TIP ※ 위생감시의 기준
- 영업소에 대한 출입·검사
- 위생감시의 시행 주기 및 횟수 등

정답 36 ② 37 ① 38 ④ 39 ④ 40 ② 41 ① 42 ③ 43 ②

44 **이·미용사 면허증을 분실하여 재교부를 받은 자가 분실한 면허증을 찾았을 때 취하여야 할 조치로 옳은 것은?**

① 시장·군수에게 찾은 면허증을 반납한다.

② 시·도지사에게 찾은 면허증을 반납한다.

③ 본인이 모두 소지하여도 무방하다.

④ 재교부받은 면허증을 반납한다.

TIP 면허증을 잃어버린 후 재교부받은 자가 그 잃어버린 면허증을 찾은 때에는 바로 재교부 받은 시장·군수·구청장에게 반납해야 한다.

45 **이·미용 영업과 관련된 청문을 시행하여야 할 상황에 해당하는 것은?**

① 폐쇄명령을 받은 후 재개업을 하려 할 때

② 공중위생영업의 일부 시설의 사용정지 처분을 하고자 할 때

③ 과태료를 부과하려 할 때

④ 영업소의 간판, 기타 영업표지물을 제거·처분하려 할 때

TIP ※ 시장·군수·구청장은 다음의 처분을 하고자 하는 경우 청문을 시행하여야 한다.

- 면허취소·면허정지
- 공중위생영업의 정지
- 일부 시설의 사용중지
- 영업소폐쇄 명령

46 **다음 중 과태료에 대한 설명 중 틀린 것은?**

① 과태료는 관할 시장·군수·구청장이 부과 징수한다.

② 과태료에 대하여 이의제기가 있을 경우 청문을 실시한다.

③ 기간 내에 이의를 제기하지 아니하고 과태료를 납부하지 아니한 때에는 지방세체납처분의 예에 의하여 과태료를 징수한다.

④ 과태료처분에 불복이 있는 자는 그 처분을 고지받은 날부터 30일 이내에 처분권자에게 이의를 제기할 수 있다.

TIP 과태료처분을 받은 자가 이의를 제기한 때에는 시장·군수·구청장은 지체없이 관할법원에 그 사실을 통보하여야 하며, 통보를 받은 관할법원은 비송사건절차법에 의한 과태료의 재판을 한다.

47 **다음 중 매니큐어 시술에 대한 설명으로 옳은 것은?**

① 니퍼로 큐티클을 너무 잘라내어 출혈이나 통증이 일어나지 않도록 유의해야 한다.

② 손톱 모양을 정리하는 우드파일은 재사용 가능하다.

③ 손톱에 유·수분이 조금 남아 있는 것은 컬러링하고 무관하다.

④ 큐티클을 세게 밀어 올려 깨끗이 작업이 되도록 한다.

TIP
- 손톱 정리에 사용하는 우드파일이나 지브라파일 등은 전부 일회용품으로 사용 후 폐기한다.
- 유분기를 깨끗이 닦아내고 컬러링을 한다.
- 큐티클을 너무 세게 밀면 출혈 및 통증을 유발할 수 있으므로 너무 세게 밀지 않는다.

48 **다음 중 폴리시에 대한 설명으로 틀린 것은?**

① 폴리시는 광택을 주고 색채를 더하기 위해 손톱에 칠하는 에나멜 액체이다.

② 발색이 고르게 표현되기 위해 보통 2~3회 정도 바른다.

③ 폴리시는 사용 후 굳는 것을 방지하기 위해 병 입구를 닦아 보관한다.

④ 폴리시는 비인화성 물질이다.

TIP 폴리시 성분은 인화성 물질이므로 취급 시 주의해야 한다.

정답 44 ① 45 ② 46 ② 47 ① 48 ④

49 파라핀 매니큐어 시술에 대한 설명으로 적절하지 않은 것은?

① 행네일에 효과적이다.

② 파라핀이 녹는 시간이 3~4시간 걸리므로 미리 준비해둔다.

③ 찢어진 손톱에 아주 효과적인 시술이다.

④ 피부가 건조한 고객에게 보습 및 영양공급을 해주는 관리 방법이다.

TIP 찢어진 손톱에 파라핀이 끼게 되면 더욱 악화될 수 있으므로 적절하지 않다.

50 다음 중 잘 부러지는 손톱에 추천되는 것은?

① 오일 매니큐어

② 손 마사지

③ 손톱을 샌딩블럭으로 매끄럽게 샌딩

④ 의사의 진단 및 처방

TIP 건조한 손톱이 잘 부러지므로 오일 매니큐어 시술을 하면 보습력을 높여주는 데 효과적이다.

51 다음 페디큐어 시술 방법 중 옳은 것은?

① 발을 편하게 관리하도록 발톱은 둥근형으로 파일링한다.

② 발뒤꿈치 각질은 완전히 제거한다.

③ 발톱에 컬러링을 하기 전 시술을 편하게 하도록 발가락에 토우세퍼레이터를 끼운다.

④ 당뇨병 환자에게 발 마사지를 적극적으로 추천한다.

TIP
- 발톱의 모양은 파고드는 발톱을 막기 위해 스퀘어형으로 파일링해야 한다.
- 발뒤꿈치 각질은 너무 많이 제거하지 않는다.
- 고혈압 환자나 당뇨병 환자에게는 발 마사지를 하지 않는 것이 좋다.

52 굵은 소재의 천으로 다른 랩에 비해 강하고 오래 유지되지만 잘 사용하지 않는 랩의 종류는?

① 화이버글래스 ② 린넨

③ 페이퍼 랩 ④ 실크

TIP 린넨은 굵은 소재로 짜여져 있고 강하고 오래 유지되지만 두껍고 천의 조직이 그대로 보이기 때문에 시술 후 컬러링을 해야 하므로 잘 사용하지 않는다.

53 다음 중 팁을 부착하는 방법으로 옳은 것은?

① 팁을 붙인 접착제가 완전히 마른 후 글루 드라이를 뿌린다.

② 90° 각도를 유지해 공기가 들어가지 않게 밀착시킨다.

③ 접착제의 양을 많이 할수록 공기가 들어가지 않고 잘 접착이 된다.

④ 측면이 너무 두꺼운 경우 파일로 살짝 갈아준 후 시술한다.

TIP
- 팁을 밀착시킨 후 5~10초 정도 지난 후 양쪽 측면을 살짝 눌러준다.
- 팁을 붙이고 접착제가 빠르게 마를 수 있도록 글루 드라이를 뿌린다.
- 접착제의 양을 많이 하면 공기가 들어가기 쉽다.
- 팁을 붙일 땐 45° 각도로 해서 공기가 들어가지 않게 밀착시킨다.

54 다음 중 래핑에 관한 설명으로 적절하지 않은 것은?

① 얇아진 자연손톱에 두께를 더하기 위해 사용한다.

② 글루 드라이 사용 시 20㎝ 이상 거리를 둔다.

③ 실크 재단 시 네일의 크기보다 1~2 정도 작게 재단한다.

④ 실크 턱을 살려 볼륨감을 준다.

TIP 실크 턱이 올라오면 들뜸이 생기거나 떨어지기 쉬우므로 자연 네일과 자연스럽게 연결시켜야 한다.

정답 49 ③ 50 ① 51 ③ 52 ② 53 ④ 54 ④

55 다음 중 프라이머의 오염을 방지하는 방법으로 옳은 것은?

① 고객이 손톱을 만지지 않게 한다.
② 손을 수건 위에 놓게 한다.
③ 손톱 주변 피부에 오일을 바른다.
④ 인조 손톱을 사용한다.

TIP 시술 도중 손톱을 만지게 되면 손에 묻은 이물질에 프라이머가 오염될 수 있다.

56 다음 중 아크릴릭 네일을 시술하기에 적당한 온도는?

① 4~10℃ ② 1-15℃
③ 15~20℃ ④ 21~26℃

TIP 리퀴드와 혼합된 파우더는 온도에 매우 민감하여 온도가 낮으면 굳는 속도가 느리고 온도가 높을수록 빨리 굳으므로 주의해야 한다.

57 젤 네일과 아크릴릭 네일을 비교·설명한 것 중 옳지 않은 것은?

① 아크릴릭 네일보다 젤 네일이 냄새가 심하다.
② 아크릴릭 네일은 젤 네일보다 손톱에 주는 손상이 적다.
③ 아크릴릭 네일보다 젤 네일이 아트의 수정이 더 쉽다.
④ 아크릴릭 네일보다 젤 네일의 제거가 어렵다.

TIP 젤 네일은 냄새가 거의 없다.

58 다음 중 프라이머를 사용할 때 사용하지 않는 도구는?

① 보안경 ② 마스크
③ 디펜디쉬 ④ 장갑

TIP 디펜디쉬는 리퀴드를 덜어 쓸 때 사용하는 용기이다.

59 다음 중 네일 팁의 올바른 접착 방법에 대한 설명으로 틀린 것은?

① 네일 팁 접착 시 자연 네일의 1/2 이상 덮지 않는다.
② 팁을 붙이는 각도는 45°로 공기가 들어가지 않도록 유의한다.
③ 손톱과 네일 팁 전체에 프라이머를 도포한 후 접착한다.
④ 네일 팁을 접착할 때 5~10초 동안 눌러 부착한 후 팁의 양쪽을 눌러 핀칭을 잡아준다.

TIP 프라이머는 자연 손톱에만 도포한다.

60 패브릭 랩의 4주 후의 보수에 대한 설명으로 옳지 않은 것은?

① 깨끗하게 관리가 되었다면 글루를 이용한다.
② 깨진 부위는 파일로 갈지 않고 글루만 이용한다.
③ 자라난 부위의 턱을 매끄럽게 갈아내고 나머지 부분도 가볍게 갈아낸다.
④ 자연스럽게 보일 수 있도록 보수한다.

TIP 깨진 부위를 파일링을 하지 않고 그냥 두면 곰팡이나 각종 병균이 생길 수 있다.

정답 55 ① 56 ④ 57 ① 58 ③ 59 ③ 60 ②

제6회 CBT 기출복원문제

자격종목	시험시간	문제수	문제형별
미용사(네일)	1시간	60	

01 다음 중 17세기 상류층의 남·여들이 손톱을 길게 기르고 금, 대나무 부목 등으로 손톱을 보호한 나라는?

① 인도 ② 이집트
③ 로마 ④ 중국

TIP 17세기 중국에서는 상류층의 남녀들이 손톱을 길게 기르고 금, 대나무 부목 등으로 손톱을 보호한 기록이 있다.

02 다음 α-index 값 중 사망률과 관련해 보건 수준이 가장 높은 경우는?

① 1.0 이상 ~ 2.0 이하일 때
② 2.0에 가까울 때
③ 1.0에 가장 가까울 때
④ 2.0 이상 ~ 3.0 이하일 때

TIP α-index의 값이 1.0일 때 보건 수준이 가장 높게 평가된다.

※ α-index 산출식= $\frac{\text{영아 사망자 수}}{\text{영아 출생아 수}}$

03 네일의 구조 중 조모(nail matrix)에 대한 설명으로 맞는 것은?

① 손톱의 몸체 부분으로 죽은 각질세포로 되어 있어 신경과 혈관이 없는 부위이다.
② 손톱의 아랫부분으로 부드러운 부분을 말한다.
③ 각질세포의 생산과 성장을 조정하며 네일 루트 아래에 위치한다.
④ 혈관과 신경이 분포하고 있으며 수분을 공급하고 신진대사를 담당한다.

TIP
• 조상 : 혈관과 신경이 분포하고 있으며 네일의 신진대사와 수분을 공급
• 조근 : 손톱의 아랫부분에 묻혀 있는 얇고 부드러운 부분
• 조체 : 손톱의 몸체 부분으로 죽은 각질 세포로 되어 있어 신경이나 혈관이 없는 부위

04 네일 보강제에 대한 설명으로 옳지 못한 것은?

① 손톱이 갈라지는 현상 방지할 수 있다.
② 보강제를 사용하면 얇아진 손톱이 두꺼워지는 효과를 얻을 수 있다.
③ 나일론 섬유가 포함된 제품도 있다.
④ 베이스코트를 바르기 전에 먼저 네일 보강제를 바른다.

TIP 네일 보강제는 갈라지고 약해진 손톱을 보강하고 튼튼하게 만들어 주는 효과가 있으나 손톱이 두꺼워지는 효과는 기대할 수 없다.

05 다음 중 골격계에 대한 설명 중 옳지 않은 것은?

① 일반적으로 전체 체중의 20% 가량을 차지하며 골, 연골, 관절, 인대 등을 총칭한다.
② 혈액세포를 생성하지 않는다.
③ 외부의 충격으로부터 장기를 보호한다.
④ 인간의 골격은 약 206개의 뼈로 구성된다.

TIP 골격에 있는 골수에서는 조혈 기능이 있어 혈액을 생성한다.

정답 01 ④ 02 ③ 03 ③ 04 ② 05 ②

PART 7 CBT 기출복원문제

06 미용용품의 사용 시 제품의 오염을 방지하기 위해 덜어서 쓰기 위한 스틱형 도구의 이름은?

① 스파츌라 ② 디스펜서
③ 포인터 ④ 스포이드

TIP 크림 등의 제품을 덜어낼 때는 세균 번식의 우려가 있으므로 손가락은 사용하지 않도록 하고 스파츌라를 사용하여 덜어 쓰도록 한다.

07 다음 중 조갑비대증에 대한 설명으로 적절한 것은?

① 네일의 일부나 전체가 손가락에서 주기적으로 탈락하는 증상
② 큐티클이 과잉 성장하여 네일 위로 자라나는 증상
③ 네일이 네일 베드에서 분리되기 시작하여 완전히 탈락하기도 하는 증상
④ 네일 과다성장으로 지나칠 정도로 두꺼워지는 증상

TIP
- 테리지움 : 큐티클이 과잉 성장하여 네일 위로 자라나는 증상
- 조갑탈락증 : 네일의 일부 또는 전체가 손가락에서 주기적으로 떨어져 나가는 증상
- 조갑박리증 : 손톱과 네일 베드 사이에 틈이 생겨 점점 벌어지는 증상

08 다음 중 소지발가락의 굴곡에 관여하는 근육은?

① 장소지굴근 ② 장무지줄근
③ 무지외전근 ④ 장무지신근

TIP 소지발가락 굴곡에 관여하는 근육에는 장소지굴근과 단소지굴근이 있다.

09 족지골의 뼈는 총 몇 개의 뼈로 구성되어 있는가?

① 20개 ② 18개
③ 16개 ④ 14개

TIP 엄지를 제외한 발가락은 각각 3개씩 구성되어 있으며 엄지는 2개로 구성되어 있다.

10 피부의 멜라닌 색소는 주로 어떤 광선으로부터 피부를 보호 역할을 하는가?

① X-선 ② 청색 가시광선
③ 자외선 ④ 적외선

TIP 검은색의 멜라닌은 자외선을 흡수해 자외선이 피부 깊숙이 침투하는 것을 막아준다.

11 다음 중 표피에 위치하고 있으며 면역과 깊은 관계가 있는 것은?

① 조혈모세포
② 랑게르한스세포
③ 섬유세포
④ 편평상피세포

TIP 랑게르한스세포는 피부의 면역기능을 담당하며, 외부로부터 침입한 이물질을 림프구로 전달하는 역할을 한다.

12 무핵의 각화 세포로 손바닥과 발바닥 등에 주로 분포하며 색소침착이 되지 않는 표피층은?

① 각질층 ② 투명층
③ 과립층 ④ 유극층

TIP 투명층은 손바닥과 발바닥 등 비교적 피부층이 두꺼운 부위에 주로 분포한다.

13 진피의 80%를 차지할 정도로 두껍고 옆으로 길고 섬세한 섬유가 마치 그물 모양으로 구성된 층은?

① 과립층 ② 유두층
③ 망상층 ④ 유두하층

TIP 망상층은 유두층의 아래에 위치하며 진피의 80%를 차지하는데 탄력섬유로 이루어져 늘어나거나 파열에 대해 보호하는 역할을 한다.

정답 06 ① 07 ④ 08 ① 09 ④ 10 ③ 11 ② 12 ② 13 ③

14 **의약품과 화장품의 차이에 대한 가장 올바른 정의는?**

① 의약품의 사용 대상은 성인으로 한정되어 있다.

② 의약품의 경우 어느 정도 부작용이 있을 수 있다.

③ 화장품의 사용 목적은 치료이다.

④ 화장품은 특정한 증상에만 사용된다.

TIP 화장품은 부작용이 없어야 하며, 의약품은 부작용이 있을 수 있다.

15 **다음 중 지성피부의 설명으로 옳은 것은?**

① 피부가 두터워 보이고 모공이 크며 화장이 쉽게 지워진다.

② 피부결이 섬세하지만 피부가 얇고 붉은색이 많다.

③ 유분이 적어 각질이 잘 일어난다.

④ 세안 후 이마, 볼 부위가 당긴다.

TIP 지성피부는 피지분비량이 많아 얼굴 전체가 번들거리거나 모공이 크고 화장이 잘 지워진다. 남성피부에 많이 나타나는 피부 타입이다.

16 **세포 재생이 이루어지지 않으며 기름샘, 땀샘이 존재하지 않는 것은?**

① 두드러기 ② 티눈

③ 흉터 ④ 습진

TIP 흉터는 질병이나 손상에 의해 손상되었던 피부가 치유된 흔적을 말하며 세포 재생이 더 이상 되지 않으며, 기름샘과 땀샘도 없다.

17 **다음 중 B 림프구에 대한 설명으로 옳은 것은?**

① 세포성 면역 반응을 담당한다.

② 혈액 내 림프구의 70~80%를 차지한다.

③ 특정 면역체에 대해 면역글로불린이라는 항체를 생성한다.

④ 세포 대 세포의 접촉을 통해 직접 항원을 공격한다.

TIP B 림프구는 체액성 면역 반응을 담당하는 림프구의 일종으로 면역글로불린이라는 항체를 생성한다.

18 **입술 주위에 수포가 생기고 흉터 없이 치유되나 재발이 잘되는 바이러스성 질환은?**

① 홍역 ② 습진

③ 대상포진 ④ 단순포진

TIP 단순포진(herpes simplex)은 입술 주위에 주로 생기는 수포성 질환으로 재발이 잘 된다.

19 **다음 화장품 중 기초화장품에 해당하는 것은?**

① 파운데이션 ② 네일 에나멜

③ 에센스 ④ 파우더

TIP 에센스, 클렌징 크림, 화장수, 스킨로션 등은 기초화장품에 속하고, 파운데이션, 파우더, 블러셔 등은 메이크업 화장품에 속하고, 네일 에나멜, 베이스코트, 네일 폴리시 등은 네일 화장품에 속한다.

20 **팩의 제거 방법에 따른 분류가 아닌 것은?**

① 석고 마스크 타입(Gysum mask type)

② 티슈오프 타입(Tissue off type)

③ 워시오프 타입(Wash off type)

④ 필오프 타입(Peel off type)

TIP ※ 팩의 제거 방법

- 필오프 타입(Peel off type): 팩 건조 후 형성된 투명한 피막을 떼어내는 형태
- 워시오프 타입(Wash off type): 팩 도포 후 일정 시간 후 미온수로 닦아내는 형태
- 티슈오프 타입(Tissue off type): 티슈로 닦아내는 형태
- 시트 타입(Sheet type): 시트를 얼굴에 올려둔 후 제거하는 형태

정답 14 ② 15 ① 16 ③ 17 ③ 18 ④ 19 ③ 20 ①

21 바디 샴푸에 관해 설명으로 옳지 않은 것은?

① 피부 외 먼지, 염분, 요소 등의 성분을 제거한다.

② 세균의 증식을 억제한다.

③ 세포 간 존재하는 지질을 보호한다.

④ 각질층 안으로 침투하여 지질을 용출하여 세정한다.

TIP 세정제가 각질층 내로 침투하여 지질을 용출하는 것은 좋지 않다.

22 다음 중 기능성 화장품의 범위에 해당하지 않는 것은?

① 미백크림 ② 립&아이크림

③ 자외선 차단제 ④ 폼클렌징

TIP ※ 기능성 화장품의 범위

- 피부의 미백에 도움을 주는 제품
- 피부의 주름 개선에 도움을 주는 제품
- 피부를 곱게 태워주거나 자외선으로부터 보호하는 데에 도움을 주는 제품

23 AHA(알파 히드록시산)에 대한 설명으로 옳은 것은?

① 빛이나 열에 쉽게 파괴된다.

② 양모에서 정제한 것으로 화장품, 의약품에 사용한다.

③ 피부진정 작용, 염증 및 상처 치료에 효과가 있다.

④ 각질제거, 유연기능 및 보습기능이 있다.

TIP AHA(알파 히드록시산)은 각질제거, 유연기능 및 보습기능이 있으며, 글리코릭산, 젖산, 사과산, 주석산, 구연산 등의 종류가 있다.

24 인구구성 형태 중 14세 이하가 65세 이상 인구의 2배 정도이며 출생률, 사망률 모두 낮은 형?

① 별형(Accessive form)

② 항아리형(Pot form)

③ 피라미드형(Pyramid form)

④ 종형(Bell form)

TIP 종형은 이상적인 유형의 인구구성 형태로서 출생률과 사망률이 모두 낮은 형이다.

25 공중보건학의 개념 중 공중보건사업의 최소단위로 옳은 것은?

① 가족단위 건강

② 지역사회 전체 주민 건강

③ 빈곤층의 건강

④ 직장 단위 건강

TIP 공중보건학은 특정 계층, 집단에 초점을 맞추지 않고 지역사회 전체 주민의 건강을 최소단위로 한다.

26 다음 중 호흡기계 감염병에 해당하는 것은?

① 콜레라 ② 장티푸스

③ 폴리오 ④ 결핵

TIP 콜레라, 장티푸스, 폴리오는 소화기계 감염병이다.

27 인공능동면역의 특성을 가장 잘 설명한 것은?

① 감염병에 감염된 후 형성되는 면역

② 생균백신, 사균백신 등의 예방접종을 통해 형성되는 면역

③ 모체로부터 태반이나 수유를 통해 형성되는 면역

④ 항독소(antitoxin) 등 인공제제를 접종하여 형성되는 면역

TIP
- 자연능동면역 : 감염병에 감염된 후 형성되는 면역
- 자연수동면역 : 모체로부터 태반이나 수유를 통해 형성되는 면역
- 인공수동면역 : 항독소 등 인공제제를 접종하여 형성되는 면역

정답 21 ④ 22 ④ 23 ④ 24 ④ 25 ② 26 ④ 27 ②

28 감염병을 옮기는 매개곤충과 질병의 관계가 바른 것은?

① 일본뇌염 - 체체파리
② 말라리아 - 진드기
③ 재귀열 - 이
④ 발진티푸스 - 파리

TIP ① 일본뇌염 - 모기
② 말라리아 - 모기
④ 발진티푸스 - 이

29 미생물에 대한 소독력의 작용이 가장 강한 것부터 바르게 배열된 것은?

① 멸균 > 살균 > 소독 > 방부
② 살균 > 소독 > 방부 > 멸균
③ 멸균 > 소독 > 살균 > 방부
④ 소독 > 살균 > 멸균 > 방부

30 다음 중 독소형 식중독을 일으키는 세균은?

① 살모넬라균 ② 장염비브리오균
③ 병원성 대장균 ④ 포도상구균

TIP 살모넬라균, 장염비브리오균, 병원성 대장균은 감염형 식중독균이다.

31 대기오염에 영향을 미치는 기상조건으로 가장 관계가 큰 것은?

① 강우, 강설 ② 고온, 고습
③ 저기압 ④ 기온역전

TIP 기온역전이란 고도가 높아짐에 따라 기온이 증가하는 현상을 말하는데, 기온역전 현상이 발생하면 대기오염물질의 확산이 이루어지지 못하게 되므로 대기오염의 피해를 가중시키게 된다.

32 소독약 사용 및 보존 시 주의사항으로 옳지 않은 것은?

① 약품을 냉암소에 보관한다.
② 식품과 혼돈하기 쉬운 용기나 장소에 보관하지 않는다.
③ 사용하다 남은 소독약은 재사용을 위해 밀폐시켜 보관한다.
④ 병원 미생물의 종류, 저항성, 멸균, 소독의 목적에 의해서 방법과 시간을 고려한다.

TIP 소독약은 시간이 지나면 변질의 우려가 있다.

33 여러 가지 물리화학적 방법으로 병원성 미생물을 가능한 제거하여 사람에게 감염의 위험이 없도록 하는 것은?

① 소독 ② 멸균
③ 방부 ④ 살충

TIP

- 소독 : 병원 미생물의 성장을 억제하거나 파괴하여 감염의 위험성을 없애는 것이다.
- 멸균 : 병원성 또는 비병원성 미생물 및 포자를 가진 것을 전부 사멸 또는 제거하여 무균상태를 말한다.
- 살균 : 미생물에 물리적·화학적 자극을 가하여 이를 단시간 내에 멸살시키는 일
- 방부 : 동식물성 유기물이 미생물의 작용에 의해 부패하는 것을 막는 것이다.

34 소독약의 종류 중 독성이 가장 낮은 것은?

① 승홍수 ② 석탄산
③ 에틸알코올 ④ 크레졸

TIP 에틸알코올은 독성이 약하며 칼, 가위, 유리제품 등의 소독에 사용된다.

정답 28 ③ 29 ① 30 ④ 31 ④ 32 ③ 33 ① 34 ③

35 고압증기멸균법을 실시할 때 온도, 압력, 시간이 알맞은 것은?

① 121℃에 15Lbs :20분간 소독
② 210℃에 10Lbs :10분간 소독
③ 212℃에 15Lbs :15분간 소독
④ 126℃에 15Lbs :15분간 소독

TIP ※ 소독시간
- 115℃에 10Lbs : 30분간 소독
- 121℃에 15Lbs : 20분간 소독
- 126℃에 20Lbs : 15분간 소독

36 100%의 알코올을 사용해 70%의 알코올 400㎖를 만드는 방법으로 옳은 것은?

① 물 70㎖와 100% 알코올 330㎖ 혼합
② 물 100㎖와 100% 알코올 300㎖ 혼합
③ 물 330㎖와 100% 알코올 70㎖ 혼합
④ 물 120㎖와 100% 알코올 280㎖ 혼합

TIP 400㎖의 70%는 알코올 280㎖, 나머지는 물 120㎖

37 다음 중 올바른 도구 사용법이 아닌 것은?

① 일회용 소모품이라 할지라도 깨끗하다면 재사용이 가능하다.
② 파일은 한 고객에게 사용한다.
③ 더러워진 빗과 브러시는 소독해서 사용해야 한다.
④ 시술 도중 바닥에 떨어뜨린 도구 등은 다시 사용하지 않고 소독한다.

TIP 일회용 소모품은 반드시 재사용하지 않고 폐기한다.

38 이용업 및 미용업은 다음 중 어떤 분야에 포함되는가?

① 위생관련영업 ② 공중위생영업
③ 위생처리업 ④ 위생관리용역업

TIP 공중위생영업이란 다수인을 대상으로 위생관리서비스를 제공하는 영업으로써 숙박업·목욕장업·이용업·미용업·세탁업·건물위생관리업을 말한다.

39 공중위생관리법상 이·미용업자의 변경신고사항에 포함되지 않는 것은?

① 영업소의 명칭 또는 상호 변경
② 영업정지 명령 이행
③ 영업소의 소재지 변경
④ 대표자의 성명(단, 법인에 한함)

TIP 변경신고사항 : 영업소의 명칭 또는 상호, 영업소 소재지, 신고한 영업장 면적의 3분의 1 이상의 변동, 대표자의 성명(법인의 경우만 해당), 미용업 업종 간 변경

40 다음 중 공중위생영업을 하기 위해 영업자가 준비해야 하는 것은?

① 인가 ② 통지
③ 허가 ④ 신고

TIP 공중위생업을 하고자 하는 자는 공중위생업의 종류별로 보건복지부장관이 정하는 시설 및 설비를 갖추고 시장·군수·구청장에게 신고하여야 한다. 보건복지부령이 정하는 중요사항을 변경하고자 하는 때에도 신고를 진행하여야 한다.

41 이용사 또는 미용사의 면허를 취득할 수 없는 자는?

① 전문대학 또는 이와 동등 이상의 학력이 있다고 교육부장관이 인정하는 학교에서 미용 관련 학과 졸업한 자
② 특성화고등학교, 고등기술학교나 고등학교 또는 고등기술학교에 준하는 각종학교에서 1년 이상 이용 또는 미용에 관한 소정의 과정을 이수한 자
③ 국가기술자격법에 의해 미용사의 자격을 취득한 자

정답 35 ① 36 ④ 37 ① 38 ② 39 ② 40 ④ 41 ④

④ 교육부장관이 인정하는 고등기술학교에서 6개월 이상 미용에 관한 소정의 과정을 이수한 자

TIP ※ 면허 발급 대상자

- 전문대학 또는 이와 동등 이상의 학교에서 미용에 관한 학과를 졸업한 자
- 대학 또는 전문대학을 졸업한 자와 동등 이상의 미용에 관한 학위를 취득한 자
- 특성화고등학교, 고등기술학교나 고등학교 또는 고등기술학교에 준하는 각종학교에서 1년 이상 이용 또는 미용에 관한 소정의 과정을 이수한 자
- 국가기술자격법에 의해 미용사의 자격을 취득한 자

42 영업소 외의 장소에서 이용 및 미용의 업무를 할 수 없는 경우는?

① 야외에서 단체로 이용 또는 미용을 하는 경우
② 결혼식 직전에 이용 또는 미용을 하는 경우
③ 질병으로 영업소에 나올 수 없는 사람을 대상으로 하는 경우
④ 사회복지시설에서 봉사활동으로 이용 또는 미용을 하는 경우

TIP ※ 영업소 외의 장소에서 이·미용 업무를 할 수 있는 경우

- 질병이나 그 밖의 사유로 영업소에 나올 수 없는 자에 대하여 미용을 하는 경우
- 혼례나 그 밖의 의식에 참여하는 자에 대하여 그 의식 직전에 미용을 하는 경우
- 사회복지시설에서 봉사활동으로 미용을 하는 경우
- 기타 특별한 사정이 있다고 시장·군수·구청장이 인정하는 경우

43 위생서비스 평가 결과에 따른 조치에 해당되지 않는 것은?

① 이·미용업자는 위생관리 등급 표지를 영업소 출입구에 부착 가능하다.
② 시·도지사는 위생서비스의 수준이 우수하다고 인정되는 영업소에 대한 포상을 실시할 수 있다.
③ 구청장은 위생관리 등급의 결과를 세무서장에게 통보할 수 있다.
④ 시장, 군수는 위생관리 등급별로 영업소에 대한 위생 감시를 실시할 수 있다.

TIP 위생관리 등급의 결과는 해당 공중위생영업자에게 통보

44 행정처분사항 중 1차 처분이 경고에 해당하는 것은?

① 귓불 뚫기 시술한 때
② 시설 및 설비기준을 위반한 때
③ 위생교육을 받지 아니한 때
④ 영업소 소재 변경을 미신고한 때

TIP ① 영업정지 2개월, ② 개선명령, ④ 영업장폐쇄명령

45 습식매니큐어 시술에 대해 기술한 내용 중 옳지 않은 것은?

① 푸셔는 45° 각도로 큐티클을 조심스럽게 밀어 올린다.
② 폴리시 제거 시 리무버를 솜에 묻혀 네일 표면에 올려놓고 문질러 제거한다.
③ 자연 네일이 누렇게 변색된 경우 우드스틱에 솜을 말아 과산화수소를 묻혀 자연 네일에 바른다.
④ 파일링 시 네일의 양쪽 코너 안쪽까지 깨끗하게 간다.

TIP 네일의 안쪽까지 갈아내면 손톱의 손상을 가져올 수 있다.

정답 42 ① 43 ③ 44 ③ 45 ④

46 청문회를 열어 법령 위반자에 대한 행정 처분을 실시하여야 하는데 다음 중 청문 대상이 아닌 것은?

① 벌금을 책정하고자 할 때
② 면허를 정지하고자 할 때
③ 영업소 폐쇄명령을 하고자 할 때
④ 면허를 취소하고자 할 때

TIP ※ 시장·군수·구청장은 다음의 처분을 하고자 하는 경우 청문을 실시

- 면허취소 및 면허정지
- 공중위생영업의 정지
- 일부 시설의 사용중지
- 영업소 폐쇄명령

47 컬러링의 방법 중 프렌치에 대한 설명으로 옳은 것은?

① 루눌라 부분을 비워두고 컬러링하는 방법
② 프리에지 부분만 컬러링하는 방법
③ 손톱의 양쪽 옆면을 1.5㎜ 정도 남기고 컬러링하는 방법
④ 손톱 전체를 컬러링하는 방법

TIP ① 하프문 ③ 슬림라인 ④ 풀코트

48 파라핀 매니큐어 시술은 어떤 증상에 효과가 있는가?

① 습진 ② 무좀
③ 건조한 손톱 ④ 통증

TIP 파라핀 시술은 건조한 손톱에 보습을 해주는데 효과가 뛰어나다.

49 매니큐어 시술 중 네일 드라이 제품은 언제 사용해야 하는가?

① 베이스코트를 바르기 전
② 탑코트를 바른 후
③ 베이스코트를 바른 후
④ 손 소독 후

TIP 컬러링 순서 : 베이트코트 → 폴리시 →탑코트→ 건조

50 페디큐어 시술을 올바르게 기술한 것은?

① 발톱의 모양은 둥글게 갈아줘야 편하다.
② 페디파일은 출혈이나 부작용을 줄 수도 있으므로 심하게 갈지 않는다.
③ 페디큐어는 겨울철에 하기에는 적합하지 않다.
④ 가벼운 각질이라도 크레도를 사용하도록 한다.

TIP ① 발톱 모양은 스퀘어 모양으로 잡아야 파고드는 발톱을 예방할 수 있다.
③ 겨울철에는 건조하므로 페디큐어로 발 관리를 해야 한다.
④ 가벼운 각질은 페디파일을 사용한다.

51 손발의 모세혈관 흐름을 촉진시켜 전신의 대사를 원활하게 해주며 40~43℃의 물에 발을 20분간 담그는 것으로도 피로회복 효과를 주는 제품은?

① 각탕기 ② 살균비누
③ 핑거볼 ④ 지압봉

TIP 각탕기에 20분 정도 발을 담그게 되면 발의 순환을 돕고 피로회복에 도움을 주기 때문에 페디큐어 시술을 하기 전에 시행한다.

52 필러 파우더를 사용할 때 주의사항이 아닌 것은?

① 손톱이 원만한 곡선인 경우 팁 턱 제거만으로도 매끄러워질 수 있다.
② 필러 파우더 사용 후 글루를 바르고 드라이를 뿌려준다.
③ 필러 파우더를 뿌릴 때 손톱 주변에 묻은 것은 마지막에 한 번에 정리한다.
④ 굴곡이 있는 경우 필러 파우더로 채워줘야 매끄럽다.

TIP 글루는 필러 파우더를 타고 흡수되기 때문에 필러 파우더를 바로 정리하지 않으면 다음 글루 도포 시 정리되지 않은 곳까지 글루가 번진다.

정답 46 ① 47 ② 48 ③ 49 ② 50 ② 51 ① 52 ③

53 아래에서 설명하는 팁의 재질은 어떤 것인가?

- 강인하고 내마모성이 우수하다.
- 가볍고 내한성이 좋으며, 성형성이 우수하다.
- 열팽창 수분에 의해 치수의 정밀도는 떨어진다.

① 니트로셀룰로오스 ② 나일론
③ 아크릴 ④ 젤

54 페브릭 랩의 종류에 포함하지 않는 것은?

① 무슬린 ② 린넨
③ 화이버 글라스 ④ 실크

TIP 무슬린 천은 왁싱 시 스트리퍼로 쓴다.

55 실크 랩의 특징으로 적정하지 않은 것은?

① 일시적인 용도로 사용한다.
② 부드럽다.
③ 투명하다.
④ 자연스럽다.

TIP 페이퍼 랩의 경우 용해되기 쉬우므로 임시 랩으로만 사용한다.

56 아크릴릭 네일 시술 시 카탈리스트의 사용 목적은 무엇인가?

① 경화 과정을 느리게 하기 위해
② 냉각을 시키기 위해
③ 접착력을 높이기 위해
④ 경화 과정을 촉진하기 위해

TIP 카탈리스트는 빨리 굳게 하는 작용을 하는데 양을 적게 사용하면 빨리 굳을 수도 있고, 양을 많이 사용하면 늦게 굳을 수도 있다.

57 큐티클 부분의 아크릴이 두꺼울 때 발생하는 현상은?

① 아크릴릭 네일이 들뜬다.
② 폴리시의 색상이 변하게 된다.
③ 손톱이 상하게 된다.
④ 손톱 끝이 손상된다.

TIP 큐티클 부분이 다른 부분보다 얇아야 자연 네일과 자연스럽게 연결되어 들뜨는 것을 방지할 수 있다

58 아크릴릭 리퀴드, 파우더, 프라이머, 브러시, 폼 등의 재료로 가능한 시술 종류는?

① 아크릴릭 스컬프처 ② 젤네일
③ 랩 오버레이 ④ 실크 익스텐션

TIP 아크릴릭 스컬프처 시술 시 필요한 도구로는 리퀴드, 파우더, 브러쉬, 폼, 보안경, 장갑 등이 있다.

59 프라이머가 묻었을 때의 대처 방법으로 알맞은 것은?

① 아세톤을 이용하여 닦는다.
② 알코올로 닦아낸다.
③ 피부 소독제를 뿌려준다.
④ 흐르는 물로 씻어준 후 알칼리 수로 중화시킨다.

TIP 프라이머는 강산성이므로 흐르는 물에 씻어 중화시켜야 한다.

60 UV 젤의 특성에 대한 설명으로 바람직하지 않은 것은?

① 젤은 별도의 응고제가 필요하지 않다.
② 젤은 농도에 따라 묽기가 달라 용도에 맞게 사용한다.
③ 젤 폴리시는 바르는 형태로 사용한다.
④ 글루와 같은 성분이 있어 공기 중에도 접착력이 강한 접착제이다.

TIP 젤은 아크릴릭 소재와 화학적으로 비슷한 물질을 갖지만, 별도의 응고제는 필요하지 않다. 접착성분은 있지만 공기 중에는 굳지는 않으므로 UV/LED 램프에 큐어링 전까지 굳지 않아 수정이 가능하다.

정답 53② 54① 55① 56④ 57① 58① 59④ 60④

CBT 실전모의고사

제1회 CBT 실전모의고사

01 네일 미용 유래와 역사에 관한 설명으로 올바르지 않은 것은?

① 고대 이집트에서는 신분이 높은 층은 짙은 색, 신분이 낮은 층은 옅은 색을 사용하였다.
② 중국에서는 '조홍'이라고 하여 네일에 연지를 발랐다.
③ 중세시대에는 금색, 은색 또는 검정색 등의 색상을 발라 특권 신분을 타나냈다.
④ 고대 이집트에는 헤나를 사용하여 손톱을 물들였다.

02 손톱의 생리적 특징에 관한 설명으로 올바르지 않은 것은?

① 손톱은 경단백질인 케라틴으로 구성되어 있다.
② 손톱은 각질층이 변형된 얇은 층이 겹겹으로 이루어져 층을 이루고 있다.
③ 손톱은 1일 평균 0.1~0.15㎜ 정도 성장한다.
④ 손톱의 성장은 조소피의 조직이 경화되면서 오랜된 세포를 밀어내는 현상이다.

03 마누스(Manus)와 큐라(Cura)라는 어원에서 유래된 용어는 무엇인가?

① 매니큐어 (Manicure)
② 페디큐어 (Pedicure)
③ 네일 팁 (Nail Tip)
④ 아크릴릭 (Acrylic)

04 우리나라에서 미용사(네일) 국가기술자격증이 시행된 시기는 언제인가?

① 2010년 ② 2012년
③ 2014년 ④ 2016년

05 손톱의 구조에 관한 설명으로 올바르지 않은 것은?

① 네일 바디(조판)는 단단한 케라틴으로 구성되어 있고 신경과 혈관이 없다.
② 네일 베드(조상)는 네일 바디(조판) 위에 위치하며 손톱의 신진대사를 돕는다.
③ 프리엣지(자유연)는 손톱의 끝부분으로 클리퍼로 자르는 곳이다.
④ 네일 루트(조근)는 손톱이 자라나기 시작하는 곳이다.

06 네일 미용 고객관리카드 작성 시 기록해야 할 사항과 거리가 먼 것은?

① 손톱, 발톱의 질병 및 이상 증상
② 네일 미용 시술 시 주의사항
③ 고객의 개인정보 및 학력
④ 고객이 원하는 서비스의 종류 및 시술내용

07 손가락뼈의 구조 중 수지골에 해당되지 않은 것은 무엇인가?

① 기절골 ② 말절골
③ 주상골 ④ 중절골

08 네일의 질환 중 교조증(오니포파지, Onychophagy)의 원인과 관리방법으로 가장 적합한 것은 무엇인가?

① 멜라닌 색소가 착색되어 일어나는 증상으로 손톱이 자라면서 없어지기도 한다.
② 손톱을 심하게 물어뜯는 원인으로 인조 손톱을 시술하여 교정할 수 있다.
③ 식습관이나 질병에서 비롯된 증상이 원인으로 네일 관리 시 부드러운 파일을 사용하여 관리한다.
④ 유전적 요인으로 인해 손톱 끝이 두껍게 자라는 것이 원인으로 매니큐어를 통해 증상을 완화시킨다.

09 네일이 단단하지 않고 가늘고 부드러우며 네일 끝이 휘어진 상태의 증상으로 질병, 신경성, 다이어트로 인해 발생되는 네일 병변은 무엇인가?

① 위축된 네일(onychatrophia)
② 파란 네일(onychocyanosis)
③ 달걀껍질 네일(onychomalacia)
④ 거스러미 네일(hang nail)

10 손목을 굽히고, 손가락을 구부리게 하는 근육은 무엇인가?

① 굴근 ② 신근
③ 회내근 ④ 회외근

11 비타민이 결핍되었을 경우 발생할 수 있는 질병과 연결이 올바르지 않은 것은?

① 비타민 A - 야맹증
② 비타민 C - 괴혈병
③ 비타민 D - 구순염
④ 비타민 E - 불임증

12 피부의 구조 중 표피에서 촉감을 감지하는 세포는 무엇인가?

① 멜라닌세포 ② 머켈세포
③ 각질형성세포 ④ 랑게르한스세포

13 멜라닌 색소는 주로 어떤 광선의 침투를 막아주어 피부를 보호하고 있는가?

① 감마선 ② 가시광선
③ 자외선 ④ 적외선

14 누룩이 발효되면서 발생한 이 물질은 멜라닌 생성을 조절하는 티로시나아제 산화효소 작용을 억제하여 미백 화장품 성분으로도 사용하고 있다. 이 성분은 무엇인가?

① AHA ② 코직산
③ 아미노산 ④ 젖산염

15 바이러스성 피부질환에 해당하는 것은 무엇인가?

① 단순포진 ② 칸디다증
③ 오타모반 ④ 결절

16 자외선차단지수의 설명으로 올바르지 않은 것은?

① Sun Protection Factor로 줄여서 SPF라고도 한다.
② SPF 1이란 대략 1시간을 의미한다.
③ SPF 수치가 높을수록 자외선 차단지수가 높다.
④ 색소 침착 부위에는 가능하면 1년 내내 차단제를 사용하는 것이 좋다.

17 신체 중 에크린한선(소한선)이 가장 많이 분포되어 있는 곳은 어디인가?

① 발바닥 ② 입술
③ 음부 ④ 유두

18 얼굴에서 T-존 부위는 번들거리지만 볼 부위는 건조한 피부 유형은 무엇인가?

① 건성 피부 ② 정상(중성)피부
③ 복합성 피부 ④ 지성 피부

19 체모의 색상을 좌우하는 멜라닌 색소가 많이 함유되어 있는 곳은 어디인가?

① 모유두 ② 모표피
③ 모피질 ④ 모수질

20 신체 중 피지선이 존재하지 않는 곳은 어디인가?

① 이마 ② 코
③ 귀 ④ 손바닥

21 대기환경기준 일산화탄소의 8시간 평균치는 얼마인가?

① 1ppm ② 9ppm
③ 15ppm ④ 25ppm

22 페스트, 살모넬라증 등 감염병을 발생시킬 가능성이 큰 매개체는 무엇인가?

① 개 ② 양
③ 쥐 ④ 토끼

23 기생충 질환 중 송어, 연어 등을 날로 먹었을 때 주로 감염될 수 있는 질환은 무엇인가?

① 무구조충 ② 요충
③ 폐흡충 ④ 긴촌충

24 일반적인 이·미용 업소의 실내 쾌적 습도 범위로 가장 알맞은 것은 무엇인가?

① 10~20% ② 20~40%
③ 40~70% ④ 70~90%

25 군집독 현상으로 인한 실내공기의 변화로 알맞은 것은?

① 기온 하강 - 습도 감소 - 이산화탄소 감소
② 기온 상승 - 습도 증가 - 이산화탄소 감소
③ 기온 상승 - 습도 증가 - 이산화탄소 증가
④ 기온 상승 - 습도 감소 - 이산화탄소 증가

26 다음 중 제2군 감염병이 아닌 것은 무엇인가?

① 홍역 ② 성홍열
③ 폴리오 ④ 디프테리아

27 자비소독 시 살균력도 높이고 금속이 녹스는 것을 방지하기 위해 첨가하는 물질은 무엇인가?

① 탄산나트륨 ② 알코올
③ 승홍수 ④ 크레졸액

28 화학적 소독방법 중 석탄산 소독에 관한 설명으로 올바르지 않은 것은 무엇인가?

① 단백질 응고작용을 한다.
② 낮은 온도에서는 효력이 약하다.
③ 금속기구 소독에는 부적합하다.
④ 바이러스 아포에 대해 효과적이다.

29 다음 중 하수도 주위에서 사용할 수 있는 화학 소독제는 무엇인가?

① 포르말린 ② 생석회
③ 역성비누 ④ 승홍수

30 물리적 소독방법에 해당하지 않는 것은 무엇인가?

① 건열멸균법 ② 고압증기멸균법
③ 자비소독법 ④ 크레졸소독법

31 이·미용실에서 빗이나 브러시 등의 소독방법으로 가장 적합한 것은 무엇인가?

① 중성세제로 세척한 후 자외선 소독기에 넣는다.
② 고압증기 멸균기에 넣어 소독한다.
③ 락스액에 담근 후 씻어낸다.
④ 100% 무수알코올을 적신 솜으로 닦는다.

32 살아있는 세포에서만 증식하며 크기가 매우 작아 여과기를 통과하는 병원체는 무엇인가?

① 효모 ② 구균
③ 곰팡이 ④ 바이러스

33 이·미용업소에서 공기 중 비말전염으로 인해 쉽게 옮겨질 수 있는 감염병은 무엇인가?

① 인플루엔자 ② 대장균
③ 뇌염 ④ 장티푸스

34 소독제의 구비조건 내용으로 가장 거리가 먼 것은 무엇인가?

① 소독 효력이 높아야 한다.
② 소독 시 인체에 해가 없어야 하고 소독 대상물은 손상되어도 괜찮다.
③ 비용이 저렴하며 소독 방법이 간단해야 한다.
④ 소독한 물건에 나쁜 냄새가 남지 않아야 한다.

35 이·미용업의 영업자가 위생관리기준으로 준수하여야 사항으로 올바르지 않은 것은?

① 이·미용 요금표를 가게 안에 게시하여야 한다.
② 영업장 안은 75룩스 이상의 조명으로 해야 한다.
③ 일회용 면도날은 손님 1인에 한하여 사용하며 재사용을 하지 않는다.
④ 위생관리 준수사항을 보기 쉬운 곳에 게시하여야 한다.

36 과태료 처분에 불복이 있는 자는 그 처분의 고지를 받은 날부터 며칠 이내에 처분권자에게 이의를 제기할 수 있는가?

① 7일 이내 ② 10일 이내
③ 15일 이내 ④ 30일 이내

37 공중위생감시원의 업무 범위로 해당하지 않은 것은?

① 공중위생 서비스 수준의 평가계획 수립
② 공중위생지도 및 개선명령 이행 여부의 확인
③ 공중위생 영업소의 위생관리 상태의 확인·검사
④ 공중위생 영업소 폐쇄명령 이행 여부의 확인

38 공중위생관리법에서 정의한 용어로 올바르지 않은 것은?

① '공중위생영업'이라 함은 다수인을 대상으로 위생관리서비스를 제공하는 영업으로서 숙박업·목욕장업·이용업·미용업·세탁업·건물위생관리업을 말한다.
② '이용업'이라 함은 손님의 머리카락을 깎거나 다듬는 등의 방법으로 손님의 용모를 단정하게 하는 영업을 말한다.

③ '미용업'이라 함은 손님의 얼굴·머리·피부 등을 손질하여 손님의 신체를 아름답게 꾸미고 개선시키는 영업을 말한다.
④ '건물위생관리업'이라 함은 공중이 이용하는 건축물·시설물 등의 청결유지와 실내공기정화를 위한 청소 등을 대행하는 영업을 말한다.

39 공중위생업자가 매년 받아야 할 위생교육 시간은 몇 시간인가?

① 2시간　② 3시간
③ 4시간　④ 5시간

40 공중위생영업자가 영업소 폐쇄명령을 받고도 계속하여 영업하는 때에 대한 조치사항으로 맞는 것은?

① 당해 영업소의 출입자 통제
② 당해 영업소의 출입금지구역 설정
③ 당해 영업소의 강제 폐쇄 집행
④ 당해 영업소가 위법한 영업소임을 알리는 게시물 등을 부착

41 화장품과 의약품 비교를 바르게 설명한 것은 무엇인가?

① 화장품의 사용 목적은 질병의 치료이다.
② 화장품은 사용 범위는 특정 부위만 사용 가능하다.
③ 의약품의 사용 대상은 정상적 사람으로 한정되어 있다.
④ 의약품의 부작용은 어느 정도까지는 인정된다.

42 피부표면에 물리적인 산란작용을 하여 자외선 차단을 하는 성분은 무엇인가?

① 옥틸메톡시신나메이트
② 옥틸이메틸파바
③ 벤조페논
④ 이산화티탄

43 화장품 원료 중 보습제가 갖추어야 할 조건으로 올바르지 않은 것은?

① 다른 성분과 혼용성이 좋아야 한다.
② 피부 친화성이 좋아야 한다.
③ 모공 수축을 위해 휘발성이 있어야 한다.
④ 응고점이 낮아야 한다.

44 화학적 안정성과 사용성이 우수한 오일의 종류는 무엇인가?

① 포도씨유　② 난황유
③ 실리콘오일　④ 라놀린

45 화장수에 관한 설명으로 올바르지 않은 것은?

① 수렴화장수는 아스트린젠트라고도 불린다.
② 수렴화장수는 보통 지성피부, 복합성피부에 효과적으로 사용된다.
③ 유연화장수는 모공을 수축시켜 피부결을 섬세하게 정리해 준다.
④ 유연화장수는 건성 또는 노화 피부에 효과적으로 사용된다.

46 동물성 왁스 중 양모에서 추출한 성분은 무엇인가?

① 난황유　② 라놀린
③ 스쿠알렌　④ 밀랍

47 화장품 중 에멀전 형태에 관한 설명으로 올바른 것은?

① 오일과 물이 불균일하게 섞여있다.
② 오일과 물의 액상 물질이 균일하게 혼합되어 있다.
③ 오일과 물이 같은 농도로 한 액체형태로 섞여 있다.
④ 고형의 물질이 미세하게 혼합되어 균일한 상태처럼 보인다.

48 화장품 원료 중 방부제가 갖추어야 할 조건으로 올바르지 않은 것은?

① 일정 기간 동안 효과가 있어야 한다.
② 적용 농도에서 피부에 자극을 주어서는 안 된다.
③ 방부제로 인하여 효과가 있어야 한다.
④ 독특한 색상과 냄새를 지녀야 한다.

49 화장품의 사용 목적으로 거리가 먼 것은 무엇인가?

① 인체를 청결, 미화하기 위하여 사용한다.
② 인체에 대한 약리적인 효과를 주기 위해 사용한다.
③ 용모를 변화시키기 위하여 사용한다.
④ 피부, 모발의 건강을 유지하기 위하여 사용한다.

50 계면활성제 종류에 관한 설명으로 올바른 것은 무엇인가?

① 비이온계면활성제는 피부 자극도가 가장 낮아 주로 기초화장품에 많이 사용된다.
② 양성계면활성제는 살균이나 정전기 방지제 등으로 사용된다.
③ 음이온계면활성제는 피부 자극도가 약해 베이비 샴푸 등에 주로 사용된다.
④ 양이온계면활성제는 세정력이 강하고 기포 형성 작용이 우수하여 비누, 샴푸 등에 많이 사용된다.

51 젤 네일에 관한 설명으로 올바르지 않은 것은?

① 아크릴릭에 비해 강한 냄새가 없다.
② 일반 네일 폴리시에 비해 광택이 오래 지속된다.
③ 소프트 젤은 아세톤에 녹지 않아 파일링 작업을 해야 한다.
④ 라이트 큐어드 젤은 젤 램프로 경화를 한다.

52 아크릴릭 스캅춰 시술 시 자연 손톱에 부착해 길이를 연장하는데 받침대 역할을 하는 재료로 무엇인가?

① 랩　② 네일 폼
③ 네일 팁　④ 아크릴파우더

53 아크릴릭 네일의 보수 과정에 관한 설명으로 올바르지 않은 것은?

① 아크릴릭으로 연장한 들뜬 부분의 경계는 파일링을 한다.
② 아크릴릭 표면이 단단하게 굳은 후에 파일링을 한다.
③ 아크릴릭이 들뜬 부분에 오일 도포 후 큐티클을 정리한다.
④ 새로 자라난 자연 손톱 부분에는 프라이머를 바른다.

54 네일 미용 기술 중 페디큐어 시술 방법으로 올바른 것은?

① 혈압이 높거나 심장병이 있는 고객은 압을 강하게 주어 마사지해 주면 혈액순환에 도움이 된다.

② 파고드는 발톱의 예방을 위하여 발톱의 모양은 일자형으로 한다.

③ 발바닥의 각질 제거는 콘커터를 사용하여 완벽하게 제거해준다.

④ 발톱의 모양은 고객이 원하는 형태로 잡아준다.

55 손톱 쉐입 중 스퀘어 보다 조금 더 부드러운 느낌을 주는 네일 형태는 무엇인가?

① 라운드 스퀘어형 ② 라운드형

③ 오벌형 ④ 포인트형

56 손톱이 가늘고 길어 보이게 하는 폴리시 도포 방법은 무엇인가?

① 프리에지 ② 슬림라인

③ 풀코트 ④ 하프문

57 UV 램프에 젤 큐어링 시 발생하는 히팅 현상에 대한 설명으로 가장 올바르지 않은 것은?

① 손톱 표면이 얇아졌거나 손상이 있을 경우 히팅 현상이 나타날 수 있다.

② 젤을 두껍게 올렸을 경우에 히팅 현상이 나타날 수 있다.

③ 히팅 현상은 순간적으로 작용하므로 잠시만 참고 시술하면 된다.

④ 젤을 얇게 올리고 여러 번 큐어링하여 히팅 현상에 대처한다.

58 네일 미용 기술 중 손톱 모양 만들기, 큐티클 정리, 컬러링 등을 포함한 네일 관리 방법은 무엇인가?

① 매니큐어 ② 페디큐어

③ UV 젤네일 ④ 아크릴 오버레이

59 네일 미용 기술 중 원톤 스캅춰 제거방법에 관한 설명으로 올바르지 않은 것은?

① 100% 아세톤을 사용하여 아크릴릭을 녹여준다.

② 인조 네일 표면에 에칭을 주어 제거가 용이하도록 한다.

③ 화학약품으로 인한 손상을 막기 위해 파일링만으로 제거한다.

④ 인조 네일을 뜯는 행위는 자연 손톱에 손상을 주므로 피한다.

60 네일 미용 기술 중 페디큐어 작업과정 중 ( ) 안에 들어갈 순서로 맞는 것은?

발 소독 - 폴리시 제거 - 길이 및 모양 잡기 - ( ) - 큐티클 정리 - 각질 제거하기

① 족탕기에 발 담그기

② 발 마사지 하기

③ 유분기 제거하기

④ 토우세퍼레이터 끼우기

제1회 CBT 실전모의고사

답안 & 해설

01	02	03	04	05	06	07	08	09	10
③	④	①	③	②	③	③	②	③	①
11	**12**	**13**	**14**	**15**	**16**	**17**	**18**	**19**	**20**
③	②	③	②	①	②	①	③	③	④
21	**22**	**23**	**24**	**25**	**26**	**27**	**28**	**29**	**30**
②	③	④	③	③	④	①	④	②	④
31	**32**	**33**	**34**	**35**	**36**	**37**	**38**	**39**	**40**
①	④	①	②	④	④	①	③	②	④
41	**42**	**43**	**44**	**45**	**46**	**47**	**48**	**49**	**50**
④	④	③	③	③	②	②	④	②	①
51	**52**	**53**	**54**	**55**	**56**	**57**	**58**	**59**	**60**
③	②	③	②	①	②	③	①	③	①

01 특권층이 금색, 은색, 검정색상을 사용한 시점은 기원전 600년경이다.

02 조소피(큐티클)는 균의 침입으로부터 보호하는 부분이며 손톱은 케라틴이 경화되어 만들어진다.

03 라틴어 마누스(Manus)는 손이라는 뜻과 큐라(Cura) 관리라는 어원이 만나 매니큐어(Manicure) 손 관리를 뜻한다.

04 미용사(네일) 국가기술자격증이 시행된 시기는 2014년도이다.

05 네일 베드(조상)는 네일 바디(조판) 아래에 위치하고 있다.

06 고객의 개인적인 사항은 기록하지 않는다.

07 수지골(손가락뼈)은 기절골, 중절골, 말절골로 구성되어 있다.

08 교조증은 네일을 물어뜯는 습관으로 생긴 네일 질환으로 인조 손톱을 연장하여 교정할 수 있다.

09 조연화증이라고도 하며 네일이 달걀껍질처럼 얇고 휘어진 상태를 말한다.

10 굴근은 손목을 굽히고 손가락을 구부리게 한다. 신근은 손목과 손가락을 벌리거나 펴게 한다. 회내근은 손등이 위로 향하게 하는 근육이다. 회외근은 손바닥이 위로 향하게 하는 근육이다.

11 비타민 D가 결핍 시 발생할 수 있는 질병은 구루병이다. 구순염은 비타민 B2 결핍 시 나타나는 질환이다.

12 표피 기저층에 존재하는 머켈세포는 촉감을 감지한다.

13 멜라닌 색소는 자외선을 차단해 준다.

14 코직산은 티로시나아제 산화효소 작용을 억제한다.

15 바이러스성 피부질환은 단순포진, 대상포진, 사마귀, 수두, 홍역, 풍진 등이 있다.

16 SPF 숫자는 시간을 나타내는 것이 아니라 차단 기능을 의미한다. 숫자가 높을수록 자외선 차단 기능이 높다.

17 에크린한선(소한선)은 입술과 생식기를 제외하고 전신에 분포되어 있다.

18 복합성 피부는 얼굴부위에서 2가지 이상의 피부유형이 나타나는 피부 타입이다.

19 멜라닌 색소가 함유되어 있는 곳은 모피질이다.

20 피지선은 손바닥과 발바닥에는 존재하지 않는다.

21 일산화탄소 8시간 평균치는 9ppm 이하이며 시간평균치는 25ppm 이하이다.

22 페스트, 살모넬라증, 발진열, 개귀열 등 쥐 매개체로 감염병이 발생된다.

23 광절열두조충(긴촌충) 제2간숙주는 송어, 연어이다.

24 실내 습도는 40~70%가 쾌적한 습도이다.

25 실내에 다수인이 밀집되어 오염된 실내공기로 인해 두통, 현기증, 구토 등의 증상이 나타나는 것을 군집독이라고 한다.

26 디프테리아는 제1군 감염병이다.

27 자비소독 시 살균력을 높이기 위해 탄산나트륨, 붕산, 크레졸액 등을 사용한다.

28 석탄산은 바이러스 아포에는 효력이 적다.

29 생석회는 산화칼슘 98% 이상을 포함한 분말체로 화장실, 토사물, 하수도 주위를 소독할 때 사용한다.

30 크레졸 소독법은 화학적 소독방법이다.

32 크기가 작아 전자현미경으로만 관찰할 수 있는 병원체는 바이러스이다.

33 비말감염은 기침, 재채기 등으로 인해 코나 입으로 감염되는 것을 말하며 인플루엔자, 결핵, 백일해, 디프테리아 등이 비말전염으로 감염될 수 있다.

34 소독 대상물은 손상시키지 않아야 한다.

35 영업소 내부에는 이·미용업 신고증, 면허증 원본, 요금표가 게시되어야 한다.

36 과태료 처분에 불복이 있는 자는 그 처분의 고지를 받은 날부터 30일 이내에 처분권자에게 이의를 제기할 수 있다.

37 시·도지사는 공중위생 영업소의 위생 관리 수준을 향상시키기 위하여 위생서비스 평가 계획을 수립하여 시장·군수·구청장에게 통보한다.

38 '미용업'이라 함은 손님의 얼굴·머리·피부 등을 손질하여 손님의 외모를 아름답게 꾸미는 영업을 말한다.

39 공중위생영업자는 매년 3시간 위생교육을 받아야 한다.

40 당해 영업소의 간판 기타 영업표지물의 제거, 당해 영업소가 위법한 영업소임을 알리는 게시물 부착, 영업을 위하여 필수불가결한 기구 또는 시설물을 사용할 수 없게 하는 봉인으로 영업소 폐쇄 조치가 가능하다.

41 화장품은 청결, 미화를 목적으로 사용하며 의약품은 질병의 치료 목적으로 사용한다. 화장품은 부작용이 없어야 하며 의약품은 부작용이 발생할 수 있다.

42 자외선 산란제 성분은 이산화티탄, 산화아연, 징크옥사이드 등이 있다.

43 보습제는 휘발성이 없어야 한다.

44 천연 오일보다 합성 오일이 화학적 안정성과 사용성이 더 우수하다.

45 모공 수축은 알코올 함량이 높은 수렴화장수의 기능이다.

46 난황유 : 계란 노른자 추출, 라놀린 : 양의 털 추출, 스쿠알렌 : 상어 간 추출, 밀랍 : 벌집 추출

47 에멀전은 물과 오일이 유화제를 사용하여 균일하게 혼합되어 있다.

48 방부제는 무색, 무취의 성질을 가져야 한다.

49 의약품은 인체에 약리적인 효과를 준다.

50 양이온계면활성제는 살균이나 정전기 방지제 등으로 사용된다. 음이온계면활성제는 세정력이 강하고 기포형성 작용이 우수하여 비누, 샴푸 등에 많이 사용된다. 양성계면활성제는 피부 자극도가 약해 베이비 샴푸 등에 주로 사용된다.

51 소프트 젤은 아세톤에 녹으며 하드 젤은 아세톤에 녹지 않아 파일링이나 드릴에 머신 작업으로 제거해야 한다.

53 인조 네일 보수 전에 오일을 도포하면 리프팅의 원인이 된다.

54 발톱은 일자형 또는 스퀘어 형태로 잡아주며 혈압이 높거나 심장병이 있는 고객은 심장에 무리가 갈 수 있으므로 마사지를 생략하거나 압을 약하게 해야 한다. 각질 제거는 한 번에 제거할 시 피부에 손상을 줄 수 있으므로 꾸준한 각질관리를 해야 한다.

56 손톱의 옆면을 조금 남기고 컬러링하는 방법은 슬림라인이다.

57 히팅 현상이 발생되면 UV 램프에서 바로 손을 꺼내도록 한다.

59 파일링으로만 제거 시 시간이 오래 걸리고 잘못된 파일링으로 자연 손톱이 손상될 수 있다.

제2회 CBT 실전모의고사

01 노화피부의 증상을 알맞게 설명한 것은?

① 피지 분비가 활성화되어 번들거린다.
② 피부표면이 매끄럽고 부드럽다.
③ 모공이 작고 건조하다.
④ 유·수분이 부족하여 윤기와 탄력이 떨어진다.

02 피부의 구조 중 멜라노사이트(melanocyte)가 주로 분포되어 있는 층은 어디인가?

① 각질층 ② 투명층
③ 기저층 ④ 망상층

03 신체 중 피지선이 없는 곳은 어디인가?

① 발바닥 ② 귀
③ 코 ④ 이마

04 모발의 성장단계를 올바르게 나타낸 것은 무엇인가?

① 성장기 - 퇴화기 - 휴지기
② 발생기 - 휴지기 - 퇴화기
③ 성장기 - 휴지기 - 퇴화기
④ 발생기 - 성장기 - 퇴화기

05 특정 부위의 땀 냄새는 어떤 분비선의 증가로 인한 것인가?

① 콜레스테롤 ② 스테로이드
③ 에크린한선 ④ 아포크린한선

06 비타민에 관한 설명으로 올바르지 않은 것은?

① 비타민 A가 부족하면 피부가 건조해지고 거칠어진다.
② 아스코르빈산은 비타민 A를 통칭하는 용어이다.
③ 비타민 C는 피부 미백에 도움을 준다.
④ 비타민 D는 많은 양이 피부에서 합성된다.

07 피부의 구성 섬유물질인 엘라스틴에 대한 설명으로 올바르지 않은 것은 무엇인가?

① 피부의 탄력유지에 중요한 구성 물질이다.
② 섬유질이 짧고 가늘어 탄력성과 팽창성이 매우 크다.
③ 교원섬유라고도 불린다.
④ 피부의 파열을 방지하는 스프링 역할을 한다.

08 기계적 손상에 의한 피부질환으로 올바르지 않은 것은?

① 굳은살 ② 종양
③ 티눈 ④ 욕창

09 피부의 산성막은 본래의 pH로 환원시키기 위한 능력을 가지고 있는데 이것은 무엇인가?

① 산 중화능력
② 알칼리 중화능력
③ 아미노산 중화능력
④ 카르복실 중화능력

10 각종 대사에 중요한 역할을 하는 리보플라빈이 결핍되면 피부염, 구순구각염 질병을 일으키기도 한다. 이 비타민은 무엇인가?

① 비타민 A ② 비타민 B_2
③ 비타민 E ④ 비타민 K

11 네일 미용 역사에 관한 설명 중 올바르지 않은 것은?

① 고대 중국에서는 벌꿀, 달걀흰자, 고무나무 수액 등으로 손톱에 발랐다.
② 고대 이집트에서는 남자들도 네일 관리를 받았다.
③ 손톱의 색상으로 계급을 나타내기도 하였다.
④ 최초의 네일 관리는 B.C 3000년에 이집트에서 시작되었다.

12 손톱의 구조에 대한 설명으로 올바른 것은?

① 네일 베드(조상): 손톱의 끝 부분에 해당되며 손톱의 모양으로 만들 수 있다.
② 매트릭스(조모): 손톱의 성장이 진행되는 곳으로 이상이 생기면 손톱의 변형을 가져온다.
③ 루눌라(반월): 매트릭스와 네일 베드가 만나는 부분으로 미생물 침입을 막는다.
④ 네일 바디(조체): 네일 베드를 받치고 있는 밑 부분으로 네일의 신진대사와 수분공급을 한다.

13 네일 질환 중 큐티클이 과잉 성장하여 손톱 위로 자라는 질병은 무엇인가?

① 교조증(오니코파지)
② 조갑위축증(오니코아트로피)
③ 조갑비대증(오니콕시스)
④ 조갑익상편(테리지움)

14 손톱의 특징에 대한 설명으로 올바르지 않은 것은?

① 네일 바디와 네일 루트는 산소를 필요로 한다.
② 지각 신경이 집중되어 있는 반투명의 각질판이다.
③ 손톱의 경도는 함유된 수분의 함량이나 각질의 조성에 따라 다르다.
④ 네일 베드의 모세혈관으로부터 산소를 공급받는다.

15 네일 질환 중 몰드(mold)는 습기, 열, 공기에 의해 균이 번식되는데 이때 몰드가 발생한 수분 함유율은 얼마인가?

① 2~5% ② 7~10%
③ 12~18% ④ 23~25%

16 네일 미용 샵(shop)의 안전관리를 위한 대처방법으로 올바르지 않은 것은?

① 시술 시 마스크를 착용하여 가루의 흡입을 막는다.
② 화학물질을 사용은 반드시 뚜껑이 있는 용기를 사용한다.
③ 가능하면 스프레이 형태의 화학물질을 사용한다.
④ 작업 공간에서는 음식물이나 음료, 흡연을 금한다.

17 발의 근육에 해당하는 것은 무엇인가?

① 비복근 ② 대퇴근
③ 족배근 ④ 장골근

18 네일의 병변과 그 원인의 연결이 올바르지 않은 것은?

① 모반(니버스) - 손톱 표면의 멜라닌 색소 침착
② 흰색반점 손톱(루코니키아) - 강알칼리성 세제 사용, 갑상선 기능 저하
③ 멍든 손톱(헤마토마) - 외부의 충격
④ 고랑파진 손톱(커러제이션) - 아연, 영양 결핍, 과도한 푸셔링, 순환계의 이상

19 한국 네일 미용에서 '염지갑화'라고 하여 봉선화로 손톱에 물을 들이는 풍습이 있었던 시기는 언제인가?

① 고조선시대 ② 신라시대
③ 고려시대 ④ 조선시대

20 손의 근육 중 중간근(중수근)에 해당하는 것은 무엇인가?

① 엄지만섭근(무지대립근)
② 엄지모음근(무지대전근)
③ 작은원근(소원근)
④ 벌레근(충양근)

21 핫오일 매니큐어 시술로 효과를 볼 수 있는 손톱질환은 무엇인가?

① 행네일 ② 몰드
③ 루코니키아 ④ 교조증

22 오렌지 우드스틱의 사용 용도로 올바르지 않은 것은?

① 푸셔 대용으로 큐티클을 올릴 때 사용한다.
② 네일 주위의 굳은살을 정리할 때 사용한다.
③ 피부에 묻은 폴리시의 여분을 닦아낼 때 사용한다.
④ 네일 주위의 유분기를 닦아낼 때 사용한다.

23 네일 팁 접착 방법에 관한 설명으로 올바르지 않은 것은?

① 네일 팁 웰 부분의 밀착을 위해 자연 손톱의 모양은 라운드 형태가 적당하다.
② 네일 팁 접착 시 자연 네일의 1/2 이상 덮지 않는다.
③ 리프팅 방지를 위해 자연 손톱과 네일 팁에 프라이머를 도포한다.
④ 네일 팁 접착 시 공기가 유입되지 않도록 자연 네일과 접근 각도는 45°를 유지하면 부착한다.

24 컬러링에 관한 내용으로 올바르지 않은 것은?

① 베이스코트는 폴리시의 착색을 방지하기 위해 도포한다.
② 폴리시를 바를 때 브러시의 각도는 90°로 잡는 것이 가장 이상적이다.
③ 폴리시는 얇게 바르며 2회 정도 도포한다.
④ 탑코트는 폴리시의 광택을 더해주고 지속력을 높여준다.

25 페디큐어 시술에 필요한 재료나 도구가 아닌 것은?

① 토우세퍼레이터 ② 족탕기
③ 디펜디시 ④ 페디파일

26 스마일 라인에 대한 설명으로 올바르지 않은 것은?

① 프리에지 상태에 따라 스마일 라인의 깊이를 조절할 수 있다.
② 좌우대칭의 밸런스보다 자연스러움을 강조해야 한다.
③ 깨끗하고 선명한 라인을 만들어야 한다.
④ 결이 생기지 않도록 빠른 시간에 시술해야 한다.

27 네일 폼 사용에 관한 설명으로 올바르지 않은 것은?

① 에포니키움이 손상되지 않도록 주의하며 장착한다.
② 자연 네일과 네일 폼 사이가 벌어지지 않도록 장착한다.
③ 네일 폼 사이즈가 안 맞을 경우 재단하여 장착한다.
④ 네일 폼 좌우가 균형이 맞게 조절하여 장착한다.

28 팁 위드 랩 작업 시 글루와 액티베이터의 과도한 사용으로 인한 히팅감 통증은 손톱의 어떤 부위에서 느껴지는가?

① 네일 그루브 ② 프리에지
③ 네일 베드 ④ 큐티클

29 페디큐어의 정의로 맞게 설명한 것은 무엇인가?

① 발톱을 관리하는 것을 말한다.
② 발과 발톱을 관리, 손질하는 것을 말한다.
③ 발을 관리하는 것을 말한다.
④ 손상된 발톱을 교정하는 것을 말한다.

30 라이트 큐어드 젤(Light cured gel)에 관한 설명으로 올바른 것은 무엇인가?

① 공기 중에 산화되면 자연스럽게 응고된다.
② 특수 광선을 노출시켜 젤을 응고시키는 방법이다.
③ 젤 경화 시 실내온도와 습도에 민감하게 반응한다.
④ 엑티베이터를 이용하여 응고시키는 방법이다.

31 공중위생관리법에 따라 이·미용업 영업소에 게시하여야 할 게시물에 해당하지 않는 것은 무엇인가?

① 이·미용사 국가기술자격증
② 이·미용업 신고증
③ 이·미용 요금표
④ 개설자의 면허증 원본

32 공중위생관리법에 따라 이·미용업의 시설 및 설비기준으로 맞게 설명한 것은 무엇인가?

① 영업소 안에는 고객의 편의를 위해 별실, 기타 이와 유사한 시설을 설치할 수 있다.
② 미용 기구는 소독을 한 기구와 소독을 하지 아니한 기구를 구분하여 보관할 수 있는 용기를 비치하여야 한다.
③ 응접 장소와 작업 장소를 구획하는 경우에는 커튼, 칸막이 기타 이와 유사한 장애물의 설치가 가능하다.
④ 탈의실, 욕실, 욕조 및 샤워기를 설치하여야 한다.

33 이·미용사의 면허가 취소되거나 면허의 정지 명령을 받은 자는 누구에게 면허증을 반납해야하는가?

① 보건복지부장관 ② 시·도지사
③ 시장·군수·구청장 ④ 보건소장

34 공중위생영업의 승계에 관한 설명으로 올바르지 않은 것은?

① 공중위생영업자가 그 공중위생영업을 양도하거나 사망한 때, 또는 법인의 합병이 있는 때에는 그 양수인·상속인 또는 합병 후 존속하는 법인이나 합병에 의하여 설립되는 법인은 그 공중위생영업자의 지위를 승계한다.

② 공중위생영업자의 지위를 승계한 자는 1월 이내에 보건복지부령이 정하는 바에 따라 보건복지부장관에게 신고하여야 한다.
③ 민사집행법에 의한 경매, 채무자 회생 및 파산에 관한 법률에 의한 환수나 국세징수법 관세법 또는 지방세기본법에 의한 압류재산의 매각 그 밖에 이에 준하는 절차에 따라 공중위생영업 관련 시설 및 설비의 전부를 인수한 자는 이 법에 의한 그 공중위생영업자의 지위를 승계한다.
④ 이용업 또는 미용업의 경우에는 규정에 의한 면허를 소지한 자에 한하여 공중위생영업자의 지위를 승계할 수 있다.

35 공중위생교육의 내용으로 맞지 않은 것은 무엇인가?
① 고객 응대 교육
② 청결에 관한 교육
③ 사회 교육
④ 공중위생관리법 및 관련 법규

36 과태료의 부과·징수 절차에 관한 설명으로 올바르지 않은 것은?
① 과태료는 시장·군수·구청장이 부과·징수한다.
② 과태료 처분을 받은 자가 이의를 제기한 경우 처분권자는 시장·군수·구청장에게 이를 통보한다.
③ 과태료 처분의 고지를 받은 날부터 20일 이내에 이의를 제기할 수 있다
④ 기간 내 이의가 없이 과태료를 납부하지 아니한 때에는 지방세체납처분의 예에 따른다.

37 세계보건기구가 제시한 한 국가나 지역사회 간의 보건수준을 비교하는 지표는 무엇인가?
① 영아사망률, 평균수명, 비례사망지수
② 비례사망지수, 조사망률, 평균수명
③ 평균수명, 조사망률, 국민소득
④ 의료시설, 평균수명, 인구증가율

38 세균성 식중독의 특징으로 올바르지 않은 것은?
① 면역이 성립되지 않는다.
② 대체적으로 잠복기가 긴 편이다.
③ 2차 감염이 낮다.
④ 다량의 균이 발생한다.

39 기생충 질환과 인체감염 원인 매개체와의 연결로 올바르지 않은 것은?
① 폐흡충 – 가재
② 유구조충 – 소고기
③ 광절열두조충 – 연어
④ 간흡충 – 민물고기

40 우리나라의 암 발생자 중 사망자 수가 가장 많은 암은 무엇인가?
① 간암 ② 폐암
③ 대장암 ④ 췌장암

41 병원체 중 바이러스(Virus)의 특징으로 올바르지 않은 것은?
① 살아있는 세포에서만 증식이 가능하다.
② 일반적으로 병원체 중에서 크기가 가장 작다.
③ 항생제에 감수성이 있다.
④ 인플루엔자, 홍역, 천연두, 황열은 바이러스 질환이다.

42 세계보건기구에서 정의하는 보건행정의 범위에 속하지 않는 것은?

① 모자보건 ② 산업행정
③ 환경위생 ④ 감염병 관리

43 병원성과 비병원성 미생물 모두를 사멸 또는 제거하는 것은 무엇인가?

① 소독 ② 살균
③ 방부 ④ 멸균

44 자비소독법의 일반적인 물의 온도와 시간으로 알맞은 것은 무엇인가?

① 150℃에서 15분간
② 135℃에서 20분간
③ 100℃에서 20분간
④ 80℃에서 30분간

45 금속제품 기구소독에 적합하지 않는 화학 소독제는 무엇인가?

① 알코올 ② 승홍수
③ 역성비누 ④ 크레졸수

46 석탄산 소독제의 단점으로 올바르지 않은 것은?

① 금속제품을 부식시킨다.
② 취기와 독성이 강하다.
③ 피부 점막에 자극성이 있다.
④ 높은 온도에서 소독력이 약화된다.

47 이·미용실의 기구(가위, 레이저) 소독으로 가장 적합한 소독제는 무엇인가?

① 70~80%의 알코올
② 100~200배 희석 역성비누
③ 5% 크레졸비누액
④ 50%의 페놀액

48 100℃에서 30분간 가열하는 처리를 24시간마다 3회 반복하는 멸균법은 무엇인가?

① 고압증기멸균법 ② 간헐멸균법
③ 고온멸균법 ④ 건열멸균법

49 소독방법 중 의류와 침구류 등에 유효한 자연 소독방법은 무엇인가?

① 일광소독 ② 알코올소독
③ 크레졸소독 ④ 표백

50 소독제의 적정 농도로 올바르지 않은 것은?

① 석탄산 1~3% ② 알코올 1~3%
③ 크레졸수 1~3% ④ 승홍수 0.1%

51 활성성분 중 아줄렌(Azulene)은 어디에서 추출한 성분인가?

① 알라토인(Allantoin)
② 코직산(Kojicacid)
③ 카모마일(Camomile)
④ 은행잎추출물(Ginko)

52 계면활성제 종류 중 세정작용과 기포형성 작용이 우수하여 비누, 샴푸 등에 주로 사용되는 계면활성제는 무엇인가?

① 음이온성계면활성제
② 양이온성계면활성제
③ 양쪽성계면활성제
④ 비이온성계면활성제

53 화장품의 활성 성분 중 미백 효과가 있는 성분이 아닌 것은 무엇인가?

① 플라센타, 비타민 C
② 레몬추출물, 감초추출물
③ 코직산, 구연산
④ 리보플라빈, 아줄렌

54 화장품법상 기능성 화장품에 속하지 않는 것은 무엇인가?

① 미백에 도움을 주는 제품
② 아토피개선에 도움을 주는 제품
③ 주름개선에 도움을 주는 제품
④ 자외선으로부터 피부를 보호하는데 도움을 주는 제품

55 화장품의 원료 중 에탄올의 역할로 올바르지 않은 것은 무엇인가?

① 보습 기능이 있다.
② 청량감을 준다.
③ 소독 작용을 한다.
④ 수렴 효과가 있다.

56 SPF에 관한 설명으로 올바르지 않은 것은?

① Sun Protection Factor의 약자로써 자외선 차단지수라 불리어진다.
② 엄밀히 말하면 UV-B 방어 효과를 나타내는 지수라고 볼 수 있다.
③ 오존층으로부터 자외선이 차단되는 정보를 알아보기 위한 목적으로 이용된다.
④ 자외선 차단제를 바른 피부에 최소한의 홍반을 일어나게 하는 데 필요한 자외선 양을 바르지 않는 피부에 최소한의 홍반을 일어나게 하는 데 필요한 자외선 양으로 나눈 값이다.

57 화장품의 분류로서 사용 목적과 제품이 일치하지 않은 것은 무엇인가?

① 기초화장품 - 세안 - 클렌징 폼
② 기초화장품 - 피부정돈 - 화장수
③ 메이크업 화장품 - 포인트메이크업- 아이라이너
④ 모발화장품 - 정발용 - 샴푸

58 화장품을 일정 기간 동안 사용하면서 변질되거나 변색되지 않는 화장품의 요건으로 맞는 것은?

① 안전성　　② 안정성
③ 사용성　　④ 유효성

59 화장수의 기능으로 올바르지 않은 것은?

① 피부의 수렴작용을 한다.
② 피부 노폐물의 분비를 촉진시킨다.
③ 피부 각질층에 수분공급을 한다.
④ 피부의 pH 조절을 한다.

60 에센셜 오일의 사용 시 주의사항에 관한 설명으로 올바르지 않은 것은?

① 순수 에센셜 오일만을 사용하여야 한다.
② 눈, 입술 등 점막부위는 사용을 주의해야 한다.
③ 알레르기 체질은 전문가와 상의하여 사용 여부를 결정한다.
④ 뚜껑을 닫아 직사광선이 닿지 않는 곳에 보관한다.

제2회 CBT 실전모의고사

답안 & 해설

01	02	03	04	05	06	07	08	09	10
④	③	①	①	④	②	③	②	②	②
11	12	13	14	15	16	17	18	19	20
②	②	④	①	④	③	③	②	③	④
21	22	23	24	25	26	27	28	29	30
①	②	③	②	③	②	①	③	②	②
31	32	33	34	35	36	37	38	39	40
①	②	③	②	③	③	②	②	②	②
41	42	43	44	45	46	47	48	49	50
③	②	④	③	②	④	①	②	①	②
51	52	53	54	55	56	57	58	59	60
③	①	④	②	①	③	④	②	②	①

1 노화피부는 유·수분이 부족하여 피부가 건조하고 탄력이 떨어진다.

2 멜라닌 세포는 표피의 기저층에 주로 존재한다.

3 피지선은 손바닥, 발바닥에는 존재하지 않는다.

4 모발은 성장기 – 퇴화기 – 휴지기로 성장한다.

5 아포크린한선(대한선)은 우유빛의 색상과 특유의 냄새를 지니고 있다.

6 아스코르빈산은 비타민 C를 통칭하는 용어이다.

7 교원섬유는 콜라겐 물질이다.

8 기계적 손상은 외력이 가해져서 피부나 점막에 생기는 피부질환으로 굳은살, 티눈, 욕창이 해당된다.

9 피부는 알칼리성으로 인한 산성막 파괴를 본래의 pH로 환원시키기 위해 알칼리 중화 능력을 가진다.

11 고대 이집트에는 남자들은 네일 관리를 하지 않았다.

12 프리에지(자유연) : 손톱의 끝 부분에 해당되며 손톱의 모양으로 만들 수 있다.
큐티클(조상연) : 매트릭스와 네일 베드가 만나는 부분으로 미생물 침입을 막는다.
네일 베드(조상) : 네일 바디를 받치고 있는 밑 부분으로 네일의 신진대사와 수분공급을 한다.

13 조갑익상편은 큐티클이 과잉 성장하여 네일 표면을 덮는 상태를 말한다.

14 네일 루트는 산소공급이 필요하지만 네일 바디는 단단한 경단백질로 구성되어 있어 신경과 혈관이 없어 산소가 필요하지 않다.

15 자연 손톱의 수분 함유율은 12~18%이다. 몰드는 23~25%의 수분이 많을 경우 발생할 수 있다.

16 스프레이 형태의 화학물질은 공기 오염 원인이 되므로 자제해야 한다.

17 비복근 : 종아리 뒤쪽 근육
대퇴근 : 허벅지 근육
장골근 : 엉덩이 근육

18 루코니키아 병변은 유전, 충격으로 인한 네일 베드와 네일 바디 사이의 공기 유입이 원인이다.

19 염지갑화는 고려시대 풍습이다.

20 손의 중수근은 배측골간근, 장측골간근, 충양근으로 되어 있다.

21 행네일(거스러미손톱)은 건조한 큐티클로 인해 발생하므로 보습이 우수한 핫오일 매니큐어를 시술하면 좋다.

22 굳은살은 콘커터, 파일 등을 이용하여 제거한다.

23 프라이머는 자연 손톱에만 도포한다.

24 폴리시 브러시 각도는 45°로 잡는다.

25 디펜디시는 아크릴릭을 덜어 사용하는 용기이다.

26 스마일 라인은 좌우대칭이 맞아야 한다.

27 네일 폼은 프리에지와 하이포니키움 사이에 장착을 한다.

28 네일 바디 밑 부분인 네일 베드는 팁 위드 랩 작업 시 열이 발생되어 통증을 느낄 수 있다.

29 페디큐어는 발톱 모양 다듬기, 큐티클 정리, 발 마사지, 각질제거, 컬러링 등 발과 발톱을 관리하는 것을 총칭하는 말이다.

30 라이트 큐어드 젤은 자외선 또는 할로겐 램프의 빛으로 응고된다.

31 국가기술자격증은 영업소 안에 게시하지 않아도 된다.

32 ① 영업소 안에는 별실 기타 이와 유사한 시설을 설치하여서는 안된다. ③ 응접 장소와 작업 장소를 구획하는 커튼, 칸막이 기타 이와 유사한 장애물을 설치하여서는 안된다. ④ 탈의실, 욕실, 욕조 및 샤워기 설치 관련 규정은 없다.

33 면허가 취소되거나 면허 정지명령을 받은 자는 시장·군수·구청장에게 면허증을 즉시 반납해야 한다.

34 공중위생영업자의 지위를 승계한 자는 1월 이내에 보건복지부령이 정하는 바에 따라 시장·군수·구청장에게 신고하여야 한다.

35 공중위생교육 내용은 공중위생관리법 및 관련 법규, 소양교육(친절 및 청결에 관한 사항 포함), 기술교육, 기타 공중위생에 관하여 필요한 내용으로 진행한다.

36 과태료 처분의 고지를 받은 날부터 30일 이내에 이의를 제기할 수 있다.

37 WHO에서 제시한 보건수준 지표는 비례사망지수, 조사망률, 평균수명이다.

38 세균성 식중독은 잠복기가 짧은 편이다.

39 유구조충은 돼지고기를 생식할 경우 감염될 수 있다.

40 암 발생자 중 사망자 수가 높은 암은 폐암이다.

41 바이러스는 항생제에 감수성이 없다.

42 보건행정의 범위: 보건교육, 환경위생, 감염병 관리, 모자보건, 의료 및 보건간호

43 모든 미생물을 죽이거나 제거하는 것을 멸균이라고 한다.

44 자비소독은 100℃ 끓는 물속에 20~30분간 가열하는 소독 방법이다.

45 승홍수는 독성이 강해 금속제품을 부식시킨다.

46 석탄산은 낮은 온도에서 소독력이 약화되는 단점이 있다.

47 날이 있는 기구소독은 70% 알코올을 이용하여 소독한다.

48 간헐멸균법은 코흐증기솥 100℃에서 30~60분간 멸균시킨 후 24시간 항온기에 있는 상태를 3회 반복하는 멸균법이다.

49 자연소독방법은 일광소독(자외선 소독)이다.

50 알코올은 70% 농도일 때 살균 효과가 좋다.

51 카모마일에서 추출한 아줄렌 성분은 항염, 진정작용에 좋다.

53 리보플라빈, 아줄렌은 항염·진정 효과가 있는 성분이다.

54 기능성 화장품은 미백, 주름개선, 자외선으로부터 피부를 보호하는 데 도움을 주는 제품이다.

55 에탄올은 휘발성이 강해 피부에 건조함을 줄 수 있다.

56 SPF는 자외선이 피부로부터 차단되는 정도를 알아보기 위함이다.

57 샴푸는 세발용으로 분류된다.

58 화장품의 안정성은 보관에 따른 변질, 변색, 변취, 미생물의 오염이 없는 것을 의미한다.

59 화장수는 노폐물 정돈을 해 준다.

60 순수 100% 에센셜 오일은 독성이 있을 수 있으므로 베이스 오일과 희석하여 사용해야 한다.

제3회 CBT 실전모의고사

01 피부의 부속기관에 대한 설명으로 올바르지 않은 것은?

① 에크린한선 : 신체 전신에 분포가 되어 있으며 체온유지기능을 한다.
② 피지선 : 한선을 통해 배출한 피지는 피부를 약산성으로 유지시켜 미생물 증식을 억제한다.
③ 아포크린한선 : 특정 부위에서 배출을 하며 특유의 냄새가 난다.
④ 모발 : 먼지와 같은 외부의 자극물질을 걸러주는 역할을 하며 몸을 보호한다.

02 피부 상피조직의 신진대사에 관여하여 성장을 촉진시켜 주름을 감소시키고 피부 탄력을 증대시키는 레티놀은 어떤 비타민의 유도체인가?

① 비타민 A ② 비타민 C
③ 비타민 D ④ 비타민 K

03 피부 병변 중 원발진에 해당하는 피부변화는 무엇인가?

① 가피 ② 미란
③ 위축 ④ 구진

04 진피의 구성 섬유물질로서 피부 주름을 예방하고 자외선과 화학적 작용, 면역기능 향상을 도와주는 물질은 무엇인가?

① 콜라겐 ② 엘라스틴
③ 무코다당류 ④ 피하조직

05 광선 중 적외선이 피부에 미치는 작용이 아닌 것은 무엇인가?

① 온열 작용을 한다.
② 세포증식 작용을 한다.
③ 피부와 합성하여 비타민 D 형성을 한다.
④ 모세혈관 확장 작용하여 혈액순환을 돕는다.

06 피부 표피층에서 멜라닌세포가 주로 위치하는 곳은 어디인가?

① 각질층 ② 기저층
③ 유극층 ④ 투명층

07 광선 중 일광화상의 주된 원인이 되는 자외선의 종류는 무엇인가?

① UV-A ② UV-B
③ UV-C ④ UV-D

08 진균에 의한 피부병변이 아닌 것은?

① 족부백선 ② 두부백선
③ 무좀 ④ 대상포진

09 가려움증과 화끈거림이 동반되며 피부 표면의 갈라짐 또는 벗겨지는 증상을 보이는 피부 질환은 무엇인가?

① 건선 ② 습진
③ 무좀 ④ 면포

10 피부의 부속기관 중 피지선에 관한 설명으로 올바르지 않은 것은?

① 피지선은 피부 망상층에 존재하고 있으며 모공을 통해 분비를 한다.
② 피지선은 두피, 코, 이마에 많이 분포되어 있다.
③ 피지선은 손바닥과 발바닥에 존재하지 않는다.
④ 피지의 1일 분비량은 10~20g 정도이다.

11 건강한 손톱에 대한 설명으로 올바르지 않은 것은?

① 약 8~12%의 수분을 함유하고 있다.
② 완만한 아치 형태를 형성하고 있다.
③ 단단하고 탄력이 있으며 반투명한 노란빛을 띤다.
④ 손톱 표면이 매끄럽고 광택이 난다.

12 매니큐어의 유래에 관한 설명 중 틀린 것은?

① 고대 중국은 귀족신분을 드러내기 위해 특정 색상을 사용하여 손톱을 칠하였다.
② 고대 이집트는 헤나를 이용하여 손톱을 물들였다.
③ 매니큐어는 고대 희랍어에서 유래된 말로 마누스와 큐라의 합성어이다.
④ 17세기 경 인도의 상류층 여성들은 문신 바늘을 이용해 손톱의 색소를 주입하였다.

13 네일의 구조에서 모세혈관, 림프 및 신경조직이 있는 곳은 어디인가?

① 네일 바디　② 매트릭스
③ 큐티클　④ 루눌라

14 1950년대의 네일 미용 설명으로 옳지 않은 것은?

① 인조 네일 사용이 대중화되었다.
② 페디큐어가 등장하였다.
③ 네일 랩핑 시술이 시작되었다.
④ 호일을 이용한 아크릴 네일이 최초로 시행되었다.

15 네일 미용 시술이 불가능한 네일 질환을 무엇인가?

① 표피조막(테레지움)
② 교조증(오니코파지)
③ 조갑비대증(오니콕시스)
④ 조갑주의염(파로니키아)

16 손, 발의 뼈 구조에 관한 설명으로 올바르지 않은 것은?

① 중수골(손바닥뼈)는 5개의 뼈로 구성되어 있다.
② 족지골(발가락뼈)는 14개의 뼈로 구성되어 있다.
③ 수근골(손목뼈)는 8개의 뼈로 구성되어 있다.
④ 족근골(발목뼈)는 6개의 뼈로 구성되어 있다.

17 손가락 사이를 벌어지게 하는 손등의 근육은 무엇인가?

① 내전근　② 외전근
③ 대립근　④ 회외근

18 네일 미용의 위생 및 안전관리를 위한 대처방법으로 올바르지 않은 것은?

① 파일링으로 인한 이물질이 호흡기에 들어가지 않도록 마스크를 착용한다.
② 화학제품은 뚜껑이 있는 용기를 사용한다.
③ 뚜껑 있는 쓰레기통을 사용하고 폐기물은 자주 비워줘야 한다.
④ 파일, 오렌지 우드스틱은 소독하여 재사용한다.

19 손톱을 물어뜯는 습관으로 손톱이 자라지 못하는 네일 질환은 무엇인가?

① 교조증(Onychophagy)
② 조갑비대증(Onychauxis)
③ 조갑위축증(Onychatrophy)
④ 조내생증(Onyshocryptosis)

20 다음 중 손의 근육이 아닌 것은 무엇인가?

① 바깥쪽 뼈사이근(장측골간근)
② 등쪽 뼈사이근(배측골간근)
③ 반합줄근(반건양근)
④ 새끼맞섬근(소지대립근)

21 이·미용업자는 영업소 외의 장소에서 업무를 행할 수 없지만, 보건복지부령이 정하는 특별한 사유가 있을 경우 예외가 된다. 그 사유로 올바르지 않은 것은 무엇인가?

① 사회복지시설에서 봉사활동으로 미용을 하는 경우
② 방송 등의 촬영에 참여하는 사람에 대하여 그 촬영 직전에 이용 또는 미용을 하는 경우
③ 혼례나 그 밖의 의식에 참여하는 자에 대하여 그 의식 직전에 미용을 하는 경우
④ 기타 특별한 사정이 있다고 보건복지부장관이 인정하는 경우

22 면허 발급 대상자 중 이·미용사의 면허를 받을 수 없는 자는 누구인가?

① 전문대학에서 이용 또는 미용에 관한 학과를 졸업한 자
② 교육부장관이 인정하는 이·미용 고등학교에서 이용 또는 미용에 관한 학과를 졸업한 자
③ 교육부장관이 인정하는 고등기술학교에서 6개월 과정의 이용 또는 미용에 관한 소정의 과정을 이수한 자
④ 국가기술자격법에 의한 이·미용사의 자격을 취득한 자

23 이·미용업자의 위생관리기준에 관한 내용으로 올바르지 않은 것은?

① 면도기는 1회용 날만을 손님 1인에 한하여 사용한다.
② 의약품은 사용하지 않고 문신, 박피술 등의 미용시술은 하여도 된다.
③ 미용기구는 소독을 한 기구와 소독을 하지 않은 기구로 분리하여 보관한다.
④ 영업장 안의 조명도는 75룩스 이상이 되도록 유지해야 한다.

24 이·미용업 영업자가 받아야 하는 위생교육시간은 매년 얼마인가?

① 매년 2시간　② 매년 3시간
③ 매년 4시간　④ 매년 8시간

25 공중위생관리법 행정처분기준 중 1차 위반 시 면허취소에 해당하는 위반사항이 아닌 것은?

① 국가기술자격법에 따라 이·미용사 자격이 취소
② 면허증을 타인에게 대여 시
③ 면허정지처분을 받고 그 정지 기간 중 업무를 행한 때
④ 이중으로 면허를 취득 시

26 신고를 하지 아니하고 영업소의 소재지를 변경한 때에 대한 1차 위반 시 행정처분 기준은 무엇인가?

① 영업정지 1월 ② 영업정지 2월
③ 영업정지 3월 ④ 영업정지 6월

27 사회보장제도 종류에 따른 내용으로 올바르지 않은 것은?

① 사회보험 : 건강보험, 고용보험
② 공적부조 : 생활보호, 의료보호
③ 사회보험 : 공적연금, 저축연금
④ 공적부조 : 사회복지 서비스, 재해구호

28 대기 오염도를 측정할 때 지표로 사용되는 기준은 무엇인가?

① 산소 ② 질소
③ 이산화탄소 ④ 아황산가스

29 감염병 예방 및 질병 관리에 관하여 정기예방접종을 실시하여야 하는 자는 누구인가?

① 보건소장
② 도지사
③ 시장·군수·구청장
④ 보건복지부장관

30 예방접종으로 얻어지는 면역은 무엇인가?

① 인공능동면역 ② 인공수동면역
③ 자연능동면역 ④ 자동수동면역

31 감염병 발생 3대 요소는 무엇인가?

① 병인, 숙주, 환경
② 병인, 유전, 환경
③ 숙주, 감수성, 환경
④ 숙주, 유전, 환경

32 다음 중 수인성 감염병에 해당하는 것은 무엇인가?

① 말라리아 ② 세균성 이질
③ 성홍열 ④ 탄저병

33. 미생물의 종류에 해당하지 않는 것은?

① 세균 ② 효모
③ 곰팡이 ④ 벼룩

34 이·미용업소에서 소독되지 않은 타월을 사용하였을 경우 발생할 수 있는 감염병은 무엇인가?

① 장티푸스 ② 트라코마
③ 페스트 ④ 결핵

35 살균력 지표로 가장 많이 이용되는 소독약은 무엇인가?

① 석탄산 ② 크레졸
③ 알코올 ④ 포름알데히드

36 습열멸균과 건열멸균에 대한 내용으로 올바르지 않은 것은?

① 건열멸균은 기구들을 부식시키지 않으며 기구의 경도 및 예리함에 영향을 주지 않는다.
② 건열멸균은 고온으로 가열한 공기 중에 일정 시간을 방치하여 모든 미생물을 사멸시키는 방법이다.
③ 습열멸균은 소독하는 온도에 따라 평압증기와 고압증기에 의한 방법이 있다.
④ 습열멸균은 증기로 멸균하는 방법으로 대상물에 제한 없이 소독할 수 있어서 경제적이다.

37 소독제의 사용 및 보존방법의 주의 사항으로 올바르지 않은 것은?

① 염소제는 직사광선이 들지 않고 서늘한 곳에 보관하는 것이 좋다.
② 뚜껑만 잘 닫으면 장소에 제한 없이 보관할 수 있다.
③ 승홍이나 석탄산처럼 독성이 강한 소독제는 취급 시 주의해야 한다.
④ 소독제는 라벨을 붙여 구분하고 어린이가 만지지 않도록 보관에 주의해야 한다.

38 물리적 소독방법에 해당하는 것은 무엇인가?

① 알코올소독 ② 생석회소독
③ 포르말린소독 ④ 자비소독

39 소독용 과산화수소(H_2O_2) 수용액의 적당한 농도는 무엇인가?

① 2.5~3.5% ② 3.5~5.0%
③ 5.0~6.0% ④ 6.5~7.5%

40 알코올 소독으로 인한 미생물 변화의 주된 작용기전은 무엇인가?

① 할로겐 복합물 형성
② 효소의 완전 파괴
③ 균체의 완전 융해
④ 단백질 변성

41 매니큐어 시술에 관한 설명으로 올바른 것은?

① 손톱 모양을 만들 때는 여러 방향으로 파일링을 하여 대칭을 맞춘다.
② 큐티클은 상조피 부분까지 깨끗하게 제거한다.
③ 네일 폴리시를 바르기 전에는 큐티클오일을 도포하여 보습을 해준다.
④ 건조하고 갈라진 네일은 핫크림 매니큐어 시술을 하면 좋다.

42 큐티클 정리 및 제거 시 필요한 도구로 알맞은 것은?

① 파일, 탑코트 ② 라운드 패드, 니퍼
③ 샌딩블럭, 핑거볼 ④ 푸셔, 니퍼

43 인조 네일 특징에 관한 내용으로 올바르지 않은 것은?

① 네일 팁은 플라스틱, 나일론, 아세테이트 재질로 만들어진다.
② 아크릴릭 스컬프처는 네일 폼을 사용하여 다양한 네일 형태로 연장이 가능하다.
③ 실크익스텐션 재료에는 랩, 글루, 아크릴 파우더를 이용하여 연장을 한다.
④ 젤 네일은 냄새가 거의 나지 않으며 광택이 오래 지속되는 장점이 있다.

44 컬러링 중 그라데이션 기법에 관한 설명으로 올바르지 않은 것은?

① 다양한 색상을 사용하여 표현할 수 있다.
② 스펀지를 사용하여 시술할 수 있다.
③ UV 젤의 적용 시에도 활용할 수 있다.
④ 일반적으로 큐티클 부분으로 갈수록 컬러링 색상이 자연스럽게 진해지는 기법이다.

45 페디큐어 시술 중 폴리시 도포하기 전 발가락 사이가 서로 닿지 않게 하기 위해 사용하는 도구의 명칭은 무엇인가?

① 토우세퍼레이터 ② 콘커터
③ 클리퍼 ④ 엑티베이터

46 네일 랩에 관한 설명으로 올바르지 않은 것은?

① 약한 자연 손톱 위에 랩핑을 하여 튼튼하게 유지시켜준다.
② 찢어진 손톱에는 시술이 불가능하다.
③ 네일 랩은 실크, 린넨, 화이버 글라스 등 다양하다.
④ 손을 포장한다는 의미로 오버레이(over lays)라고도 한다.

47 폴리시를 바르는 방법 중 전체를 바른 후 손톱 끝 1.5㎜ 정도를 지워주는 컬러링 방법을 무엇이라고 하는가?

① 프리에지 ② 헤어라인팁
③ 슬림라인 ④ 루눌라

48 인조 네일을 보수하는 이유로 올바르지 않은 것은?

① 자연 손톱이 자라나기 때문에
② 몰드 네일 질환을 예방하기 위해
③ 인조 네일 제거를 용이하기 위해
④ 인조 네일의 리프팅을 방지하여 견고성을 유지시키기 위해

49 네일 팁 연장 시 네일을 불려서 시술하면 안 되는 이유는 무엇인가?

① 파일링 하기가 어려워진다.
② 네일 팁이 잘 부착되지 않는다.
③ 습기를 먹은 자연 네일에 곰팡이나 균이 번식할 수 있다.
④ 글루가 고르게 발리지 않는다.

50 노 라이트 큐어드 젤에 관한 설명으로 올바른 것은?

① 특수한 빛으로 쐬어 응고시킨다.
② 엑티베이터를 분사하여 고정시킨다.
③ 응고제를 분사하거나 발라서 응고시킨다.
④ 네일 드라이를 사용하여 건조시킨다.

51 화장품 정의로 틀린 내용은 무엇인가?

① 인체에 사용되는 물품으로 인체에 대한 치료 목적이 있다.
② 인체에 바르고 문지르거나 뿌리는 등의 방법으로 사용되는 물품이다.
③ 인체를 청결·미화하여 용모를 밝게 변화시키기 위해 사용되는 물품이다.
④ 피부 혹은 모발을 건강하게 유지 또는 증진하기 위한 물품이다.

52 화장품의 분류 중 기초화장품에 해당되는 종류는 무엇인가?

① 클렌징 워터 ② 마사지 크림
③ 바디 클렌저 ④ 로션, 화장수

53 천연보습인자의 구성 성분 중 비율이 높은 성분은 무엇인가?

① 글리세린 ② 아미노산
③ 알부틴 ④ 젖산염

54 화장품의 4대 품질 요건으로 올바르지 않은 것은?

① 안전성 ② 기능성
③ 유효성 ④ 안정성

55 화장품의 분류에 관한 설명으로 올바르지 않은 것은?

① 자외선 차단제나 태닝 제품은 기능성 화장품에 속한다.
② 팩, 마사지 크림은 스페셜 화장품에 속한다.
③ 퍼퓸(perfume), 오데코롱(eau de Cologne)은 방향 화장품에 속한다.
④ 샴푸, 헤어린스는 모발용 화장품에 속한다.

56 화장품 제형에 따른 분류로 올바르지 않은 것은?

① 가용화 ② 융화
③ 분산 ④ 유화

57 자외선 차단지수에 관한 설명으로 ( )에 들어갈 내용은 무엇인가?

자외선 차단지수(SPF)란 자외선 차단 제품을 사용했을 때와 사용하지 않았을 때의 ( ) 비율을 말한다.

① 최대 홍반량 ② 최소 홍반량
③ 최대 흑화량 ④ 최소 흑화량

58 화장품의 활성 성분 중 미백 기능과 거리가 먼 성분은 무엇인가?

① 코직산 ② 비타민 C
③ 알부틴 ④ 캄포

59 기초 화장품의 기능으로 올바르지 않은 것은?

① 피부 세안 ② 피부 정돈
③ 피부 보호 ④ 피부 결점 커버

60 다음에서 설명하는 화장품 활성 성분은 무엇인가?

비타민 A 유도체로 콜라겐 생성을 촉진, 케라티노사이트의 증식 촉진, 표피의 두께 증가, 히알루론산 생성을 촉진하여 피부 주름을 개선시키고 탄력을 증대시키는 성분이다.

① 코엔자임Q10 ② 레티놀
③ 알부틴 ④ 세라마이트

제3회 CBT 실전모의고사

답안 & 해설

01	02	03	04	05	06	07	08	09	10
②	①	④	①	③	②	②	④	②	④
11	12	13	14	15	16	17	18	19	20
③	③	②	③	④	④	②	④	①	③
21	22	23	24	25	26	27	28	29	30
④	③	②	②	②	①	③	④	③	①
31	32	33	34	35	36	37	38	39	40
①	②	④	②	①	④	②	④	①	④
41	42	43	44	45	46	47	48	49	50
④	④	③	④	①	②	②	③	③	③
51	52	53	54	55	56	57	58	59	60
①	③	②	②	②	②	②	④	④	②

01 한선은 땀샘을 말하며 에크린한선, 아포크린한선이다.

02 비타민 A의 유도체는 레티놀이다.

03 가피, 미란, 위축은 속발진 병변에 속한다.

05 비타민 D는 자외선과 합성하여 생성된다.

06 멜라닌세포는 표피의 기저층에 주로 존재한다.

07 UV-B에 과다하게 노출될 경우 일광화상을 입을 수 있다.

08 대상포진은 바이러스성으로 인한 피부질환이다.

09 습진의 증상이다.

10 피지의 1일 분비량은 1~2g정도이다.

11 건강한 손톱은 반투명한 핑크빛을 띤다.

12 매니큐어는 라틴어에서 유래된 어원이다.

13 매트릭스(조모)는 모세혈관과 림프 및 신경세포가 있으며 네일이 성장하는 중요한 부분이다.

14 실크와 린넨을 이용한 랩핑 시술은 1960년대에 사용되었다.

15 조갑주의염은 비위생적인 도구를 사용하여 감염된 증상으로 전염성이 강해 네일 미용 시술이 불가능하다.

16 발목뼈는 7개의 뼈로 구성되어 있다.

17 내전근 : 손가락을 모을 수 있게 하는 근육
외전근 : 손가락 사이를 벌어지게 하는 근육
대립근 : 물건을 잡을 때 사용하는 근육
회외근 : 손등이 위로 향하게 하는 근육

18 파일, 오렌지 우드스틱은 일회용품으로 사용 후 폐기처분을 한다.

19 교조증은 물어뜯는 습관으로 인해 네일 형태가 변형되는 네일 질환이다.

20 반건양근은 허벅지 근육이다.

21 기타 특별한 사정이 있다고 시장·군수·구청장이 인정한 경우이다.

22 교육부장관이 인정하는 고등기술학교에서 1년 이상 이용 또는 미용에 관한 소정의 과정을 이수한 자이어야 한다.

23 의료기구와 의약품은 사용하지 않아야 하며 점 빼기, 귓불 뚫기, 쌍꺼풀수술, 문신, 박피술 등의 의료행위는 해서는 안 된다.

24 위생교육은 매년 3시간을 받아야 한다.

25 면허증을 타인에게 대여 시 1차 위반 행정처분은 면허정지 3월이다.

27 저축연금은 사회보험에 해당되지 않는다.

29 시장·군수·구청장은 질병에 관하여 정기 예방접종을 실시하여야 한다.

30 인공능동면역은 예방접종으로 얻어진다.

32 수인성 감염병은 콜라레, 장티푸스, 파라티푸스, 세균성 이질이다.

33 미생물의 종류는 곰팡이, 효모, 세균, 리케아, 바이러스가 있다.

34 트라코마는 전염성 안질환으로 환자의 눈곱 등 분비물이 묻은 타월을 사용하였을 경우 감염될 수 있다.

35 살균력의 지표는 석탄산 계수로 나타낸다.

36 습열멸균은 온열에 견디지 못하는 재료에는 적용할 수 없다.

37 소독제는 냉암소에 밀폐 보관해야 한다.

38 물리적 소독방법은 화학약품을 사용하지 않는 소독방법이다.

39 과산화수소는 2.5~3.5%의 수용액을 사용한다.

40 알코올 소독은 균체의 단백질 응고작용을 한다.

41 ① 파일링은 한 방향으로 한다. ② 상조피까지 제거할 시 행네일이 유발된다. ③ 폴리시 바르기 전 유분기 제거를 해줘야 한다.

43 실크익스텐션 재료에는 아크릴 파우더가 아닌 필러 파우더를 사용한다.

44 그라데이션 기법은 프리에지 부분으로 갈수록 색상이 진해지는 기법이다.

46 찢어지거나 부러진 손톱에 시술이 가능하다.

48 인조 네일 보수를 한다고 제거가 용이하지는 않다.

49 습기가 높은 자연 네일에서는 몰드 발생이 생기기 쉽다.

50 노 라이트 큐어드 젤을 응고제를 사용하여야 한다.

51 인체에 대한 치료, 진단, 경감, 처치 목적은 의약품이다.

52 폼 클렌저, 바디 클렌저, 액체 비누, 외음부 세정제는 인체 세정용이다.

53 아미노산은 천연보습인자 구성 물질 중 40% 정도 차지하고 있다.

54 화장품의 요건은 안전성, 안정성, 유효성, 사용성이다.

55 팩, 마사지 크림은 기초화장품에 분류된다.

56 화장품 제형에 따른 분류는 가용화, 유화, 분산 형태이다.

57 최소 홍반량 비율을 말한다.

58 캄포는 피지조절, 항염 효과가 있어 여드름 및 지성 피부에 사용하는 성분이다.

59 피부 결점 커버는 메이크업 화장품의 기능이다.

60 비타민 A 유도체는 레티놀이다.

참고문헌

2주 끝장 미용사 네일. 정학동, 김기임 외. 에듀윌
Dermatology 알기 쉽게 풀이한 피부과학. 김해남. 도서출판 의학서원
NEW SKIN SCIENCE NEW 피부과학. 강정인, 송다혜 외. Gadam Plus
NEW 피부과학. 권혜영 외. 메디시언
공중보건학. 임국환 외. 지구문화사
기분파 네일 미용사 필기. 쉬즈네일원장 권지우, (주)에듀웨이 R&D 연구소. 에듀웨이
기초화장품 개론. 이정노. 이담북스
미용사 네일 미용 필기. 허정록, 정은영 외. 형설아카데미
미용피부과학. 아사다 야스오. 이용아, 이길영 옮김. 신정
위생관계법규. 박명준 외. 지구문화사
해부생리학. 김기영 외. 메디시언
화장품학. 김경영 외. 메디시언
화장품학. 하병조. 수문사

네이버 간호대학대사전 참고
네이버 두산백과 참고

미용사 네일 필기시험에 美 미치다

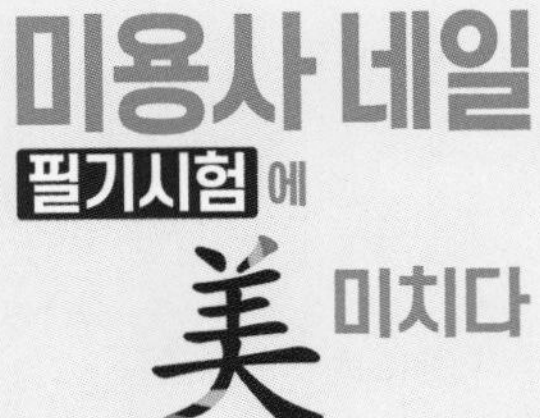
미용사 네일
필기시험에
美 미치다

퍼스널 컬러 코디네이터를 위한

뷰티색채학

박효원 · 송서현 · 유한나 지음 | 208쪽 | 24,000원

- 퍼스널 컬러 코디네이터 자격 시험 대비
- 자격시험 100% 합격 대비서

퍼스널 컬러 코디네이터란 개인의 퍼스널 컬러를 찾아주고 그에 잘 어울리는 색채 및 뷰티, 패션 스타일을 제안하고 자신을 어필할 수 있도록 돕는 색채 전문가이다. 이 책은 퍼스널 컬러 코디네이션을 위한 뷰티 색채학 도서로 미용 · 뷰티 관련 전문가를 꿈꾸는 학생들과 종사자는 물론, 퍼스널 컬러에 관심 있는 모든 사람에게 꼭 필요한 밑거름이 될 것이라 자부한다.

퍼스널 컬러 코디네이터 자격시험 합격 대비!

퍼스널 컬러 코디네이터 필기시험 완벽 가이드

(사)한국메이크업미용사회(박효원 · 송서현 · 유한나) 지음 | 112쪽 | 14,000원

- (사)한국메이크업미용사회 주관 퍼스널 컬러 코디네이터
- 자격시험 100% 합격 대비서

이 책은 '민간자격 2015-004830 퍼스널 컬러 코디네이터' 자격증 시행 기관인 (사)한국메이크업미용사회에서 출간한 퍼스널 컬러 코디네이터 문제집으로, 퍼스널 컬러 코디네이터 자격증을 준비하는 수험생들에게 합격의 지름길을 제시한다.

CBT 상시시험 합격을 위한 유일무이한 교재!

피부미용사 필기시험에 미치다

허은영 · 박해련 · 김경미 지음 I 528쪽 I 27,000원

- 핵심이론 · 실전예상문제 · 기출문제 상시복원적중문제 · 모의고사 제공
- 합격을 좌우하는 공중위생 관리학 이론 및 문제 완벽 보강
- 족집게 적중노트와 저자직강 합격 동영상 강의 무료 제공

이 책은 먼저, 기출문제와 상시시험문제를 제대로 분석한 출제경향을 바탕으로 수록한 핵심이론정리와 상세하고 친절한 해설이 있는 기출문제를 수록하였다. 둘째, 직접 CBT 상시시험을 경험한 수험생의 후기를 바탕으로 복원하여 재구성한 상시시험 복원문제와 적중문제, 최종모의고사를 수록하였다. 셋째, 수험생들이 어렵게 생각하는 공중위생관리학을 완벽하게 공부할 수 있도록 하였다. 마지막으로 족집게 적중노트와 저자 직강 동영상 강의를 무료로 제공하였다.

최근 출제기준 100% 분석 · 반영한 합격 보장서!

피부미용사 실기시험에 미치다

허은영 · 박해련 · 김경미 지음 I 280쪽 I 23,000원

- 짧은 과제 시간 내에 작업을 마칠 수 있는 시간 배분표 제공
- 과제별 유의사항, 유용한 팁 및 감독위원 평가 항목 수록
- NCS 추가 실습자료(등 · 복부 관리/피부미용 기구 · 화장품) 수록

이 책은 국가기술자격 미용사(피부) 실기시험을 치르는 수험생이 반드시 합격할 수 있도록 출제기준과 공개문제, 요구사항을 철저하게 분석 · 반영하여, 과제별로 정확하고 자세한 과정 사진과 설명, 저자의 유용한 Tip, 유의사항뿐만 아니라 시험 감독위원이 주로 확인하는 평가 항목과 감점 요인 등을 전격 수록한 합격 수험서이다. 또한, NCS 기반 피부미용 학습모듈을 철저하게 분석 · 적용하여 교육 현장에서 응용 실습서로 사용할 수 있도록 하였다.

5년 연속 최고 판매율 · 합격률!

합격보장 미용사 메이크업 필기

(사)한국메이크업미용사회(유한나 · 홍은주 · 곽지은 · 박효원 · 조애라) 지음
400쪽 I 20,000원

- 기출문제 분석에 따른 핵심이론 및 적중문제 전면 보강!
- 가장 까다롭고 어려운 '공중보건' 분야 전면 집중 보강!
- 국가직무능력표준(NCS) 기반 메이크업 학습 모듈 완벽 적용!

메이크업 수험생의 최종 합격을 위해, 먼저 최근 국가자격 기출문제를 완벽 분석 · 해설하여 전격 수록하였고, 둘째 최근 국가자격 기출문제 분석 자료를 토대로 핵심이론과 적중문제를 전면 보강하였고, 셋째 가장 까다롭고 어려운 '공중보건' 분야를 전면 집중 보강하였고, 마지막으로 (사)한국메이크업미용사회중앙회 교수자문위원이 책임 집필을 하였다.

국가기술자격 상시시험 합격을 위한 최고의 선택!

합격보장 미용사 메이크업 실기

(사)한국메이크업미용사회(박효원 · 유한나 · 진현용) 지음 I 216쪽 I 22,000원

- 공신력 있는 (사)한국메이크업미용사회 교수자문위원이 만든 수험서
- 실기 과제별 상세한 과정 컷과 정확한 설명이 있는 알찬 수험서
- 국가자격시험에 국가직무능력표준(NCS)을 완벽하게 접목한 수험서

이 책은 공신력 있는 (사)한국메이크업미용사회 교수자문위원 집필진이 국가자격시험 미용사(메이크업) 첫 시행 출제기준을 가장 완벽하게 반영하여 만든 수험서이다. 막힘없이 과제를 수행하기 위해 꼭 알아두어야 할 핵심이론, 합격을 좌지우지하는 합격 포인트, 상세한 과정 컷과 자세하고 정확한 설명 등 합격을 위한 모든 요소를 담아 국가자격시험 합격을 보장한다. 또한, 2019년부터 시행된 국가기술자격 상시검정을 완벽하게 준비하여 합격할 수 있게 한다.

CBT 상시시험 대비 합격 수험서!

미용사 일반 필기시험에 미치다

한국미용교과교육과정연구회 지음 I 588쪽 I 25,000원

합격 보장
- 수험자들이 가장 어려워하는 공중보건위생법 중점 강화!
- 출제 빈도가 높은 기출문제(정시시험)만을 엄선하여 수록!
- OX 합격노트와 저자 직강 족집게 강의 동영상 특별 제공!

국가기술자격시험 미용사(일반) 분야의 합격률은 매년 떨어지고 있는 상황에서 이 책은 수험자들이 합격할 수 있도록 〈학습모듈〉, 〈2015 개정교육과정 그리고 기출문제를 철저하게 분석 · 체계화한 핵심이론〉, 〈수험자 위주의 내용으로 강화된 공중위생보건학〉, 〈출제빈도가 높은 기출문제〉, 〈최근 출제 경향에 맞춘 CBT 상시시험 복원문제와 적중문제〉를 전격 수록하였다. 또한, 〈OX 합격노트〉와 〈저자의 족집게 강의 동영상〉까지 합격을 위한 모든 것을 담았다.

한국산업인력공단 최근 출제기준을 100% 반영한 수험서!

미용사 일반 실기시험에 미치다

한국미용교과교육과정연구회 지음 I 328쪽 I 23,000원

합격 보장
- 공신력 있는 저자진의 실전 노하우가 다 담겨 있는 수험서!
- 실기 과제별 상세한 이미지와 정확한 설명이 있는 수험서!
- NCS기반 헤어미용 과정형 평가도 대비할 수 있는 수험서!

2016년 7월 이후 미용사(일반) 실기시험 출제기준은 끊임없이 변경되고 있어 미용 교육 기관과 수험생들은 많은 혼란을 겪고 있다. 이런 혼란 속에서 이 책은 미용사(일반) 실기시험을 준비하는 모든 수험생이 반드시 합격할 수 있도록 최근 출제기준과 공개문제, 요구사항 및 채점기준과 감점요인을 가장 빠르고 정확하게 분석하고 반영했다. 또한 NCS 기반 과정형 평가로 완벽하게 대비할 수 있다.